KB260834

산과 우리문화

김종성 편

수문출판사

숲은 모든 것의 시작이다. 의식주와 경제활동에 필요한 원료를 채취하는 곳이며 신화, 설화, 종교, 철학, 음악, 미술의 탄생지이기도 하다.

세계의 어느 문명이 모두 그렇듯이 우리 또한 숲이 있었기에 한민족의 문화를 꽃피울 수 있었고 고려청자, 조선백자, 팔만대장경, 조선왕조실록, 창덕궁, 종묘 등은 우리가 자랑스런 문화유산으로 손꼽는 것들이다. 유네스코에서 세계문화유산으로 지정한 창덕궁과 종묘의 대들보와 기둥이 되었고, 또한 청자와 백자를 구워낸 소나무, 팔만대장경의 대장경판이 된 자작나무와 오리나무, 대장경판을 오래 흠 없이 보존하게 해준 도료를 생산해낸 옻나무, 한지를 떠낸 닥나무가, 모두 이들이 있었기에 만들 수 있었다.

산업사회를 지나 정보화 사회로 가고 있는 오늘날 숲은 더욱 중요해지고 현대문명에 지친 사람들은 심리적 안정과 정신적 만족을 얻고자 숲을 찾아간다. 숲에서 이루어지고 있는 숲 체험, 숲 속 음악회, 생태환경교육 등 다양한 문화활동을 통해 자연과 가까워지려 애쓰고 있다. 숲은 오늘날 유일하게 남아 있는 자연과 인간의 화합공간인지도 모른다.

인류는 숲에서 지혜를 얻고 그것으로 문명을 창조하였다. 신화, 시, 소설, 동화, 음악, 건축 등 우리 주변에 숲과 관련 맺지 않고 있는 것은 없다. 숲은 문화의 신실이며 문화는 숲으로부터 탄생했다.

문화와 숲을 조심스럽게 연결시켜온 모임으로서 나무, 인간, 환경 그리고 문화와 숲에 대한 이해를 높이고 숲의 중요성을 알리는데 힘을 쏟아온 숲과 문화 연구회가 올해로 태어난 지 10년이 되었고, 해마다 8월에 개최되는 학술토론회도 10번째를 맞이했다.

1993년 <소나무와 우리문화>를 시작으로 한 학술토론회는 <숲과 휴양>, <참나무와 우리문화>, <문화와 숲>, <숲과 음악>, <숲과 자연교육>, <숲과 종교>, <숲과 임업> 그리고 작년의 <숲과 미술>을 주제로 개최되어 우리 역사 속의, 생활 속의, 또한 미래의 숲에 대하여 진지하게 이야기해보는 장으로서 큼직한 역할을 해왔다. 임업인 그리고 음악, 미술, 역사, 철학, 종교 등 여러 분야의 전문인, 숲을 좋아하고 아끼는 사람들이 많이 모여 다양한 주제로 알찬 토론이 이루어져 왔으며, 발표된 원고는 해마다 "숲과 문화 총서"로 발간되어 숲을 사랑하는 많은 독자의 곁으로 다가가고 있다.

2002년도 학술토론회의 주제는 <산과 우리문화>이다.

그간 성공적인 개최를 바탕으로 10번째를 맞이하여 금년에는 여러 분야에 걸친 관심 있는 분을 토론의 장으로 모시고자 포괄적인 주제를 선정하였으며, 올해는 유엔이 정한 '세계 산의 해'로 산과 우리문화를 연결시켜보는 작업 또한 매우 가치 있는 일이라고 생각되어 <산과 우리문화>라는 주제로 학술토론회를 개최하게 되었다.

토론회는 산의 본질, 역사 속의 산, 사람과 산, 산과 생태, 미래와 산 등 다섯 개의 소주제로 나뉘어 진행된다.

1부에서는 산이 우리에게 어떠한 혜택을 주며 영향을 미치는지를 알아보고, 2부에서는 산을 대상으로 일어난 사건들에 대하여 역사적으로 고찰해보고, 3부에서는 의식주, 종교 등 실생활과 관련한 이야기를 알아보고, 4부에서는 산 속의 세계를 들여다보고, 5부에서는 미래의 우리 산의 모습을 그려보고자 한다.

그 동안 학술토론회의 진행을 위해서 경제적으로 많은 관심으로 도움을 준 하나은행, 장소제공에 도움을 준 산림청, 그리고 출판을 맡아준 이수용사장님께 감사드린다.

2002년 8월

김종성

차례

서문

1. 산의 본질

2. 역사 속의 산

3. 사람과 산

4. 산과 생태

5. 미래와 산

영원한 마음의 고향

유 종 호

푸른 하늘의 고마움을 모르듯이 아기자기한 산이 많은 터전에서 살고 있는 우리들은 대개 산의 고마움도 느끼지 못한다. 서울과 같은 왁자지껄한 대도시에서도 북한산을 넘어서면 완전히 딴 세상이 나타난다. 이 바닥에서만 눌러 있다 보면 그 복됨을 실감하지 못하고 만다. 그러나 산을 볼 수 없는 곳에서 얼마를 지나다보면 곧 싫증이 나게 마련이다. 광막한 광야나 몇 시간을 달려도 옥수수밭만 눈에 뜨이는 들판도 처음엔 시원하고 볼품 있게 여겨지지만 곧 진력이 나고 만다. 산 높고 물 맑은 고려(高麗) 땅에서 자란 탓이리라. 크게 말하여 동양전통에서 산은 항시 그리움의 대상이자 마음의 고향으로 파악되어 왔다. 많은 중국 시가 산을 빼고 성립되지 않는다고 말해도 망발은 아닐 것이다. 고려 때 「청산별곡」에서 산은 유토피아의 축도로 노래된다. 그것은 다분히 단순화되고 이상화된 산이지만 산에는 그러한 이상화를 촉발하는 요소가 있는 게 사실이다. 좀더 가까이에서 사례를 들어보아도 사정은 마찬가지이다.

돌아갈 영원한 어머니로서의 산

왜 이렇게 자꾸 나는 산만 찾아 나서는 겔까. — 내 영원한 어머니—. 내가 죽으면 백골이 이런 양지짝에 묻힌다. 외롭게 묻어라. 꽃이 피는 때, 내 푸른 무덤엔, 한 포기 하늘빛 도라지꽃이 피고, 거기 하나 하얀 산나비가 날러라. 한 마리 멧새도 와 울어라. 달밤

엔 두견(杜鵑)! 두견도 와 울어라.

—박두진, 「설악부」 중에서

이것은 어느 특정한 시인의 개인적인 소회만은 아닐 것이다. 농경사회에서 대지는 늘 어머니 대지로 호칭되어 왔지만, 산 또한 대지의 일부로서 영원한 어머니로 상상되었다. 또 흙에서 나와 흙으로 돌아간다 하더라도 우리 조상들은 앞의 대목이 보여주듯이 산자락에 묻힐 것을 기대하였다. 그런 의미에서 산은 영원한 어머니일 수밖에 없다.

우리나라에서 유난히 풍수지리설이 숭상되어 온 것도 아기자기한 산이 많다는 사실과 연관된 것이다. 명당 자리라는 것이 대체로 풍요 혹은 다산(多産) 숭배와 연관되어 있다는 것은 구외자의 눈에도 대개 짐작이 가는 터이다. 박제가(朴齊家)가 『북학의(北學議)』에서 풍수설의 근거 없음과 그 폐해를 거론하면서 "요동(遼東)의 들녘을 보면 모두 밭에 장사를 하였는데 거기 무슨 차이가 있느냐"고 말하고 있는 것이 흥미 있고 그럴싸하다. 풍수설을 낳은 것은 이렇게 산의 매력 때문이었을 것이다.

돌아갈 영원한 어머니로서의 산은 그러니까 사람들에게 편안한 안정감을 준다. 유명한 괴테의 「나그네의 밤 노래」나 널리 애창되는 슈베르트의 「보리수」에도 드러나 있듯이 휴식과 죽음은 늘 긴밀하게 연결되어 있다. 죽음은 사실 중단되지 않는 기나긴 휴식이 아니고 무엇이겠는가. 산은 그래서 피로한 생활인에게 늘 휴

식의 이미지로 다가온다.

날마다 바라도 그리운 산

시집 『청록집』은 여러모로 자연 송가라는 측면을 가지고 있지만, 조지훈의 「파초우(芭蕉雨)」에서 우리는 우리의 생활 속에서 산이 갖는 의미를 극명하게 실감하게 된다.

성긴 빗방울
파촛잎에 후두기는 저녁 어스름
창 열고 푸른 산과
마조 앉아라

들어도 싫지 않은
물소리기에
날마다 바라도
그리운 산아

산을 바라보며 누구나 '날마다 바라도 그리운 산아'라는 감개를 갖는 것은 아니다. 그렇다고 시인이기 때문에 가능한 시인에게 고유한 감상도 아니다. 생각건대, 일정한 나이에 도달해야 비로소 이러한 시행에 공감이 가고 산의 고마움을 알게 되는 것이라고 생각한다. 삶의 강제(强制)가 안겨주게 마련인 많은 신산(辛酸)과 우여곡절 끝에 비로소 사람들은 무사한 일상이 얼마나 큰 축복이며, 날마다 바라보는 산과 별이 얼마나 고마운 것인가를 절감하게 되는 것이라고 여겨진다.

앞의 시편이 20세기 시인의 작품이라고 해서 그것을 현대 상황에 제한적으로 연결시킬 필요도 없다. 사실 앞의 시행이 보여주는 것은 동양의 보편적 감회라 할 수 있는 것이고, 중국 시에서 그러한 사례는 너무나 빈번하게 볼 수 있다. '동쪽 울타리에서 국화를 따며 유유히 남산을 본다'고 도연명이 노래했을 때, 그 또한 날마다 바라도 그리운 산을 노래하고 있는 것이다.

'온갖 새들은 다 높이 날아가고 / 홀로 가는 외로운 구름 한가로와라 / 둘이 서로 바라보며 싫어하지 않나니 / 오직 이 경정산(敬亭山)이 있을 뿐이네'라고 시인 이백이 노래했을 때 그것은 그대로 비슷한 심경을 노래한 것이다.

은자를 유혹하는 산

산을 먼발치로 바라보는 것에 만족하지 않고 아주 산 속으로 들어가 산 사람들이 있다. 「청산별곡」이 노래하는 것도 단순한 위안의 희구가 아닌 청산에서의 삶이지만 그것을 실천해서 산 사람들이 있다. 이른바 동양의 은자(隱者)들이다. 이들은 세상을 버리고 아예 산에서 숨어 산 것이다. 시인 백석의 시에 '산골로 가는 것은 세상한테 지는 것이 아니다 / 세상 같을 건 더러워 버리는 것이다'라는 대목이 있다.

백석은 세상을 버리고 산 속으로 들어가지는 않았지만 은자들의 심정을 잘 표현해 놓고 있다. 모든 은자들이 그러한 심정으로 산 속으로 들어갔을 것이다. 산 속에 들어가 산다는 것은 달력 없이 사는 것을 의미한다. 달력 없이 사는 것은 역사와 무관하게 비켜서서 산다는 뜻이다.

'산중이라 책력이 없어 / 추위 다 갔어도 가신 줄 몰랐네'라는 한 중국 시 대목은 그러한 은자의 생활 태도를 잘 드러내고 있다. 누구나 은자가 될 수 있는 것은 아니고 되어서도 안 된다. 그러나 삶들은 때때로 시인 백석이 그랬듯이 세상을 버리고 산골로 가고 싶은 충동을 느낄 것이다. 정지용의 금강산 시편인 「구성동(九城洞)」에서 우리는 은자를 유혹하는 산의 매혹이 무엇인가를 엿보게 된다.

골작에는 흔히
유성(流星)이 묻힌다.

황혼(黃昏)에
누뤼가 소란히 싸히기도 하고,

꽃도

귀양 사는 곳,

절터뜨랬는데
바람도 모히지 않고

산 그림자 설핏하면
사슴이 일어나 등을 넘어 간다.

　역사도 정지하고 사회의 소음에서 완전히 동떨어진 고요와 평화의 세계이다. 우리는 때로 이러한 세계를 꿈꾸며 거기에 몸을 맡기고 싶은 충동을 느낀다. 그러나 그것은 어디까지나 순간적인 충동이요, 행동으로 옮길 수 있는 것은 아니다. 겨우 주말의 산행으로 만족하는 수밖에 없다.

　어떤 집계에 의하면 우리나라 사람들의 60퍼센트 이상이 살고 싶은 나라로 알프스산맥에 인접한 스위스를 들었다고 한다. 그러나 스위스는 19세기 중엽 중립국이 되기까지는 유럽에서 가장 가난하고 살기 힘든 나라였다. 이상과 현실의 차이를 잘 드러내는 사례일 것이다. 산이 우리 마음의 고향인 것도 사실이지만, 얼마나 무섭고 위험에 찬 곳인가 하는 것은 소설 속에 잘 드러나 있다. 가령 김동리의 「산화(山火)」나 황순원의 「잃어버린 사람들」에서 그것을 실감할 수 있다. 그러한 소설 속의 산을 유념함으로써 우리는 비로소 산에 대한 균형 잡힌 관점을 갖게 될 것이다. 자연은 아름다우면서 동시에 무서운 것이다.

유종호 는 서울대학교 문리대 영문학과를 졸업했다 미국 뉴욕 주립대학교에서 공부하고 현재 연세대학교 국어 국문학과 교수로 재직중이다. 저서로는 『비순수의 선언』, 『동시대의 시와 진실』, 『사회역사적 상상력』, 『문학이란 무엇인가』, 『문학의 즐거움』, 『시란 무엇인가』 등이 있다.

한국인의 산 숭배 전통과 산신신앙의 전승

임 재 해

1. 자연숭배의 전통과 자연생명의 인식

신앙의 시작은 자연을 섬기는 데서부터 출발했다. 신앙의 시작이 같다고 하여 끝도 같은 것은 아니다. 생태학적 조건에 따라 신앙의 전통도 다르게 형성된다. 상대적으로 자연을 정복의 대상으로 삼은 문화를 만들어 간 전통이 있는가 하면, 자연을 섬김의 대상으로 삼는 문화를 만들어 간 전통도 있다. 일반적으로 이동생활을 하는 유목문화권에서는 짐승들을 놓아먹이다가 더 이상 풀을 뜯을 곳이 없으면 그 동안 거주하던 땅을 버려 두고 새로운 풀밭을 찾아서 이주를 하는 전통이 있다. 한 지역에 오래 머물지 않고 이용가치가 떨어지면 곧 버리고 떠나게 되니 자연을 섬기지 않는다. 새로운 땅을 차지하기 위해 이동하고 한층 넓은 땅을 점유하기 위해 투쟁하다 보면 어느새 자연을 정복의 대상으로 인식하는 문화를 만들어가게 된다.

그러나 정착생활을 하는 농경문화의 전통은 거주지 근처에 산과 강, 숲을 두어 입지조건을 잘 갖출 뿐 아니라 농작물을 가꾸기 위해 땅에 거름을 주어서 기름지게 가꾼다. 때로는 나무를 심어 마을숲을 조성하거나 당나무를 두어 동신으로 섬긴다. 그 지역에 자손 대대로 살아갈 작정이니 땅의 생산력을 높이기 위해 힘을 쏟고 마을 경관을 위해 조경을 하게 마련이다. 농사가 잘 되도록 동신이나 산신께 우순풍조를 빌고 토지신을 섬기다 보면 어느 새 자연을 섬김의 대상으로 인식하는 문화를 만들어가는 경향이 있다.

물론 이 두 경향은 공시적 관점에서 견주어 본 상대적 인식일 따름이다. 통시적 관점에서 보면 유목문화가 농경문화보다 더 원초적인 것이어서 자연숭배의 전통이 더 강할 수도 있다. 실제로 지금까지 유목생활을 하는 티베트나 몽골에서는 자연을 섬기는 문화가 상당히 뿌리깊다. 이에 비하면 우리 사회의 농촌문화는 오히려 이들보다 자연숭배의 전통이 약화되어 있다. 따라서 유목문화와 농경문화를 일방적으로 대비하는 것은 성급하다.

그러나 유목문화를 기반으로 형성된 서구문화의 전통에 대하여, 농경문화를 기반으로 형성된 우리 민족문화의 전통을 대비해 보면 상대적으로 자연숭배의 문화가 두드러질 뿐 아니라 최근까지 지속되어 왔다고 할 수 있다. 서구에서는 진작부터 산을 뚫어 길을 내고 강을 막아 댐을 만드는 일을 예사로 했지만, 우리는 1970년대 새마을 사업을 할 때까지 산을 잘라 길을 내는 일을 거부하고 댐을 막아 물길을 돌리는 것을 반대했다. 풍수지리설에 따라 용맥이 잘린다고 생각하거나 수구맥이가 바뀐다고 여겼을 뿐 아니라, 산신이 노하고 용신이 날아가 버린다고 믿었던 것이다. 따라서 새마을 사업을 펼치려던 사람들이 마을어른들의 반대로 실랑이를 벌이기까지하였다. 자연을 함부로 훼손하는 일을 적극 반대한 구체적 사연들은 제각각이지만 크게 보면 한결같이 자연을 살아 있는 실체로 인식한 데서 비롯된다.

자연을 살아 있는 실체로 믿는다면 이를 다치게 하거나 죽게 하는 일은 저절로 금지하게 마련이다. 왜냐하면 인간생명과 자연생명을 동일한 생명으로 대등하게 인식하는 까닭이다. 예사 자연생명보다 거대한 규모의 자연생명은 오히려 인간생명 이상으로 존중하며 섬길 수밖에 없다. 무한한 크기의 '하늘'과 '바다', 끊임없이 이어지는 '산' 등 거대한 자연을 신비한 존재로 섬기는 것은 시공간을 넘어선 인류문화의 공통성이라 할 수 있다. 그러나 생태학적 조건과 민족문화의 전통에 따라 자연숭배의 양상은 제각기 다른 독자성을 지닌다. 우리 민족의 자연숭배 전통은 민족문화의 핵심이라 할 수 있는 무교(巫敎)의 전통 속에서 찾을 수 있다1). 그러므로 무교의 제의양식인 굿문화를2) 눈여겨보면 자연을 섬김의 대상으로 삼아온 민족문화의 전통을 실감할 수 있다.

농촌에서는 동제를 올리거나 마을굿을 하면서 동구밖의 나무를 당나무라 하여 섬기고, 산촌에서는 마을 뒷산에 산신이 깃들어 있다고 여겨 산신제를 올리는가 하면, 어촌에서는 바다 속에 바다를 지키는 용신이 있다고 믿어서 용신제를 올리거나 용왕굿을 한다. 동신이 깃들어 있는 당나무는 으레 노거수로서 예사 나무와 다른 거목이며, 산신이 깃들어 있는 산도 아트막한 뒷동산과 달리 높은 산이기 일쑤이다. 따라서 대구 팔공산이나 구미 금오산, 구례 지리산 등 큰산들에는 산신신앙이 특히 두드러지게 마련이다. 산과 달리 바다는 어느 것이나 거대하다. 큰 바다 작은 바다를 변별하기 어려울 정도이다. 그러므로 바닷가 마을이나 섬마을에는 으레 용신을 섬기는 용왕제의 전통이 끊이지 않고 지속된다.

무당들이 하는 굿거리에 산신굿과 용왕굿이 대개 있듯이, 땅의 신을 섬기는 지신굿과 바람신을 섬기는 영등굿, 샘의 신을 섬기는 우물굿 등도 있게 마련이다. 이런 굿들은 무당들만 하는 것이 아니라 풍물잡이들도 한다. 마을사람들이 산과 바다·나무와 바위는 물론, 하늘과 바람·땅과 우물에 이르기까지 여러 가지 자연물들을 두루 신성시 여긴 까닭에, 세시풍속에 따라 정초에 집집마다 풍물을 치면서 일정한 양식으로 섬김의 제의를 바쳤던 것이다. 이른바 지신밟기이거나 집돌이 풍물굿이다. 그러므로 굿에서는 섬김의 대상이 되지 않는 자연이 없을 정도이다3). 삼라만상의 우주만물을 두루 섬겼다고 해도 지나치지 않다.

왜냐하면 자연을 사람이 살아가는데 소용되는 환경으로 객체화하지 않고 오히려 사람의 생명을 점지하여 낳아주고 품어서 길러주는 신성한 주체로 믿었던 까닭이다. 그래서 자손을 두지 못한 집에서는 아이를 낳기 위해서 명산대천(名山大川)을 찾아가서 비는가 하면, 낳은 아이들의 수명을 보장하기 위해서도 자연을 부모로 삼고자 아이를 파는 제의를 바치고, 마침내 죽어서 산에 묻힐 때에도 산신께 고사부터 올린 다음에 비로소 무덤 자리를 파는 삽질을 하는 것이다. 산천을 찾아다니며 아이 낳기를 비는 것은 자연이야말로 인간에게 생명을 주는 신령한 존재로 믿은 까닭이다. 손이 귀하고 아이들이 일찍 죽는 집에서 아이들을 산이나 나무, 바위, 강 등의 자연물에 파는 것은4) 아이의 진정한 부모는 그를 낳은 인간이 아니라 자연이라는 사실을 믿기 때문이다. 그러므로 아이를 낳은

---

1) 柳東植, 「韓國巫敎의 歷史와 構造」(延世大學校 出版部, 1975), 14-15쪽에서, 지구의 가장 심층부에 있는 地核에 견주어서 巫敎를 한국문화의 핵심이라고 하였다.

2) 굿문화에 관해서는 임재해, '굿문화 이해를 위한 일곱 가지 질문', 박정호 엮음, 「지식의 세계 2 - 문화와 인생」(도서출판 동녘, 1998), 227-257쪽을 참조하기 바람.

3) 임재해, '굿에 나타난 和解情神과 共生的 世界觀', 〈韓國民俗學〉29(民俗學會, 1997), 254-255쪽 참조.

4) 아이를 파는 장소는 띠를 고려하여 결정한다. 아이팔기 제의를 주관하는 점쟁이나 무당에 따라 다소 차이가 있지만 대체로 소띠는 수풀, 토끼띠는 산기슭, 용띠는 우물, 쥐띠는 돌담, 범띠는 큰 바위 등에 판다.

인간부모는 자녀를 키우는데 한계가 있다고 생각하고 자연부모에다가 아이의 생명과 양육을 맡기는 셈이다. 여기서 자연에 대한 생명인식의 전통이 어느 정도 분명해졌으니, 이제 자연생명의 정체를 구체적으로 탐색해야 할 차례이다.

2. '천부지모' 사상과 이원론적 자연관

자연 곧 천지(天地)를 인간의 부모로[5] 인식해 온 자연관은 민속신앙의 전통 속에서 현재까지 지속되고 있지만, 사실 더 원초적 인식은 고대신화에서부터 비롯된 것으로 그 역사적 뿌리가 퍽 깊다. 단군신화에[6] 의하면, 단군의 아버지는 하늘에서 하강한 환웅(桓雄)이며 어머니는 동굴 속에서 사람으로 화한 곰네(熊女)이다. 하늘 아버지 환웅과 땅 어머니 곰네 사이에 단군이 태어난 것이다. 이처럼 단군신화는 천부지모(天父地母) 사상을 고스란히 갈무리하고 있을 뿐 아니라, 하늘과 땅, 천신과 동물, 나무와 산, 비구름과 바람 등 모든 자연물들과 더불어 생태학적 공생을 이루는 가운데 고조선의 건국과정을 이야기하고 있다.

기독교신화가 신본주의에 바탕하고 있다면 단군신화는 인본주의에 바탕하고 있다. 단군신화에는 천신도 인간세계를 동경하고 동물도 인간세계를 동경하며 인간으로 살기를 원하는 까닭이다. 그렇다고 하여 인간중심주의를 표방하는 것은 아니다. 신과 동물이 인간으로 화하는가 하면, 인간 또한 신으로 화하는 양상을 보여서 신과 인간, 동물이 서로 존재론적 순환관계를 이루고 있다. 그리고 하늘에서 땅으로, 땅속에서 지상으로, 지상에서 산으로 공간 이동을 하는 상황을 그리고 있다. 물론 공간이동에 따라 존재도 일정하게 변한다. 그러므로 단군신화에서 말하는 홍익인간의 이념은 자연을 수단화하여 인간만을 널리 이롭게 하는 '인간중심주의'가 아니라, 인간과 자연이 서로 공생하며 순환하는 생태학적 세계를 이룸으로써 인간 세상에 존재하는 모든 생명을 널리 이롭게 하는 '홍익인간주의'라 할 수 있다[7].

천지를 인간의 부모로 인식하는 사실은 무속신화에 한층 더 근원적으로 갈무리되어 있다. 천지개벽 신화에서는 "천지가 캄캄하여 한 덩어리 되었던 것이…… 하늘로는 청이슬이 내리고 땅으로는 흑이슬이 솟아나 서로 합수가 되어 만물이 생겨났다"고[8] 한다. 마치 하늘과 땅이 부부관계를 맺어서 생명을 잉태하듯이 천지자연과 만물도 그렇게 생성되는 것으로 노래하고 있다. 인간도 하늘과 땅이 열리면서 생겨난다는 점에서[9] 천지인(天地人)의 삼재(三才) 사상을 우주의 구조론으로 갈무리하고 있을 뿐 아니라 음양론에 의한 우주의 생성과정을 적절히 상징하고 있다[10]. 물론 인간을 태어나게 하는 음양의 부모는 하늘과 땅이라는 사실도 분명하다.

자연물이 인간의 부모라는 사실은 전설과 민담에서 한층 실감나게 이야기된다. 마을 뒷산에 있는 공바위에 자식을 낳게 해 달라고 빌면 효험을 봤다고 하는 바위 이야기가[11] 전하며, 바

---

5) 구체적으로는 하늘을 아버지로, 땅을 어머니로 인식해 온 천부지모(天父地母) 사상에 바탕을 두고 있다.

6) 「三國遺事」, 卷第一 紀異 第一 古朝鮮.

7) Lim Jae Hae, 'Ideology of the Greatly Profitable Man in Dangoon Myth and Ecological View of the World', Ecolgy in a Changing World(VIII International Congress of Ecology, Seoul COEX, 2002. 8. 6.) 발표요지 참조.

8) 玄容駿, 「濟州道巫俗資料事典」(新丘文化社, 1980), 33쪽.

9) 천지개벽 신화에는 "하늘은 갑자년(甲子年) 갑자월 갑자일 갑자시에 자방(子方)으로 열리고, 땅은 을축년(乙丑年) 을축월 을축일 을축시에 축방(丑方)으로 열렸으며, 사람은 병자년(丙子年) 병자월 병자일 병자시에 자방으로 열렸다."고 한다. 임재해, '천지개벽 신화에 나타난 민족적 세계관과 프렉탈 이론', 월간 〈독서광장〉(천재교육, 1994년 4월호), 47쪽.

10) 임재해, '고대 신화에 나타난 한국인의 진화론적 자연관', 안동대학교 민속학연구소 편, 〈민속연구〉 8(민속원, 1998), 255쪽 참조.

11) 崔德源, 「韓國口碑文學大系」 6-6(韓國精神文化研究院, 1985), 235쪽, '공바위'.

위에 기도를 올리면 아들 못 낳는 사람이 아들을 낳을 뿐만 아니라 그 아들이 큰 인물이 된다고 하여 장군바위라고 일컫는다는 이야기가[12] 전한다. 불공을 드리면 자식을 낳을 수 있다는 범어굴 전설이나[13], 장군바위에 돌을 던져 올려지면 아들을 낳고 떨어지면 딸을 낳는다는 전설도[14] 같은 보기이다.

이들 설화 속에는 아이를 점지해 주는 것이 조상신이나 삼신이라기보다 바위와 같은 자연물이라는 것을 말한다. 더 적극적으로 말하면 인간에게 생명을 주는 존재가 바로 자연이라는 것이다. 이러한 의식을 한층 구체적으로 나타내는 것이 '상투바위 전설'이다.

어느 노부부가 자식이 없어서 상투바위에다 자식을 점지해 달라고 기도를 드렸더니 효험이 있어서 아들을 낳았다. 아들이 세 살 먹었을 무렵에 갑자기 없어져서 온 산을 찾아다녔는데, 어디선가 '아이는 내게 있다!' 하는 소리가 들렸다. 자기들이 기도를 올렸던 상투바위에서 들리는 소리였다. '아이 거기 있으면 이리 돌려주소' 했더니, 큰 바위가 '이 아이는 내 아이라'고 하면서 아이를 끝내 돌려주지 않았다.

노부부는 한탄하다가 죽고 말았으며, 아이도 뒤에 죽어서 큰 바위 위에 얹힌 작은 바위가 되었는데, 그 모습 때문에 상투바위라고 부른다. 지금도 사람들은 그 바위에 가서 자식을 점지해 달라고 빈다[15].

이 전설에서 노부부는 아들을 자기 아이라고 했지만 소용없다. 자기들에게 아이를 점지해 준 바위가 바로 이 아이의 진짜 부모였던 것이고,

따라서 자연의 부모가 그 권리를 주장하고 나서자 인간의 부모는 속수무책이었다. 아이도 자신을 낳아준 인간의 부모보다 자신의 생명을 점지해 준 자연의 부모를 따랐다. 그런 까닭에 아이는 바위를 떠나지 않고 죽어서 큰 바위 위의 작은 바위가 되어 상투바위를 이룸으로써, 본디 부모를 따라 자연물로 되돌아간 것이다. 아이의 처지에서 볼 때 인간이 자기를 낳아준 징검다리로서 부모라면, 자연은 자기를 있게 한 보다 본원적인 생명으로서 부모임을 말하는 것이다[16]. 그러므로 지금도 자식 없는 사람들은 이 바위를 섬기며 자식을 점지해 주기를 기도하는 것이다.

해모수(解慕漱) 신화에도 같은 양상의 이야기가 전한다. 해모수의 아들 해부루(解扶婁)가 늙도록 아들을 두지 못하자, 산천에 제사를 지내어 대를 이을 아들을 구하고자 하였다[17]. 신화의 주인공들도 자식이 없으면 산천에 제사를 지냈던 것이다. 이처럼 산천이 생명의 원천으로 인식되면 산천을 섬기지 않을 수 없다. 자연을 사람과 같은 인격을 갖춘 생명체 또는 그 이상의 신령스러운 존재로 인식하는 까닭에, 산을 한갓 산으로 보지 않고 바다를 한갓 바다로 보지 않는다. 산이나 바다 속에 어떤 영성(靈性)이 내재되어 있다고 보는 데서 자연물 신앙이 출발하는 것이다.

애니미즘(animism)에 바탕을 둔 신앙이든, 원시 토템에서 비롯된 제의이든 일정한 자연물을 섬기는 데서부터 제의가 일반화되었는데, 초기 신앙들은 모든 자연물에 정령이 깃들어 있다는 데서 비롯되었다. 그런 까닭에 하늘과 태양을 비롯하여 큰산과 강, 심지어 나무와 바위 또는 짐승까지 섬겼던 것이다. 우리 민속신앙으로 말하자면, 산에는 산을 지배하는 산의 신령이 있고, 바다에는 바다를 지배하는 바다의 신령이

---

12) 崔來沃・金均泰, 「韓國口碑文學大系」
　　6-11(1985), 162쪽, '장군바위'.
13) 趙東一・林在海, 「韓國口碑文學大系」
　　7-2(1980), 291쪽, '범어굴'.
14) 崔正如, 「韓國口碑文學大系」 7-14(1985),
　　643쪽, '장군바위와 아들바위 전설'.
15) 崔正如・姜恩海, 「韓國口碑文學大系」
　　8-6(1981), 158쪽, '상투바위 전설'.

16) 임재해, '설화에 나타난 자연친화적 성격과 한국인의 자연관', 안동대학교 국학부 편, 「인간과 자연이 함께 하는 국학」(집문당, 2000), 167-168쪽 참조.
17) 「三國遺事」 卷第一, 東夫餘. "夫婁老無子 一日 祭山川求嗣"

있다고 생각한다. 샘을 솟게 하는 우물신이 있는가 하면 바람을 조절하는 바람신도 있다. 그러므로 산신굿과 용왕굿이 있는가 하면, 우물굿과 영등굿도 있는 것이다.

우물신과 바람신은 실체로 인식되지 않은 채 관념적으로 신앙되지만, 산신과 바다신은 구체적인 실체로 인식된다. 산신령은 백발 노인으로 또는 호랑이로 구체화되고, 바다의 신령은 흔히 용왕 또는 용으로 구체화되어 인식된다. 바꾸어 말하면 자연을 하나의 실체로 일원화해서 보는 것이 아니라 겉으로 드러난 형상과 숨어 있는 신령으로 이원화해서 인식하는 것이다. 자연에 대한 이원적 인식은 사람을 인식하는 세계관과 일치한다. 사람의 생명은 육체와 영혼, 몸과 넋의 결합에 의해 존재하는 '영육이원론'의 인식체계를 이루고 있다. 같은 인식체계에 따라, 자연물에도 겉으로 드러난 형상과 이를 다스리는 신령이 인간의 '몸과 넋'처럼 더불어 존재하며, 그런 존재양식 때문에 자연물 또한 인간처럼 생명성을 지니고 있다고 믿는 것이다.

결국 자연을 사람처럼 살아 생동하는 실체로 인식하되, 자연의 신령은 자연 속에 깃들어 있으면서 자연만을 다스리는 것이 아니라 자연의 품안에 살고 있는 인간의 길흉화복도 관장한다고 믿는다. 이러한 자연신령 가운데 가장 일반화되어 있고 가장 오래된 전통이 산신이다. 우리나라는 대부분 산지로 형성되어 있고 북방에서부터 내려온 문화적 전통 때문에 원초적으로 산신 또는 산신령을 섬기는 문화가 상당히 폭넓고도 역사적으로 뿌리깊다. 가장 오랜 건국신화인 단군신화의 무대가 태백산일 뿐 아니라, 건국시조이자 민족시조인 단군이 죽어서 산신이 되었다고 하지 않는가. 따라서 단군신화는 고조선의 건국신화이기도 하지만, 사실상 산신의 기원을 말한다는 점에서는 '산신신화'이기도 하다. 우리 민족의 시조인 단군이 산신이 되었는데, 그 후손인 우리가 산신을 섬기지 않을 수 없다. 산신신앙이 광범위하게 전승되는 까닭도 자연스럽게 납득할 수 있다. 그러므로 산신신앙을 민족신앙의 가장 중심 자리에 놓아도 지나치다 할 수 없다.

그렇다면 민족문화의 전통을 올바르게 포착하기 위해서도 산신신앙에 대한 인식을 다시 하고 본격적인 관심을 기울일 필요가 있다. 우리 시대는 산신신앙 못지 않게 자연물로서 산의 존재를 재인식하는 일 또한 긴요하다. 전통사회에서는 들과 토지가 중요한 자원이었지만, 이제는 산과 바다가 들 못지 않은 귀중한 자원으로 떠오르고 있는 까닭이다[18]. 산과 계곡의 청정자연은 사람들의 쉼터이자 자연자원의 보고이다. 때로는 산에 오르면서 '만일 이 산이 들이었다면 지금껏 자연다운 생태계를 그대로 유지할 수 있을까' 하고 생각해 본다. 만일 들이었다면 개발논리와 산업정책에 따라 생태계가 크게 훼손되었을 것은 물론, 우리가 한가롭게 접근할 수 있는 자연환경이 아니라 범접 불가능한 자폐적 공간으로서 인간과 자본의 점유 영역으로 변질되었을 것이기 때문이다.

이런 사실을 고려할 때 오히려 들보다 산이 많은 것이 앞으로는 더 유익하다고 생각한다. 생태학적 건강성과 자연자원의 풍요함을 염두에 둘 때나, 미래의 문화적 전망을 새롭게 수립할 때 이제는 들보다 산이 한층 긴요한 자산이 될 수 있는 까닭이다. 산업화의 진전에 따라 생태계 훼손이 심각할수록 숲이 우거진 산과 맑은 물이 흐르는 산골짜기는 건강한 생태자원 구실을 할 것이며, 주 5일제로 휴일문화가 확산될수록 풍광 좋은 산들은 들 이상의 중요한 휴식 공간이자 관광자원 구실을 하게 될 것이다. 따라서 미래사회에는 산신신앙의 전통과 높은 산들이 새로운 산림문화와 건강한 생태문화를 창출하는 중요한 문화적 자산과 지리적 입지로 그 가치가 새삼 주목되지 않을 수 없다. 그러므로 전통사회의 산 숭배와 산신신앙의 양상을 온전하게 포착하는 일은 미래의 산림문화를 창조적

---

18) 임재해, '경북의 문화인프라 구축과 세계화 전략', 새천년 경북발전의 비전과 전략(경북새천년연구원, 2002년 7월 19일) 발표자료집, 115쪽.

으로 구상하는 데에도 적지 않은 도움이 될 것이다. 모든 창조는 전통의 성찰에서 출발하는 까닭이다.

3. 산신신앙의 사회적 폭과 섬김의 인식

우리 민족이 섬기는 여러 자연신 가운데 가장 으뜸으로 섬기는 것이 산신이다. 이때 가장 으뜸으로 섬긴다고 하는 것은 세 가지 뜻이 있다. 하나는 가장 많이 섬긴다는 뜻이요, 둘은 가장 높은 신으로 섬긴다는 뜻이며, 셋은 가장 옛날부터 섬긴다는 뜻이다. 이 셋 가운데 가장 중요한 것은 산신을 가장 많이 섬긴다는 사실이다.

전통사회에서 산을 섬기는 풍속은 거의 일상화되어 있다. 산신령의 관념이 일반화되어 있어, 어른들은 호랑이를 곧 산신령이라 하는가 하면, 산신 관련 설화도 상당히 풍부하게 전승되고 있다[19]. 부모가 죽어서 묘지를 쓸 때에도 함부로 산역부터 하지 않고 산신제를 먼저 올린 뒤에 나무를 베고 삽질을 할 뿐 아니라, 문중 산소에 묘사를 올릴 때에도 산신 고사부터 올린 뒤에 비로소 진설을 하고 묘사를 올린다.

산에 와서 좋은 일을 하든 나쁜 일을 하든, 반드시 산신께 민저 고한 다음에 해야 뒤탈이 없다고 여기는 까닭이다. 산에서 나무를 벨 때도 마찬가지이다. 안동에서 동채싸움을 하기 위해 나무를 베는 과정에서도 산신고사가 필수적이다.

적재가 발견되면 소임을 보내 감정하고 적당한 것으로 판정되면 나무에 금색을 쳐서 부정과 잡귀를 막는 한편, 그 고을 현감에게 보고하여 보호를 청한다.

이듬해 봄 정월 초순에 소임자와 목공은 목욕재계하고 도포를 차려입고 필요한 만큼의 인부를 대동하여 현지로 가서 먼저 산신과 나무에 고사를 지내고 벌채한 뒤 어깨에 메고 돌아온다[20].

대목이 집나무를 벨 때도 마찬가지이다. 나무를 베기 전에 산신제부터 올린다. 산신께 나무 베는 일을 아무 탈 없이 잘 할 수 있도록 도와달라는 제사다. 으레 산신제 절차를 먼저 거치지만, 산신제를 올리지 않은 채 나무를 베다가 탈이 나서 그때서야 비로소 산신제를 올리기도 한다. 나무를 베려고 톱을 대거나 도끼질을 하면 탈이 나서 톱질이나 도끼질이 순조롭게 되지 않는 수가 있다. 그러면 대목이 문제가 있다는 것을 자각하고 제물을 갖추어 산신제를 올린다. 성주풀이 무가에 이런 내용이 잘 나타나 있다.

그 낭게다 도치(도끼)걸어 한 번 찍고 두 번 찍으니
치이는 낭게 붙고 도치자루는 손에 붙네
무섭구나 무섭구나 **산신** 귀신이 무섭구나 **산신님**의 훈수로다.
목욕 재계 정히 하고 전조 닫말 씰근 백미
매(메)를 지여 받쳐놓고
삼실괴 주괴포에 항로 항합 부항히고 **촛대**
한쌍 갈라놓고
산신 제만을 지내야지.
(말)
여봅소.
무섭구나 무섭구나 산신 귀신이 무섭구나.
산신님전 공든 나무 공덕없이 빌 수 있나.
이리하야 똑 **산신제만**을 올리자면 백미같은 쌀도 있어야 하고[21]

위의 성주풀이 무가를 보면, 산신제를 올리지 않은 채 나무를 베려고 도끼로 나무를 찍으니

---

19) 「韓國口碑文學大系」(韓國精神文化研究院)에는 '산신' 또는 '산신령'을 제목으로 표방한 설화가 50여 편 수록되어 있다.

20) 한양명, 「안동차전놀이」(국립문화재연구소, 1998), 66쪽.

21) 金泰坤, 「韓國巫歌集」4(集文堂, 1980), 77-85쪽의 영일무가 가운데 일부.

도끼 날은 나무에 붙고 도끼 자루는 손에 붙는 이변이 나타난다. 이때서야 비로소 산신의 노여움으로 알고 뒤늦게 허겁지겁 산신제를 지낸다. 이어서 산신제를 준비하는 과정이 자세하게 노래된다. 산신을 무섭게 여기며 산신의 도움 없이는 나무 한 그루 벨 수 없다는 사실을 잘 나타내고 있는 것이다.

산삼을 캐는 심마니나[22] 사냥을 일삼는 포수들도[23] 산에 들어가서 일을 하기 전에 산신께 정성을 바쳐 기도부터 드린다. 그래야 산삼도 캐고 사냥도 제대로 할 수 있다고 믿는다. 산에다가 묘지 쓰는 일뿐 아니라 산림과 초목, 산짐승들을 비롯한 산의 일들은 모두 산신이 두루 관장한다고 믿고 있기 때문이다. 자연히 산을 숭배하지 않을 수 없다. 특히 산삼과 같은 귀한 영약을 채취하는 심마니들에게 절대적인 신앙이 산신신앙이며 산삼을 캐는데 가장 우선되는 일이 산신제이다. 왜냐하면 산신령의 점지나 도움 없이는 절대로 산삼을 캘 수 없다고 믿는 까닭이다. 그러므로 심마니들은 지극 정성으로 산신께 치성을 드리며 산신령께 귀의하는 종교적 신심을 가져서, 마치 '산신교(山神敎)' 신도처럼 생활한다.

심마니가 산신을 섬기는 정성이 모자라면 산삼이 곁에 있어도 보이지 않을 뿐더러 산삼을 캐기 위해 산행을 하는 동안에 횡액을 당하여도 생명의 안전을 보장받을 수 없다고 여긴다. 따라서 산에 들어가면 먼저 산신에 대한 인사로 입산제(入山祭)를 올린다. 입산하면 산신당부터 찾아가서 입산제를 올릴 뿐 아니라, 아침저녁으로 산신제를 드린다. 정성이 부족하다고 판단되면, 산신령의 부하인 수배(守輩)들을 섬기는 수배제(守輩祭)를 지내고, 또 산삼을 캐다가 사고로 산에서 죽은 어인(御人)들의 영혼들에게 어인제(御人祭)도 올린다. 산에 산신당 외에 성인당(聖人堂)이나 지주당(地主堂), 여주당(女主堂), 객당, 성황당, 호랑당(虎狼堂), 첩당 등이 있으면, 이들 당도 빠뜨리지 않고 찾아가 치성을 드린다. 이때 비손하는 내용은 한결같이 산삼을 캐도록 점지해 달라는 것이며 험한 산을 다니더라도 사고를 당하지 않도록 지켜 달라는 것이다[24].

심마니들의 산신제는 관념적 종교의식으로 끝나지 않는다. 산신께 정성껏 산신제를 올리고 치성을 드리면, 꿈에 산신이 나타나서 산삼을 점지해 준다고 믿고, 산신제를 드린 다음에는 반듯하게 누워 잠을 청하며 길몽을 꾸고자 한다. 심마니의 우두머리인 어인마니가 전에 삼삼을 캐낸 구덩이 곧 구광이 있는 곳을 일러주면, 머리를 그 쪽으로 향해 반듯하게 누워서 잠을 청하고 산신의 현몽을 얻고자 한다. 현몽을 얻지 못하면 구광을 중심으로 동서남북으로 자리를 바꾸어 누워 계속 꿈을 청한다. 꿈을 꾸면 어인마니가 해몽을 하는데 따라 산삼을 캐러 간다. 그러므로 이들은 산신령이 현몽될 때까지 정성을 계속해서 드린다[25].

산신을 섬기는 전통은 동신신앙을 통해서도 널리 전승된다. 산촌에는 동신당이 아예 산신당이다. 동제도 당제나 동고사, 당고사라 하지 않고 산신제 또는 산제라고 일컫기 일쑤이다. 제법 큰산을 등지고 있는 마을에서는 정월 대보름에 마을 입구의 당나무 밑에 있는 골매기당에 동신제를 올리는 동시에, 뒷산 중턱에 산신당을 마련해 두고 산신제도 올린다. 골매기당과 산신당은 같은 수준의 동신당처럼 보이지만, 산신당이 상당으로 으뜸 자리를 차지하며 골매기당은 하당의 처지에 놓여 있어서 신격의 위상이 상하

---

22) 심마니는 산삼을 캐는 사람들 사이에서 '심메마니'라고도 한다. 심은 산을, 메는 산을, 마니는 캐는 사람을 뜻한다.

23) 안동시 남선면 도로리 사붓골에는 마을과 떨어진 갈라산 기슭에 갈라당(갈래당이라고도 함)이 있는데, 각시와 산신령 모셔져 있어서 더러 각시당이라고도 한다. 마을사람들이 동제를 올리는 당이지만, 포수들이 사냥을 하러 오게 되면 반드시 이 당에 먼저 들려서 치성을 들였다고 한다.

24) 裵桃植, 「韓國民俗의 現場」(集文堂, 1993), 408-409쪽. 심마니들의 산신제 양식은 이 책 409 쪽을 보기 바람.

25) 裵桃植, 앞의 책, 409-410쪽.

로 분명하게 구별되어 있다. 상당인 산신당이 마을의 동신당 가운데 가장 높은 당이다. 물론 제의 순서도 하당보다 상당이 먼저거나 또는 제의의 비중도 상당제에 더 무게 중심을 두어서 큰 동제로 여긴다. 그러므로 산신제는 동제의 위상으로 볼 때도 가장 으뜸에 해당된다.

산자락이나 산기슭에 있는 동신당도 원래는 산 정상이나 산중턱에 있다가 점점 마을 가까이로 내려왔다는 사실을 고려하면26) 동신의 뿌리가 원래 산신에서 비롯되었음을 알 수 있다. 산신당이 마을로 내려와서 골매기당이나 서낭당으로 바뀐 경우도 있지만, 산신당을 산에다 둔 채로 마을 어귀에 별도로 동신당을 두어서 양당(兩堂) 체제를 이룬 경우도 있다. 양당 체제로 산신과 동신이 분리되어 있는 경우에도 산신은 산에서 산의 일만 관장하는 것이 아니라, 마을까지 내려와서 마을의 모든 일까지 두루 관장한다고 믿고 있기 때문에 마을의 골매기신에 우선하여 산신을 섬기고 동제의 일환으로 산신제를 모시는 것이다.

산신이 골맥이 동신보다 상당으로서 높은 지위를 확보하고 있는 것은 여러 사례에서 두루 나타난다. 안동시 풍산읍 소산동 동제를 보면27) 마을 뒷산에 있는 주산의 산신(소나무)과 마을 어귀에 있는 수구맥이 동신(느티나무)을 함께 섬기는데, 수산의 상제관과 수구맥이의 하제관을 안동 김씨와 각성받이가 나누어 맡아서 동제를 올린다. 산신과 동신을 섬기는 제관이 각각 상제관과 하제간으로 상하 차별이 분명할 뿐 아니라, 경비를 마련하기 위하여 굿패들이 걸립을 하거나 금기를 지키며 상하 동제에 함께 참여하지만, 그 순서는 항상 주산의 산신이 우선이다.

동제의 순서를 보면 산신이 더 높이 섬겨진다는 사실이 잘 드러난다. 정월 보름날 소산동

굿패들은 저녁을 먹은 뒤에 새 옷을 준비해서 우물가로 모여 목욕을 한 다음 새 옷으로 갈아입고 상제관이 있는 원도가로 간다. 원도가에서 상제관을 모시고 주산으로 먼저 가서 굿을 친 다음 상제관이 다른 준비를 하는 동안에 얼른 하제관이 있는 수구맥이로 내려와서 굿을 친다. 굿을 마치면 상하제관이 같은 시간에 함께 소지를 올린다. 같은 날 더불어 동제를 지내지만 제관의 명칭이나 굿을 치는 순서에서 항상 동신보다 산신이 우선한다는 사실을 알 수 있다.

하회마을의 경우는 화산(花山) 7부 능선에 있는 서낭당과 산기슭의 국사당, 마을의 삼신당이 차례로 상당·중당·하당의 3당 체제를 이루고 있는데, 상당인 서낭당은 사실상 산신당이나 다름없다. 그리고 마을을 지키는 동신은 바로 화산에 있는 서낭신이다. 비록 산신이라 일컫지 않아도 산에 있는 서낭당이 마을 동신의 주신인 것이며, 동제는 물론 별신굿을 할 때에도 화산에 올라가 서낭당에서 당제를 올린다. 서낭당을 지키는 제관을 산주(山主)라 하고 종신직 제관으로 섬기는 것도 서낭신을 산신으로 보는 까닭이다. 산주는 초하루 보름마다 서낭당에 가서 기도를 올리되, 다른 당에는 가지 않는다. 산에 있는 서낭신이 주신이기 때문이다.

별신굿은 산주가 서낭당에서 기도할 때 서낭신이 계시를 내리면 하게 된다. 별신굿의 시작도 상당인 서낭당에서 당세를 올리고 산주가 신내림을 받아 오는 데서 비롯된다. 중당인 국신당에는 마을로 내려오는 길에 상당에서 썼던 제물을 그대로 쓸 뿐 아니라 제의도 간단하다. 물론 신내림의 과정도 없다. 그리고 마지막으로 들리는 하당의 삼신당에는 '댕기러(다니러) 간다'고 하며 술만 한 잔 올리는 정도로 제의를 마친다. 보름 동안 집돌이 별신굿을 한 뒤에는 다시 서낭당에 올라가 당제를 지내고 서낭신을 제자리에 모시는 것으로 마무리를 한다28). 이때는 히당과 중당은 이예 기치지도 않고 바로

---

26) 농제의 역사를 연구한 민속학계의 견해 가운데 하나이다.

27) 林在海, 「韓國口碑文學大系」 7-9(韓國精神文化硏究院, 1982), 393-394쪽 참조.

28) 임재해, 「민속마을 하회여행」 (도서출판 밀알, 1994), 174-178쪽 참조.

상당으로 간다. 그러므로 산신인 상당의 서낭신이 마을을 지키는 주신임을 알 수 있다.

금오산 일대의 마을도 거의 같은 양상을 보인다. 구미시 수점동의 경우를 보면 뒷산인 금오산 기슭의 산신당(소나무숲)이 상당이고 마을 입구의 두 조산백이 돌무더기(느티나무)가 하당을 이루고 있는데, 제관은 상당제관과 하당제관으로 구분된다. 상당의 산신제에는 상하당 제관이 함께 올라가서 본격적으로 제사를 올리지만, 하당에는 하당제관만 상당 제사를 마치고 내려와서 제물을 간단히 차리고 제사도 간략하게 올린다.

상당제관은 하당제에 참여하지 않는다. 그만큼 하당의 제사는 상당인 산신제에 비하여 비중이 낮다. 상당의 정체는 산신으로 분명하고 모든 마을이 한결같으나, 하당의 정체는 서낭신이나 골맥이신으로 제각각인가 하면, 수점동과 갈항마을에서는 그 정체도 밝혀져 있지 않다. 따라서 이들 마을에서는 아예 동제를 산신제라 일컫는다.

산신을 우선으로 한 상하당 개념은 금오산 기슭에 자리잡고 있는 여러 마을에서 두루 나타난다. 금릉군 남면 갈항마을과 부상 1리, 칠곡군 북삼면 숭산마을과 강진마을이 모두 산신을 상당으로 섬기고 골맥이를 하당으로 섬기며 상당을 중심으로 동제가 진행된다. 부상 1리와 숭산마을은 상당만 산신인 것이 아니라 중당까지 산신이다29). 동제에서 산신이 차지하는 비중을 짐작하고도 남음이 있다.

이처럼 산신신앙과 골맥이신앙이 상하 관계로 존재하는 것은 일상의 관념 속에서도 널리 자리잡고 있다. 산은 하늘과 맞닿아 있는 곳이자30) 속세와 가장 떨어져 있는 공간이다. 하늘과 맞닿아 있는 곳이어서 신성한 공간이며 인위적인 작용을 쉽사리 허용하지 않는 곳이므로 자연스러운 공간이다. 따라서 신들도 하늘에서 내려올 때, 환웅천왕이 태백산에 내려온 것처럼 모두들 높은 산으로 내려왔다고 믿는다. 그러므로 뜻하는 바를 빌기 위해서도 신성한 산으로 가고 자연과 만나기 위해서도 사람이 적은 산으로 간다.

신과 산의 관계에서도 산은 신성한 곳이지만, 신과 사람의 관계에서도 산은 신성한 곳이다. 산은 사람이 함부로 범접하기 어려울 뿐 아니라 자기 뜻대로 어찌할 수 없는 신성공간이다. 속세를 떠나 도를 닦고자 하는 사람들이 모두 높은 산으로 가는 이유도 산을 신성한 공간으로 숭배하기 때문이다. 따라서 사람[人]이 골짜기[谷]에 있으면 세속의 예사사람[俗人]이 되지만, 사람[人]이 산(山)에 있으면 선계(仙界)의 신선 곧 선인(仙人)이 되는 것이다. 속인과 선인의 차이를 사람이 골짜기에 있는가 산에 있는가 하는 것으로 분별할 만큼, 산은 신성공간으로 인식되는 것이다. 실제로 '기' 수련을 하고 명상을 통해서 심신을 닦고자 하는 사람들은 지금도 마을을 떠나 산에서 기거하고 있다. 산이 심신을 단련하는 '수련' 공간이자, 도를 닦는 '수도'의 영역이며, 마음을 다스리는 '수양'의 세계인 것은, 산을 신성공간으로 숭배하는 마음이 우리 민족의 집단적 무의식 속에 저장되어 있는 까닭이다.

4. 산신신앙의 전통과 역사적 깊이

산신을 섬기는 전통은 산에 신령이 깃들어 있다고 생각하는 시기부터 비롯되었다고 한다면, 적어도 고조선 이전까지 거슬러 올라갈 수 있다. 단군신화에 의하면 환웅이 태백산 신단수 아래에서 신시(神市)를 열고 세상을 다스렸을

---

29) 임재해, '구비문학과 공동체신앙', 金烏山文化財地表調査報告書(安東大學校 民俗學研究所, 1994), 299-304쪽 참조.

30) 경북 경산군 자인면의 도천산(到天山) 유래를 보면, 산꼭대기에서 도끼자루 높이만 더 있으면 하늘에 닿을 수 있다고 한다. 한갓 야산에 지나지 않지만 근방에서 가장 높은 산이므로, 하늘에 이를 수 있는 산이라고 하여 도천산이라 이름 붙였다는 것이다.

뿐 아니라, 그 아들인 단군 또한 고조선을 세우고 뒤에 아사달에 들어가 산신이 되었다. 환웅이 태백산에 자리잡고 신시를 열어 세상을 다스렸다면 인세의 왕이면서 태백산의 산신 구실을 한 것이다. 하늘의 천신인 환웅이 태백산에 하강함으로써 산신이 된 것이다. 환웅이 태백산에서 산신 노릇을 했듯이 단군왕검은 죽어서 아사달의 산신이 되었다. 이 사실은 산신신앙 연구에 대단히 소중한 자료가 아닐 수 없다.

환웅처럼 하늘의 천신이 지상에 내려와서 산신으로 좌정하고, 단군처럼 건국시조왕이 죽어서 산신이 되었으니 산신이야말로 민족 최고의 신으로 떠받들어질 수밖에 없다. 이처럼 천신이 하늘에서 산으로 내려와 인세의 지도자 노릇을 하거나, 왕이 죽어서 산신이 되는 고조선의 전통은 단군신화에 한정되지 않는다. 삼국시대까지 널리 일반화된 전통으로 지속되었다. 신라건국 이전의 6부 촌장들이 한결같이 하늘에서 제각기 산으로 하강한 신성한 존재이며 석탈해또한 죽은 뒤에 토함산의 산신이 된 것이다. 자세한 내용을 {삼국유사}에서 찾아본다.

양산촌(楊山村)의 촌장 알평(謁平)은 하늘에서 표암봉(瓢嵒峰)에 내려오고, 고허촌(高墟村)촌장 소벌도리(蘇伐都利)는 하늘에서 형산(兄山)에 내려왔으며, 대수촌(大樹村)의 촌장 구례마(俱禮馬)는 하늘에서 이산(伊山)에 처음에 내려왔으며, 진지촌(珍支村) 촌장 지백호(智伯虎)는 처음에 화산(花山)으로 내려왔다. 그리고 다섯째 가리촌(加利村) 촌장은 지타(祇沱)였는데처음에 명활산(明活山)에 내려왔으며, 6촌 가운데 여섯째인 고야촌(高耶村) 촌장 호진(虎珍)은처음에 금강산으로 내려왔다[31].

6부 촌장신화는[32] 자세한 줄거리가 남아 있지 않지만 시조들이 모두 하늘에서 산으로 내려왔다는 점에서 일치하며, 모두 특정 성씨의 시조가 되는 한편 일정한 공동체의 정치적 지도자가 되었다는 사실도 한결같다. 그리스 신화의무대가 올림푸스(Olympus)산인 것처럼 우리고대신화의 무대도 대부분 산이었다. 산은 하늘과 마찬가지로 신이 사는 신성한 공간으로 믿어졌기 때문이다[33].그러면서도 우리 신화는 그리스 신화와 다른 독자성을 지니고 있다. 이를테면 하늘에 있던 신이 산으로 내려와서 건국시조가 되었다고 하는 천신 강림구조의 건국시조신화라는 점이다. 수로왕(首露王)이 하늘에서 구지봉(龜旨峰)에 하강하는 것도 마찬가지 구조이다. 이러한 구조는 단군신화의 내용과 고스란히일치한다.

하늘에서 환웅이 태백산에 하강　→ 신시의천왕이 됨 → 건국시조 단군왕검의 등장
하늘에서 신들이 6촌의 산에 하강 →　6촌의촌장이 됨 → 건국시조 박혁거세의 등장[34]

석탈해는 멀리 바다로부터 와서 신라 4대 왕이 되었는데, 죽어서 신으로 나타나 "내 뼈를동악에 안치해 두어라"고 하므로 동악에 묻었더니 뒤에 동악의 신령이 되었다고 한다.[35] 탈해왕은 죽어서 지금의 토함산 산신이 된 것이다.단군 또한 고조선을 세우고 1500넌을 다스린뒤에, 도읍을 "장당경(藏唐京)으로 옮겼다가 돌아와서 아사달(阿斯達)에 숨어 산신이 되니, 나이는 1908세였다"고[36] 한다. 그러므로 고조선이래로 천신이 산으로 내려와 인간세상의 통치

---

31) 「三國遺事」 卷第一, 新羅始祖 赫居世王.

32) 임재해, 「민족신화와 건국영웅들」(천재교육, 1995), 188-206쪽 참조. 일반적으로 6부 촌장에 관한 기록은 신화로 간주하지 않는데, 나는 성씨시조이자 성읍국가의 시조에 관한 이야기로서 신화적 내용을 갖추었을 뿐 아니라, 다른 건국시조와 서사적 구조도 일치한다는 점에서 신화로 인정하고 이 책에서 다른 신화와 나란히 다루었다.

33) 그리스 북부에 있는 Olympus 산은 그리스 신화에 등장하는 신들이 살았던 공간인데, 신들이 사는 하늘의 세계(Heaven)와 같은 뜻으로 받아들여진다.

34) 임재해, 「민족신화와 건국영웅들」, 195쪽.

35) 「三國遺事」 卷第一, 第四 脫解王.

36) 「三國遺事」, 卷第一 紀異 第一 古朝鮮.

자 노릇을 하고, 인간의 왕이 죽어서 또 산신이 됨으로써 산을 섬기는 제의적 전통은 나라 차원에서 계속 될 수밖에 없다.

하늘의 신이 더 이상 하늘에 있지 않고 산에 내려와서 터를 잡고 산에서 계속 머물게 되면 사실상 이때부터 산신이 되는 것이다. 단군이 인세에 있으면 인신(人神)이자 인왕(人王)이지만 산에 들어가면 산신이자 산왕(山王)이 되는 것도 이와 마찬가지이다. 따라서 단군은 환웅천왕의 아들로 인식되기도 하지만 태백산 산신의 아들로 해석되기도 한다.

신인(神人) 단군(檀君)이 태백산 신단수(神檀樹) 밑에서 출생하여 일어나 시조(始祖) 왕이 되매, 중국 요임금과 나란히 서게 되었다. 그렇다면 태백산이 처음으로 한 나라의 왕을 잉태하여 (太白 太白始胎 于一國王) 조선 국민으로 하여금 동방 오랑캐라는 이름을 아주 벗게 하였고, 마침내 삼계(三界)의 스승을 봉안하여 또 동방의 백성들로 하여금 부처가 될 인(因)을 잃지 않게 하였으니 이것이 어찌 산의 신령스러움이 아니겠는가. 「청허당집(淸虛堂集)」37)

서산대사는 자장법사가 가져 온 사리와 유골을 봉안한 부도가 있는 곳이 바로 고조선의 신시(神市)이며 이 산의 산신이 단군을 낳아 나라를 처음으로 세웠다고 하였다38). 이를 근거로 단군신화를 더 적극적으로 해석하면 우리 건국시조인 단군은 산신의 아들로 태어나서 다시 산신이 되었다는 것이다. 우리 신화에서 산은 신이 하늘에서 강림하는 공간이자, 인간이 신선이 되고자 하거나 산신이 되어 들어가는 신성공간인 것이다. 그러므로 산신은 우리 민족을 있게 한 최고의 민족신이자, 처음으로 민족국가를 수립한 최초의 국가신으로 재인식되어야 마땅하다

하겠다.

시조왕 단군이 산신의 자손이면서 단군 또한 죽어서 산신이 되었으니 고조선의 국가신앙은 산신을 숭배하지 않을 수 없다. {삼국지(三國志)} 위서(魏書)나 {후한서(後漢書)} 동이전(東夷傳) 예조(濊條)에 의하면, 한결같이 '산천을 존중하는 풍속이 있었는데, 산천에는 각기 관할 영역이 나뉘어져 있어서 망령되이 서로 간섭할 수 없었다'고 하며, '시월의 제천행사 때는 음주가무하며 무천(儛天)이라고 하는 축제를 벌이고 호랑이를 신으로 위하여 제사를 올렸다'고 한다39). 이러한 뿌리깊은 전통에 의해, 요즘까지 세간에서 여전히 호랑이를 산신으로 인식하고 산신제를 올리는가 하면, 아예 범을 산신령으로 일컫는 전통이 널리 확산되어 있다. 따라서 산신당의 산신도(山神圖)에는 산신령과 함께 호랑이가 그려져 있게 마련이다. 이때 호랑이는 산신이기도 하고 산신의 사자이기도 하다. 그러므로 어른들은 호랑이를 보아도 범이나 호랑이로 일컫는 것을 금기로 여기며 굳이 지칭해야 할 때에는 신령님 또는 산신령이라 일컫는 것이다.

산 또는 산신을 섬기는 전통은 신라시대에도 구체적으로 확인된다. 신라에서는 나라에서 지내는 제사를 대.중.소로 나누었는데 가장 큰 제사이든 가장 작은 제사이든 모두 산을 섬김의 주대상으로 삼아 제사를 올렸다. 가장 큰 제사인 '대사(大祀)'는 경주 인근의 세 산에서 올렸는데40), 이 산의 신은 삼산신(三山神)으로 일컬어졌다. {삼국유사} 김유신 조에 의하면, 이들 세 산신은 신라를 지키는 호국신으로 인식되었다41). 결국 신라를 수호하는 국가신으로서

---

37) 조용호, '지리산 산신제 연구', 경북대학교(2000
    년 3월 25일)에서 발표한 논문
    (http://www.jirisan21.com에서 재인용).
38) 조용호, 위와 같은 글.
39) 「三國志」魏書 濊傳. "其俗重山川 山川各傳粉
    不得妄相涉入 …十月節祭天 飮酒歌舞 名之爲儺
    天 又祭虎以爲神"
40) 「三國史記」卷32 雜志 祭祀 新羅條에 의하면
    三山의 첫째가 奈歷이고 둘째가 骨火이며 셋째
    가 穴禮이다.
41) 「三國遺事」卷第一, 紀異 第二 金庾信. 김유신
    이 白石을 따라 여행 중에 3낭자가 나타나 자신
    의 정체를 밝힐 때, "我等奈林穴禮骨火等 三所護

삼산을 숭배했던 것이다. 삼산은 신라 건국 초기에 있었던 세 작은 나라들의 시조가 하늘에서 내려온 곳이라고 해석되기도 한다42). 그러므로 삼산의 산신은 환웅천왕이 처음 지상으로 내려와 신시를 펼쳤던 태백산 산신이나, 단군이 죽어서 산신이 되었다고 하는 아사달의 산신과 마찬가지로 사실상 나라를 지킨 호국신이자 국조신이며 국가신이었던 것이다.

중간 제사는 다섯 산을 중심으로 여러 산과 바다에서 지냈다. 신라가 삼국통일을 완성하고 난 뒤에 동악(東岳)인 토함산과 서악인 계룡산, 남악인 지리산, 북악인 태백산, 중악인 팔공산이 오악(五岳)으로 자리잡게 되어 중사(中祀)의 대상이 되었다43). 오악 가운데 토함산은 신라의 국조신인 탈해의 유골이 묻힌 산이자, 탈해가 산신으로 있는 산이다. 지리산에는 산신인 노고(老姑)를 제사지내는 노고단(老姑壇)이 신라 이래 지금까지 있다.

태백산 역시 신라때부터 산신제를 올리던 누석단이 아직 남아 있고44), 계룡산의 산신제 또한 조선시대 중악단(中嶽檀)을 세워 국행제(國行祭)로 모셨으며, 현재도 계룡산산신제보존회에서 산신제 봉행은 물론 축제까지 벌이고 있다45). 그리고 팔공산은 통일신라의 중악으로서 지리적 중심지이자, 아버지 산이라는 뜻의 '부악(父岳)'으로도 일컬어진 것을 보면 당시 산악신앙의 근간을 이루었음을 알 수 있다. 팔공산의

산신을 국가 차원의 공적 제의로서 섬기기 시작한 것은 신라시대부터였으며, 현재도 팔공산 주변에는 산신제가 널리 전승되고 있다.

큰 제사와 중간 제사에 이어서, 작은 제사도 전국의 명산을 망라하여 올렸다. 금강산을 비롯하여 설악, 화악(花岳), 부아악(負兒岳, 北漢山), 월내악(月奈岳, 月出山), 무진악(武珍岳, 無等山) 등 약 30 곳의 산이 국가에서 올리는 소사(小祀)의 대상이었다46). 이처럼 국가 제의로서 산을 섬기는 것은 나라를 지키고 왕조를 보존하며 천재지변의 재앙을 물리치는 데 목적을 두고 있다. '삼산'과 '오악' 등 나라의 중심을 이루는 큰산들은 곧 나라의 번영을 보장하는 신성한 공간으로 인식되었던 것이다47).

높은 산이 신성공간으로 주목되는 것은 단군신화나 6부촌장 신화에서 보는 것처럼 나라를 다스리는 지도자가 하늘로부터 지상으로 내려올 때 높은 산에 내려오는 까닭이다. '산이 천신의 하강을 위한 사다리 구실을 한다고 믿어서 산을 신성하게 여기는 것이다'48). 높은 산 정상은 천신의 하강하는 곳이자 머물러 있는 곳이므로 천제당은 대부분 산꼭대기에 있으며 제당을 짓지도 않는다. 자연바위를 모아서 제단을 마련할 따름이다. 집을 지으면 지붕이 하늘을 가려서 천신이 강림하는 데 장애가 된다고 믿기 때문이다49).

국가에서 산신제를 지내는 근거는 건국신화를 통해서도 마련되지만, 왕이 직접 산신을 목격하고 산신의 춤을 따라 추기도 했다는 기록을 통해서도 마련된다. 경덕왕(景德王)은 삼산신과

國之神"이라 했는데, 이 세 장소가 바로 삼신산이다.

42) 文暻鉉, '新羅인의 山岳 崇拜와 山神', <新羅文化祭學術發表會論文集> 12 -新羅思想의 再照明 (新羅文化宣揚會, 1991), 16쪽에서 이 삼산은 신라 건국시기의 3小國의 시조 誕降地라고 여겨진다 했다.

43) 「三國史記」 卷32, 雜志 祭祀 新羅條 참조.

44) 文暻鉉, 앞의 글, 20쪽.

45) 계룡산산신제보존회에서 「계룡산 산신제 복원 조사 보고서」(1997)를 간행하고 '계룡산 산신제 복원 학술심포지엄'(1997) 및 '동북아시아의 산신 신앙 학술 심포지엄' 등을 개최하였다. 공주시청 홈페이지(http://kongjuw2.kongju-e.ac.kr/~kongju) 참조.

46) 文暻鉉, 같은 글, 20 쪽 참조.

47) 임재해, '고대 제의에 나타난 한국인의 자연관과 인본주의', <民族學硏究> 3(韓國民族學會, 1998), 117-147쪽에서 고대인들이 산천을 비롯한 자연을 섬기는 문제를 자세하게 다루었으므로 참조하기 바란다.

48) 金泰坤, '國師堂 信仰硏究', <白山學報>, 표인주, 「공동체신앙과 당신화연구」(집문당, 1966), 184-185쪽에서 재인용.

49) 황루시, '강릉단오제 설화연구', <口碑文學硏究> 14(한국구비문학회, 2002), 450쪽.

오악신이 때때로 어전 뜰에 나타나거나 시립한 것을 보았을 뿐 아니라50), 헌강왕(憲康王)은 금강령(金剛嶺)에서 북악의 산신이 나타나 춤추는 것을 보았으며, 포석정에서는 남산신이 춤추는 것을 보고 직접 그 춤을 본떠 춤을 추어 보이기도 했다. 이 춤을 나라 사람들이 고려 중기까지 전승하며 어무상심(御舞象審) 또는 어무산신(御舞山神)이라 일컬었다고 한다. 게다가 산신이 춤추는 모습을 공예가에게 명하여 조각하게 하고 이를 후세 사람들에게 보이도록 하였다고도 한다51).

이처럼 왕이 직접 산신을 목격하고 그 춤을 스스로 추어 보이는가 하면 공인들에게 산신의 춤추는 모습을 조각하여 뒷사람들에게 보이도록 명령하고, 실제로 고려 중기까지 그 춤이 세간에 전승되었다고 하니, 산신숭배의 전통을 가히 짐작할 만하다. 왕조가 바뀌어도 산신춤의 전통은 끊이지 않았던 것이다. 따라서 고대 중국인들은 신라의 이러한 풍속들을 고려하여, 신라사람들은 '산신에게 제사 지내기를 좋아했다'고52) 기록하였다. 그러므로 중국사람들이 사서에 특별히 기록할 정도로 우리 민족의 산신신앙은 상당히 각별했다고 인식하지 않을 수 없다.

5. 산신신앙의 신격 위상과 산신당의 변화

신라에서 국행 제의로 산을 섬기는 전통은 고려를 거쳐 조선조까지 이어졌으나 그 뒤로 점차 국가 제의에서 멀어지게 되었다. 현재는 어느 산도 국가 차원의 제의 대상이 되고 있는 경우는 없다. 그렇지만, 마을 단위로 전승되는 산신제는 아직 지역마다 널리 남아 있다. 팔공산의 경우를 보면, 산기슭에 자리잡고 있는 여러 마을에서 자기 마을을 지키는 동제의 일환으로 산신제를 올리고 있어 산신신앙의 전통을 확인할 수 있다. 신라 이래 조선조까지 국가제의였던 팔공산 신앙이 마을 제의로 축소되어 전승되고 있는 셈이다. 원래는 국가 제의와 고을 제의, 마을 제의가 함께 공존하다가 공적 제의인 국가와 고을 단위 제의는 폐지되자, 세간에서 전승되는 마을 제의만 민속신앙의 하나로 남아 전승되는 것으로 이해된다.

팔공산 지역 조사보고서를 통해서, 팔공산의 기슭에 자리잡고 있는 마을 단위의 동제를 보면, 구체적인 양상은 다소 차이가 나지만 대체로 정월 대보름에 마을 뒷산 중턱에 자리잡고 있는 산신당에서 산신제를 올린다는 사실을 포착할 수 있다. 이를테면, 남원 2동(칠곡군 동명면)에서는 가산당 천왕(天王)이라 하여 가산 산신을 섬기고, 동산동(군위군 부계면)에서는 마을 뒷산의 산신당에 당제를 지내며, 남산동(군위군 부계면) 서원마을에서도 뒷산의 산신당에서 산신제를 올렸으나 근래에 중단되었다. 대율동(군위군 부계면)에서는 마을 뒷산 옥녀봉 중턱에 산신당을 모셔두고 산신제를 올리고 있고, 가산 1동(칠곡군 가사면) 북창마을에서도 가산 천왕을 섬기는 산신고사가 있으며, 치일동(영천군 청통면)에서도 뒷산에 산신터가 있어서 산신고사를 지내왔다.

조사 대상으로 삼은 8개 마을 가운데 두 마을을 제외한 6개 마을에서 산신을 섬기는 제의를 산신제, 산신고사 또는 당제라는 이름으로 다양하게 올리고 있다. 산신제라는 명칭을 쓰지 않는 용수동 용계마을의 동제에서도 정성이 모자라면 밤에 산신령 곧 호랑이가 나타나 흙을 던지는 일이 있다고 하고, 남산동 각골마을의 경우에도 동신제라고 하지만 동제 날짜가 인일(寅日)에 잡히면 산신을 모시지 못한다고 하는 걸 보면, 팔공산 주위 마을들은 한결같이 산신을 동신으로 섬기고 있음을 알 수 있다.

여기서 주목되는 것은 팔공산이나 금오산처럼 큰 산을 끼고 있는 마을의 경우 동제의 명칭

---

50) 「三國遺事」卷第二, 景德王・忠談師・表訓大德. "五岳三山神等 時或現侍於殿庭."

51) 「三國遺事」卷第二, 處容郞 望海寺.

52) 舊唐書, 魏書 東夷傳. "好祭山神". 柳東植, 같은 책, 80쪽에서 재인용.

을 무엇으로 일컫든 또는 동제당이 몇 개가 있든 모두 산신과 연관되어 있거나 산신을 우선으로 섬긴다는 사실이다. 대율동의 동제를 보면53) 이러한 사정이 잘 나타나 있다. 대율동에는 동제가 동신제와 산신제로 이원화되어 있는 것은 물론 제의 공간까지 진동당(鎭洞堂)과 산신당으로 나뉘어져 있다. 그렇지만, 마을 입구 솔숲에 자리잡고 있는 진동당의 동신을 나타내는 신체(神體)는 사실상 팔공산에서 비롯된 것이어서 산신과 서로 연관되어 있다.

대율동에서도 과거에는 나무로 오리를 조각한 솟대를 '비신'이라 하며 3년마다 새로 세웠다. 나무로 솟대를 세울 때에는 반드시 팔공산에서 자란 정결한 나무를 가려서 베어 썼다. 현재는 3년마다 새로 솟대를 깎아 세우는 번거로움을 덜기 위해 아예 솟대를 돌로 만들어 세웠는데, 이때에도 팔공산에서 굴러 내려온 돌을 사용했다고 한다. 물론 마을 사람들은 영험한 팔공산 산신이 내려주신 돌로 믿고 있으므로54) 사실상 진동당은 팔공산 산신의 휘하에 귀속되어 있는 것이다. 제사는 횃불로 신호를 올려 동신제와 산신제를 동시에 지내긴 하되, 중요한 제물은 동신에 우선하여 산신께 바친다. 이를테면 제물 가운데 중요하게 여기는 장닭의 머리는 산신에게 바치는 것이다55). 그러므로 대율동 동신은 팔공산 산신의 영향 아래 있거나 그 하위신으로 존재하고 있음을 알 수 있다.

대율동 동신을 '천왕'이라 일컫는 점도 흥미를 끈다. 남원동과 가산동에서는 산신을 가산 '천왕'으로 일컫는다. 환웅이 태백산 신단수 밑에 내려와서 신시를 열고 '천왕'을 자처한 것처럼, 산신은 곧 천왕으로 일컫기도 한다. 지리산 산신이 성모천왕으로 일컬어지며 그 최고봉이 천왕봉의 이름을 가지고 있는 것도 같은 맥락에서 이해할 수 있다. 가산동 산신이 가산 천왕이듯이 대율동의 대율 천왕도 결국 팔공산 산신의 확장이자 이동이며 변이라 할 수 있다. 그 보기를 단군신화에서 찾는다면 환웅천왕에서 태백산신으로 이동되듯이, 대율동 동신도 천왕에서 산신으로, 다시 산신에서 동신으로 이동 확장되면서 신격이 변이된 것이다.

그것은 천왕이라는 이름뿐만 아니라 팔공산에서 자란 나무나 팔공산 산신이 내려준 돌로 천왕의 신체를 깎아 세웠다는 사실에서 구체적으로 확인된다. 이러한 사실은 산신제를 올리지 않는 마을에서도 마을을 수호하는 신격을 산신 또는 산신령으로 인식하고 있다는 점에서 그리 다르지 않다. 그러므로 팔공산 산신은 나라를 지키는 호국신령으로 통일신라 때부터 섬겨져 왔을 뿐만 아니라, 현재는 그 산자락에 터를 잡고 모듬살이를 이루고 있는 주민들에 의하여 제각기 다양한 양식으로 섬겨지고 있으되, 그 잃어버린 역사적 자취들을 전통 속에 잘 갈무리하고 있음을 발견할 수 있다.

마을마다 섬기는 당의 이름이 제각각이지만, 크게 당의 위치에 따라 세 가지로 나눌 수 있다. 바닷가로 가면 용왕당이나 해랑당, 해신당이 있고 산촌으로 가면 산신당이나 산왕당, 산제당이 있으며, 농촌으로 가면 성황당, 서낭당, 골매기당, 거리당 등이 있다. 당의 이름이 지역성을 지니고 있으면서도 신격의 위상을 나타내는 유형이 있다. 바다를 관장하는 신격으로 용왕을 모시는 용왕당이 있는가 하면, 산을 관장하는 신격으로 산왕을 모시는 산왕당도 있다. 용신당이나 해신당이라 하여도 사실 용신의 정체가 용왕인 것처럼, 산신당이나 산제당이라 하여도 산신의 정체는 달리 말하면 산왕이다. 인격신으로서 용왕 또는 용신의 실체가 현실적으로 용이듯이 인격신으로서 산왕 또는 산신의 실체는 현실적으로 호랑이이다. 호랑이는 그 자체로 산왕이자, 산신령이며 산신인 것이다.

---

53) 안동대학교 민속학과에서 학과정기답사로 경북 군위군 부계면 대율동의 민속조사를 2박 3일간 하였으나 보고서가 나오지 않았다.
54) 張東洙, '傳統마을 한밤 「大栗」 景觀의 意味解釋'(서울市立大學校 大學院 碩士學位論文, 1990), 115쪽. 사람들은 영험한 팔공산 산신이 내려주신 돌로 믿는다고 했다.
55) 張東洙, 같은 글, 117쪽.

용신이 용왕이고 산신이 산왕이듯이 천신은 천왕이라 할 수 있다. 실제로 환웅은 천신이지만 환웅천왕이라 하였다. 신과 왕은 동격인 것이다. 단군왕검이나 석탈해왕이 산신이 되었다고 하는 것도 왕과 신의 격을 함께 신성시한 까닭이다. 따라서 산제당이라고 하더라도 그 모시는 신격은 산신 또는 산왕인 것이다. 충주시 노은면 대덕리에는 동신을 산제당이라 하지만 당 안에 모셔 놓은 위패에는 '산왕신위(山王神位)'라 써 놓았다56).

흥미로운 것은 산신을 일컬어 산왕이라 하지 않고 천왕이라 일컫는 마을이 있다는 사실이다. 팔공산 주변의 남원동과 가산동은 산신을 '가산천왕'이라 하고 대율동에서는 동신을 '대율천왕'이라 한다. 지리산 산신도 '성모천왕'이며 태백산에 좌정한 환웅도 '환웅천왕'이다. 환웅은 하늘에서 내려온 천왕이면서 태백산 신단수에 신시를 베풀고 이를 다스린 태백산신이기도 하다. 실제 산신당은 집의 형태를 이룬 경우도 있지만 대부분 신수(神樹)의 형태를 이루고 있다. 서낭당이나 산신당의 원초적 형태는 당집이 아니라 나무 또는 숲이었다. 따라서 신단수는 현재의 산신당이나 다름없으며 환웅은 오늘날 산신이 산신당에 깃들어 있는 방식과 같은 방식으로 신단수에 머물러 있었던 것이다. 그러므로 천왕이 산으로 내려와서 산신 곧 산왕이 되었다는 점에서 천왕당과 산왕당의 연관성과 지속성을 읽어낼 수 있다.

지리산 성모는 천왕이지만 선도산 성모는 산신이다. 여기서도 천왕과 산왕의 연관성을 읽을 수 있다. 지리산에 천왕봉이 있는 것도 성모천왕에서 비롯된다고 했다. 백두산과 같은 아주 높은 산의 천왕봉도 같은 맥락에서 이해할 수 있다. 과거에는 천왕을 모시는 당이 있었을 가능성이 있다. 실제로 태백산에는 천왕당이 있었으며 현재는 천제당으로 주로 일컫는다. {허백

당집}과 {미수기언} 에 의하면, "태백산에 천왕당이 있어 삼도(三道)의 백성들이 앞다투어 제사를 지내는데 제물을 이고 지고 산으로 오르는 천제 행렬이 얼마나 붐볐는지 앞사람의 발뒤꿈치를 밟고 옆 사람과 어깨를 부딪칠 정도였다"고 한다57).

울주군 상북면의 배내, 그리고 밀양군의 산내면과 단장면 사이에 있는 천황산(天皇山)의 유래도 천왕봉(天王峰)에서 비롯된 것이다. 고대 국읍의 장을 천군(天君) 또는 천왕(天王), 천왕랑(天王郎)이라 하였는데, 천왕이 받드는 제단이 산꼭대기에 있어서 천왕당 또는 산왕당이라 불렀던 데서 천왕봉이 유래되었고 이를 더 높여서 천황산이라 하였다는 것이다58). 천왕당은 천황산이나 태백산 또는 지리산처럼 아주 높은 산에만 있었던 것도 아니다. 대구광역시 비산동(飛山洞)에도 천왕봉이 최근까지 있었다.

비산동 날뫼 북춤 '천왕메기'는59) 비산동 일대에서 자생하여 발전해 온 풍물로서, 지역 주민들이 오랜 옛날부터 신앙해 오던 천왕당(天王堂)에서 해마다 정월 보름날 펼치던 '천왕메기굿'에서 비롯된 것이다. 천왕당은 비산동의 동제당인데 1960년대 도시개발 과정에서 없어졌으나 원래는 기천왕·중천왕·말천왕의 3당이었다. 신목(神木)과 신당(神堂) 및 조산(造山)으로 이루어져 있었고 신당에는 천왕도(天王圖)가 봉안되어 있었다60). 그러므로 천왕당의 역사와 분포는 고대 태백산 정상에서부터 최근의 대구 비산동 천왕당까지 이어진다고 할 수 있으며, 여기서 모시는 천왕이 산 정상에 자리잡고 있을 뿐 아니라, 산신당에도 모셔지고 있으므로 천왕이 산왕으로 이어진다고 할 수 있다.

---

56) 이관호, '성스러움이 깃든 마을신의 상징물, 신체(神體)', <민속소식> 80(국립민속박물관, 2002년 4월호), 16쪽.

57) 한양대학교 문화인류학과 답사보고 자료 (http://web.hanyang.ac.kr/~culture/aca/field/982/982 eth1-3.html).

58) 울산지명사(울산문화원), http://home.ulsan.ac.kr/~jhlee1/chwhurae.htm.

59) 대구광역시 <무형문화재> 제4호(1989. 6. 15.)로 지정되었다.

60) http://www.kcaf.or.kr/jiwon/97jiwon/97minsok/daegu.htm.

실제로 신격들은 하늘에서 산으로 내려와서 천신이 산신이 되듯이 천왕이 산왕이 되었을 뿐 아니라, 산신 또는 산왕은 산에서 다시 고을이나 마을로 내려와서 골맥이신이나 서낭신이 된다. 안동시 남선면 도로리 사붓골에 있는 갈라당의61) 경우 원래는 갈라산 정상에 있는 산신당이었는데, 몇 차례 이동하여 이제 산기슭에 자리잡게 되었다. 주민들의 진술에 의하면 밤에 산꼭대기까지 산제를 지내러 가기 어렵기 때문에 마을 가까이 당을 옮겼다고 한다. 따라서 천왕당에서 산왕당으로 변화되면서 산꼭대기에서 산중턱으로 내려오다가 마침내 마을 어귀의 서낭당이나 동신당으로 자리잡게 된 것이 아닌가 한다. 그러므로 대부분의 서낭신은 산신신앙으로부터 비롯되었다고 할 수 있다.

오늘날 서낭당과 성황당의 명칭을 두고, 서낭당은 우리의 토착 동신당이고 성황당은 중국 성지(城池) 신앙에서 비롯된 것으로서62) 명칭의 유사성이 있을 뿐 서로 영향관계로 볼 것은 아니라고 인식한다63). 오히려 중국의 성황당과 상관없이, 우리의 '천왕'이나 '산왕'에서 '서낭'이 왔을 가능성이 있다. 김태곤은 이 문제를 자세하게 다루고 천왕과 산왕을 연관지어 보면서도 산왕에서 선왕으로, 선왕에서 서낭으로 바뀌었다고 본다64). 그러나 천왕당은 흔하게 있어도 산왕당은 거의 없다. 다만 산신당에 모시는 신격을 산왕으로 표기할 따름이다.

그렇다면 산왕당이 아닌 천왕당에서 서낭당으로 바뀌었을 가능성이 더 높다. 어촌에는 배에서도 '배서낭'을 모시는데, 이를 두고 산왕에서 왔다고 하기 어렵다. 왜냐하면 산신이 배와 어업을 관장한다고 보기 어려운 까닭이다. 그러나 하늘에서 내려온 천왕은 하늘이나 산, 바다, 들 등 어디서나 힘을 미친다. 배천왕은 신앙으로 받아들일 수 있되, 배산왕은 신앙으로 받아들이기 어렵다. 더군다나 '산'이라는 의미가 분명한 단어가 '선'으로 바뀌기 어렵지만, 천왕은 선왕(仙王)으로 의미변화를 일으킬 수 있다. 신선이나 선녀는 선계에 있는 초월적 존재로서 하늘나라에도 있고 높은 산에도 있다. 천녀(天女)가 곧 선녀이듯이 천왕이 곧 선왕이 될 수 있다. 실제로 조선후기의 문헌에 선왕당(仙王堂)이라는 기록이 보인다65). 따라서 단군신화의 환웅천왕과 천왕당을 고려할 때 '천왕당에서 선왕당 → 서낭당'으로 변화되었다고 추론된다. 그러므로 산신신앙의 전통은 고조선 건국 이전의 환웅천왕에서부터 비롯되어서 지금의 서낭당 신앙으로까지 이어졌다고 할 수 있다.

물론 산신이 반드시 천신에서 온 것은 아니다. 역사적 전개과정을 볼 때, 산신은 천신으로부터 와서 서낭신으로 나아갔다고 할 수 있지만66), 산신신앙이 정착된 단계에서는 산신이 천신의 강림과 상관없이 그 자체로 존재할 뿐 아니라, 사람이 죽어서 산신으로 좌정하기도 한다. 그러한 전통 또한 이미 단군과 석탈해에서 비롯된다. 왕이 아닌 예사 사람들도 죽어서 산신이 된다. '다자구 할머니'가 산신이 되었다고 하는 죽령 산신의 경우가 그러한 보기이다.

옛날 죽령에는 산적들이 밤낮으로 나타나 백성을 괴롭혔는데, 산이 험준하여 관군도 산적을 토벌하기 힘들었다. 이때 한 할머니가 나타나서 산적소굴에 들어가 '다자구야' 하면 산적이 자고 있는 것이고, '덜자구야' 하면 도둑이 자지 않고 있는 것으로 관군과 계획을 짰다. 두목의 생일날 밤 술에 취해 산적이 모두 잠들자 할머니가 '다자구야'라고 외쳐 이 소리를 들은 관군이 산

<hr>

61) 이 글의 각주 23)을 참고하기 바란다.
62) 조지훈, '한국사상사의 기저', 주강현, 우리문화의 수수께끼(한겨레신문사, 1996), 186쪽에서 재인용.
63) 주강현, 앞의 책, 171-187쪽 참조.
64) 金泰坤, 韓國民間信仰研究(集文堂, 1983), 101-105쪽 참조.

65) 李圭景, 「五洲衍文長箋散稿」 "我東八路嶺峴處有仙王堂", 金泰坤, 앞의 책, 103쪽에서 재인용.
66) 金泰坤, '韓國神堂研究', 국어국문하 29(국어국문학회, 1965), 83쪽. 金泰坤, 같은 책, 99쪽에서 재인용. "서낭당이 天王堂으로 불리우는 것은 서낭신이 天神→山神→서낭신의 轉變過程을 거친" 것이라 하였다.

적을 모두 소탕하였다. 나라에서 이 할머니의 공적을 기리도록 사당을 세워 제사를 지내게 한 것이 죽령산신제의 유래이다. 따라서 이 산신당을 '다자구할머니당'이라고도 한다67). 따라서 천신이 아닌 호랑이가 산신으로 섬겨지는가 하면, 마을을 처음 개척했거나 마을에 큰 공을 세운 사람이 죽어서 산신이 되기도 한다. 그러므로 산신의 정체를 역사적 전통에 따라 단선적으로 규정하는 것은 산신신앙의 다양성을 부정할 위험이 있다.

6. 산신설화에 나타난 산신의 영험인식

산 또는 산신을 숭배하는 것은 반드시 산신제를 통해서 이루어지는 것은 아니다. 그것은 기독교인들이 예배나 미사를 통해서만 하느님을 섬기고, 불교인들이 법회를 통해서만 부처님을 섬기는 것이 아닌 현상과 마찬가지이다. 신앙심이 마음 속에 깊이 자리잡고 있으면 신앙활동이 평소의 일상생활 속에 다양하게 나투어진다. 교회나 사찰에 가지 않을 때도 신앙적인 삶을 사는 것처럼, 산신당에 가지 않아도 산신을 섬기고 신앙행위도 한다. 앞에서 살펴본 것처럼, 세시풍속에 따라 마을 제관들이 산신당에 가서 공동체 제의로 산신제로 올리는 일 외에도 개인적으로 크고 작은 일에 따라 산에서 일을 할 때마다 산신을 섬기는 다양한 신앙행위를 하는 것이다. 그러면 이러한 신앙을 가능하게 하는 힘은 어디서 오는 것일까.

하느님과 부처님을 믿는 신도들은 종교적 사랑이나 자비심과 같은 그분들의 말씀을 귀하게 여겨서 신앙심을 갖기도 한다. 하지만, 더 본질적으로는 이들 신격이 사람들과 다른 초월적 역량, 곧 신통력이나 신이성을 발휘한다고 믿는데서 신앙심이 생긴다. 다시 말하면 신앙심은 곧 믿음인데, 그것은 현실적으로 가능하지 않은 불

가사의한 힘 또는 종교적 신비체험을 사실로 굳게 믿는데서 형성되고 축적되며 성숙된다. 사실로 인정하기 어려운 신격의 불가사의와 신이한 기적을 사실로 굳게 믿을 때 신앙심이 탄탄하게 자리잡게 되는 것이다.

따라서 기성종교처럼 사랑과 자비를 근간으로 하지 않은 기복신앙이나 주술적 신앙행위도 민속신앙의 양식으로 다양하게 형성 전승되는데, 그것은 초월적인 힘과 신비현상을 신앙과 연결하여 믿고 있기 때문이다. 아무리 인격적으로 훌륭하고 학식이 높다고 하더라도 종교적 섬김의 대상이 되는 것은 아니다. 왜냐하면 그들이 예사 사람들과 다른 대단한 신통력을 발휘하거나 불가사의한 이적을 행하지 않는 까닭이다. 그러나 경전과 같은 가르침은 물론 인격이나 학식도 갖추지 않은 인물이 유사 종교의 교주가 되는 경우가 있다. 게다가 아예 인격이 없는 자연물조차 신앙의 대상으로 삼아 섬기는 신앙도 아주 많다. 한결같이 인물이나 자연물이 신통한 힘을 발휘한다고 믿는데서 신앙심이 생긴 결과이다.

인물이나 신, 또는 자연물이 발휘하는 초월적 신통력이나 신이한 힘의 체험을 세간에서는 흔히 영험(靈驗)이라고 한다. 그러고 보면 사람들이 믿는 것은 종교적 영험이라 할 수 있고 모든 신앙심은 신이한 영험에서 비롯된다고 할 수 있다. 만일 아무런 영험이 없는 존재라면 하느님이든 부처님이든 믿고 섬기지 않는다. 대상은 하느님이고 부처님이거나, 자연물 또는 인물이어서 본질적으로 서로 다를 수 있지만, 그 존재들이 종교적 신앙의 대상이 되는 것은 한결같이 영험이 있을 뿐 아니라, 신앙에 따라 그 영험이 내게 미친다고 생각하기 때문이다. 그러므로 산을 숭배하고 산신을 섬기는 것 역시 산 또는 산신의 신통력이나 불가사의한 영험을 믿는데서 비롯된 것이라 할 수 있다.

산신신앙의 형성 및 전승의 힘을 알기 위해서는 산이나 산신의 영험을 믿는 사람들의 인식을 포착하지 않을 수 없다. 전승되는 설화는 이

---

67) 金榮振, 「韓國口碑文學大系」 3-3(韓國精神文化研究院, 1982), 32쪽, 단양읍 설화 5 '다자구 할머니 산신당(山神堂)의 유래'.

러한 산신에 대한 영험의 인식을 잘 갈무리하고 있는 자료이다. 단군신화에서 산신신앙의 이론적 실마리를 찾았듯이, 산신을 다룬 전설이나 민담을 통해서 산신의 영험을 믿는 민중의식을 포착할 수 있다. 산신신앙의 제의 자체는 산신의 영험을 구체적으로 설명하지 않지만 산신설화는 산신의 영험을 다양하게 진술해 주는 까닭이다. 신화는 제의의 구술적 상관물이라는 제의학파의 고전적 명제를 염두에 두지 않더라도, 신화와 제의는 밀접한 연관성을 지닌다68). 따라서 '제의는 행위로 표현한 신화요, 신화는 언어로 표현한 제의라고도 한다. 신화가 제의의 의미를 밝히는 것이라면 제의는 신화의 본질을 묘사하는 것이기 때문이다'69). 그러므로 산신신앙의 의미를 밝히기 위해서도 산신신앙의 신화구실을 하는 산신설화를70) 주목할 필요가 있다.

산신의 영험을 다룬 산신설화들은 주로 산신이 신통력을 발휘해서 사람을 도와준 이야기들이다. 사람을 도와준 방법에 따라서, 첫째 산신이 별 이유 없이 사람을 도와준 이야기, 둘째 산신이 도와서 역사적인 인물로 성공시킨 이야기, 셋째 산신이 효자효부를 도와준 이야기, 넷째 산신이 착한 사람을 도와준 이야기, 다섯째 산신이 정성껏 지기를 섬기는 사람을 도와준 이야기, 여섯째 산신이 예언을 통해 사람들을 도와준 이야기 등으로 나눌 수 있다. 도와주는 방

식에 따라 영험의 정도도 다르다. 이야기 자료를 통해 차례로 산신의 영험을 보기로 한다.

첫째, 별 이유 없이 사람을 도와준 이야기에는 1) '산신의 도움으로 급제한 휴암(休庵)'71), 2) '산신이 도와 과거에 합격하다'72), 3) '산신령의 도움으로 예쁜 색시 얻다'73), 4) '산신령의 기행(奇行)'74), 5) '산신이 도운 가짜 풍수'75) 등이 있다.

설화 1), 2)는 주인공이 과것길에 혼자 사는 여성의 집에 유숙하면서 잠자리를 같이 하고자 했으나, 그 여성이 일깨워서 불륜을 저지르지 않았는데, 이것이 교훈이 되어 자기를 유혹하는 시관의 딸이나 며느리 유혹을 물리칠 수 있어서 과거에 합격했다는 것이다. 물론 이때 주인공의 욕망을 나무라고 정조관념을 일깨워 준 여성은 산신이다. 산신이 선비의 일탈을 일깨워 준 것에 지나지 않는다는 점에서 한갓 도덕적 인격에 지나지 않지만, 앞으로 일어날 일을 미리 알고 성공적으로 대처할 수 있는 길을 일러주었다는 점에서 영험이 있다. 결과적으로 과거에 급제하도록 만든 것은 대단한 영험이라 하지 않을 수 없다. 더욱 신비한 것은 산신이 여성으로 변신하여 나타나서 주인공이 산신으로 알지 못하는 사이에 일깨움을 준다는 사실이다.

설화 3)은 잘 생긴 총각이 아름다운 처녀를 만나려고 했는데, 있는 곳을 알지 못해 헤매다가 나무를 신통하게 하는 나무꾼의 도움으로 처녀를 만나고 산적도 물리친 뒤에 배필이 되어 잘 살았다는 이야기이다. 총각을 도와준 나무꾼

<hr>

68) 신화와 제의의 관계에 대해서는 임재해, '고대 신화에 나타난 한국인의 진화론적 자연관', 안동대학교 민속학연구소 편, <민속연구> 8(민속원, 1998), 243-250에 자세하게 다루었다.

69) 柳東植, 같은 책, 26쪽. 이 책에서는 祭禮라고 했는데, 종교적 일반성을 나타내기 위해 인용하면서 祭儀로 바꾸었다.

70) 산신설화는 산신과 산신제, 산신당의 기원이나 유래를 설명하는 것이 아니라, 주로 산신의 기능을 설명하는 이야기이므로 어느 정도 산신신화의 성격을 지니되 신화의 범주로 귀속시키지 않는다. 막연한 산신의 기능을 이야기할 때에는 산신민담에 해당되며 구체적인 증거물과 연관지어 이야기할 때에는 산신전설에 해당된다.

71) 金榮振, 「韓國口碑文學大系」 3-4, 영동군편(韓國精神文化硏究院, 1984), 405쪽, 양강면 설화 14. 다음부터 이 책의 설화를 인용할 때는 출처를 '大系 3-4, 영동'으로 줄여서 밝힌다.

72) 朴順浩, 大系 5-4, 군산·옥구, 480쪽, 개정면 설화 13.

73) 崔德源, 大系 6-6, 신안, 366 쪽, '암해면 설화 38'.

74) 鄭尙圤·柳鍾穆, 大系 8-4, 진양, 334 쪽, '미천면 설화 35'.

75) 朴順浩, 大系 6-4. 승주, 748 쪽, '별량면 설화 10'.

이 바로 산신령이다. 나무꾼 노릇을 하되 예사 나무꾼과 달리 소나무를 단번에 쭉쭉 뽑을 정도로 신통력을 발휘한다는 점에서 산신다운 면모를 지녔지만, 아무도 범접할 수 없는 곳에 있는 처녀의 소재를 알고 또 접근하는 방법까지 안다는 점에서 예사롭지 않다. 따라서 총각이 처녀를 찾아가자 처녀가 깜짝 놀라며 '산신이 시켜서 왔냐, 구신이 업어서 왔냐'고 묻는다. 두 남녀가 산적에게 쫓길 때도 산신이 바람을 일으켜 산적의 배를 뒤집어 버리는 신통력을 발휘한다. 산신이 나무꾼 행세를 하면서도 대단한 영험을 보인 것이다.

설화 4)는 산신이 위기 상황에 빠진 사람들의 문제를 거뜬하게 해결해 주고 도움을 받은 사람들이 주는 보상으로, 아버지를 구하고자 산신께 백일 기도하는 딸을 도와주는 이야기이다. 불치병을 치료하는 일과 곧 죽게 될 여성을 살려주는 일도 영험하지만 그 보상으로 얻은 재화로 산신에게 백일기도를 드리는 사람의 문제를 해결해 주는 것이야말로 산신신앙의 영험을 가장 구체적으로 입증하는 것이다. 따라서 이 이야기는 산신이 별 이유 없이 병을 치료해주고 목숨을 살려주는 것 같지만, 결국 산신을 섬기는 사람의 소원을 들어주기 위한 과정이라는 점에서 산신신앙의 영험성을 한층 극적으로 형상화한 것이다. 그러므로 이 설화는 다섯째 유형과 만난다.

설화 5)는 가난한 사람이 산신의 도움으로 부잣집 명당을 잡아주고 부자가 된 이야기이다. 사람이 착하고 가난하니 산신이 중으로 변신해서 명당을 일러준 것이다. 이처럼, 설화 속에서 산신은 과거급제, 미인 장가들기, 질병치료, 죽을 사람 살리기, 부자 되기 등 사람들이 현실적으로 이루고자 하는 소망들을 사람으로 변신하여 도와주는 신통력을 발휘한다. 그러므로 산신의 이러한 영험을 인정하는 한 산신을 믿지 않을 수 없다.

둘째, 산신이 도와서 역사적인 인물로 성공시킨 이야기는 일종의 인물전설이다. 앞의 이야기는 사람들의 여러 가지 소망을 이루어주었다는 점에서 산신이 어느 정도 주인공 노릇을 하는데 비해, 이 이야기는 인물전설의 주인공이 성공하는데 도움을 주는 존재로 산신이 조역으로 등장한다. 가장 많은 것이 이성계와 관련된 전설이다.

'산신이 도와준 이성계의 목숨'에서는 청운의 꿈을 품고 팔도유람을 하던 이성계가 주막에서 주원장을 만나게 되나 주모의 도움으로 목숨을 건지게 되는데, 그 주모가 바로 산신이었다는 것이다76). 산신이, 장차 천자가 될 주원장이 나타나서 조선의 왕이 될 인물을 찾아 죽이고자 하는 사실을 알고, 두 사람이 만날 자리에 주막을 차리고 주모 노릇을 하면서 주원장이 이성계를 알아보지 못하도록 이성계의 수염을 뽑아서 목숨을 구해 준 것이다. 산신이 하는 행위는 인간적이지만 조선의 왕이 될 이성계와 대국 천자가 될 주원장의 관계를 알고 그 두 사람이 마주칠 장소에 미리 나타나 문제를 해결하는 것을 보면, 산신의 영험은 개인사 차원에 머물지 않고 민족사의 운명을 바로잡는 대단한 신비성을 발휘하는 것으로 인식되고 있다.

'구월산 산신제'에서는 이성계가 산신인 호랑이를 만나서 왕이 되었다고 하고77), '이성계의 산신제 치성'에서는 이성계가 팔도명산을 다니면서 산신제를 빠뜨리지 않고 지내서 산신의 도움으로 위기를 넘기고 등극을 했다고 하며78), '이성계와 지리산 산신령과 우뚜리'에서는 이성계가 지리산 산신령에게 산신제를 지냈는데 부정이 탄 사실을 알고 다시 정성껏 산신제를 올려서 우뚜리를 처치하고 왕이 되었다고 한다79). 이처럼 이성계가 왕이 될 꿈을 안고 팔

---

76) 金榮振, 大系 3-2, 청주, 495 쪽, '사직동 설화 9'.

77) 崔來沃·金均泰, 大系 6-9, 화순, 349 쪽, '동면 설화 17'.

78) 朴桂弘·黃仁德, 大系 4-5, 부여, 228 쪽, '은산면 설화 1'.

79) 崔來沃, 大系 5-1, 남원, 591 쪽. '덕과면 설화 12'.

도명산을 두루 다니면서 산신제를 정성껏 들인 결과 산신의 도움을 받아 조선의 왕으로 등극하게 되었다는 사실은, 나라를 다스리는 왕도 산신 곧 산왕을 섬기지 않으면 불가능하다는 것을 말한다.

조선의 건국시조인 이성계가 산신을 섬겼다고 하는 것은, 고조선의 건국시조 단군이 태백산 산신의 아들로 인정되는 단군신화의 맥락과 닿아 있기도 하다. 같은 맥락에서 숙종도 산신의 도움으로 살아나고 단종은 죽어서 태백산 산신이 된다는 이야기가 전한다. '산신령의 도움으로 살아난 숙종' 이야기에서는[80] 숙종이 야행 중에 오두막에 들러 미인인 부인을 집적거리다가 호되게 꾸짖는 말을 듣고 깨어보니 집은 온데 간데 없고 간밤의 아리따운 부인은 산신이었다고 한다. 여자 문제로 숙종이 위기에 이를 것을 안 산신이 미색의 여인으로 나타나 그를 자기 명대로 살도록 만들었다는 것인데, 이야기꾼은 "산신령이 지도를 했기 때문에 국상이 안 났단다 말이야"라고[81] 하며, 산신이 왕의 생명을 구해주는 영험을 발휘했다고 믿는 것이다.

그리고 '추경엽과 태백산신이 된 단종'이나[82] '태백산 산신이 된 단종대왕' 설화에서는[83] 단종대왕이 한결같이 죽어서 태백산 산신이 되었다고 한다. 어울하게 죽은 단종을 세간에서는 단종대왕이라 일컬을 뿐 아니라, 죽어서 태백산 산신이 되었다고 함으로써 단군과 탈해왕의 전통을 설화적 상상력 속에 고스란히 갈무리하고 있는 셈이다.

이밖에도 산신의 도움으로 역사적 인물이 된 사람들이 많다. '산신령이 돌봐 줘서 명의가 된 유이태'[84], '최명길과 죽령 산신'[85] 등이 좋은

보기이다. 유이태(劉爾泰) 아버지가 평소에 적선을 많이 한 사실을 안 산신령이 유이태에게 금침을 주어서 명의가 되도록 하여 마침내 중국 천자의 불치병까지 고치게 된다. 산신이 꿈에 나타나서 "너거 아부지가 적선을 많이 했다. 내가 이 산신령이다. 니 머리맡에 은침 금침을 둘로(둘을) 놨으니 마 금 이 침을 가지고 묵고 살아라" 하였는데, 꿈이 현실로 이루어진 것이다. 산신령의 신이성이 기적처럼 이루어졌다고 할 수 있다. 이 정도 영험을 인정한다면 산신령을 섬기지 않을 수 없다.

산신령이 공연히 유이태를 최고의 명의로 만들어 준 것은 아니다. 그 아버지가 적선을 많이 했기 때문이다. 아버지가 적선을 해도 그 아들에게 도움을 주는 산신이, 착한 일을 한 당사자를 도와주지 않을 까닭이 없다. 셋째 유형에 속하는 이야기가 여기에 속하는데, '산신이 돌본 박효자'나[86] '산신이 돌봐준 효자', '산신의 도움으로 부모 제사 지낸 효자', '산신령이 도와준 효자', '산신령도 감동한 효부', '산신령이 도와준 효부'[87] 등 거의 비슷한 제목의 설화들이 많다.

앞의 박효자 설화를 보자. 아버지가 사람 고기를 먹어야 낫는 병이 걸렸다는 말을 들은 아들이 절에 글 읽으러 간 자기 아이가 뜻밖에 돌아오자 솥에 삶아서 대접을 하였더니 아버지 병이 나았다. 얼마 뒤에 자기 아이가 다시 집으로 오는 것이 아닌가. 귀신인가 했더니, 진짜 아들이었다. 먼저 삶아서 약으로 썼던 아이는 아들이 아니라 산삼이었는데, 효성에 감복한 산신이 동삼(童參)을 보냈던 것이다. 이처럼, 동삼을 아들로 변신하여 집으로 보낸 산신의 영험은 하느님 기적 이상의 영험이라 할 만하다.

마지막의 효부 이야기는 산신령으로 호랑이

<hr>

80) 金善豊, 大系 2-8, 영월, 558 쪽,
　　'영월읍 설화 140'.

81) 崔來沃, 같은 책, 564쪽.

82) 金善豊, 大系 2-4, 양양, 469쪽,
　　'현북면 설화 57'.

83) 朴桂弘, 大系 4-2, 대덕, 448쪽,
　　'탄동면 설화 15'.

84) 鄭尙차·柳鍾穆, 大系 8-11, 의령, 670쪽,

'봉수면 설화 26'.

85) 趙東一·林在海, 大系 7-7, 영덕, 149쪽,
　　'창수면 설화 69'.

86) 朴順浩, 大系 5-7, 정읍, 11쪽, '이평면 설화 1'.

87) 崔正如·千惠淑, 大系 7-13, 대구, 283쪽, '대구시 설화 71'.

가 등장한다. 며느리가 홀시아버지를 모시고 사는데, 남편이 군대 가서 전사했다는 연락이 왔다. 주위에서 자꾸 시집가라는 권유에 못 이겨 시집을 가긴 했으나, 첫날밤에 달이 환하게 떠오르자, 아무도 밥해 줄 사람이 없는 시아버지 생각이 나서, 잔칫집에 차려놓은 돼지고기를 몰래 가지고 집으로 올 생각을 하고 길을 나서는데, 마침 호랑이가 나타나서 집까지 업어다 주었다. 시아버지에게 돼지고기를 구워서 대접하고 있는데, 마당에서 '쿵!' 소리가 나서 내다보니 호랑이가 전사했다던 신랑을 업어다 놓아서, 잘 살았다는 이야기이다. 이야기꾼은 '산신령이 업어 왔어' 한다. 효부의 마음을 헤아리고 집까지 데려다 줄 뿐 아니라 일선에서 죽었다고 하던 신랑까지 집으로 업어와서 모든 문제를 해결해 준다. 산신을 직접 섬기지 않아도 착한 일을 하면 신통하게 도움을 주는 산신령의 영험은 기독교인들이 섬기는 하느님의 은총이나 다름없다. 그러므로 이런 이야기를 하고 듣는 사람들은 산신을 섬기지 않을 수 없다.

효자 효부를 도와주는 산신이 다른 착한 일을 했다고 해서 도와주지 않을 까닭이 없다. 넷째 유형에 속하는 이야기들은 사람이 선행을 하면 산신이 도와준다는 것이다. '산신령을 감복시켜 얻은 명당[88]', '산신령이 마음 움직여 얻은 명당', '산신령이 가르쳐 준 묘터[89]', '은공 아는 사람 도와준 산신령', '산신령 덕으로 출세한 삼도령' 등의 설화가 이에 속한다. 흥미로운 것은 산신이 착한 사람에게는 한결같이 명당을 잡아주어서 발복하게 만든다는 사실이다. 산신이 가장 잘 베풀 수 있고 잘 아는 것이 자기가 관장하는 산이다. 누구보다 산을 잘 알고 명당을 잘 포착하고 있으니 도와주고 싶은 사람에게 명당을 점지해 주는 것은 매우 자연스러운 일이다. 특히 산이 많은 생태학적 조건과 풍수지리설을

믿는 민속문화의 전통을 생각하면 산신과 명당의 친연성을 쉽게 납득할 만하다.

처음의 '산신령을 감복시켜 얻은 명당' 설화는 처음부터 묘터 잡는 이야기로 출발한다. 가난하게 사는 아들이 아버지가 죽어서 묘터를 잡고자 떡을 해서 짊어지고 풍수인 외삼촌을 찾아간다. 가는 길에 한 노인을 만났는데, 그 노인이 떡을 달라고 해서 주고 다시 집으로 돌아와 어머니가 해 주는 떡을 가지고 간다. 노인이 또 떡을 달래서 주니까, 묘지를 잡고자 하는 사실을 알고 명당을 잡아준다. 그 노인이 바로 산신령이었다는 것이다. 어려운 가운데에도 남에게 적선하는 사람에게 산신령은 자진해서 명당을 잡아주어 발복하게 만든 것이다. 산신령의 변신 능력도 영험하지만 아낌없이 떡을 주는 사람에게 명당을 잡아주고 발복하도록 만드는 것 또한 신통한 영험이다. 하느님이나 부처님도 하지 못하는 한국의 산신만이 잘 할 수 있는 영험이 바로 명당 잡아 주는 일이다.

'산신령이 가르쳐 준 묘터' 설화에는 산신령이 문둥이를 변신해서 등장한다. 상주가 된 아들이 묘터를 잡으러 가다가 울고 있는 문둥이를 여러 차례 업어준다. 이에 감동한 문둥이가 '어느 산에 가면 중이 가사를 입고 춤을 추는 곳이 있는데 거기다가 묘를 쓰라'고 일러준다. 시키는 대로 가보니, 정말 그런 곳이 있어서 묘를 쓰고 부자가 되었는데, 울고 있던 문둥이가 바로 산신령이었다는 이야기이다. 우는 문둥이를 더럽게 여기거나 업신여기지 않고 기꺼이 업어다가 물을 건너 주는 자비를 베풀자, 문둥이 산신령이 명당으로 보답해 준 것이다. 산신령이 노인이나 문둥이로 변신하여 사람의 마음을 검증하고 그에 따라 도와준다는 점에서 앞의 이야기와 이야기의 구조가 동일하다.

결국 산길에서 우연히 마주치는 노인과 문둥이와 같은 인물이 다 산신령이라는 것이다. 산신당에 가서 산신치성을 드려서 복을 받을 것이 아니라, 우리 이웃에 보이는 불쌍한 사람들, 도움이 필요한 사람들이 사실은 다 산신령이니,

88) 林在海, 大系 7-17, 예천, 375쪽,
   '보문면 설화 27'.
89) 崔正如, 大系 7-11, 군위, 794쪽,
   '산성면 설화 39'.

이들을 섬기면 복을 받는다는 인식이 갈무리되어 있다. 착한 일을 해도 산신이 도움을 주는데, 산신을 직접 섬기는 경우 도움을 주지 않을 까닭이 없다. 다섯째 유형은 산신이 자신에게 지극 정성으로 기도하는 사람을 도와주는 이야기이다. 산신이 어려운 처지의 사람을 도와주기도 하고 착한 일을 한 사람도 알아서 도와주지만, 산신의 도움이 미치지 않는 경우 산신께 정성껏 빌면 도와준다는 것이다.

이 이야기는 대부분 어사 박문수 설화와 연관되어 있다는 점에서 흥미롭다. '산신령의 도움으로 죽게 된 사람 살린 박문수'[90], '박문수가 본 산신령의 힘', '어사 박문수와 산신령', '박문수를 시켜서 효녀를 도와준 산신', '산신 만나 기도 드리던 여인 살린 박문수', '박어사와 산신령' 등의 설화가 이 유형에 속한다.

이야기의 제목이 워낙 구체적이어서 줄거리가 쉽게 포착된다. 첫째 이야기를 보자. 나랏돈 3천 냥을 잘못 써서 관가에 잡혀 죽게 된 아버지를 구하기 위해 딸이 산신에게 백일기도를 드리는데, 산신이 노인으로 변신하여 박문수 어사와 동행하면서 신통력을 발휘하여 3천 냥을 벌어준다. 그리고는 노인이 홀연히 사라져 버린다. 혼자 가던 박문수가 마침 바위 밑에서 백일째 기도 드리는 처녀의 사정을 듣고 3천 냥을 주어서 그 아버지를 구해낸다는 이야기이다. 처음에는 처녀의 산신치성도 이야기되지 않고 노인도 누군지 정체가 밝혀지지 않는다. 마지막 순간에 이 사실이 드러나면서 박문수가 산신의 조화에 감탄하게 된다. 다른 이야기의 줄거리도 이와 그리 다르지 않다.

박문수가 등장하지 않으면 앞에서 첫째 유형으로 다룬 '산신령의 기행'과 같은 이야기이다. 산신이 돈 3천 냥을 구해서 박문수에게 주고 처녀의 아버지를 살리기 위해 3가지 신통한 일을 하는데, 한 마디로 못하는 일이 없다. 병에 걸려 죽어 가는 생명을 살려 놓는 신이한 치유력, 바

람을 피우다가 남편에게 들켜서 죽을 목숨을 구해주는 예지력, 상주에게 발복할 만한 명당을 잡아주는 신통력, 그리고 백일불공을 드리는 처녀를 위해 마지막날 3천 냥을 정확하게 마련해서 박문수로 하여금 전해주도록 하는 통찰력 등을 두루 갖추고 있다. 그야말로 산신은 전지전능한 존재이다. 다시 말하면 세상 어느 구석에서 언제 무슨 일이 왜 벌어지는지 정확하게 다 포착해 알고 이를 자유자재로 이용하여 자기 능력을 거침없이 발휘한다. 어사 박문수는 기껏 산신령의 심부름꾼에 불과하다. 세상의 모든 조화가 산신령의 뜻에 의해 이루어진다는 것이다.

여섯째 유형은 산신의 예언설화이다. '청주의 수침을 예고한 산신령' 설화를[91] 보면, 장날 한 아이가 용수를 뒤집어쓰고 나타나서 청주가 빗물에 휩쓸린다고 소리치며 다녔는데, 이를 알아들은 사람은 피해서 살고 그러지 못한 사람은 휩쓸려 갔다는 것이다. 물론 청주가 홍수로 휩쓸릴 것을 예언하고 다닌 아이는 산신령이다. 홍수를 예언한 하느님처럼 산신령도 홍수를 예언하였으며, 노아처럼 이 예언을 믿고 따른 사람은 살아나고 그러지 못한 사람은 죽었다는 이야기이다. 다만 하느님은 자기를 믿지 않는 사람들을 벌하기 위해 비를 내려 사람들을 멸망시켰다면, 우리 산신은 아이 모습을 하고 나타나서 홍수가 일어날 것을 예고하여 무고한 사람들을 구하고자 했던 것이다.

이 밖에도 산신의 영험에 관한 설화는 많다. 산신이 이처럼 영험한데 산신을 믿고 섬기지 않을 수 있을까. 우리 민중에게 있어서 산신은 곧 기독교의 하느님과 같은 전지전능한 존재로 인식된다. 그러나 더 정교하게 견주어 보면, 하느님처럼 자신을 섬기도록 강요하고 인간에게 원죄의식을 심어주지 않는다는 점에서 차이가 있다. 굳이 제의를 올리거나 치성을 드리지 않아도 인간답게 살기만 하면 여러 모로 도움을 주는 자비의 신령인 셈이다.

---

90) 朴順浩, 大系 5-5, 정읍, 117쪽,
　　　'정주시 설화 27'.

91) 鄭尙玨·柳鍾穆, 大系 8-10, 의령, 236쪽,
　　　'정곡면 설화 50'.

7. 산신의 신체와 나무, 그리고 숲

'하느님은 누구인가?' '하느님을 보여달라! 그러면 하느님을 믿겠다' 이런 이야기들을 하는 사람들이 더러 있다. 이 진술을 부처님으로 바꾸어 놓고 해도 상관없다. 이 주장은 하느님이나 부처님을 믿고 싶은 생각이 전혀 없는 사람이 하는 생트집이다. 보이는 존재를 믿는 것은 이미 믿는 것이 아니다. 그것은 누구라도 믿을 수 있기 때문이다. 보고도 안 믿을 사람이 누가 있겠는가. 그러한 믿음은 이미 신앙심이 아니다. 신앙은 보이지 않는 것, 불확실한 것을 믿는 것이다. 산신을 보여주면 믿겠다고 하는 사람도 사실은 보여줘도 안 믿기는 일반이다. 왜냐하면 이 논의의 마무리는 산신을 보여주는 것이지만, 그래도 산신을 믿고 섬길 사람은 별로 없다고 보기 때문이다.

그러면 하느님은 정말 보이지 않는가. 부처님은 정말 볼 수 없는가. 아니다. 볼 수 있다. 우리 이웃이 하느님이고 삼라만상이 다 부처님이다. 창세기에서 하느님은 자기 모습대로 인간을 창조했다고 한다. 따라서 우리가 모두 하느님이다. 노상 하느님과 부대끼면서 살아오고 또 살아가는 것이 인생이다. 그러므로 하느님을 보여주면 믿겠다고 하는 사람에게는 하느님을 실감나게 보여주어도 결코 하느님을 믿지 않는다. 왜냐하면 하느님을 보고 있으면서도 하느님을 보여달라고 하는 까닭이다. 부처님의 경우도 마찬가지이다. 석가는 일찍이 중생이 다 부처라고 했다. 중생은 사람뿐만 아니라 짐승도 중생이고 미물도 다 중생이다. 이들 자연생명도 부처처럼 섬겨야 한다.

산신신앙의 경우라고 해서 이들 종교의 믿음과 다르지 않다는 사실을 산신설화를 통해서 흥미롭게 포착한 터이다. 온갖 신통력을 발휘하고 기적을 행하며 어려운 사정에 처한 사람들을 구원해 주고 적선하는 사람들에게 은혜를 베푸는 사랑의 신이 바로 산신이다. 산신은 거룩하게 산신당에 좌정해 있는 것이 아니라, 길가는 나그네이자 주막집 주모이기도 하고 여염집 과부이기도 하며, 배가 고픈 노인인가 하면 물을 건너지 못해 우는 문둥이이기도 하다. 예수님이나 부처님의 현신이나 전혀 다르지 않다. 중생이 다 부처이고 우리 이웃이 다 하느님이듯이, 우리 모두가 산신이고 중생이 모두 산신령인 것이다.

민속신앙의 전통 속에서 어떤 신격이 산신처럼 이렇게 가난한 이웃으로 또는 중생으로 등장하는 신격은 없다. 산신은 산신이면서 사실은 하느님 같고 부처님 같은 분이다. 민속신앙의 다른 신격들과 달리 전지전능한 능력을 발휘한다는 점에서 민족신의 범주를 벗어나는 것 같기도 하다. 그러나 다른 신격들처럼 일정한 신체를 지니거나 산신당에 모셔지고 있다는 점에서 민족신의 고유성을 잘 간직하고 있다. 동신의 신체는 당나무나 누석단, 장승 또는 당집 안의 위패 등이며, 삼신의 신체는 삼신바가지나 삼신고리, 삼신자루 등이듯이, 신이 깃들어 있는 일정한 구체물을 우리는 신체라고 한다.

바다신의 구체적 신체는 용왕 또는 용신이며 하늘신의 구체적 신체는 태양이거나 달이다. 바다신을 섬기는 것은 곧 용신을 섬기는 것이듯이 천신을 섬기는 것은 곧 태양신을 섬기는 것이기도 하다. 그럼 산신의 신체는 무엇인가. 산신당에 모셔 놓은 위패가 산신의 신체일 수 있다. 그러나 이것은 상당히 후대적인 것이자 변화된 것이다. 본디 신체는 우리 민족 최초의 산신 기원을 말하는 산신신화에서 찾아야 한다. 그 산신신화가 바로 단군신화이다. 단군신화에서 산신이 머문 공간이나 산신으로 의인화된 대상이 바로 산신의 신체인 것이다.

단군신화를 산신신화로 인정하고 이 주장을 근거 있다고 본다면, 산신의 신체는 나무이자 숲이다. 왜냐하면 환웅이 하늘에서 지상으로 내려올 때 태백산 신단수에 내려와 좌정했기 때문이다. 하늘에서 환웅은 천왕이지만 인간세상에 뜻을 두고 홍익인간의 이상을 펼치고자 태백산에 내려왔을 때에는 이미 산왕이자 산신이다. 이때 환웅산신이 머물렀던 신단수는 신수(神樹)로서 나무이자, 신단쑤로서 신성한 숲이다. 무리 3천을 거느리고 신단수 밑에서 신시를 열었다고 하니, 신단수는 노거수의 신목(神木)일수도 있지만, 무성한 숲일 가능성이 더 높다. 따라서 "신단수는 나무 개체를 일컫는 말이면서 또한 신단수를 포함하고 있는 신성한 숲, 곧 신단쑤(神壇藪)를 일컫는 말이다. 나무 공동체로서 신단쑤가 형성되어 있기 때문에 이곳이 한 그루 나무 밑의 특정 지점이 아니라 '신시'라고 하는 제정일치의 신성한 공적 공간 구실"을 감당했던 것이다92).

중요한 것은 환웅이 천왕이나 산왕이냐 하는 것인데, 앞에서도 어느 정도 다루었지만, 여기서 산신신화로서 단군신화를 더 주목해야 이 문제를 분명하게 납득할 수 있다. 이미 {청허당집}에서 단군을 태백산 산신의 아들로 해석하고 있듯이 단군을 낳은 환웅은 하늘에서 내려왔기 때문에 천왕이자 천신일 뿐, 태백산 정상에서 신시를 세우고 다스린 지도자로 볼 때에는 산왕이자 산신인 것이다. 더군다나 환웅이 머문 곳은 늘 신단수였다. 따라서 곰네가 항상 단수(壇樹) 아래 찾아와서 환웅에게 아이배기를 축원하였더니, 환웅이 잠깐 사람으로 변하여 혼인하고 아들을 낳으니 이름을 단군왕검이라 하였다는 것이다93). 이는 마치 세간에서 여성들이 아이를 얻고자 산신 앞에 가서 기도하는 풍속이나 다름 없다.

곰네가 신단수 아래에서 빌었다고 하는 것은 환웅천왕 또는 태백산 산신이 신단수에 깃들어 있었다는 뜻이다. 따라서 환웅이 잠깐 인간으로 변신하여 곰네에게 잉태를 시킨 것이다. 이때 신단수는 환웅의 신체이자 태백산 산신의 신체

이다. 환웅이 하늘에서 내려와 태백산의 산왕 구실을 하면서 깃들어 있었던 공간이 신단수였던 것이다. 바다신의 신체가 바다 자체가 아니고 하늘신의 신체가 하늘 자체가 아니듯이, 산신의 신체 또한 산 자체가 아니다. 하늘에 하느님, 바다에 용왕님, 산에 산신령처럼 관념적으로 신격을 설정하기도 하지만, 하늘에 존재하는 해와 달, 바다에 존재한다고 믿는 용처럼, 산에는 산에서 자라는 큰 나무나 무성한 숲을 산신의 신체로 믿고 있는 것이다. 그러므로 이러한 산신신앙의 전통은 현재의 산신당에도 고스란히 남아 있다.

서낭당의 경우도 노거수나 마을수가 당신의 신체 구실을 하는 것이 원초적이듯이, 산신당의 경우에는 대부분 큰 거목이나 몇 그루의 나무로 조성된 숲이 산신의 신체 구실을 한다. 나무나 숲을 곧 산신당이라 하는 것은 산신이 나무와 숲에 깃들어 있다고 보는 까닭이다. 이때 나무와 숲은 곧 산신이 머무는 집이기 때문에 산신당이라 하는 것이다. 산에 나무가 없고 숲이 없으면 산은 있어도 산신은 없는 셈이다. 만일 태백산에 신단수가 없었다면 환웅이 있었고 곰네가 그 밑에 가서 아이를 배기 위해 빌었을까.

나무와 숲이 산신의 신체이다. 산신의 모습인 나무와 숲을 보여주었는데도 사시을 믿지 않을 것인가. 우리가 지금 산신의 전지전능한 도움을 받으려면 무엇보다 산에 나무를 무성하게 가꾸고 산림을 조성하여 신단수와 같은 숲을 만들어야 한다. 산의 신수가 곧 산신이고 산림이 곧 산신령인 까닭이다. 따라서 오늘날 우리가 산신을 섬기는 바른 길은 곧 나무를 심고 숲을 가꾸는 일이라 하지 않을 수 없다. 이제까지 산신신앙 공부의 먼 길을 돌아서 마지막에 도달한 것이 바로 산신 곧 나무를 만나는 지점에 이른 것이다.

그런데, 산을 섬기는 오랜 전통은 이제 개발 논리와 싱장 징잭에 의하어 산이 까뭉개지고 있다. 팔공산도 지리산도 예외일 수 없다. 잘리고 뚫리고 할퀴어져서 산의 본디 생명성을 잃어가

---

92) 임재해, '한민족 숲의 문화와 민속문화의 전통', <환경과생명> 31(환경과생명, 2002년 봄호), 164쪽.

93) 「三國遺事」, 卷第一 紀異 第一 古朝鮮. "熊女者無與爲婚 故每於壇樹下 呪願有孕 雄乃假化而婚之 孕生子 號曰檀君王儉"

고 있다. 산신을 섬기는 사람들의 시각으로 보면 작게는 산신의 보금자리이자 모둠살이를 이루는 삶의 둥지를 훼손하는 일이며, 크게는 고을과 나라를 지켜주고 사람들의 생명을 보장해주는 산신령의 노여움을 사는 무참한 짓이다. 지구를 살아 있는 생명체로 규정한 제임스 러브로크의 가이아 이론을 들먹이지 않더라도, 산을 살아 있는 신성한 생명체로 여기고 나무와 숲에 산신이 깃들어 있다고 믿는 산신신앙의 전통이야말로 생태계의 훼손을 막고 지속 가능한 인류사를 보장한다.

따라서 산신신앙을 비롯한 자연물을 섬기는 신앙을 한갓 미신이라 하여 버리고 갈 수 없다. 오히려 자연을 정복의 대상으로 삼는 섣부른 과학적 사고보다 이들 신앙의 전통을 한 단계 앞선 초과학성으로 인식하고 생태학적 이치에 토대를 둔 과학철학적 전통과 세계관으로 재인식해야 할 것이다. 왜냐하면 인간과 자연을 죽이는 알량한 과학보다 인간과 자연을 살리는 민속신앙이 더 바람직한 문화인 까닭이다. 지금 과학은 죽어야 할 생명은 살려놓고 살아야 할 생명은 죽이고 있다는 사실을 알아야 한다. 불치병에 걸린 노인을 기어코 살려놓는가 하면, 반드시 태어나야 할 어린 생명들을 속절없이 죽여버리는 것이 오늘의 과학기술이다.

앨런 찰머스와 같은 과학철학자들은 '과학이 신화나 종교의 주술보다 지적 우월성을 인정할 만한 어떤 특징도 가지고 있지 않다'고 하지 않는가. 그러므로 나는 생명 이치를 거스르는 과학보다 생명 이치를 따르는 미신이 더 바람직한 문화라고 여기는 것이다.

"나무가 곧 산신이자 하느님이다. 나무를 산신같이 섬기고 하느님처럼 받들자. 이 주장은 미신인가 과학인가" 읽는 이의 판단에 맡길 수밖에 없다.

할 생명은 살려놓고 살아야 할 생명은 죽이고 있다는 사실을 알아야 한다. 불치병에 걸린 노인을 기어코 살려놓는가 하면, 반드시 태어나야 할 어린 생명들을 속절없이 죽여버리는 것이 오늘의 과학기술이다.

임재해는 영남대학교 대학원에서 문학박사 학위를 받고 현재 안동대학교 국학부 민속학 전공 교수로 재직중이며 실천민속학회장, 안동대학 민속학연구소장, 경상북도 문화재위원이다. 저서로 『민속문화의 생태학적 인식』, 『지역문화와 문화산업』, 『한국민속학과 현실인식』, 『한국민속과 오늘의 문화』 등이 있다.

백두산 靈歌

박 희 진

구석구석 가꾸어진 기름진 농토……

백두산 가는 길

서울에서 곧장 평양을 거쳐
백두산으로 갈 수 있는 길을,
우리는 못 간다네.
분단된 반쪽 나라,
남한에 살기에
어쩔 수 없이
돌아서, 돌아서, 돌아서 갈 수밖에

서울에서 후꾸오까(그 일본 땅
공항 안에 갇힌 채, 허송한 네 시간)
이윽고 바다 건너
상하이에 당도했을 적엔
저녁 하늘의 창백한 달이
우리를 맞이했다.
<오느라고 수고했소,
대륙의 달이라고 한반도의 그것과
다를 건 없다오>

다음 날에 장춘(長春)으로
두시간 반의 비행.
양자강 하구가 바다나 다름 없네.
가도가도 끝없는
대해(大海) 아니면 대평원이로구나.
길림성(吉林城)에 들어서사
마치 낯익은 고향에 돌아온 듯,
산들이 여기저기 엎디어 있고,

하기야 저 고구려 옛적부터
우리의 조상들이 살았던 곳 아니던가.
녹음 우거진 장춘에서 만난
총각 가이드는 그곳 길림대학생,
잘생긴 동포 2세인데,
석별의 정을
한국 유행가로 멋지게 달래더라.

구식 프로펠라
소형 비행기로
연길(延吉)에 닿으니,
아연 '중국 안의 한국'인 양하여
눈을 씻고 봐야 했다.
거리의 간판들이, 먼저 한글로,
그 아래 한자로 병기되어 있다.
중국공산낭 연변소선족자치주위원회
中國共産黨 延邊朝鮮族自治州委員會

망국한(亡國恨)을 되씹으며
와신상담의 고초를 겪었던
연변의 우리 동포,
이젠 당당히
중국 오십여 소수민족 중의
웅자(雄者) 되었거니,
높은 고유문화와 교육을 자랑하는.
거레의 지성소(至聖所),
저 백두산의 정령을 노상
이마로 깨달으며,

혈육에 새기면서 살아온 까닭일까.
특히 연변의 작가 시인들,
한국어의 수호자들,
겨레혼의 불사조들,
용과 호랑이의 기상을 지녔기에
쩡쩡 울리더라. 빛을 뿜더라.
우리 흐물흐물한 남한의 문인들은
깊이 반성하고 깨달을진저
그들이 들이쉬고 내쉬는 호흡에선
왜 푸른 도덕의 냄새가 나는가를.

백산(白山) 호텔의
일박에서 깨어나자, 우리는 부풀었다.
아, 드디어 백두산행이로다.
이것이 진정 꿈은 아니려니,
버스에 몸을 싣고 난 다음에도
나는 내 살을 꼬집어 본다.
연길에서 백두산 기슭까지
장장 다섯 시간,
달려도 달려도 대평원이 전개되는구나.
(아기자기 변화와 오밀조밀 곡절은
우리 한반도의 특허(?)인 모양)
하긴 드문드문 초가도 보이고,
소박하고 가난한 정경(情景)도 눈에 띄고,
도랑물도 흐르고,
나비도 날아가고,
슬금슬금 피곤과 졸음이 엄습하여
눈을 감아보나,
자는 둥 마는 둥……
암, 그렇지,
여기가 어디인데?!
눈을 뜨고 보아야지.
정신 차려 보아야지.
그때 별안간 버스가 선다.
앞 차의 고장으로.
일대는 온통 아름다운 야생화들,
그중 진보랏빛 꽃을 한 송이
무심히 꺾어, 가슴에 꽂는다.
이윽고 점입가경(漸入佳境)

백화(白樺) 숲이 끝없이 이어지기도 하고,
시베리아에서나 보게 될 줄 알았건만
백화 숲이 꿈처럼 이어지기도 하고,
이곳 특산인, 미인송이라고
줄기가 후리후리 전신주처럼
곧장 뻗어 있는 소나무도 보았것다.
수목의 바다, 저 울울창창
무성한 원시림엔
필시 호랑이도, 곰도, 너구리도,
온갖 야생동물, 온갖 기화요초,
온갖 곤충들이 철따라 세월따라
피고 지고, 나고 죽고,
대자연에 순응하며 살 터이리.

천지(天池) 호텔에 당도했을 적엔
심상치 않게 비도 주룩주룩……
날은 저물고, 시장했던 참이라,
맥주에, 배갈에, 산해진미에
닥치는 대로 포식은 했지만,
숙면은 안 되더라.
일행 중엔 속으로 기도를 드리는 이.
또는 일어나
하늘 모양을 살펴보는 이,
적지 않았으리
다음날 아침의 성공을 위해.
나는 속삭였다
룸 메이트, 성찬경 형에게
「우리는 틀림없이
보게 될 거라구」
「그래 어쩐지 그렇게 될 것 같지?」
하고 그는 대답했다.

아침 여섯시에 우리는 기상했다.
식사도 거르고, 장도에 올랐다.
낡은 5인승 지프차에 분승하여.
정상 근처까지
이제 한 시간이면 당도한다기에,
더욱 고조되는
긴장과 기대로 부푸는 가슴들.

아무도 입을 여는 사람이 없었다.
드디어 굽이굽이
차는 산을 오르고 있었건만,
경사는 완만했다.
하늘은 개어 있다.
차가 멈춘 곳,
나무라곤 없는 불모의 산을 보니
해발 2천6백은 넘었겠다.
바람이 분다.

백두산 영가(靈歌)

걸어서
불과
5분이면
정상에 닿는다는 가파른 오름길,
그것이 그렇게 힘들 줄은 몰랐다.
숨이 턱에 닿고,
아니, 콱콱 막히고
발길이 잘 옮겨지지 않는다.
(나중에 들었더니
일행 모두가 그랬다 한다
기류 변동으로
잠시 호흡곤란이 일었던 것)

그러나 우리는
마침내 정상에!
해발 2천7백 미터 위에!
사진이나 그림에서 그토록 보아왔던,
뾰죽뾰죽
검은 기암(奇岩), 두셋이
우선 시야에 들어왔다.
운무에 가려져서
잘은 안 보이나,
천지(天池)는 저만큼
어마어마한 낭떠러지 아래
검푸른 쪽빛으로
엎디어 있었다. (그렇게 보였다)
그때 누가

옆에서 소리친다.
바로 눈앞 운무에,
손을 뻗치면 가 닿을 곳에
쳇바퀴만한
무지개가 서 있구나.
어찌 희한한 상서(祥瑞)가 아니랴.
아니나다를까,
이내 서서히 운무가 가시더니,
보라, 보라, 저 건너
녹색의 이끼 덮인
천지의 북한쪽 절벽과 함께
천지의 일부가 알몸을 드러냈다.

오오, 할아버지,
백두산 할아버지!

우리는 감격했다.
도무지
정신을 못 차릴 정도.
그저 우왕좌왕
기쁜 건지, 슬픈 건지,
두려운 건지, 넋을 잃은 건지,
우, 우,
아,
아아……
탄성인지, 신음인지,
알 수 없는 소리를 질러가며,
연방 카메라 셔터를 눌러댔다.
덜덜 떨면서
머리칼 날리면서.
이럴 게 아니라
마음을 가다듬고
옷깃을 여미고
큰절을 올리거나,
한 시간쯤 묵상에 잠기거나,
아예 깨끗이 시간을 잊고
천지의 푸른 물을
응시해야 되는 건데.
그 무량의 깊이와 넓이에

압도돼야 되는 건데.
실은
미처 그럴 생각도 못 했었지.
불과 30분의
한정된 시간 안의 우리들로선!
더구나 그
변환자재의 기상조건 하에서는!

비,
구름,
바람이 수시로 생멸하여
태고의 신비,
천지의 알몸을
웬만한 사람에겐
좀처럼 보여주지 않는 것이
이곳의 항례란다.

그런데 지금
우리에겐 이렇듯 은혜를 베푸시니
고마워라, 고마워라.
운무는 서서히
개었다간 다시 끼고
끼었다간 사라지네.
그 안타까운
시간의 사이사이
언뜻언뜻 보이는
영원(永遠)의 모습이네.
유현(幽玄)의 모습이네.

※

무량의 아쉬움과
미련을 남겨두고
우리는 묵묵히 귀로에 들었다.
달리는 차 안에서
혼잣말하듯
　「백두산 산신령,
　단군성조(檀君聖祖)께서
　우리 남한 문인들을 버리지 않으셨다」

하자 나는 그 순간,
확연히 깨닫겠데
백두산 올라
천지를 보고 나서
달라진 나를.
나는 이제 정통의
백두산족 되었음을.

※

나는 오랫동안
한국인으로서의 나의 정체성,
또는 우리 겨레혼의 근원을 찾아
모색해 왔다.
이 오묘하고 수려한 강산의
진수를 찾아
설악의 봉정암(鳳頂庵) 오층석탑의
이끼로도 되어 보고,
사흘밤 사흘낮을 지리산 품에
안겨도 보았거니.
또는 백록담(白鹿潭)에 손도 담가 보고,
또는 불일폭포(佛日瀑布)의
압도적 할과
물매의 연속타로
골수에 절은
오뇌를 씻어내기도 하였거니.
해·구름·바위·물
학·사슴·거북
대·솔·불로초 찬가도 썼고,
저 부석사(浮石寺) 부석에 올라타서
원효·의상 노닐던
신라의 하늘을 떠돌아도 보았거니.
기라성처럼 찬란했던 화랑(花郎)들의
지기(志氣)와 풍류,
그 서슬 푸른 도의를 찬미했고,
천·지·인 삼재(三才) 사상에 심취하여
최치원이 말한 바
현묘(玄妙)한 도(道)를 찾게도 되었는데……

- 42 -

백두산 올라
천지를 보고나서
마침내 나는 깨닫게 된 것이다
나란 바로 단군의 후예이고,
겨레의 뿌리는 백두산이란 것을.

오오 백두산,
겨레혼의 지성소(至聖所)여.
숭고와
장엄과
신비의 극치여.
나라의 현묘한
도(道)의 근원이여.

태초에 하늘나라
환인(桓因)이 굽어본 지상의 경관이
백두산이었던 것,
아득히 발치엔 수림(樹林)을 거느리고
머리엔 영원히 마를 수 없는
호수를 이고 선
신비로운 자태에서
널리 인간을
이롭게 할만한 고장임을 알았던 것,
하여 아들 환웅(桓雄)에게
천부인(天符印) 세 개를 주어
세상 사람들을 다스리게 하였던 것.

단군왕검은
하늘과 땅의
혼인에서 나왔으니
천·지·인 삼재의 조화를 이룩한
최초의 인이라네.
최초의 인은
죽는 법이 없다.
영원한 생명이다.
불멸의 신령이다.
그러기에 단군은
백두산 신령으로
우리 겨레의 수호령인 것이다.

아아 그러기에
정상에 올랐을 때,
우리 후손 입에서는
저절로 할아버지 소리가 나왔거니
백두산 할아버지!
단군 할아버지!

못난 후손이 이제야 겨우
이곳에 왔나이다.
겨레의 뿌릴 찾아
더는 갈 데가 없음을 알겠군요.

이제 저는 당당한 백두산족입니다.
앞으로는 어디서 무엇을 하건,
늘 이마에 천지의 드높음과
맑음과 고요와 예지를 간직하고,
겨레와 나라와 세계의 실상을
꿰뚫어 보렵니다.

오오 백두산
천지여, 천지여,
어찌 압록·두만·송화강뿐이랴.
세계의 모든 하천과 호수와
바다의 근원일세.
백두산은 그러므로
지상의 한낱 산이 아니라네.
하늘과 땅과
최초의 사람이
지금도 하나되어
무한 조화를 누리고 있음이네.
만상의 핵을 이루고 있음이네.
홍익인간의 실천적 근원이네.
백두산족엔 신앙의 대상이네.
늘 신비한 베일에 싸여
있는 것도 당연하지.
백두산은 참으로
숭고와 장엄의 한계를 넘어,
차라리 두려운, 두려운 존재.

불멸의 존재여라.
진 · 선 · 미와
성(聖)의 존재여라.

백두산 동쪽에는……

백두산 동쪽에는 창룡(蒼龍)이 있다.
　　　붉고 긴 혀가 불길처럼 날름대고,
　　　뿔이 두 개이며,
　　　마름모꼴 비늘은 신축자재이나
　　　철갑보다 견고하다.
백두산 서쪽에는 백호(白虎)가 있다.
　　　목 뒤에 털이
　　　네 갈래로 나부끼고,
　　　입을 벌린 채
　　　쭉 뻗은 사지에는 힘이 약동한다.
백두산 남쪽에는 주작(朱雀)이 있다.
　　　긴 꼬리는
　　　하늘로 피어오른 불길인 양하고,
　　　속날개가 양쪽으로 반원을 그리며
　　　치솟아 있다.
백두산 북쪽에는 현무(玄武)가 있다.
　　　거북과 배암이
　　　얽히다 못해 한몸을 이룬,
　　　두 개의 서로 다른 머리와 꼬리로
　　　현무는 무소불능의 신수(神獸)이다.

박희진은 고려대 영문과를 졸업하고 1955년 「문학예술」 추천으로 등단하였다.　공간시낭독회 상임시인이며, 숲과 문화 연구회 명예운영회원이다. 첫시집 『실내악(1960)』 이후 최근의 『동강 12경』, 『화랑영가』, 『하늘 · 땅 · 사람』, 『박희진 세계기행시집』, 『연꽃 속의 부처님』에 이르기까지 20여 권의 시집을 냈다.

산과 시

이 성 부

아이들은 그 산을 보며 성장하고, 어른이 된 뒤

'왜 산에 가느냐'는 물음을 가끔 받는다. 그 때마다 대답이 금세 나오지 않는다. '왜 시를 쓰느냐'는 물음에도 마찬가지이다. 그 일이 그냥 '좋아서'라고 대답해 버리면 간단하다. "어떻게 좋은가"라고 되물으면 이것저것 설명해야 할 말이 한없이 길어질 것도 같다.

모처럼 마음에 든 시 한편을 만들어 놓았을 때의 기쁨은 무어라 쉽게 형언할 수가 없다. 이것이 밥이 되는 것도 아니고, 무슨 자랑거리가 되는 것도 아닌데 그렇다. 세상을 다 얻은 것 같은 정신의 풍족감, 풍요함 때문에 스스로가 마침내 대견해지는 순간이 된다.

몸은 마치 날개라도 날린 듯 가비야운 비상 속을 떠돈다. 오르가즘 뒤의 그 개운함이다. 산에 오르는 일도 이와 크게 다르지 않다. 오랜 시간 동안 힘들게, 또 어렵게 산 정상에 올랐을 때의 성취감과 정신적 풍만감을 다른 어떤 것과 견줄 수가 있으랴. 올라올 때의 과정이 어려우면 어려울수록, 힘들면 힘들수록 정상에서의 그 기쁨은 더욱 배가 되기 마련이다. 산에 오르는 일 역시 밥이 되는 것도 아니고, 박수소리가 들리는 것도 아니다.

우리나라에는 산이 참 많다. 우리나라 사람들의 복이라는 생각이 든다. 도시의 빌딩 숲이나 아파트 숲을 벗어나기만 하면 산지사방으로 산이 보이기 마련이다. 어렸을 때에도 우리나라에도 사람들은 그 산을 오르내리면서 산다. 마을들은 한결같이 산자락에 기대어 앉아 앞으로 펼쳐지는 들과 냇물과 강물을 바라다본다. 산은 그러므로 우리나라 사람들의 삶의 배경이자 무대가 된다. 산에서 우리의 토속 종교가 태어나고, 사상과 학문을 연마하며, 문학과 예술의 모티브를 얻기도 한다. 무엇보다도 저 많은 산줄기에 우리의 유구하면서도 사연 많은 역사가 숨쉬고 있음은 놀라운 일이다.

지리산 종주나 설악산 종주(서북릉- 공룡릉 -비선대) 산행은 보통 산 능선에서 하룻밤을 자도록 되어 있다. 그러니까 이틀 동안 꾸준히 능선신을 걷고, 수없이 많은 봉우리들을 오르내려야 한다. 그 과정은 결코 즐거움으로 일관되는 것이라고 말할 수 없다. 가파른 오르막길에서는 누구나 땀흘리고 숨 헉헉거리는 육체적 어려움을 겪는다. 그러나 이 어려움은 조만간 산봉우리에 올랐다가 내려가는 길이거나 편평한 길의 편안함이 올 것이라는 예고에 다름 아니다. 반대로 산봉우리에서 내려가는 길의 편안함도, 머지않아 오르막길의 고통이 온다는 것을 미리 알려주는 것 아닌가. 이렇게 수십 개의 봉우리를 오르내리는데서, 힘겨운 그 되풀이를 통해서, 나는 그것이 사람들 세상살이의 기복과도 같다는 것을 깨닫는다. 지리산에서는 한복판인 벽소령 대피소에서, 설악산에는 중청 대피소에서 하룻밤 고단한 몸을 눕힌다.

　산중에서의 하룻밤은 도시에 있는 내 집에서의 밤과는 전혀 다른 세계를 만나게 한다. 불편하고 거추장스러운 일들이 적지 않으나, 그 일들에 저절로 신명이 난다. 새우잠을 자거나 거의 뜬눈으로 밤을 새워도 다음날 아침이 거뜬하다. 비로소 나는 완전한 자유의 길에 들어선 것이고, 진정한 자아에 이른 것이 아닌가. 산중에서는 함께 가는 친구들이 있어도 결국은 '혼자' 가는 길일 수밖에 없다. 혼자서 모든 것을 책임지지 않으면 안 된다. 아무도 내가 걷는 발걸음을 도와주지 않으며 도와줄 수도 없다. 반대로 일행 없이 단독 산행을 할 경우에는 내가 나의 영혼과 이야기를 주고받으면서 간다. 혼자서 가는 나를 지켜보거나 손짓하는 풀꽃들, 나무들, 바위들 바람과 햇볕이 있어, 나는 끝내 혼자가 아니라는 생각을 하게 된다. 하늘을 찌를 듯 뼈다귀를 들어내고 서 있는 지리산의 고사목들은, 웬일인지 이 산에서 죽어간 수많은 젊은이들의 억울하고 불쌍한 영혼들로 다가선다. 이 산에서 사람의 역사를 읽고 그 내음을 맡을 수 있는 까닭이다. 어떤 봉우리의 바위턱에 앉아 땀을 닦고, 담배를 한 대 피워 문다. 내가 걸어왔던 산줄기가 멀리 파도처럼 일렁이는 것이 잘 보인다. 내가 살아왔던 길, 그 삶의 굽이굽이도 멀리 또는 가까이에서 또렷하게 되살아난다. 나는 그때 왜 그 일에 온몸을 던지지 않았던가, 왜 나는 그때 그 일에 무력해지기만 했던가. 나는 그 일에 참을성이 없지는 않았던가……. 산행이 자기 성찰의 기회가 되는 까닭이다. 어렵고 무서운 바윗길을 오를 때마다 나는 내 영혼이 내 몸 밖으로 빠져나가 나를 내려다보는 것 같은 느낌에 사로잡힌다. 내 영혼이, 안간힘을 다하는 내 몸을 내려다보며 혀를 차는 소리도 들린다. 한 주일 동안 너의 삶은 건강하지 못했다. 너는 무질서했으며 너 스스로를 추스르는 일에 등한한 것이다. 이렇게 내 영혼이 나를 나무라고 꾸짖고 또 때로는 감싸주는 것을 나는 느낀다.

　산행은 또한 인간 본능의 오감(五感)을 충족시키는 행위이기도 하다. 산길을 걸으면서 내가 보는 것들은 모두 새롭다. 같은 길을 여러 차례 다녔다 하더라도, 거기 언제나 그 자리에 있는 나무·바위·풀꽃들을 볼 때마다 새로운 느낌으로 다가온다. 계절에 따라, 하루의 시시각각에 따라 모두 다르다. 무심하게 걸어가면서도 내 눈은, 내 눈에 비쳐지는 사물들을 거의 놓치지 않는다. 듣기 감각도 마찬가지이다. 바람소리, 새소리, 물소리, 보스락 소리가 언제나 신선하다. 내 귀는 맑게 트여 적요함 속의 미세한 소리까지를 모두 빨아들인다. 바람소리에도 솔가지·솔잎을 흔들며 오는 솔바람소리, 조릿대 서걱이는 대바람 소리들이 각각 다르고 아름답다. 겨우내 얼어붙었던 계곡이 풀리면서 물방울 떨어지는 소리, 이 또한 먼데서 달려온 기쁜 소식처럼 반갑기 그지없다. 산에서 맡는 냄새도 가지가지이다. 산 자체의 흙 내음, 수종에 따라 각각 다른 숲의 내음, 풀꽃들의 내음에 내 코가 길들여져 있다. 더덕 향기가 나는 곳을 지나치다가, 발길을 멈춰 그 일대를 뒤져본다. 이파리 네 개가 달린 잎사귀들과 줄기가 다른 잡목의 몸통을 타고 위로 올라와 있다. 이파리와 줄기에서 더덕향을 뿜어내지 않는가. 흙 묻은 더덕 뿌리를 손톱으로 벗긴 다음, 생것 그대로 씹어본다. 씁싸름한 맛에 입안이 온통 상쾌하다. 취나물·곰취나물·두릅·참나물들도 날것 그대로 산에서의 미각을 충족시키기에 안성맞춤이다. 나는 평소 사탕이나 초컬릿 등 단 것을 좋아하지 않는데, 산 속에서는 가끔 이것들을 조금씩 먹는다. 피로를 가시게 하고 새로운 힘을 북돋워주기 때문이다. 잘 익은 복분자 (산딸기)나 다래 따위가 발견돼 먹을 수가 있다면 최상의 당분 섭취가 될 것은 물론이다. 더듬어 보기 감각은 나무를 만지는 것도 좋지만 바위 타기에서 그 절정을 이룬다. 봄볕을 받은 따뜻한 바위의 살갗에 피가 돌고 맥박이 뛰는 것 같은 설렘을 느낀다. 바위는 무기체가 아니라, 나와 교감하고 합일을 이루는 생명체로 되는 것이다.

천 석들이 큰 종을 보게나
크게 치지 않으면 소리가 없다네
어떻게 하면 두류산처럼
하늘이 울어도 울지 않을 수 있을까?

조선시대 중기의 성리학자 남명 조식(南冥 曺植, 1501-1572)의 '덕산 계곡의 정자 기둥에 쓰다'라는 시이다. 과거에 응시하지 않고 여러 차례 조정의 부름에도 나아가지 않았던 남명이, 지리산 아래에 은거하면서 남긴 많은 산시 가운데 한편이다. 두류산(지리산)은 크고 높고 장엄하므로 뇌성벽력(천둥과 벼락)이 일어도 끄떡하지 않는다. 지리산을 오르내리며, 어쩌면 세상의 일에 흔들리지 않는 조남명 자신의 초연한 의지에 빗대어 지리산을 노래하고 있는지도 모른다.

이렇게 산은 수많은 선인들에게 기개(氣槪)를 일깨웠으며 많은 시적 영감과 동기를 만들어주었다. 현대의 거의 모든 시인들도 산을 주제로 한 시 한편을 남기지 않은 이는 찾아볼 수 없으리라는 생각이다.

시 쓰기라는 것도 어려운 산행(山行)처럼 내가 나에게 어려운 작업이 된다. 세상살이의 다양하고 깊은 체험과, 그 체험 과정에서 느끼는 감각·감정, 그리고 사유와 상상이라는 전제가 나의 시 쓰기에 항상 붙어 있기 때문이다.

어려운 산행일수록 나중에 더 행복한 것처럼, 어려운 과정을 거쳐 터져 나오는 시도, 다른 사람들을 편안하게 감동시키는 시가 될 것이라는 믿음이다.

이성부는 1942년 전남광주 출생으로 광주고, 경희대 국문과를 졸업하고 1961-62 〈현대문학〉 3회 추천완료로 등단하였다. 1966년 동아일보 신춘문예에 당선하여, 1969년 현대문학상 수상, 1977년 한국문학작가상 수상과 2001년 대산문학상을 수상하였다. 시집으로 「이성부시집」, 「우리들의 양식」, 「백제행」, 「전야」, 「빈산 뒤에 두고」, 「야간산행」, 「지리산」 과 시선집으로 「평야」, 「산에 내 몸을 비벼」, 「깨끗한 나라」, 「너를 보내고」 등이 있다. 첫 산문집으로 「산길」 을 수문출판사에서 출간하였다.

산이라는 기호의 해석

박 봉 우

와 소통이라는 기호의 중요한 성질에 부합하는

1. 머리말

유엔이 정한 '산의 해'를 맞아 산에 대한 조명이 다각도로 이루어지고 있는데, 이 글에서는 산이라는 기호의 상징체로써의 의미작용, 커뮤니케이션(소통)을 음미해 봄으로써 우리가 익히 알고 있다고 하는 산을 조명해 보고자 한다.

김경용(1998)은 "(기호란) 우리 눈이 이해하는 모든 것들이다. 우리는 기호를 통하여 세계를 이해하며, 기호를 가지고 다른 사람들과 의사소통을 하고, 기호에 의해서 우리가 소망하는 새로운 사회, 새로운 삶을 꿈꾼다. 인간은 근본적으로 기호의 제작자이고, 자신이 만들어 놓은 기호의 테두리 안에서 살아가는 존재라는 사실이다… 우리의 모든 행동과 행위가 기호의 세계 안에 포박되어 일어난다. 또한 우리의 기억 밖으로 사라지는 세계와 우리의 기억 속으로 들어오는 세계 사이에 기호의 세계가 존재하며, 기호는 우리를 과거와 미래 사이에 걸쳐놓는다. 이처럼 기호의 세계가 역사를 이루기 때문에, 미래의 세계는 기호에 의해 우리 행동의 장에 투사된다"라고 설명한다.

이렇게 일상적으로 만나게 되는 기호가 기호로써 작용하기 위해서는 의미가 공유되고 소통되는 커뮤니케이션이 필요하게 되는데, 이 양자를 잘 포함하고 있는 기호의 예를 속담에서 찾아볼 수 있다. 속담이란, "민중의 지혜가 응축되어 널리 구전되는 민간 격언(이기문,1995)"이기에 속담에서 언급하는 산은 기본적으로 의미 공유

자료라고 보았기 때문이다. 산에 대한 속담은, 『속담사전(이기문, 1964)』에서 발췌하였다.

2. 산에 관한 속담

『속담사전』에는 약 7,000개의 속담을 수록하고 있는데, 산을 언급하고 있는 속담은 유사한 것을 포함하여 70개 정도가 되어 전체의 1%를 차치하고 있다.

3. 산이라는 기호의 해석

산과 관련한 속담을 발췌하여 각각의 속담에서 언급하고 있는 산이라는 기호의 상징성, 의미 등을 분석하였다. 이때 필요한 속담의 해석은 원칙적으로 속담사전의 것을 사용하였다.

1) 가자니 태산(泰山)이요, 돌아서자니 숭산(崇山)이라.

이 속담은 어찌할 수 없는 난처한 지경을 이름인데, 여기에서 태산이나 숭산은 중국의 오악의 하나로 물리적으로 크다는 것, 큰 장애물을 의미하고 있다.

2) 갈수록 수미산(須彌山)이라(가도록 심산이라: 갈수록 태산이라 : 산 넘어 산이다 : 산은 오를수록 높고, 물은 건널수록 깊다).

여기에서 수미산, 태산, 심산, 산 등은 물리적으로 커다란 장애물로 극복하기 어려운 대상을

의미하고 있다.

3) 건넛산 보고 꾸짖기.

여기에서 산은 반응을 보이지 않는 대상으로 인간사회에서는 자신에게 돌아올 수 있는 보복성의 대가를 간과해도 된다는 점에서 무해한 상대로 인식하고 있다. 또한 무시로 쉽게 꾸짖을 수 있을 만큼 산이 생활 주변에 흔하게 위치하고 있음을 보여 주고 있다.

4) 건넛산 돌 쳐다보듯(건넛산 쳐다보기).

여기에서 산은 자신의 감정을 보여줄 필요도 없고, 산의 반응을 고려하지 않아도 되는 무해한 대상이고 동시에 무시로 산을 볼 수 있을 만큼 산이 생활 주변에 흔하게 위치하고 있음을 보여 주고 있다.

5) 금강산(金剛山) 그늘이 관동 팔십 리(수양산 그늘이 강동 팔십 리를 간다: 인왕산 그늘이 강동 팔십 리를 간다).

이 속담은 덕망 있고 훌륭한 사람 밑에서 지내면 그의 덕이 미치고 도움을 받게 된다는 뜻이다. 여기에서 금강산, 수양산, 인왕산은 모두 명산으로 훌륭한 인격체를 대신하는 의미를 보여주고 있다.

6) 금강산(金剛山)도 식후경.

여기에서 금강산은 훌륭한 처소를 말한다.

7) 금강산(金剛山) 상상봉(上上峰)에 물 밀어 배 띄어 평지 되거든.

여기에서 금강산 상상봉은 훌륭한 처소를 일컫는다.

8) 깊은 산에서 목마르다고 하면 호랑이를 본다.

이 속담은 물을 찾기가 힘든 깊은 산에 가서 목이 마르다고 하지 말라는 말이다. 여기에서 깊은 산이라는 대상은 모든 것을 포용하고 있을지라도 워낙 크기 때문에 그 안에서 어떤 하나를 찾기란 쉽지 않으므로 미리 미리 준비를 하지 않으면 곤란을 당할 수 있다는 것을 암시한다.

9) 들 중은 소금 먹고, 산(山) 중은 물을 먹는다.

여기에서 산은 들에 대립되는 처소의 하나이다.

10) 물 본 기러기 산 넘어 가랴.

이 속담은 그리운 사람을 본 이가 그대로 지나쳐 가버릴 리는 없다 하는 말이다. 여기에서 산은 희망을 찾아가는 과정에서 넘어서야 할 하나의 장애물을 암시한다.

11) 방앗공이는 제 산 밑에서 팔아 먹으랬다.

여기에서 산은 처소를 일컫는다.

12) 백두산(白頭山)이 무너지나 동해수(東海水)가 메어지나.

여기에서 백두산은 거대한 명산의 처소를 일컫는다.

13) 범 무서워 산에 못 가랴.

여기에서 산은 성취해야 할 대상으로 인식하고 있다. 그리고 산처럼 역시 크게 이룬다는 것을 암시하고 있다.

14) 보리 고개가 태산보다 높다.

여기에서 태산은 물리적으로 크고, 험한 장애물이 되고 있다.

15) 사자 없는 산에 토끼가 대장 노릇한다.

여기에서 산은 위치적 처소의 하나이고, 생활 주변에 흔히 위치하고 있음으로 해서 거론됨을 엿 볼 수 있다.

16) 사람을 낳으면 서울에 보내고 우마를 낳으면 상산(上山)에 보낸다.

여기에서 상산은 서울에 대립되는 개념으로 사용하고 있으며, 대상에 대한 적절한 처소를 의미하고 있다.

17) 산골 부자가 해변 개보다 못하다(해변개가 산골 부자보다 낫다).

이 속담은 해변 고을에는 고기가 흔하여 언제나 개도 고기를 먹을 수 있으나 산골에는 고기가 귀하여 큰 부자라 할지라도 그리 쉽게 먹지를 못한다는 뜻이다. 여기에서 산골, 산이란 해변에 대립되는 개념으로 처소의 하나를 일컬으며 산은 상대적으로 물산이 부족함을 암시하고 있다.

18) 산(山)까마귀 염불한다.

여기에서 산은 처소의 하나를 일컬으며, 산이라는 환경은 산사가 함께 하고 있음을 암시하고 있다.

19) 산(山)놈의 계집은 범도 안 물어 간다.

이 속담은 사람들이 모여 사는 마을을 떠나 산 속에서만 사는 여자는 버릇이 없고 만만치도 않다는 뜻이다. 여기에서 산은 미개하고 거친 것을 의미한다.

20) 산밑 집에 방앗공이가 논다.

여기에서 산은 처소를 일컫는다. 그러면서 나무라는 자원이 풍부하게 있을 것임을 암시하고 있다.

21) 산 밖에 난 범이오 물 밖에 난 고기.

여기에서 산은 물에 대립되는 용어로 환경적으로 적절한 처소를 말한다.

22) 산보다 골이 크다.

여기에서 산은 골과 대립되게 쓰였는데, 물리적으로 거대한 것을 말하고 있다.

23) 산 속에 있는 열 도둑은 잡아도 제 맘속

에 있는 한 놈의 도둑도 못 잡는다.

여기에서 산은 물리적인 처소이다.

24) 산에 가야 범을 잡지.

여기에서 산은 선행조건인데, 산을 선행조건으로 함에는 크게 이룸이라는 염원과 생활 주변에 흔히 위치하고 있음으로 쉽게 거론됨을 보여주고 있다.

25) 산에 들어가 호랑이를 피하랴.

여기에서 산은 처소를 말한다.

26) 산에서 물고기 잡기.

여기에서 산은 처소를 말한다.

27) 산엘 가야 꿩을 잡고 바다엘 가야 고길 잡는다.

여기에서 산은 바다에 대립되는 용어이며 환경적으로 적절한 처소를 말한다.

28) 산이 커야 골이 깊지(산이 깊어야 범이 있다: 산이 커야 굴이 크다: 산이 커야 그늘이 크다).

여기에서 산이란 대상의 긍정적인 됨됨이를 말한다. 즉 산은 큼직하고 든든함을 갖춘 인격체를 대신한다.

29) 산이 우니 돌도 운다.

이 속담은 멋모르고 남이 하는 대로만 쫓아서 하는 사람을 이르는 말이다. 여기에서 산은 그 크고 듬직한 물리적인 형태로 인하여 중심이 되는 어떤 개체를 대신한다.

30) 산이 울면 들이 웃고, 들이 울면 산이 웃는다.

여기에서 산은 들과 대립되는 개념이지만 상호 보완성을 갖는 것이다. 산은 처소를 의미한다.

31) 산중(山中)놈은 도끼질, 야지(野地)놈은 괭이질.
여기에서 산이란 들에 대립되는 용어로 각각의 처소를 일컬으며 환경에 따른 차이의 인정을 보여 주고 있다.

32) 산중(山中) 농사지어 고라니 좋은 일 했다(산중 벌이하여 고라니 좋은 일 했다).
여기에서 산이란 환경적 처소를 말한다.

33) 산중(山中)에 거문고라.
여기에서 산이란 미개하고 야만스러운 처소를 말한다.

34) 산(山) 진 거북이며, 돌 진 가재라.
이 속담은 큰 세력을 믿고 버틴다는 뜻이다. 여기에서 산이란 물리적으로 큰 것을 이름이다.

35) 삼각산(三角山) 밑에서 짠물 먹는 놈.
여기에서 삼각산은 서울이라는 처소를 대신한다.

36) 삼각산(三角山) 바람이 오르락내리락(삼각산 풍류).
이 속담은 조금도 조신성이 없이 함부로 드나들며, 또 그 출입이 지나치게 많을 때 이르는 말이다. 여기에서 삼각산이란 서울이라는 처소와 인총이 많아 익명성이 있다는 의미를 가지고 있다.

37) 십 년이면 산천도 변한다.
여기에서 산이란 의연하고 변함 없는 대상을 일컫는다.

38) 여산(廬山) 중놈 쓸 것.
여기에서 여산은 중국의 명산으로 나와는 관계없는 처소를 일컫는다.

39) 여산(廬山) 칠십 리나 들어갔다.
여기에서 여산은 중국의 아름다운 명산으로 처소를 일컫는다.

40) 여산(廬山) 풍경에 헌 쪽박이라.
여기에서 여산은 중국의 명산으로 처소를 일컫는다.

41) 용문산(龍門山) 안개 두르듯.
이 속담은 남루한 옷을 지저분하게 치렁치렁 걸쳤다는 뜻이다. 여기에서 용문산은 명산으로 처소를 일컫는다.

42) 용문산에 안개 모이듯.
이 속담은 여기 저기서 한 곳으로 모여들어 옴을 이르는 말이다. 여기에서 용문산은 명산으로 처소를 일컫는다.

43) 제일강산(第一江山)인 줄 안다.
이 속담은 잘 알지도 못하면서 제일인 줄 안다는 뜻이다. 여기에서 산은 거대함을 의미한다.

44) 지리산(智異山) 포수.
여기에서 지리산은 깊고 험한 명산으로 처소를 일컫는다.

45) 처녀가 늙어 가면 산으로 맷돌짝 지고 오른다.
여기에서 산이란 일상적이지 않은 처소를 일컫는다.

46) 천리강산(千里江山)이다.
여기서 산이란 물리적으로 큰 것을 일컫는다.

47) 청산에 매 띄워놓기.
여기서 산이란 아름다운 처소를 일컫는다.

48) 청산유수 같다(말은 청산유수 같다).
여기서 산이란 아름다운 처소를 일컫는다.

49) 태백산(太白山) 갈가마귀 게발 물어 던지듯.

이 속담은 할 짓은 다 하였다고 내어 버려져 아주 외로운 처지가 된다는 뜻이다. 여기에서 태백산은 명산으로 처소를 일컫는다.

50) 태백산(太白山) 백액호(白額虎)가 송풍나월 어루는 듯.

이 속담은 매우 애중하여 다루고 만진다는 뜻이다. 여기에서 태백산은 명산으로 처소를 일컫는다.

51) 태산(泰山)을 넘으면 평지를 본다.

여기에서 태산은 명산으로 처소를 일컬으며, 크고 험한 장애물을 의미한다.

52) 태산(泰山)이 평지된다.

여기에서 태산은 명산으로 처소를 일컬으며, 물리적으로 크고 안정적인 것을 의미한다.

53) 태산(泰山) 중악(重岳) 만장봉(萬丈峰)이 모진 광풍에 쓰러지거든.

여기에서 태산은 명산으로 처소를 일컬으며, 물리적으로 크고 안정적인 것을 의미한다.

54) 턱 떨어진 개 지리산(智異山) 쳐다보듯 한다(주인 기다리는 개가 지리산만 바라본다).

여기에서 지리산은 명산으로 처소를 일컬으며, 의지할 수 있는 큰 힘을 의미한다.

55) 티끌 모아 태산(泰山).

여기에서 태산은 명산으로 처소를 일컬으며, 물리적으로 큰 것을 의미한다.

56) 한라산(漢拏山)이 금덩어리라도 쓸 놈 없으면 못쓴다.

여기에서 한라산이란 명산으로 처소를 일컫는다.

57) 호랑이에게 물려갈 줄 알면 누가 산에 갈까.

여기에서 산이란 처소를 일컫는다.

58) 호박넌출 벋을 적 같아선 강계(江界) 위초산(渭楚山) 뒤덮을 것 같지.

여기에서 위초산이란 처소를 일컫는 말이다.

4. 맺음말

산은 '뫼'라는 고유어가 일찍이 사용되었으나 오늘날에는 거의 '산'으로 대체되어 쓰이고 있다. 이 산이 우리 민족에게 최초로 등장한 것은 단군 신화에서부터이다. 단군 신화에서 환웅이 태백산에 내려와 신시를 열었다고 했는데, 이때 산은 천신의 하강처이고, 그 산을 포함한 가장자리는 바로 인간 세상의 중심이 되는 장소였다.

이러한 신화는 비단 우리 민족의 것만이 아니라 세계 각 곳의 신화에 보편적으로 등장하고 있다. 그런 관계로 산은 우주산(宇宙山)으로 세계의 중심으로 인식되고 있다. 또한 그 높이로 인해 다른 세계 즉 천상으로 통하는 통로의 역할을 하며, 신이 사는 장소가 되고 있다는 것이 일반적으로 우리가 산에 대하여 가지고 있는 생각이다.

그러나 우리 속담에 나타나고 있는 산의 기호론적 의미는 그 신화의 세계, 천상의 세계라는 커다란 사고를 담고 있지는 않다. 아마도 이것은 우리 주변의 산이 물리적으로 하늘과 닿아 있어서 감히 올라가 볼 엄두를 내지 못 할만큼 거대하거나 험준하지 않고, 생활하는 주변에 흔히 위치하고 있는 데서 비롯되었다고 할 수 있을 것이다.

산이라는 기호의 해석을 통하여 우리는 다음과 같은 몇 가지 의사 공유를 하고 있는 것을 알 수 있다. 첫째, 산은 위치적 처소를 말한다. 이것은 산이 우리 주변에 그만큼 많이 분포하고 있고, 생활 주변 가까이에 있다는 것을 뜻한다.

또한 산의 위치적 처소는 때로는 긍정적인 것으로, 때로는 부정적인 것으로 나타난다. 둘째, 산은 영원함, 견고한 것이라는 의미를 가지고 있다. 셋째, 산은 그 물리적 크기로 말미암아 힘든 대상, 극복해야 하는 장애물로 인식하고 있다. 넷째, 산은 큼직하고 든든함을 갖춘 인격체를 대신한다. 그래서 때로는 의지할 수 있는 큰 힘을 대신해 주기도 한다. 다섯째, 산은 미개함, 야만, 거침이라는 성질을 가지고 있는 곳임과 동시에 아름다운 곳이라는 인식도 함께 하고 있다. 여섯째, 백두산, 한라산, 지리산, 금강산 등 명산을 거론하여 명소의 처소성을 비유에 활용하고 있다.

참고도서
김경용, 1998, 「기호학이란 무엇인가」, 민음사
이기문, 1964, 「속담사전」, 민중서관
이기문, 1995, 「새 국어사전」, 동아출판사

박봉우는 고려대학교 임학과를 졸업하고 서울대 환경대학원에서 조경학 석사, 고려대학교 대학원에서 박사학위를 받았다. 산림휴양, 국립공원, 자연환경보존분야에 관한 연구를 하고 있다. 현재 강원대학교 건축조경학부 교수이며 숲과 문화 연구회 운영회원이다.

산은 우리에게 무엇인가

김 영 도

1760년 제네바의 대학교수이자 자연과학자

산에 대해서 두 가지 물음이 있을 수 있다. 산이란 무엇인가, 그리고 산은 우리에게 무엇인가가 그것이다.

첫 물음은 산은 자연의 일부라고 하면 되겠는데 두 번째는 그렇게 간단하지 않다.

산에 대한 생각, 산을 보는 눈은 동·서양이 서로 다른 것 같다. 우리는 산을 자연의 대표격으로 보며 자연을 산천초목(山川草木)이라고 즐겨 부른다. 또한 천연자연(天然自然)이라는 사자성어(四字成語)를 줄여서 쓴다. 이러한 산천초목이니 천연자연 같은 개념과 발상은 적어도 영어의 Nature나 독어의 Natur에는 없다.

그런데 서양에서는 우리처럼 자연을 인간 세계 저편에 두지 않고 생활 속에 끌어넣고 있다. 즉 그들은 자연을 뜻하는 낱말을 동시에 '성격' '성질' 또는 '종류' 등 선천적 의미로 쓰는가 하면, 자연을 어머니로 보는 Mother Nature, Mutter Natur라는 개념도 만들어 냈다.

이렇게 볼 때 '산은 무엇인가?'는 동양적 물음이고 '산은 우리에게 무엇인가?'는 서구적 문제설정이라고 할 수 있으며 동양의 자연관이 정적인데 대해 서양은 동적이다.

사람이 정적인 자연관을 가질 때 거기서 행위가 나오지 않으며, 산과 사람의 만남은 좀처럼 이루어지지 않는다. 등산이 동양의 산물이 아니고 서양의 사고와 행동 양식인 것은 이러한 동·서양 간의 자연관 차이에서 비롯했다.

인 베네딕트 드 소쉬르(Horace-Benedict de Saussure, 1740~1799)가 알프스의 최고봉인 몽블랑(Mont Blanc, 4807미터)을 보고 그 정상에 오르는 자에게 상금을 주겠다고 했다. 몽블랑은 사철 만년설에 덮여 있고 수시로 눈사태를 일으켜 산록 주민들은 산마루에 귀신이 산다고 믿었으며 두려워했다. 이러한 몽블랑이 등정된 것은 그로부터 4반세기가 지난 1786년의 일이며 이때부터 알프스 등산시대가 열리고 '알피니즘'이라는 사고와 행동양식이 생겼다.

'유럽의 근대화는 과학기술의 성립과 등산으로 비롯했다. 제임스 왓의 증기기관의 완성과 카트라잇의 역직기(力織機) 발명은 알프스의 최고봉 몽블랑 초등정(1786. 8. 7~8)과 동시였는데 이것은 과학기술도 등산도 인간의 데모니슈한 활동의 양극을 대표하고 있다'

이상은 외국의 한 자연과학자가 쓴 『산의 사상사』 서두에 나오는 글인데 기실 등산은 과학 기술 문명과 더불어 전진하여 오늘에 이르렀다.

오스트리아 태생으로 영국에서 활동하며 일생을 보낸 저명한 등산가 게오르게 잉겔 휜치는 '등산은 스포츠가 아니라 삶의 방법'이라고 했는데 의·식·주의 이동인 등산이 인간사회가 고도로 산업화하면서 놀라운 개발과 변천을 맞게 된 것이 사실이다. 그리하여 오늘날 산악인들의 입버릇처럼 더 이상 오를 데가 없어졌다. 지구상에 공백지대가 사라진 것이다. 이것은 진정한 인류문화의 발전으로 인간의 행복을 뜻하는 것인지 의심스럽다.

몽블랑을 둘러싸고 산에 대한 도전 가·불가론이 한창이었던 무렵(1760~1786), 괴테가 튀링엔발트에 있는 키켈한(Kickelhahn, 861m) 정상에 올라 그곳의 수렵인 산장(Jagdhaus Gabelbach)벽에 '산마루마다 쉼 있고 나뭇가지 스치는 바람 한 점 없네……'로 시작하는 '나그네의 밤 노래'라는 시를 남긴 것으로 유명한데 그는 이에 앞서 연간 300일 안개가 끼며 브로켄 현상을 일으키는 하르츠(Harz) 고산 지대를 겨울철에 혼자 올랐다.

괴테는 등산가로 알려지지 않았으나 후년 스위스 알프스를 편력한 산행은 시대적으로 크게 앞서 있었다. 그리하여 괴테가 산을 통해서 얻은 영감은 『베르테르의 슬픔』『파우스트』 등 그의 작품 속에 잘 나타나 있다. 이러한 괴테는 남들이 아는 시인이기에 앞서 철두철미 자연아(Naturkind)였다.

산이라는 자연과 인간의 관계는 역사적으로 깊고 다양하다. 성서의 첫머리 창세기에 노아의 홍수 이야기가 나온다. 노아의 방주(方舟)가 홍수 때 아라랏트산에 걸렸다는 이야기지만 이 아라랏트(Ararat, 516m)는 실제로 터키 영내에 있으며 구 소련 및 이란과 접경하고 있다. 또한 인류의 조상 아브라함이 아들 이삭을 하나님께 제물로 바치려던 곳이 모리아산이고, 그 뒤 모세는 시내산에서 유명한 10계명을 받았다고 성서는 기록하고 있다.

히말라야에는 산을 신성시(神聖視)해서 입산을 금지하는 데가 여기저기 있다. 세계의 지붕 히말라야의 눈 덮인 8,000미터 고봉들을 눈앞에 볼 수 있는 포카라(Pokhara)의 명봉 마챠푸챠레(Machapuchare, 6,993m)가 그 좋은 예인데 모습이 알프스 마터혼 같다고 해서 '네팔의 마터혼'이라는 별명이 붙은 이 산은 20세기 중반 영국 등반대가 시등했을 때 정상을 밟지 못했다.

이처럼 산을 신앙의 대상으로 삼는데 대해 서구인들은 산을 적극적으로 생활 속에 끌어 넣어 자연과 친화관계를 맺고 있다. 독일 남쪽 지방에 슈바르츠발트(Schwarzwald)라는 광대한 삼림지대가 있다. 전나무가 빽빽이 들어서서 검게 보인다고 '검은 숲'으로 불리는 여기서 도나우강이 시작하는 것을 아는 사람은 별로 없다. 대학촌으로 이름난 프라이브르그(Freiburg)는 이 검은 숲의 중심지인데, 인구 10만 남짓한 고도(古都) 한가운데를 맑은 물이 흐른다. 지방 사투리로 '베일레'라는 이 도랑은 다름 아닌 슈바르츠발트에서 흘러내리는 물을 도심으로 끌어서 고도 프라이브르그를 더욱 미화하고 있다.

'자연보호'라는 구호가 우리 귀에 익은 지도 오래다. 그런데 독일의 자연보호(Naturschutz)는 언제나 환경보호(Umweldschutz)와 붙어 다니는 것이 돋보인다. 독일어권에 속해 있는 스위스 발리스 알프스의 명봉인 마터혼(Matterhorn, 4,478m) 산록에 체르맛(Zermatt)이라는 아름다운 산촌이 있는데 여기는 차량 진입이 금지되어 있다. 자연과 환경을 보호하려는 적극적이고 구체적인 대책의 하나겠지만 그들은 체르맛에서 7킬로미터 밑에 있는 테슈(Täsch)에 대형 주차장을 만들고 그 사이를 등산열차로 연결하고 있다.

그들의 자연은 아름답고 풍부해서 언제나 선망의 대상이 되지만 그 세계는 자연미와 인공미가 공존하는 것이 특색인데 그 자연성이 그대로 유지되는 까닭은 그들의 꾸준하고 줄기찬 노력에 있다. 물론 서구사회에도 고민이 적지 않으며 멸종 위기에 있는 산양 같은 포유동물이나 엔치안 고산화초 등의 보호문제가 역시 심각한 것이 현실이다.

산과 인간의 관계는 시대에 따라 변천해 왔다. 신앙과 공포의 대상에서 개발 단계를 거쳐 지금은 현대인의 도피처로 옮겨가고 있다. 태초에 원죄로 에덴농산에서 쫓겨난 인간은 슈테판 츠바이크(Stefan Zweig, 1881~1942)의 '제3의 비둘기' 신세가 되어 이 세상에서 살아왔는데 끝내 지친 나머지 문명사회에서 탈출을 시도하고 있다. 그리하여 그들은 이제 대자연으로 도망치려 한다.

20세기 중엽 히말라야 8,000미터 급 14개 봉 가운데 하나인 마칼루(Makalu, 8,481m)를 초등정한 프랑스 등반대장 쟝 프랑코(Jean Franco, 1914~?)가 '등산은 스포츠요 탈출이며 정열이고 일종의 종교'라고 했는데 산과 인생을 가장 밀착시키는 조건은 등산이다.

이러한 등산은 20세기 후반에 보편화하고 급기야는 세속화하면서 에베레스트 초등 50주년 되던 해, 어느 하루 그 정상에 50명이 넘는 사상 최다수의 등정자를 기록했다. 그러나 이와는 달리 현대사회의 병적 징후가 1996년 5월 10일에 일어났다. 이른바 상업주의 등반대(Commercial expedition) 운영인데 1인당 7천만원의 거액을 받고 세계 최고봉 등정 희망자를 모집한 등반대가 8천 미터 고소 능선에서 삽시간에 8명의 희생자를 냈다는 이야기다.

산과 사람과의 만남은 미지의 세계에 대한 도전과 한계상황에서의 자기극복이 목표요 동기가 된다. 이러한 본래의 의미 즉, 고전적 의미가 시대의 추이(推移)에 따라 다소 퇴색하고는 있으나 완전히 사라진 것은 아니다.

히말라야 최고봉 급 14개 봉을 혼자 모두 올라 세계 최강의 등산가로 인정된 라인홀트 메스너(Reinhold Messner, 1944~)는 많은 산서(山書)를 저술한 것으로도 으뜸 가지만 그 가운데 유난히 돋보이는 책이 있다.

「Berge Versetzen – Das Credo eines Grenzgängers」(산을 옮긴다–한계 도전자의 신조)가 그것인데 그의 표제는 물론 '겨자씨의 믿음이 있으면 산을 옮길 수 있다'는 성서에 나오는 글을 인용한 것으로 한계 도전자로서의 등산가의 신조(信條)로 하고 있다. 20세기 산악계의 거인 메스너의 등산관 내지는 등산정신이 이 표제에 그대로 압축되어 있다. 메스너가 1978년 에베레스트를 무산소로 오르고 같은 계절에 낭가 파르바트(8125m)를 혼자 오르내려 20세기의 산악계 숙제를 한꺼번에 해결한 데는 그의 남다른 신조가 있었기 때문이리라.

산은 천연자연이며 그 산격(山格)이 웅대 장엄 그리고 평온함을 지닐 때 명산(名山)으로 불린다. 그러나 이 명산으로서의 자기 현시(顯示)는 인간의 개입을 전제로 한다. 지구의 오지에서 고고(孤高)한들 그 존재를 누가 알랴?

사람마다 운명이 있듯이 산에도 운명이 있다. 그리고 등산가와 산이 만날 때 그들 운명이 결정된다. 위대한 등산가와 세계의 명산은 이렇게 해서 탄생하고 빛을 발휘하는데, 250년의 세계 등산의 역사에서 에드워드 윔퍼와 마터혼, 모리스 에르족과 안나푸르나 그리고 헤르만 불과 낭가 파르바트 등이 그 좋은 예다.

그들이 산을 세상에 알리고 그 산으로 인해 그들이 유명해졌다. 세계 산악 문학의 고전으로 오늘날까지 남아 있는 『알프스 등반기』와 『인류 최초의 8,000미터–안나푸르나』 그리고 『8,000미터 위와 아래』 등은 윔퍼와 에르족과 불의 불멸의 알피니스트로서의 아이덴티티며 '산은 우리에게 무엇인가'라고 묻는데 대한 답변이다.

김영도는 1924년 평북 태생으로 서울 문리대 철학과를 졸업하고 제9대 국회의원, 대한산악연맹회장, 1977년 한국에베레스트 원정대장과 1978년 한국북극탐험대 대장을 역임했고, 현 독일 산악지 편집동인, 한국등산연구소 소장이다. 저서로 「나의 에베레스트」, 「우리는 산에 오르고 있는가」, 「산의 사상」이 있으며 역서로 「검은고독 흰고독」, 「죽음의 지대」, 「제7급」, 「아이스 클라이밍」, 「알프스 등반기」(공역)와 수문출판사에서 「8000미터 위와 아래」와 「14번째 하늘에서」(공역)이 있다.

전설이 깃 들여져 있는 우리 산

이 성 필

· 서울 강남구 일원동

1. 머리말

한국인의 삶은 옛부터 산과 밀접한 관계를 유지하는 삶이었다. 단군신화의 근원도 산이며 인간의 삶이 끝난 후에 가는 곳도 산이다. 국토의 어디를 둘러보아도 조그마한 야산, 구릉지부터 2,744미터의 백두산까지 우리 시야에 펼쳐진 우리 국토는 옛부터 삼천리 금수강산이라고 일컬어져 왔다.

이러한 산은 우리에게 훌륭한 경관만을 제공한 것이 아니라 산을 주제로 한 산수화, 산의 풍경을 노래한 고전시가와 시조, 그리고 산을 다루는 수많은 소설문학 등이 전해져 내려오고 있으니 산은 곧 우리 문화의 산실이었다.

이 글에서는 옛부터 우리에게 전해져 내려오는 산과 관련된 전설에 대하여 일부분이지만 요약하여 정리하였고 그중 흥미 있게 전해져 오는 전설의 전문을 발췌하여 전하고자 한다.

2. 지역별 전설

구룡산

· 서울 강남구 일원동

· 옛날 임신한 여인이 용 10마리가 하늘로 승천하는 것을 보고 놀라 소리 지르는 바람에 그 중 한 마리가 떨어져 죽고 9마리만 하늘로 올라가 구룡산이라 불렀다는 전설이 있다.

대모산

· 산 모양이 여승이 앉은 모습과 같다 하는 설과 여자의 앞가슴 모양과 같다 하여 대모산이라는 설이 있다.

이 산에는 불국사(약사절), 약수터, 자연학습장 및 산책, 등산로가 있어 주민들의 사랑을 받고 있다.

칼바위

· 서울 금천구 시흥동 칼바위

· 임진왜란 때 왜나라 장사와 우리나라 장사가 턱걸이 내기를 하였는데 일본장사가 99번을 하고 백 번째 하려는 순간 힘이 다해 바위 밑으로 떨어지면서 바위의 끝이 쪼개져 나갔다고 한다.

우리나라 장사는 내기 후 오줌을 누었는데 그 오줌 줄기에 바위가 움푹 패여나가서 팽이바위가 된 것도 칼바위 인근에 있다.

아차산

· 서울 성동구 아차산

· 조선 명종이 점을 잘 치는 홍계관이라는 자를 불러 친히 내기를 하였는데 왕의 잘못된 판단으로 내기에 진 홍계관의 사형을 집행하니 형 집행 장소 위쪽 산을 아차산이라 불렀다고 한다.

소요산

· 경기도 동두천시 소요산

· 신라가 삼국을 통일하던 혼란한 시기에 원효대사와 요석공주에 얽힌 전설

장락산

· 경기도 가평군 장락산

· 장락산 중턱에 바위로 된 동굴이 있는데 이 굴속에 바위의 형상이 각시 같다고 해서 각씨바위라 하는데 이 굴을 각시굴이라 불렀다.

임오군란 때에 이 각시굴에 얽힌 전설 이야기

장명산 구절초

· 경기도 파주시 장명산

· 조선시대 아이를 갖지 못하는 아낙이 장명산 중턱에 위치한 약수터에 올라 약숫물에 밥을 지어먹고 구절초 달인 물을 먹으면서 아이를 갖게 됐다는 전설.

구절초는 여자의 냉에 특효가 있다고 한다.

검단산

· 경기도 검단산

· 검단선사가 같이 바둑을 두던 한 소년을 생각하며 절을 짓고 도를 닦다 타계하니 이 산을 검단산이라 부르게 되었다는 전설

애기봉

· 경기도 김포시 애기봉

· 병자호란 때 애기(愛妓)라는 기생이 오랑캐에게 잡혀간 사랑하는 님(평양감사)을 그리워하다 죽었는데 동네 사람들이 쑥갓머리산 꼭대기에 묻어 주고 그 산을 애기봉이라 불러왔다. 지금은 실향민들이 향수를 달래려 찾는 망향의 동산이 되었다.

망경대의 한

· 경기도 과천시 청계산

· 고려 말의 충신 조윤이 이성계의 간곡한 부탁도 뿌리치며 산에 올라 저 멀리 보이는 송도에 대한 그리움을 달래던 곳으로 이성계가 이에 감동 받아 산정에 초막을 지어주니 이 초막이 오늘의 망경대(望京臺)이다.

여우고개

· 경기도 과천시 여우고개

· 지금의 남태령 고개 옆에 여우고개라는 옛날 길에 대한 전설.

· 고개에 사는 여우가 제 집을 산소자리로 빼앗긴 후 이를 다시 찾기 위한 시도를 하다가

막내 상제의 사려 깊은 행동으로 잡혀 죽게 된 이야기.

도덕산

· 경기도 광명시 도덕산

· 질그릇을 만들어 파는 덕쇠라는 가난한 도공이 처녀귀신이 된 부잣집 딸과 사후 혼인을 하여 잘 살게 되었다는 이야기로 처녀가 묻힌 산을 부부의 인연의 소중함을 가르쳤다고 하여 도덕산이라 불렀다고 한다.

마산

· 경기도 시흥시 마산(痲山)

· 먼 옛날 산현동의 높은 산봉우리에 마귀할머니가 아들, 딸 남매와 동굴에 살고 있었다. 그런데 동굴을 막고 있던 집채만한 바위를 굴려버리라고 남매에게 시켜 이 돌을 굴려버리다 지쳐 죽게 되자 마귀할머니가 대성통곡을 하며 그 자리에서 같이 죽었다. 그 후 이 산을 마귀할머니 이름을 따서 마산(痲山)이라 부르게 되었다.

삼성산 호압사

· 경기도 시흥시 삼성산

· 위화도회군으로 조선을 세운 이성계가 대궐을 짓기 위해 궁벽을 쌓는데 아무리 튼튼히 축조해도 그 다음날 궁벽이 무너졌다. 하루는 이성계의 꿈속에 노인이 나타나서 호랑이 심장부에 해당하는 땅에 절을 세우면 재난을 방지할 수 있다고 했다. 노인이 지목한대로 그 자리에 호압사를 짓고 친히 태조가 헌액까지 하사하였다고 전해져 내려온다.

별망성과 별초무

· 경기도 안산시 초지동 별망산

· 고려 때 몽고군이 침입하자 삼별초군이 성을 축조하고 이 곳에서 전투를 하여 대승을 거두고 이때 검은 옷을 입고 얼굴에 도깨비 탈을 쓰고 눈과 볼에는 숯검정을 진하게 바르고 쌍검을 휘둘렀는데 후에 그 춤이 별초무가 되어 전해져 내려오고 있다.

임경업 장군

· 경기도 광주군 남한산

· 한양에 홀어머니를 모시고 가난하게 사는

임도령이 길을 잃고 밤중에 산에서 아리따운 처녀로 변신한 암쿠렁이와 하룻밤 뜨거운 정을 나눈 후 하늘로 승천하며 남겨준 말에 따라 산소자리를 쓰니 후세에 임도령 가문에 유명한 임경업 장군이 태어났다는 전설

적장의 편지

· 경기도 광주군 남한산

· 옛날 광해군 때 김각성이라는 스님이 팔도 도총섭이라는 벼슬을 받아 후세를 위해 남한산성을 축조하였는데 인조 때 병자호란이 일어나 적장과 대치하게 되었다. 그런데 그 적장은 각성스님이 무과급제시 무술을 겨루다 살려준 사람이라 그 적장이 은혜에 보답하기 위해 편지 한 장을 남기고 철군하니 훗날 조종에서 각성스님을 기리기 위해 청계당이라는 사당을 지어주고 추모제를 올렸다.

칠학사가 숨어살던 칠사산

· 경기도 광주군 칠사산

· 고려 왕조를 무너뜨린 이성계가 산 속에 묻혀 지내며 멀리 북쪽 송도를 바라보며 통곡의 세월을 보내는 명망이 있는 일곱 명의 선비를 회유하러 신하를 보냈지만 결국은 죽음으로써 숭고한 절개를 지키니 후세 우암 송시열이 칠사산에 와서 영혼을 위로하였다.

칠보산

· 경기도 수원시 칠보산

· 이 산은 원래 팔보산이었는데 어느 농부가 간절한 백일기도 끝에 백발 백의의 노인의 계시에 따라 인삼을 얻게 되어 부자가 되었는데 그 이후 팔보산이 칠보산으로 개칭되었다 한다.

모락산의 비극

· 경기도 의왕시 모락산

· 제 1 화 - 임진왜란 때 마을 사람이 모두 난을 피해 모락산의 동굴로 피신하였으나 발각되어 모두 '몰아서 죽였다' 하여 모락산이라 전해짐.

· 세 2 화 - 세조의 동기간인 임영대군이 죽음을 피해 도망하여 숨어살며 한양을 그리워하였다 하여 사모할 모(慕) 낙양의 낙(落)으로

하여 모락산(慕落山)이라 부르게 되었다.

오봉산

· 경기도 의왕시 오봉산

· 중국에서 역적의 누명을 쓰고 피신한 어느 남루한 형색의 지술사를 도와준 청풍 김씨 한 분이 중국지관의 도움으로 산소자리를 잘 쓰게 되어 집안에 6정승이 나오게 되었다는 전설

오색동

· 강원도 속초시 설악산

· 옛날 병풍바위 밑에서 일곱 선녀가 옷을 벗고 목욕하다 옷을 잃어버려 옷을 찾다 지친 선녀가 변한 옥녀폭포, 여신폭포, 독주폭포, 치마폭포, 속치마폭포 그리도 그 옷을 훔친 선관의 탕건과 감투가 변해 탕건바위, 감투바위가 생기게 된 사연

향로봉 삼부처

· 강원도 고성군 진부령

· 어떤 부자가 어렵게 자식을 얻었는데 그 아이가 단명할 것이라는 스님의 이야기에 운명을 바꾸어 보려고 10년간 객지에 보내 고생을 시키며 아이의 수명을 연장시킨 전설

봉화산

· 강원도 화천군 성태산

· 한양 삼각산 봉화대에 봉홧불을 밝혀 위험을 알리기 위해 성을 쌓았기 때문에 생긴 이름, 이 산에는 봉홧불을 밝히는데 쓰이는 "쑥"이라는 식물이 많이 자라고 있다고 한다.

용화산 심바위

· 강원도 화천군 용화산

· 효성이 지극한 심마니에게 산신령이 나타나서 산삼을 발견하게 한 이야기로 큰 산삼이 나왔다고 해서 그 바위를 산삼의 다른 이름인 '심' 이라고 불러 '심바위'라 이름지었다 한다.

삼악산성과 대결터

· 강원도 춘천시 삼악산

· 옛날 부족국가형태의 맥국이 적군의 침공을 받아 천혜요새인 삼악산으로 궁궐을 옮기고 성을 쌓고 적과 대치하다 적의 위장전술에 하루아침에 패망하면서 생긴 이야기로 궁궐이 있던

자리는 대궐터, 기와를 구웠던 왜(와)대기, 말
골, 칼봉, 옷바위, 허궁다리, 북문새, 할미문이
생기게 된 전설

잣방산과 덕쇠의 효도
· 강원도 춘천시 잣방산
· 덕쇠라는 효심이 지극한 사람이 병든 어
머니를 위해 기도하는 것을 보고 산신령이 감복
하여 잣나무 열매를 따서 잣물을 어머님께 드려
병환이 씻은 듯이 나았다는 이야기

태기산과 태기왕
· 강원도 평창군 봉평면과 횡성군 둔내면에
면한 태기산
· 옛날 삼한의 한 나라였던 진한의 태기왕
이 신라와의 삼랑진 전투에서 패하고 태기산(덕
고산)으로 도망와서 산성을 쌓고 신라의 대군과
싸웠으나 참패를 당해 덕고산에서 최후를 마쳤
는데 그 성터를 태기산성이라 한다.

치악산
· 강원도 원주시 치악산
· 스님에게 은혜를 입은 어미 꿩과 그 새끼
들이 스님을 위해 목숨을 바쳐 그 은혜에 보답
한 이야기

용마암
· 강원도 원주시 치악산 상원사
· 백련사의 주지 승려가 백련사와 인근에
있는 상원사에 본처와 젊은 소실을 각각 두고
용마를 타고 두 절을 왕래하면서 생긴 승려의
비행에 얽힌 전설

치악산과 구룡사
· 강원도 원주시 치악산 구룡골
· 스님과 아홉 마리의 용이 구룡사의 대웅
전 터를 놓고 내기를 한 이야기

방대산의 배 닿은 돌
· 강원도 인제군 방대산
· 옛날 소나무를 벌목하여 그 목재를 내린
천을 통해 운반하는 배가 홍수 시에 떠내려가지
않게 하기 위하여 2톤 가량의 바위에 구멍을 뚫
고 밧줄을 매달았는데 그 바위에 얽힌 전설

백담사
· 강원도 인제군 설악산 백담사
· 옛날 인제군 북면 한계리에 북금사라는
절이 있었는데 이 절은 계속 화재로 전소되곤
하였다. 하루는 주지스님의 꿈에 나타난 도포를
입고 말을 탄 사람의 인도에 따라 지금의 백담
사 터에 자리를 잡게 되니 그 이후 불이 나지
않고 오늘날까지 내려오고 있다는 이야기

오세암
· 강원도 인제군 설악사
· 백담사 위에 위치한 이 절이 오세암으로
개명한 사연

설악산에 있는 울산바위
· 강원도 속초시 설악산
· 바위세를 받아 가는 울산 원님을 꼼짝 못
하게 만든 설악산 신흥사 동자승의 빈틈없는 기
지
· 조물주가 금강산을 만들 때 울산에 있는
큰 바위가 금강산에 가다가 설악산에 머물게 된
사연

죽령의 산적과 산신령 할머니
· 충북 단양과 경북 영주시 사이의 소백산
· 산적 때문에 골치를 앓고 있는 고을 원님
을 도와 그 산적을 일망타진케 한 산신령 할머
니의 이야기

물에 빠진 미륵
· 강원도 삼척에 있는 봉황산
· 전쟁터에 나가 부상당한 병사들이 장난삼
아 강물에 빠트린 미륵모양의 돌부처 때문에 마
을에 재앙(가뭄)이 생기게 된 이야기

도담산봉
· 강원도 정선군 정선읍에 전해 내려오는
전설
· 강원도 정선군에 있던 도담산봉이 충북
담양군 배포면 도담에 떠내려가면서 생긴 동자
의 슬기로운 이야기

신의 바위와 용두석
· 강원도 정선군 고양산
· 고양산에 홀어머니를 모시고 사는 효자가
머리는 용이고 몸은 뱀인 괴물로 인해 돌아가신

어머니를 애도하다 지쳐 죽게 되어 생긴 신석과 괴물이 변한 용두석 이야기

고양이 석상

· 강원도 평창군 오대산 상원사

· 조선 제 7대 세조대왕이 오대산 상원사에서 고양이의 이상한 행동에 목숨을 구하게 되어 고양이 석상을 만들어 봉안하게 된 이야기

· 그 외에도 오대산 상원사는 세조대왕의 피부병과 관련된 만수봉 전설과 문수동자 목각상이 전해져 온다.

3. 흥미로운 전설

아차산

– 서울 성동구

명종 때였다. 홍계관이라는 자가 있었는데 그는 점을 잘 쳐 이름이 온 나라 안에 퍼져갔다. 그러더니 명종의 귀에도 그의 이름이 들려졌다. 명종은 그 홍계관이란 자를 궁으로 불러들였다. 나라 일에 조금이나마 도움이 될 것이라 생각했던 것이다. 홍계관은 매우 기뻐하며 왕 앞에 고개를 숙이고 섰다. "그대가 그리 점을 잘 치는가?" "그러하옵니다" 그러자 명종은 준비한 궤짝을 보이며 말했다. "그럼 이 안에 무엇이 있는지 맞쳐 보거라. 맞추면 너의 소원을 들어 줄 것이고 틀리면 네 목을 자를 것이니라" 홍계관은 말없이 궤짝을 쳐다보았다.

시간이 한참 지난 뒤 그는 입을 열었다. "쥐가 들어 있습니다" 임금과 신하들은 놀람을 감추지 못했다. "과연 용하구나. 그러면 몇 마리가 있느냐?" 질문을 받은 홍계관은 또 궤짝을 쳐다보았다. "세 마리이옵니다" "허허, 그럼 그렇지 궤짝을 열어 보거라!" 궤짝을 열자 두 마리의 쥐가 웅크리고 있었다. "이럴 리가!" 놀란 홍계관은 꼼짝없이 죽음을 당하게 된 것이다.

허나 그는 죽는다는 것은 안중에도 없었다. 자기의 점이 틀린 것에 대한 의구심으로 가득 차 있었다. 그런 그가 사형장으로 끌려 갈 때였다. 명종은 가만히 있다가 외쳤다. "아차! 여봐라 쥐

두 마리 중 암놈의 배를 갈라 보아라" 신하들이 분부대로 배를 갈랐는데 그 안에는 새끼 쥐 한 마리가 있었다. "이런, 죄 없는 자를 죽이려 했다니…… 여봐라 어서 가 사형 집행을 멈추게 하여 그를 이리 데려 오너라" 같은 시간 홍계관은 죽기 직전이었다. 그는 마지막으로 점을 쳤다. 그러자 자신이 살 수 있다는 결과가 나왔다.

그는 칼을 든 집행관에게 잠시만 기다려달라는 청을 하였다. 죽기 전의 청이라 집행관도 들어 주었다. "어명이다! 기다려라~!" 말을 타고 달려오는 한 사람이 외쳤다. 그 소리는 정확하게 들리지 않아 집행관은 자기가 집행을 늦추고 있어 고함을 치는 줄 느낀 나머지 그만 칼을 휘두르고 말았다. 그런 일이 있은 뒤 형집행 장소의 위쪽 산이 아차산이라 불려졌다 한다.

장락산

– 경기도 가평군

장락산 중턱에는 바위로 된 동굴이 하나 있다. 굴속에 있는 바위의 형상이 마치 각시 같다고 해서 각씨바위라 하며, 더불어 굴의 이름도 각씨굴이라 불렀다.

이 각씨굴에는 임오군란 때에 얽힌 전설이 전해지고 있다. 때는 임오군란, 홍천강에서 흘러내리는 강물과 합류 지점으로 모래가 많아서 '미사리'라 불리는 마을에서 있었던 일이다. 이 마을에 홀어머니를 모시고 사는 아리따운 처녀가 살고 있었다.

이 처녀는 출중한 외모에 예의범절이 바르고 얌전하여 건너 마을에서도 끊임없이 중신이 들어오곤 했다. 그러나 그때마다 처녀는 공손히 거절을 했다.

"어머님을 혼자 두고 가는 건 자식의 도가 아니라 생각합니다. 어머니 살아 계신 동안만큼은 어머니를 곁에 모시고 싶습니다"

덕분에 효녀라는 칭송이 자자했지만 속내에는 또 다른 꿍꿍이가 있었다. 마음 깊은 곳에 사랑하는 남자가 있었던 것이다. 3년 전 아버지를 여의고 감히 어머니 앞에서 눈물을 보일 수

없어 운담에 가서 시름을 달랠 때 운명적으로 만났던 한 총각이 있었다. 홍천과 접경을 이루는 미사리에는 홍천에서 흐르는 강으로부터 안개가 올라와 장관을 이루는 구름 연못, 즉 운담이란 곳이 있다. 경치가 아름다워 이곳에 오르면 슬픔이 저절로 사그라든다는 곳인데 주민들은 언짢은 일이나 슬픈 일이 있을 때면 장락산 운담에 올라와 구름 속에 시름을 풀어놓곤 한다.

처녀도 힘들 때마다 이곳을 찾았다. 어느 날 돌아가신 아버지를 떠올리며 흐느끼고 있는데 구름 저편으로 희미하게 젊은 낭군의 모습이 보였다. 부끄러움에 눈물을 거두고 황급히 내려가려 하자, 낭군이 다가와 조용히 처녀의 작은 손을 잡고 말했다.

"낭자의 슬픔을 내가 대신하고 싶소"

그때 처녀의 나이는 겨우 열일곱, 외간 남자와 눈빛만 마주쳐도 부끄러울 때였다. 마냥 설레고 떨리고 가슴은 홍두깨질을 해댔다. 남의 눈을 의식할 겨를도 없이 사랑이 싹터 둘은 포옹을 하기에 이르렀다. 짙은 구름에 가려진 그들을 본 이는 아무도 없었지만 구름 속에서 한 사랑의 언약은 3년이 흐른 후에도 굳게 지켜지고 있었던 것이다. 물론 처녀의 어머니는 이 사실을 알지 못했고 총각네 집에서도 까마득히 모르고 있었다.

몰래 하는 사랑은 점점 더 무르익어 갔지만 상황은 이들의 사랑을 받쳐 주지 않았다. 임오군란이 일어나고 만 것이다. 건장한 남자는 죄다 전쟁터로 출정을 나가게 되었다. 전쟁통이라 마을의 처녀들도 한두 명씩 끌려나갔다. 설상가상으로 어머니마저 전쟁 중에 돌아가시고 말았다. 피붙이 하나 없이 홀로 남게 된 처녀는 두려움과 외로움으로 나날이 야위어 갔다. 기댈 곳 없는 그녀에게 남은 희망이란 오로지 총각을 다시 만나야 한다는 것뿐이었다.

처녀는 마음을 잡고 용기를 냈다. 여력을 다해 산으로 피신하기 시작했다. 그와 만났던 운담을 지나 작은 동굴로 몸을 피하고 전쟁이 끝날 때까지 기다릴 작정이었다. 동굴 속은 박쥐만 퍼득거릴 뿐 사방이 암흑투성이었다. 처녀는 바위굴에서 떨어지는 물을 받아먹으며 간신히 하루하루를 연명해 나갔다. 그리고 자연수를 받아서 찌꺼기를 가라앉히고 맑은 윗물을 떠다가 기도를 올렸다.

"부디, 살아서 돌아 올 수 있기를…"

무릎을 꿇고 손을 모아 간절히 빌었다. 밤인지 낮인지도 모르고 일어날 줄 모른 채 같은 자세로 매일 기도만 했다. 그러나 이러한 정성을 뒤로하고 총각은 끝끝내 돌아오지 않았다. 전쟁이 끝난 후 마을은 평화를 찾고 마을 사람들은 먹거리를 찾아 산으로 들로 나갔다. 그리고 나무를 하러 갔던 마을 사람들이 장락산 동굴 안에서 처녀를 발견하게 되었다.

사람들은 앉은 채로 숨을 거둔 것을 묘하게 여겼다. 가만히 들여다보니 처녀의 치맛자락 앞에 짜다가 만 총각의 윗도리가 놓여 있었다. 처녀는 죽음 앞에서 총각을 위해 마지막 선물을 준비하고 있었던 것이다. 그 후 주민들은 처녀를 장락산 야트막한 산자락에 묻어주고 애틋한 처녀의 사랑을 기리기 위해 이 동굴을 각씨굴이라 불렀다.

도덕산
－경기도 광명시

먼 옛날 지금의 도덕산 기슭에는 질그릇을 만들어 팔아서 살아가는 덕쇠라는 도공이 있었다. 덕쇠에게는 열여섯 명이나 되는 아들과 딸이 있어 살림살이가 무척 어려웠다. 그러나 착실하고 매우 부지런한 사람이었다.

어느 장날 덕쇠는 자기가 만든 질그릇을 지게에 지고 장터에 나가서 팔고 있었다. 그때 길가에 앉아서 점을 보는 노인이 다가와 덕쇠에게

"자네는 팔자가 좋아서 장가를 또 한번 가겠군. 이번에 장가를 들면 큰 부자가 되겠는걸"
하는 것이었다. 덕쇠는 무슨 이야기인지 알 수가 없었다.

그런데 그 날 이 동네에서 제일 부자인 대감

댁에서는 16세 된 딸이 병으로 죽는 일이 생겼다. 대감댁에서는 곧 무당을 불러 굿을 하였다. 무당은 대감에게

"댁의 따님은 시집을 못 가고 죽었기 때문에 처녀귀신이 되었습니다. 귀신 중에서 처녀 귀신이 제일 무섭습니다. 그렇기 때문에 따님의 한을 풀어주지 않으면 집안에 나쁜 일이 생길 것입니다"라고 말하며 죽은 딸을 결혼시켜야 딸의 한이 풀릴 것이라고 했다. 대감은 할 수 없이 결혼을 시켜주기로 하고 사람을 시켜 결혼시킬 신랑감을 찾아오도록 하였다.

이리하여 대감집 사람들이 도덕산 기슭에 숨어 지나가는 사람을 기다렸다. 질그릇을 다 판 덕쇠는 기쁜 마음으로 산을 넘어 집으로 돌아가고 있었다. 그 때 숨어 있던 대감집 사람들이 덕쇠를 발견하고는 큰 자루에 넣어 끌고 갔다. 까닭도 모르고 잡혀 온 덕쇠에게 대감은 좋은 음식과 술을 주면서

"오늘밤 내 딸에게 장가를 들면 많은 재물을 줄 것이며, 만약에 내 말을 듣지 않으면 너는 살아남지 못할 것이다"라고 말했다.

덕쇠는 이 말을 듣고 집에 있는 아내와 자식들을 생각하며 괴로워하였다. 그러나 장가를 가지 않으면 목숨을 잃게 되고 사랑하는 가족도 만날 수 없게 되자 할 수 없이 덕쇠는 대감의 말에 따르기로 했다. 밤이 되자 신랑 옷으로 갈아입고 신부 방으로 들어간 덕쇠는 깜짝 놀랐다. 신부는 살아 있는 사람이 아니고 죽은 시체였기 때문이다. 덕쇠는 무섭고 떨려서 도망치려고 했으나 이미 때가 늦었음을 알게 되었다. 덕쇠는 떨리는 손으로 죽은 색시의 족도리와 옷고름을 풀어 주었다. 너무나도 길고 무서운 밤은 지나고 새벽이 되었다. 대감은 죽은 딸의 장례를 무사히 치렀다. 그리고 약속한 대로 덕쇠에게 많은 재물을 주어 집으로 돌려보냈다.

집으로 돌아오는 길에 너무나 피곤하여 도덕산 기슭에 있는 어느 무덤 앞에서 잠이 들었다. 꿈속에서 덕쇠는 많은 재물을 보면서 반기는 가족들을 배불리 먹게 한 다음 부인과 함께 잠자

리에 들었다. 그런데 깨어보니 부인이 아닌 죽은 색시가 옆에 누워 있었다. 그때 혼령이 나타나 조그만 목소리로 말하기를

"저는 비록 죽은 몸이지만 부인의 몸을 빌어 서방님과 부부가 됨으로써 한을 풀었습니다. 마지막으로 저의 소원이 있사온데 저를 기억할 수 있는 표지를 만들고 제사를 지내주신다면 저승에서도 은혜를 잊지 않겠습니다" 하고 덕쇠에게 절을 한 후 어디론가 사라졌다. 꿈에서 깨어난 덕쇠는 자기가 도덕산 기슭에 있는 처녀 무덤 앞에서 잠이 든 것을 알고 무척 놀랐다.

그 이후로 덕쇠는 세상에서 가장 길고 강한 것이 부부의 인연임을 알고 부인에게 따뜻하게 잘 대해 주어 금슬이 좋기로 소문난 부부가 되었다. 그 후 사람들은 이 처녀가 묻힌 산을 부부의 인연의 소중함을 가르쳤다 하여 도덕산이라 불렀다고 한다.

죽령 산적과 산신령 할머니
  - 소백산

지금으로부터 약 2백 년 전 지금의 소백산맥의 중턱 경북 영풍군과 충북 단양군 사이에 높은 고개인 죽령엔 산적의 소굴이 있어 지나가는 행인의 목숨과 재물을 약탈하기 일쑤였다.

그래서 누구나 죽령을 넘기 위해선 열 명 이상의 무리가 모여 넘지 않으면 안 되었다. 깊은 산골이기 때문에 관가의 손이 미친다 한들 수십 년 동안 단련된 이 산적떼들을 당해내기란 쉬운 일이 아니었다. 죽령의 이러한 사정으로 이 고을 원님은 하루도 마음 편할 날이 없었다.

이렇게 매일 밤 산적들이 소란을 피웠기 때문에 소백산의 산신령은 도무지 시끄러워 참을 수가 없었다.

그래서 도둑들을 괘씸하게 여긴 산신령은 이놈들을 모조리 잡아 관가에 집어넣고 영산 소백산의 위엄을 보여야겠다고 결심하였다.

이렇게 해서 산신령은 오랫동안의 휴식을 털고 일어나 허수룩한 노파로 변장하고 천천히 소백산에서 내려와 단양의 원님을 찾았다.

이날도 원님의 얼굴은 펴질 줄 모른 채 수심에 잠겨 있었다. 이때 안으로 한 노파가 들어왔다. 원님은 틀림없이 죽령을 넘어오다 도적 떼를 만나 해를 입고 하소연하러 온 노파라고 생각하며 기다리고 앉았다.

그러나 뜻밖에도 이 노파는 다른 사람과는 달리 한 마디의 호소도 없이 대뜸 원님의 귀에 대고 무어라고 한참 동안 속삭이었다. 수심에 찬 원님의 얼굴에는 노파의 말을 듣자 환한 웃음이 떠올랐다.

원님을 떠난 신령 할머니는 그 후 곧 외줄기 죽령 고개에 나타났다.

"다자구야, 들자구야, 다자구야, 들자구야."

산 속 깊숙한 곳에 사는 도적들의 귀에도 이 이상한 소리는 울려 가고 있었다. 야릇한 이 소리에 도적들은 우루루 몰려 내려와 노파를 단숨에 잡아갔다.

그들은 이 이상한 할멈을 그들의 두목 앞에 꿇여 앉혔다.

두목은 다짜고짜로,

"이 요망한 늙은이야. 여기가 어딘 줄 알고 소리를 질러 조용한 산을 시끄럽히느냐? 다자구는 뭐고 들자구는 또 뭐냔 말이다?"

이런 호통에 노파는,

"네 네 다자구는 저의 큰아들 이름이고 들자구는 저의 작은아들 이름입니다"

"그런데 무엇 하러 이 깊은 산중에서 두 아들 녀석의 이름을 찾고 야단이냔 말이다"

"약 오 년 전에 집을 나간 두 아들이 산 속에 있다는 소문을 듣고 이렇게 찾아 나선 것입니다"

노파의 말을 듣자 두목은,

"그렇지만 네가 찾는 다자구얀지 들자구는 이곳에 없으니 다른데서 죽기라도 했나보다. 넌 늙어서 내 마누라 노릇도 못할 테니 여기서 밥이나 짓고 빨래나 하면서 살아라"

이렇게 해서 노파는 도적들의 무리와 같이 생활하게 되었다.

한편 노파가 떠난 며칠 뒤 원님은 날랜 군사들을 모두 풀어 죽령 고갯마루에 있는 큰 바위 뒤에 숨겨 두었다.

이렇게 바위 뒤에서 군사들이 대기하고 있던 어느 날 산적들은 그들의 두목 생일을 맞이했다. 두목과 졸개들은 이 기쁜 날을 맞이하여 잔치 준비로 흥청거렸다.

약탈한 비단으로 옷을 만들어 입고 이 마을 저 마을에서 빼앗아 온 황소를 몇 십 마리씩 잡았다.

술도 몇 독인지 모르게 담고 생일날이 오기만을 기다렸다. 도적의 세계 또한 계급과 세도가 보통 아니었다.

두목의 생일을 맞이하여 흥청망청 먹고 놀자는 뱃심들이 대단했다.

도둑들은 저마다 술을 말로 퍼먹고 고기를 구워 먹어가며 지화자를 연발하는 것이었다.

한창 신바람들이 난 것이다.

이때 노파는 술을 떠서 도적들이 원하는 대로 안겼다. 그리고 취해 흥청거리는 틈을 타 슬며시 소굴 왼쪽에 있는 큰 바위 위에 올라가 죽령 쪽을 향하여 크게 외쳤다.

"들자구야, 들자구야"

도둑들은 아직은 정신이 있어서 노파의 소리에 밖으로들 나왔다.

"아니 이년아. 술이나 날라오지 무엇이 못마땅해서 소리를 지르느냐?"고 따져 물었다.

"맛난 음식에 좋은 술을 보니 죽은 아들이 생각나서 이렇게 이름이라도 불러보는 겁니다"

이 말을 들은 두목은,

"이년 그럼 왜 들자구만 부르냐 큰아들 생각은 안 나느냐?"

"큰아들 이름도 불러야지요. 조금 있다가"

노파의 이 대답에 두목은,

"좀 있다 다자구를 부른다고? 아무래도 저년이 흉칙한 생각을 가지고 있나보다. 내 오늘 이 주흥이 파하면 여흥으로 네년의 목을 베리라"

이렇게 말하는 것이었다.

그러나 술을 너무 많이 들이 킨 두목은 나가 떨어지고 말았다.

지화자를 부르며 엉덩이를 들썩거리던 도둑들도 하나씩 둘씩 잠에 떨어지고 말았다.

이것을 본 노파는 다시 바위에 올라가 자기의 큰아들 이름을 부르는 것이었다.

"다자구야, 다자구야"

할멈의 음성을 길게 울려 퍼져 고개 아래서 대기하던 군사들의 귀에 들려왔다.

이때다. 다자구야가 신호가 되어 바위 뒤에 숨어 있던 원님의 군사들은 일제히 도적의 소굴로 몰아쳤다.

곤드레가 되어 자던 도적들은 미처 칼 한 번 휘두를 사이가 없이 모조리 군사들에게 포박 지어졌다.

이렇게 죽령의 도적들이 타진되었으므로 그 후에는 사람들도 마음놓고 그 고개를 넘나들게 되었다.

산적들이 일망타진되던 날 신령 할머니는 다시 조용한 소백산맥을 베개삼아 옛날 같이 깊은 잠을 잤다고 한다.

이 때문에 그 뒤로 죽령 도둑바위 앞엔 돌로 된 제단을 쌓아 해마다 단양고을 원님들은 그때의 산신령 할머니에게 제사를 지냈다.

지금도 이 지방의 사람들은 명절 때마다 이 제단 앞에 와서 제사를 드리고 소원을 빈다고 한다.

지금껏 민요로 남아 있는 이 다자구야 들자구야란 그 때 원님의 귀에 대고 말한 신호였다 한다.

다자구야는 모두들 잠이 들었다는 뜻이고, 들자구야는 아직 도적들이 완전히 잠이 들지 않았다고 해서 정한 말이었다.

가을이면 그곳 소백산의 나무들은 빨간 단풍으로 물들어 산신령 할머니의 지혜로움을 다시 생각게 해준다.

도담삼봉
  － 강원도 정선

정선읍 봉양 7리 속칭 적거리(원명:덕거리)라는 자연부락이 있다.

지금은 산천이 변해 이 마을의 옛 초가집은 간데 없고 상수도 수원지와 주택이 개량된 현대식 건물이지만 옛날에는 정선읍내에서도 살기 좋은 마을이라고 이름난 곳이었고 마을 앞에는 가지런히 세(三)봉우리의 아담한 산이 있었으니 이 산이 바로 삼봉산이란 유명한 명산이었다.

당시 이 산 중턱에는 이 고을 향교가 위치했고 산새소리와 함께 절벽 밑으로는 조양강(朝陽江) 맑은 물이 구비쳐 흘렀으니 보는 사람마다 그 아름다움을 감탄했다. 그러나 임진왜란이 있은 지 13년 후 을사년(乙巳年)에 큰 홍수가 나 하룻밤 사이에 이 삼봉산은 홍수에 밀려 떠내려가 자취를 감추었다.

삼봉산을 잃어버린 이 마을 사람들은 홍수가 줄어들자 유실된 삼봉산을 찾고자 의논한 끝에 기골이 장대한 장정 다섯 사람을 뽑았고 이들은 강물을 따라 산을 찾으러 떠났다. 그러나 보름이 넘도록 고생을 무릅 쓰고 헤매었으나 삼봉산은 눈에 보이지 않았다.

그런데 어느 날 숲 속에서 밤을 지새고 아침 해가 떠오를 때였다.

한 장정이 갑자기 산을 찾았다고 소리쳐 일행이 눈을 모아 바라보니 저 멀리 아득히 보이는 곳에 세 봉우리의 산이 있지 않은가? 모두가 기뻐서 숨가쁘게 달려가 보니 도담(충북 단양군 매포면) 강물 가운데 떠내려 오다 자리 잡힌 봉우리들이 흙은 홍수에 씻겨 떠내려가 버리고 바위만 남았으니 산세로 미루어 보아 삼봉산이 틀림없었다.

잃어버린 산을 찾은 이 마을 사람들은 그로부터 수십 년 동안 해마다 가을이면 단양군 매포면 도담에 가 삼봉산의 산세를 꼬박꼬박 받아 왔다.

그러던 어느 해 예년대로 산세를 받으러 갔는데 마침 산세를 줄 돈 준비가 안돼서 "돈내라" "좀 기다려라" 하며 서로간의 언쟁이 벌어져 떠들썩한 판인데 그때 겨우 대여섯 살 남짓한 동자가 앞에 나서며 "산세를 들어드릴 수 없으니 당장이라도 삼봉산을 다시 가져가십시오"

라고 거부하니 돈 받으러 간 사람이 아무리 생
각해도 답변할 말이 없어 빈손으로 돌아오고 말
았다는 신화 같은 이야기가 전하여지고 있다.
지금의 옛 삼봉산 자리에는 봉양초등학교와 정
선역이 자리 잡고 있어 상전벽해란 말이 이를
두고 말한 것 같다.

4. 맺음말

우리나라 각 지방에는 그 지방 고유의 많은
이야기가 전해져 내려오고 있다. 본 글에서는
아래 참고 문헌과 인터넷 상으로 검색한 이야기
를 중심으로 글을 정리하고 요약하였지만 어느
지방이나 커다란 정자목 아래에 모여서 옛날 이
야기를 시작하면 문헌에 나오는 전설보다 훨씬
많고 재미난 이야기가 나오지 않을까 한다.

물론 산에 관련된 전설이지만 이것을 정리하
는 것도 산림문화의 한 장이 되기에 충분할 것
이다. 여기에 쓰여 진 글은 서울, 경기, 강원지
방에 전해 내려오는 전설로 북한지방과 남쪽지
방의 전설은 지면과 자료의 한계 때문에 정리를
하지 못하였다. 하지만 산과 관련된 재미난 이
야기를 좀더 체계적으로, 많은 자료를 가지고
정리한다면 우리의 산이 우리 삶과 문화에 얼마
나 많은 영향과 기여를 하였는지 산림과 푸르름
의 무형적 가치가 얼마나 소중한 지를 인지하게
될 것이다.

참고문헌
최정호, 「산과 한국인의 삶」
최상일, 「내 고향 야화」
www. junsul.com(한국의 전설)

이성필은 고려대학교를 졸업하고 현재 (주)그룹터 대표이며 숲과 문화 연구회 운영회원이다.

2

역사속의 산

청구(靑丘)의 나라

황 인 용

청구라는 말이 있다. 청구영언(靑丘永言), 청구야담(靑丘野談), 청구여지도 등의 용어가 의미하듯 청구는 우리나라의 별칭이었다.

과거 중국인들은 우리나라를 청구라고 불렀다. 이는 동해(황해) 건너 신선이 사는 나라라는 뜻이다. 더불어 하늘에 청구라는 별이 있어 우리나라의 명운을 관장하고 있다고도 한다. 중국인들이 우리나라 삼신산(三神山)에 불로초가 있다고 믿어 오랫동안 동경해온 배경이리라.

그 불로초야말로 신비의 영약(靈藥)인 산삼이 아닐까? 심마니들이 말을 극도로 아끼는 등 부정탈 만한 일을 금기시하며 산신령을 받든다는 사실—. 선조들의 산에 대한 보편적인 외경심 가운데서도 종교적 신심의 경지까지 도달한 본보기가 아니라면 무엇이겠는가 싶다.

무엇보다 산신령은 산의 신상에서 핵심적인 상징체계로서 인격신이다. 더불어 호랑이에 대한 외경심도 산신령에 버금갈 정도였다. 산군(山君)이라는 명칭이 산신령과 호랑이를 동시적으로 뜻함은 단적인 징표인 줄 안다.

호랑이는 때로 산신령의 사자로, 혹은 산신령이 직접 화신(化身)한 존재로 나타나기도 한다.

10년 전 국립중앙박물관에서 '우리 문화에 반영된 호랑이 특별전'이 열렸다. 산신령이 호랑이를 데리고 가는 그림을 위시해서 송하맹호도(松下猛虎圖)나 보세도(報歲圖) 등의 회화, 건축 조각 도자기 공예품 자수 등 모든 조형예술 분야에서 호랑이는 다양하고 다채롭게 무수히

형상화되어 있었다.

그만큼 호랑이는 전통문화 특히 산문화에서 절대적인 존재였던 셈이다. 특히 풍수지리설에서 호랑이는 우백호(右白虎)로서 신령스런 존재다. 원래는 좌청룡(左靑龍) 남주작(南朱雀) 북현무(北玄武)와 함께 동서남북을 맡은 사신(四神)이었다.

그에 비해 신선은 선도(仙道)를 닦아 영생을 얻은 사람으로 속세를 떠나 선경에 사는 선객(仙客) 선인(仙人) 선자(仙子)를 지칭한다. 그 선경은 꼭 산만을 가리키지는 않지만 '仙'이라는 글자가 의미하듯 '사람과 산의 궁극적 합일에 대한 염원의 뜻이라고 보아야 마땅할 터이다.

신선도가 옛 고조선 강역인 요동에서 비롯되었다는 사실이 밀해주듯 우리나라는 자고로 도인의 천국이었다. 자연동회의 문화에 관한 한 타의 추종을 불허한다는 뜻일지니 전통문화에서 산이 차지하는 비중의 막중함을 미루어 짐작할 수 있으리라. 아울러 청구란 이름의 명실상부함까지 말이다.

일찍이 한유(韓愈)는 '산의 유명함은 그 높이에 있지 않고 신선이 살면 신령스럽다(山不在高 有仙則靈)'고 말하였다. 이점 웬만한 산에는 수도자들이 도를 닦고 있으니 우리나라 산들의 신령스러움은 의심의 여지가 없을 게다.

그 전통의 연원을 기록상으로 거슬러 올라가면 최치원에 도달할 수 있다. 최치원은 신선이 되었다고 전해지거니와 전설상의 이상향인 지리

산 청학동이 바로 그의 유허지(遺墟地)이다.

무릇 태평성대에는 도인의 존재이유가 태양 아래 촛불처럼 희미하지만 세상이 어두워지면 단연코 빛을 발한다. 그만큼 그들의 발원(發願)은 남다른 바 있기 때문이다.

가령 이갑룡(李甲龍) 처사를 예로 들어보자. 그는 구한말 나라가 기울자 국태민안을 소망하는 뜻에서 무수한 돌탑을 전북 마이산에 쌓았다. 그 중에서도 중심에 서 있는 대표적인 탑이 천지탑(天地塔) 일명 음양탑(陰陽塔)이다.

이 마이산은 암마이봉과 숫마이봉이 마주 보고 서 있는 음양산(陰陽山)으로서 천하 진압(鎭壓)의 요처라고 한다. 진안이라는 지명의 등장 배경이리라. 이성계가 마이산에 개국의 기도를 올렸음도 여기에 그 까닭이 있었던 것이다.

동양철학에서 음양은 핵심개념이다. 무엇보다 음양의 조화는 이 세상 성립의 절대적 근거이다. 철학은 물론이고 정치 경제 사회 문화 등 모든 부문에서 음양의 조화를 최고의 이상으로 삼은 까닭이기도 하다.

부연하자면 이갑룡 처사가 돌탑을 쌓은 이유도 음양의 부조화 때문에 세상이 어두워졌다는 인식에 있었다. 마찬가지로 증산(甑山) 또한 세상의 혼란 원인을 음양의 극심한 부조화에서 찾았다. 남성은 극도로 존귀해지고 반대로 여성은 비천해진 풍조에서 시대의 암흑을 읽었으니 얼마쯤 뛰어난 생태학적 상상력인가?

증산은 음양철학의 집대성인 주역에 통달했다. 그 주역에서 사물이 극단에 도달하면 원점으로 복귀한다고 가르치고 있다. 그러한 이치에 따라서 증산은 모성원리의 시대도래를 선언했다. 여성상위의 행위예술로서 칼을 든 부인을 자신의 배 위에 앉히는 등 파천황(破天荒)의 연기를 펼쳐 세상을 경악하게 만들기도 했다.

원래 역사는 모계사회로부터 출발했다. 이제 가부장질서의 극치인 자본주의의 몰락은 생태여성주의의 팽배와 맞물려 시대의 당위이자 필연으로 굳어지고 있다. 이처럼 획기적인 문명의 전환기에 증산의 선각은 얼마쯤 돋보이는 경우

인가?

그러한 증산이었기에 모악산(母岳山)으로서 세계의 중심지로 삼았다는 사실만큼 상징적인 일도 달리 없으리라. 우리나라가 세계를 구한다는 벅찬 사명감—천명의 자각을 생각한다면 김제 만경평야처럼 무한대로 펼쳐지는 계시적 국면과 눈부신 전망이야말로 일찍이 우리의 산문화가 도달한 정상이라해도 과언은 아닐 터이다.

김제의 모악산이 어머니 산이라면 순창의 회문산(會文山)은 아버지 산이라고 한다. 이들 부모(父母)산은 민족종교의 두 성지다. 강대성(姜大成)이 회문산에서 득도하고 갱정유도(更定儒道)를 창시했기 때문이다.

갱정유도 또한 증산교와 대동소이한데 그 요지는 한반도에서 세계의 운수가 회통하여 세계문화의 꽃이 피어난다는 것이다. 위대한 민족적 자부심과 엄청난 천명의 자각과 원대한 전망에 이르기까지 증산교와 쌍벽을 이루고 있다고 하겠다.

이들 갱정유도의 신도들은 지리산 청학동에서 최치원이 못다 꾼 꿈을 현실화하고 있다. 그 꿈은 물론 풍류도인의 나라 실현이고 청구의 나라 건설이다. 증산은 '현대는 원시반본(原始返本)하는 시대'고 하면서 단군에 소급했지만 갱정유도의 민족정신도 아름다운 수미상응(首尾相應)을 이루었다 할 것이다.

특히 청학동이 의미심장한 까닭은 산 속에서의 자연동화적인 삶이 지고지선한 민족적 이상(이념)과 결부되어 있기 때문이다. 그들은 선구자마냥 우리에게 가장 이상적인 삶의 모형—전범(典範)을 보여주고 있는 셈이리라. 따라서 누구나 마을 속의 이상향으로서 청학동을 꿈꾸고 그리워하지 않으면 안된다고 주장하고 싶다.

주지하다시피 우리나라는 국토 70% 정도가 산지인 산악국가다. 이름난 산만도 3,000개가 넘을 정도로 말이다. 당연한 결과로 군(郡) 이름 중 30% 정도는 산을 표방하고 있기도 하다.

그렇듯 산은 오랜 세월 배달겨레 마음의 고향이었다. 동산(東山) 서산(西山) 남산(南山)

북망산(北邙山)은 보통명사를 넘어 추상명사화될 정도로 친숙한 이름이었던 것이다.

이처럼 방위에 따른 산의 범주화는 음양오행 사상의 절대적인 영향 탓이다. 단적으로 중국에서는 방위에 따른 오방산(五方山) 즉 오악(五嶽)을 숭상했다. 중악(中嶽)에 숭산(嵩山), 동악에 태산(泰山), 남악에 형산(衡山), 서악에 화산(華山), 북악에 항산(恒山)이 그 주인공으로서 태산하면 중국 동쪽 지방의 중심산이었다.

마찬가지로 우리나라에서도 중악에 삼각산(三角山), 동악에 금강산(金剛山), 남악에 지리산(智異山), 서악에 묘향산(妙香山), 북악에 백두산(白頭山)을 오악으로 삼았다.

그렇건만 우리나라를 대표하는 산 중의 산을 들라면 단연코 민족의 조종산(祖宗山)인 백두산을 꼽아야 하리라. 백두산은 장백산(長白山) 또는 태백산(太白山)으로 불리기도 한다. 모두 광명의 으뜸산이라는 의미로서 배달겨레가 광명의 민족 즉 천손(天孫)이라는 민족적 자부심의 표현이라고 하겠다.

삼국유사를 보면 백두산의 옛 이름이 개마산(蓋馬山)으로 나와 있다. 이 개마는 다름 아닌 천마를 가리킨다. 천마는 백마이니 천손의 뜻은 여기서도 자명한 바 있으리라.

백두산의 또 다른 이름에 불함산(不咸山)이 있다. 불함은 자신과 뜻이 다른 사람을 지칭한다. 이는 백두산이 우리나라에 있는 모든 산과는 다른 산이라는 의미일까? 아니면 배달겨레야말로 선택받은 특별한 민족이라는 뜻일지도 모른다. 최남선이 불함문화론을 들고 나온 이유도 여기에 있을 듯싶다. 우리의 산문화에서 결코 간과해서는 안될 대목이리라.

"조선족은 우주의 광명을 숭상하여 태백산(백두산)의 숲을 광명신의 거처로 믿었다"

최남선 주장의 핵심으로서 우리의 산문화가 산림문화와 결코 분리될 수 없는 성질의 것임을 명백히 밝혀놓았다고 하겠다. 참고삼아 단군세기(檀君世紀)를 보면 더욱 분명할 게다.

'11세 단군 도해(道奚) 원년에 오가(五加)에 명하여 12명산에 소도(蘇塗)를 설치하고 많은 박달나무를 심은 후 가장 큰 나무를 골라 환웅의 상을 만들어 모시고 제사를 지냈다'

백두산 다음으로 우리가 꼽아야 할 산은 금강산(金剛山)이다. 옛 사람들은 백두산을 일러 산의 성자(聖者)요 금강산을 일러 산의 재자(才子)라고 말했다. 이는 백두산과 금강산이 우리나라의 이대(二大)명산이라는 의미이다. 환언하면 성스러운 산의 으뜸은 백두산이요 기이한 산의 으뜸은 금강산이라는 의미라고 하겠다.

금강산도 백두산처럼 별칭이 많은데 봄은 금강산, 여름은 봉래산(蓬萊山), 가을은 풍악산(楓嶽山), 겨울은 개골산(皆骨山)이라고 했다. 여기서 금강은 불교, 봉래는 도교와 관련된 이름이다. 금강은 '가장 뛰어난'의 뜻이고 봉래는 신선이 산다는 삼신산(三神山)의 하나다.

중국인들은 우리나라 삼신산(한라산, 지리산, 금강산)에 불로초가 있다고 믿었다. 먼저 한라산(漢拏山)은 일명 영주산(瀛州山)으로서 영주는 신선이 산다는 섬의 이름이다. 다음으로 지리산의 별칭엔 두류산(頭流山)과 방장산(方丈山)이 있다. 두류산은 백두대간에서 흘러온 산이라는 의미이고 방장산은 신선이 산다는 삼신산의 하나다.

한편 서산(西山)대사는 동 금강, 북 묘향, 남 지리, 서 구월(九月)산을 사대(四大)명산으로 꼽았다. 품평하여 가로되 금강산은 수려하나 웅장하지 않고(秀而不壯) 지리산은 웅장하나 수려하지 않고(壯而不秀) 구월산은 수려하지도 웅장하지도 않고(不秀不壯) 묘향산은 수려하면서 웅장하다(亦秀亦壯)고 하였다.

오악은 앞서 언급했으니 육대(六大)명산으로 넘어가 보자. 누구의 탁견인지는 모르겠으나 계룡산(鷄龍山)의 신비, 지리산의 유수(幽邃), 한라산의 이(異), 묘향산의 웅(雄), 금강산의 기(奇), 백두산의 수(秀)를 꼽은 경우가 있었다.

여기서 한가지 의아스러운 바는 팔도를 대표하는 명산을 들을 수 없었다는 사실이다. 만약 없다면 필자가 감히 정해보고 싶다.

함경도-백두산, 평안도-묘향산, 황해도-구월산, 경기도-삼각산, 강원도-금강산, 충청도-계룡산, 경상도-지리산, 전라도-한라산. 여기서 한라산을 전라도로 정한 것은 해방 전까지는 제주도가 전라도에 속했기 때문이다.

앞서 『단군세기』에 12명산이 언급되었지만 그건 아마도 12산맥의 으뜸산인 12종산을 가리키는 게 아닐까 싶다. 12종산은 다음과 같다.

백두산, 삼각산, 원산(圓山), 낭림산(狼林山), 오대산(五臺山), 태백산(太白山), 속리산(俗離山), 장안산(長安山), 두류산 지리산.

참고삼아 적어보자면 일제시대에 여론조사로 조선8경을 정한 일이 있었다. 한라산 부전고원(赴戰高原) 지리산 속리산 내장산(內藏山) 불국사 부여 한려수도가 그 대상이다. 또 참고삼아 남사고(南師古)가 말한 십승기(十勝記)도 적어보자. 기근과 난리를 피할 수 있다는 승지로 공주의 유구(維鳩)와 마곡(麻谷), 무주의 무풍(茂豊), 보은의 속리산, 부안의 변산(邊山), 성주의 만수동(萬壽洞), 봉화의 춘양(春陽), 예천의 금당곡(金唐谷), 영월의 정동(正東) 상류지역, 운봉의 두류산(頭流山), 풍기의 금계촌(金鷄村)을 꼽았다.

그 남사고가 소백산(小白山)을 지나다 '이 산은 사람을 살리는 산이다'하고는 말에서 내려 절을 했다고 한다. 또 화담(花潭) 선생은 아름다운 산수를 만나면 문득 일어나 춤을 추었다고 한다. 선조들이 어떠한 마음가짐으로 산을 대했는가에 대한 대표적인 본보기이리라.

다시 서산대사 이야기를 꺼내자면 그는 사대 명산을 둘러보고 결국 묘향산을 택했지만 그의 의발(衣鉢)만큼은 만년불파(萬年不破)의 땅이라고 하면서 해남 두륜산(頭輪山) 대흥사(大興寺)에 맡겼다.

서산대사와 비슷하게 도선(道詵)국사는 백계산(白鷄山) 옥룡사(玉龍寺)에 의발을 맡겼다. 이 옥룡사는 명당터는 아니라는데 무슨 연유로 도선국사의 눈에 들었던 것인가?

그 심원한 의도를 짐작할 길은 없지만 추측컨대 백두대간의 마지막 종남산(終南山)인 백계산을 특별히 주목한 게 아닐까 싶다. 부연하면 백두산에서 태백산 소백산을 거쳐 마지막으로 용트림하듯 솟은 백운산(白雲山) 아래 백계산이야말로 수미상응(首尾相應)의 백산(白山) 즉 광명의 산이기 때문이다.

그곳이 광양(光陽) 땅임도 우연의 일치는 아닐지니 아침의 광명을 불러오는 것은 금계(金鷄) 곧 백계인 까닭이기도 하다. 이 점과 관련해서는 도도산(桃都山)의 복숭아나무에 사는 금계가 있고 더욱이 이그드러실에도 태양의 수탉은 앉아 있음에랴.

어디까지나 합목적으로 해석하자면 도선국사는 천년 후 새 천년 광명의 아침해가 광양 땅에서 떠오른다는 예언을 남기고 싶었던 것이나 아니었을까?

'빛은 동방에서'라는 말은 인류 문명이 오리엔트 지역에서 탄생했음을 뜻하는 유명한 말이다. 오리엔트에서 떠오른 문명의 해는 서진(西進)을 계속해 바야흐로 광명의 나라인 우리나라에서 떠오르려는 여명(黎明)의 찰나에 있다.

이처럼 엄숙한 시점에 필자의 귀에는 백계산의 닭울음소리가 역력히 들려옴을 금할 길이 없다. 그렇지 않겠는가? 우리의 산문화에는 이렇게 문명사적으로나 세계사적으로 막중한 천명이 가탁(假託)되어 있다는 사실! 우리가 기쁨의 눈물을 흘리며 남사고를 본받아 삼천배라도 올려야 마땅한 일이 아니라면 무엇이겠는가 싶다.

황인용은 전남대 농경과와 민족문화추진회 국역연수원을 졸업했다. 1991년 월간 <에세이> 천료(수필), 2002년 동방문학 천료(시)하였다. 동양고전과 전통문화 그리고 언어철학 등 다양한 주제의 담론을 쓰고 있으며 <수필과 비평> 및 <동방문학>에 '동서문화의 만남'이란 동서양 비교문화론을 연재 중이다.

서울 산의 역사와 의미

나 각 순

1. 삶과 역사의 현장

서울의 산은 서울 지역의 공간과 시간을 함축한 역사의 현장이요, 서울 시민의 삶을 규정해 주는 자연환경의 테두리이기도 하다. 백두대간에서 뻗은 한북정맥과 한남정맥이 한강을 에워싸듯 하며 내려와 하류지역에서 서울 도성을 겹겹이 싸고 있으며, 이렇게 이루어진 서울의 산은 산경(山經, 脈)을 형성하고 있다. 아울러 서울 산의 다양한 모습과 자원에 따라 그 중심에 발달한 수도 서울의 모습은 다양하게 나타나고 있다.

서울의 산은 삼각산 부아악(負兒岳)의 일화에서 보듯이 백제의 온조왕이 국가를 처음 열 때 북한산에 올라 도읍을 선정하였다. 이는 단군왕검이 태백산 신단수 아래에서 신시를 열어 우리 민족사의 출발을 알렸듯이, 서울의 산 가운데 진산으로 으뜸 산이 되는 삼각산 또한 서울을 중심으로 한 국가를 여는 장소로서 역사성을 갖는다. 즉 오늘날 서울이 대한민국의 수도에 이르기까지의 한민족 문화의 중심 장으로서, 이때 이곳에서 열렸다는 사실이 중요하게 부각된다. 서울의 산은 새로운 국가를 여는 장소로서 먼저 정신문화의 핵심을 이루고 있는 종교성을 강하게 내포하면서 역사의 장이 되고 있는 것이다.

산은 자연신앙의 대상이다. 산은 세상의 가장 높은 곳으로 하늘과 인간을 잇는 매개적 기능을 제공함으로써 산악 숭배사상을 낳았다. 단군의 고조선 건국신화 이래 역대 왕조의 건국설화서 보는 바와 같이 천신(天神)이 산꼭대기에 강림하여 나라를 열었고, 사후에는 산신이 되었다. 이것이 곧 우리 민족의 전통적인 관념체제로서 산신관(山神觀)인 것이다.

고려 때는 4악신(四嶽神)으로 지리산·삼각산(북한산)·송악산·비백산(鼻白山)을 삼고 제사지냈다. 이때부터 서울의 진산인 북한산이 신산(神山)으로 주목되었음을 알 수 있다.

조선에서는 오악(五岳)을 동악에 금강산, 서악에 묘향산, 북악에 백두산, 남악에 지리산, 중악에 삼각산으로 삼았다. 또한 오진(五鎭)을 설치해서 오대산을 동진, 속리산을 남진, 백악산을 중진, 구월산을 서진, 장백산을 북진으로 삼아 산제(山祭)를 지내고 국가의 안녕을 기원하였다.

또한 조선 조 태조 2년(1393)에 이소(吏曹)에서 명산에 신을 받들어 제사를 지내기로 하여 송악의 성황(城隍)을 호국공(護國公)으로 삼고, 이령(利寧)·안변(安邊)·완산(完山)의 성황을 계국백(啓國伯)으로 삼았으며, 삼각산·백악·암이(暗異)·무등산·금성·계룡산·치악산등을 호국백(護國伯) 또는 호국신(護國神)으로 삼았다. 중요 제단으로 서울 북악에 백악신사(白嶽神祠), 남산에 목멱신사(木覓神祠)"등을 설치하여 대사·중사·소사의 제사를 올리게 하였다. 즉 산은 우리 민족의 고대신잉으로시 뿐만 아니고 국가의 한 행사로도 숭앙의 대상이었다.

한편 마을을 품에 안는 산을 일컬어 진산이

라 하여, 산신과 동일시하고, 동제(洞祭)의 주신(主神)으로 삼았다. 진산에 제사지내던 실례로 종로구 평창동 북한산 기슭에 보현 산신각(普賢山神閣)이 있다. 이러한 산신각은 서울을 둘러싼 인근 산간마다 어김없이 존재하였다.

그리고 북한산 비봉(碑峰)의 진흥왕 순수비(眞興王巡狩碑)가 보여주듯이 서울의 산은 고대부터 삼국의 쟁패지(爭覇地)로 국경 수비처였다. 고려 때에는 북한산 장군봉과 관악산이 대몽항쟁의 전쟁터가 되기도 하였다. 조선시대에는 북한산을 진산(鎭山)으로, 북악을 주산(主山)으로 도읍지를 정하여, 인왕산·목멱산·낙산을 잇는 성곽이 축조되기도 하였다.

임진왜란 때는 삼각산의 노적봉 설화가 발생하고, 인왕산 북쪽 계곡에 있는 홍제동 보도각백불이 조총에 맞기도 하였으며, 인근 행주산성은 임진왜란 3대첩의 한 장소가 되기도 하였다. 병자호란 때에는 인조가 청량산 남한산성으로 피난하여 40여 일의 항쟁을 치르기도 하였다. 이렇게 서울의 산은 험준한 산세가 외세(外勢)의 침략을 막아주는 관방(關防) 기능을 함으로써 생활공동체를 형성하는데 울타리 기능을 하였다.

한편 서울의 산은 서울사람들에게 경제적 터전이 되었다. 산이라는 공간(空間)은 자연 그 자체로 위치·지형·토양을 제공하며, 산세와 기후·식생에 따라 우리 경제생활에 직접적인 영향을 미친다. 또한 시간 속에서의 산은 우리 삶의 터전, 생산의 터전, 죽음의 터전으로서 곧 역사의 현장이었다. 따라서 각 마을의 진산을 배경으로 배산임수(背山臨水)의 지형을 찾아 마을이 형성됨에 따라 산은 생활의 터전이 되었다.

더욱이 산은 원시공동체사회(原始共同體社會) 이래 임산자원의 생산기지로 인간의 노동 대상이 되어 식량을 제공해 주었다. 수렵(狩獵)·채집(採集) 경제와 식량생산경제의 터전이 되었고, 땔감과 목재를 제공해 줌으로써 인간의 정착 문화생활을 이룩하게 하였다.

산은 이외에 수많은 공익적 기능을 갖는다. 먼저 산은 삼림을 이루어 자연재해를 방지하거나 경감하여 국토 보존기능을 갖는다. 또 산은 수자원을 함양하고 수질을 깨끗하게 한다. 그리고 산소 공급과 대기정화의 역할, 야생동식물의 서식 터전 마련을 통한 생태계 보전 기능을 갖는다. 또한 산림은 시민들에게 스포츠·레크리에이션의 장소로, 산림욕과 산책의 장소로 양호한 보건·휴양공간이 되어 주고, 또한 자연학습장으로서의 기능은 물론, 많은 문화재와 역사유적, 빼어난 자연경관 등을 포함하여 교육 문화적 가치를 지닌다.

서울의 산은 긴 시간의 흐름 속에서 이러한 여러 기능을 다하고 있다고 하겠으나, 1천만이 넘는 인구가 모여 사는 현재의 서울 산의 기능은 시민들의 휴식과 레크리에이션 기능이 가장 두드러진 것이라 하겠다.

2. 수양과 풍류의 장

신라 화랑도는 정신수양과 심신단련의 방법으로 명산대천의 승지를 찾아 이르지 않는 곳이 없을 정도로 유람하였다. 이렇듯 이 시대에 벌써 우리 조상은 산이 주는 정신적·육체적 가치를 인식하여 정신수양과 신체단련의 터전으로 산을 가까이 하였던 것이다. 따라서 전통사회에서의 산은 학문의 산실이었으며, 사상의 고향이기도 하였다.

정도전은 북한산 아래에서, 유희경은 도봉계곡에서, 김시습은 북한산 중흥사에서, 신위는 관악산 자하골에서, 강세황은 낙산 계곡에서, 이행은 남산 청학동에서, 성혼은 북악 기슭 청송당에서, 이안눌은 남산 먹절골 계곡에서, 홍봉한은 수락산 벽운계곡, 안평대군은 인왕산 무계동에서, 겸재 정선은 인왕산 청풍계에서 저마다 심신을 단련하고 학문을 연마하였다.

산은 물과 더불어 정(靜)과 동(動)의 균형을 이루며 존재하니, 인간은 산을 즐기는 속에서 덕을 쌓고, 물을 좋아하는 가운데 지혜를 확장해 갈 수 있다고 한다. 즉 산은 지덕(知德)을 함양하는 이상향으로 간주되었다. 따라서 서울과 인근의 선비들은 학문을 강론하고 인격을 수양하는 터로 서울 여기저기에 있는 우이구곡(牛耳九曲)·남산팔경(南山八景)과 같이 무릉계(武陵溪)를 찾았다.

그리고 신선과 벗하며 유유자적한 생활을 즐길 수 있는 아늑한 골짜기를 찾아 시회(詩會)나 계회(契會)를 즐기고, 정자를 마련하여 풍류를 즐겼다. 즉 관악산의 자하동천(紫霞洞天), 북한산의 백운동문(白雲洞門) 중흥동문(重興洞門) 청하동문(靑霞洞門), 도봉산의 도봉동문(道峯洞門) 복호동천(伏虎洞天) 명월동문(明月洞門) 제일동천(第一洞天), 수락산의 벽운동천(碧雲洞天), 북악과 응봉줄기의 삼청동문(三淸洞門) 백석동천(白石洞天) 청린동천(靑麟洞天) 도화동천(桃花洞天) 쌍류동천(雙流洞天), 인왕산의 청계동천(靑溪洞天) 등의 아늑한 산수간을 찾았던 것이다.

일찍이 안평대군은 창의문 넘어 인왕산 기슭 무계동(武溪洞)에 무계정사(武溪精舍)를 지어놓고 여러 인재들과 함께 시와 그림·거문고를 즐겼으며, 정치세력을 규합하기도 하였다. 세조 때 성간(成侃)은 세검정 계곡 조지서(造紙署) 근처에서 술과 기녀들의 노래를 곁들여 시회를 벌이고 [궁사(宮詞)] [신설부(伸雪賦)] 등을 남겼나. 가색으로 이름을 날리던 박효관(朴孝寬)·안민영(安玫英) 등은 경복궁 서쪽 인왕산 기슭에 우대(友臺)라는 누대(樓臺)에서 동료 가객들과 어울려 풍류에 전념하기도 하였다. 그리고 평민시인 천수경(千壽慶)은 옥인동 계곡 송석원(松石園)에서 시회를 즐기며, 추사 김정희와 회동하였고 암각글자를 새겼다.

3. 예술 창작의 무대

산은 미술·음악·문학 등 예술 분야의 가상 넓은 소재의 대상이었다. 조선조 말기(18C)에는 우리나라의 실제로 존재하는 산수의 모습을 묘사하는 진경산수화(眞景山水畵)가 발달하여 정선(鄭歚)의 비 개인 인왕산의 맑은 모습을 그린 [인왕제색도(仁王霽色圖)] 봄철 이른 아침에 가양동 궁산에서 바라본 남산의 해돋이를 그린 [목멱조돈(木覓朝暾)] 북악 서쪽 기슭에서 서울 장안과 남산을 그린 [장안연우(長安煙雨)] 그외 인왕산 계곡을 그린 [청풍계(淸風溪)] 북악의 그윽한 계곡을 그린 [대은암(大隱巖)] 북악과 삼각산에서 흐르는 물줄기 만나는 자리에 있는 정자를 그린 [세검정(洗劍亭)] 아차산의 산세를 잘 나타낸 [광진(廣津)] 남한산성의 모습을 잘 표현한 [송파진(松坡津)] 등이 있으며, 강희언의 [인왕산도] 김석신의 [도봉도] 등은 서울의 산이 명산임을 잘 표현하고 있다.

음악인들도 산을 찾아 수련하였다. 조선 헌종 때 대금(大笒)의 명인 정약대(鄭若大)는 10년 동안 하루도 빠짐없이 인왕산에 올라가서 '도드리'곡을 한번 연주할 때마다 나막신에 모래알을 하나씩을 넣어 그것이 가득 찬 뒤에야 산에서 내려왔다고 한다. 그리고 어느 하루는 나막신의 모래 속에서 풀이 솟았다는 일화가 전한다.

이렇게 인왕산의 정기 속에서 수련한 그는 신기(神技)에 가까우리만큼 대금의 달인으로서 성장하였던 것이다. 또 산을 소재로 한 음악 중에서 현재 널리 불려지고 있는 노래들은 주로 민속악 계통의 민요와 선소리 분야로, 선소리 분야에서는 '앞산타령'·'뒷산타령'·'잦은산타령' 등으로 지난날 서울 지방의 소리패들이 야외에서 흥겹게 어울리며 노래하였다.

산은 문학의 산실이다. 오늘날에는 산악문학이라는 장르가 있을 정도로 많은 문인들이 산을 대상으로, 또는 입산(入山)·답산(踏山)·유산(遊山)하여 무수히 많은 작품을 남기고 있다. 성호 이익과 월사 이정구는 「유삼각산기」 채제공은 「유관악산기」 성간은 「유관악사북암기」를 남기고, 태조 이성계는 「백운봉에 올라(登白雲峯)」라는 시를 시어 선국의 꿈을 그렸다.

4. 은둔과 도락(道樂)의 장

산은 현실 정치에서 이탈된 반체제(反體制) 지식인이나 거부집단들의 은둔과 도피의 장소가 되어 이들을 자연인으로 포용하기도 하였고, 아직 현실 정치에 참여하지 않은 젊은 인재와 지사(志士)들의 학문과 심신의 수양처가 되어 자아실현을 위한 호연지기(浩然之氣)를 키우게 하는 터전이 되기도 하였다. 또 산은 반사회적 거부집단의 근거지로서 권력의 힘이 미치지 못하는 치외법권적이고 임시적인 '해방지구'로 나타나기도 한다. 이렇게 산은 현실에서의 거부로부터 새로운 진출을 모색하는 적극적인 저항과 새로운 사회관계를 요구하는 집단의 기지가 되기도 하였다. 고려가 망하자 신하였던 조준의 아우 조견은 청계산 마왕굴에 거처를 정하고 숨어 지내기도 하였으며, 태조 이성계의 경비(京妃) 신덕왕후의 오라버니인 강득룡과 서견, 남을진 등 두문동 현인들이 관악산에 은거하였다고 전해진다.

그렇지만 실생활인이 경험하는 가장 일반적인 산은 경제생활의 토양으로서의 바탕을 배경으로, 행락과 도락(道樂)의 장(場)으로서의 자연공간인 것이다. 오늘날 도시지역을 가까이 감싸고 있는 산은 시민들이 평일 또는 주말의 여가를 즐기는 공간으로서 막중한 의미를 갖는다. 도시 근교 산은 인근 주민이 아침 산책과 주말의 등산을 즐기는 곳이다. 예전엔 멀리서 진산(鎭山)과 안산(案山) 같은 상징으로 바라보던 산을 이제 발로 직접 체험하면서, 땅에 대한 귀속의식을 실감하는 현장이 되고 있다. 서울의 북한산·도봉산·관악산·인왕산·불암산·수락산·청계산 등이 그 현장이다.

5. 이용과 개발

삶과 역사의 현장인 서울의 산이 잘 보전되고 생명력을 온존하게 유지할 때 시민들의 생활은 윤택해 질 수 있는 것이다. 인간은 자연의 도움이 없이는 생존할 수 없다. 자연생태가 건강하여야 그 일부분인 인간도 건강을 유지할 수 있는 것이다. 따라서 서울에 인구 집중이 시작된 조선시대부터 자연보호와 생태보전을 위하여 많은 노력이 있었다.

《경국대전(經國大典)》에는 '외방에 금산을 정하여 벌목과 방화를 금하라(外方定禁山 禁伐木放火)'고 규정되어 있다. 한성(漢城) 내사산을 비롯한 외곽의 특정지역에 분포하는 훌륭한 산림을 왕실 전용으로 이용하기 위하여 일반 주민의 수목 벌채와 개간을 위한 방화를 금지하였음을 알 수 있다. 북한산성의 탕춘대 금산이 있었고, 봉산(封山)제도를 운영하였으며, 금송사목(禁松事目)을 시행하고, 금표(禁標)를 설치하고, 감역관(監役官)과 참군(參軍)을 두어 소나무를 비롯한 산의 자연생태 보존에 힘을 기울였다.

그런데 대부분의 산은 일제강점기에 현대적 토지소유제도가 정착될 때까지 무주공산(無主空山)이라 하여 누구나 목재 및 땔감을 벌채하고, 버섯과 약초 등의 임산물을 채취하고, 수렵을 할 수 있었다. 사찰을 축조하고 선조의 묘소를 조성하기 위하여 부분적으로 산지를 훼손하였지만 소규모로 분산되었기 때문에 울창한 산림이 유지되어 다양한 동식물이 서식하였다.

그러나 서울 산은 임진왜란을 겪고 일제의 군국주의 세력이 일으킨 제2차 세계대전 중에 병참기지(兵站基地)가 된 이후로 황폐해졌다. 더욱이 6·25전쟁으로 헐벗고 척박한 모습으로 바뀌었다. 그후 급속한 경제성장은 인구의 도시집중을 불러 일으켰고, 그 결과 무계획적인 주택지가 많이 조성되었다. 그런 중에 산의 환경도 크게 손상을 입었다.

특히 서울은 농촌인구의 도시집중 현상으로 곳곳에 토막촌이 형성되어 무허가 정착지를 형성하였는데, 광복 이전 홍제동·돈암동·아현동의 구릉지대가 여기에 해당된다. 광복 후에는 해외 동포 귀환과 월남 인구로 인구의 급성장이 이어져 해방촌으로 불리어진 남산 산허리를 타고 중간 능선까지 올라가면서 무허가 정착지가 이루어졌다. 1960년 4·19혁명을 전후한 무정부 상태 아래 무허가 건물의 증가는 녹지대를 침범하기 시작하여 낙산·인왕산·남산·돈암동 뒷산·서대문형무소 뒷산·홍제동 화장장 근처 등 광범위한 녹지대는 물론, 심지어 장충단·삼청동 등의 공원지대도 이들 판자촌으로 인해 무참히 파괴되었다.

한편 1960년대 후반, 70년대 초부터는 일부 구릉지대, 공원 및 개발제한 녹지대 등을 중심으로 고급 주거지가 형성되기 시작하면서 산에 새로운 형태의 침범이 두드러지게 되었고, 이어 산비탈을 중심으로 중산층 주택지 개발도 활발해지기 시작하였다. 남산의 외인주택군이나 하이야트호텔, 한남동 한강변 언덕, 서빙고, 성북동, 평창동 등이 그 표본이 된다.

반면 1960·1970년대부터 산림녹화·애림녹화의 구호 아래 서울의 산을 포함해 전국토의 산을 푸른 산으로 되살리려는 노력이 꾸준히 전개되어 왔고, 상당한 성과도 거두었다. 그런데 산은 앞으로도 녹화사업에 대한 계속적인 노력에 대한 요구와 함께 오늘날 공기·물·토양의 오염에 따른 환경생태면에 근심 어린 관심을 불러일으킨다. 따라서 우리 민족사의 현장으로서 산이 지니고 있는 수많은 가치를 어떻게 활용할 것인가에 더욱 깊은 관심을 갖지 않을 수 없게 되었다. 우리는 산이 가지는 시간적·공간적 가치를 살피고, 현재의 상황은 어떠한가를 구체적으로 인식하여 미래 보존적인 가치를 창출하여야 할 것이다.

산의 이용과 개발은 이러한 산의 기능적 가치와 문화적 의미를 최대한 보존하고자 하는 인식에서부터 출발해야 할 것이다. 근년 도시화·산업화로 인한 생활환경의 악화로 도시 근교 산림에 대한 종합적인 이용, 특히 도시화에 대한 주요 생활환경으로의 정비와 다양한 기능의 발휘가 요구되고 있다.

근래 서울시의 산에 대한 정책은 크게 세 가지로 요약할 수 있다. 첫째 '남산 제모습 가꾸기'요, 둘째 '근교 큰산 다목적 활용'이요, 셋째

생활체육공간으로서의 '동네 뒷산 가꾸기 사업'이다. 남산은 그간의 잠식시설을 이전하고 제 모습으로 환원한 다음, 시민공원을 조성한 것이다.

사업의 주된 내용은 산록에는 문화·역사·체육의 수련지구, 산중턱은 자연생태 보전 및 학습지역, 그리고 산정은 도시환경 전망지구로 정비한다는 것이다. 또 관악산·수락산·불암산·용마산·아차산·대모산·청계산·우면산·인왕산 등 9개 근교 큰산에 등산로·자연학습원 등을 조성하는 것이 사업내용이다. 그리고 동네 뒷산을 정비하여 식재·산책로조성·운동시설의 설치와 관리 등으로 시민들이 쉽게 찾아가는 공간으로 가꾸어 가고 있다.

그러나 서울이 이미 택지 포화상태에 이르러, 주거생활을 위하여 도시 주변의 언덕과 산을 적극적으로 이용하는 것이 불가피하다는 현실을 받아들이고, 산을 더 넓게 이용하지 않을 수 없다는 주장도 대두되고 있다. 이 때에는 산을 이용할 때의 자세와 접근태도에 근본적인 변화가 요구된다. 따라서 앞으로 산지를 이용함에서는 자연지형과 조화되는 주택·산업시설·교육시설·문화시설·여가시설 등의 입지를 촉진하는 방향으로 나아감이 바람직하다. 이렇게 조성된 일종의 산림도시(森林都市)는 인간과 자연이 조화되고 인간정신의 내면에 자리잡고 있는 자연에 대한 외경(畏敬)과 함께 자연과의 접촉이 증진되는 삶의 터전으로 자리잡아 갈 수 있을 것이다.

자연은 모든 역사를 포함하고 내일을 있게 하는 공간이다. 따라서 자연개발은 복합적이고 종합적인 성찰을 통하여 이루어져야 한다. '산업화' 또는 '공업화'를 지향한 개발이 가져온 가장 부정적인 면은 생태학적 환경의 파괴이다.

따라서 산이 주는 생태학적 환경을 지키는 것이 핵심이라는 관점에서 산의 중요성을 인식하여야 할 것이다. 산림에 대한 의의는 이러한 생태학적 환경문제와 결합되면서 환경자원·관광자원·문화자원 등 인간의 삶의 질을 높이는

데 있다. 따라서 산의 자연생태적 보전과 아울러 역사적 영구성과 앞으로의 개발이 서로 조화를 이룰 수 있도록 살펴 나아가야 할 것이다.

참고문헌

「동국여지비고」
「한경지략」
「서울특별시사편찬위원회, 1967~1992, 「동명연혁고」 제1권~제15권, 제2판 1·2권
서울특별시사편찬위원회, 1977~1996, 「서울육백년사」 제1권~제6권.
서울특별시사편찬위원회, 1987, 「서울육백년사」 문화사적편.
서울특별시, 1989, 「근교큰산 활용방안연구」
서울특별시, 1992, 남산 제모습가꾸기 기본계획
서울특별시, 1995, 「서울민속대관」 제10권 생업·교통·통신편.
서울특별시, 1996, 「서울민속대관」 제11권 풍수편.
한국민족미술연구소, 2002, <간송문화> 38
최정호 편, 1993, 「산과 한국인의 삶」, 나남신서 278권.
나각순, 1997, 「서울의 산」, 내고향 서울
김재일, 2001, 「생태기행」 제3권 수도권.

나각순은 성균관대학교 사학과를 졸업하고, 동대학원 문학박사(한국중세사 전공) 학위를 받고 현재 서울특별시 시사편찬 위원회 연구위원이며, 성균관대학교, 신구대학 외래 교수 및 두레문화기행 연구위원으로 활동중이다.

산과 사람이 어울려 만든 문화유산, 송계(松契)

전 영 우

1. 서언

인류 역사는 파괴된 숲의 역사와 함께 한다. 인간이 살아온 삶의 역사는 숲의 희생 위에 올라선 문명의 역사이기에, 문명의 역사는 파괴된 숲의 역사와 다르지 않다. 산림 이용은 인류의 역사를 구성하는 주요한 부분으로 특히 인류와 자연과의 투쟁을 설명해 주는 주요한 영역이라고 할 수 있다. 그 이유는 인류가 발달시킨 대부분의 문명이 산림을 희생시킴으로서 형성된 것이기 때문이다. 뿐만 아니라 이 영역은 산림과 인간의 협력관계를 설명해 주는 부분이기도 하다.

산림과 인간의 협력관계는 끊임없이 변하고 있다. 중세 유럽의 예처럼 인간의 세력이 미약할 때는 경작지가 산림으로 변하여 인간 생존에 위협을 가했던 시기도 있었지만 그 기간은 인류의 문명발달과정에 비추어볼 때 한 순간이었다. 오히려 오늘날은 인간이 산림의 존립에 가장 위협적인 존재로 부각되고 있다.

한 때 찬란한 거석 문화를 꽃 피웠던 이스터 섬의 문명이 숲의 파괴로 사라져버린 예처럼 인간의 세력이 과도하게 팽창할 가까운 미래에는 개발에 의한 전 지구적 산림 감소가 인간의 생존에 치명적 위협이 될 지도 모른다. 그러기에 캐나다 임학자 햄몬드(Herb Hammond)는 "우리가 숲을 지속 가능하게 만드는 것이 아니라 숲이 우리를 지속가능하게 할 것이다"라는 주장을 펴기도 한다.

산이 국토의 3분의 2를 차지하는 이 땅에 뿌리 박고 살아온 한민족은 산림이 제공하는 물질적·정신적 자양분을 섭취하여 자연과 조화로움을 추구하는 민족고유의 정신세계를 형성시켰고, 상부상조하는 독특한 농경문화를 뿌리내렸다. 이 땅에 뿌리내린 우리 조상들은 삶을 영위하기 위해 산림과 관련된 다양한 제도와 풍습을 창안했다.

멀게는 뽕나무, 호두나무, 잣나무의 식재와 관리를 규정했던 신라촌락문서를 통해서 고대의 산림제도를 그릴 수 있고, 봉건적-경제적 기틀이 되었던 토지와 산림(柴地)을 관리의 보수로 지급하던 고려왕조의 전시과제도에서 중세의 산림이용에 대한 흔적을 엿볼 수 있다.

조선왕조 역시 금산과 봉산을 지정하여 국용에 필요한 목재를 충당하는 한편 소나무의 육성과 보호에 대한 일관된 금송(禁松 또는 松禁: 국가 수요의 소나무 확보를 목적하거나 문중 선산의 금양, 기층민의 보역이나 연료확보를 위한 소나무 도벌을 금하는 일)정책을 시행하였음을 경국대전, 속대전, 대전통편 등의 조선시대 법전으로 알 수 있다.

이와 같은 공식적 산림이용과 관리에 대한 사례와는 별개로 우리 조상들이 창안한 송계(松契 또는 禁松契)에 대해서도 최근에 관심이 모아지고 있다. 송계란 소나무 보호를 위한 국가(또는 관)나 재지사족(在地士族), 기층민 등이 조직한 계 조직을 말한다.

300년 이상의 역사를 지닌 송계는 우리 조상들이 창안한 독특한 산림이용 및 관리 방법이지만 주로 사학계에 의해서 오직 소수의 사례만이 발굴 보고되었을 뿐 산림이용사나 산림문화사적 관점에서 송계를 접근한 사례는 거의 전무한 실정이다.

이 글은 송계의 성립배경과 기원, 송계의 형태와 운영에 대한 내용을 최근의 연구결과(김연석, 1999; 박종채, 2000, 2001; 강성복, 1998, 2002)로 정리하는 한편, 임업적 관점에서 송계의 현대적 의미를 재해석할 목적으로 준비되었다.

2. 송계의 기원과 발생 배경

가. 송계의 기원

송계의 기원은 숙종년간의 비변사등록(備邊司謄錄)에서 찾을 수 있다. 비변사등록 19책, 숙종 21년 을해 정월 23일 삼남순무사뢰거응행절목(三南巡撫使賚去應行節目)에는 '을해(乙亥)년(1695)에 순무사의 서계(書啓)에 의거하여 호서지역은 연해 30리까지 民人들이 말하는 바에 따라 상하대소를 가리지 않고 일괄하여 계를 조직하고 이로써 금송지지(禁松之地)를 삼았다. 다만 전혀 관리하는 곳이 없으면 아니되므로 어디까지는 어느 계에서 맡되 上契는 몇 사람, 下契는 몇 사람이라고 장부에 기록하여 수령으로 하여금 관리 점검케 하고, 감사가 순시할 때 역시 살펴보기로 규약을 정하여 분부하였다'는 기록을 찾을 수 있다.

이 기사에 게재된 내용처럼, 1695년 호서지역은 연해 30리까지 백성들이 말하는 바에 따라 송계를 조직하여 송금 대상지로 삼고, 수령의 관할 하에 두었음을 알 수 있다. 따라서 송계가 구체적으로 모습을 드러내기 시작한 때는 17세기 후반으로 상정할 수 있다. 현재까지 발굴된 송계에 대한 기록도 이와 같은 추정을 뒷받침하고 있다.

결성시기가 가장 앞선 파주의 송계(1665년)를 선두로 나주의 금안동금송계(金鞍同禁松契, 1715), 하동의 송계(1800), 보성의 송계(1803), 담양의 금송계(1816), 이천의 금송계(1838), 금산의 송계(1900년대 초기) 등과 같이 전국에서 다양한 형태의 송계가 현재까지 보고되고 있다.

나. 발생배경

송계는 조선후기 산림이용의 급격한 변화로 인해 파생된 역사적 산물이라 할 수 있다. 조선은 개국과 더불어 산림의 사점을 금지하고, 금령으로 산림을 보호하였다. 태조는 산림에 대한 기본 이념(一國人民公利地, 與民公利地)을 정립하여 산림천택을 온 나라의 백성들이 이익을 나누어 갖는 땅으로 산림이용을 보장하는 한편 왕족과 권세가의 산림 사점을 금지시켰다.

그러나 조선후기에 들어와 왕실과 권세가들에 의한 공리지(公利地: 온백성이 이익을 취하는 공한지, 陳荒地를 대상으로 한 공용지)의 분할과 사점이 공공연히 진행되면서 조선초기에 비교적 철저하게 지켜졌던 산림사점 금지제도는 차츰 문란해지게 되었다. 이러한 현상은 16세기에 이르러 급속히 확산되었으며, 임진왜란과 병자호란 이후에는 내수사(內需司) 궁가(宮家) 사대부(士大夫) 등 권세가와 아문(衙門) 군문(軍門)이 산림 사점의 선두에 섰다.

국가에 의한 공리지의 분할은 금산, 봉산, 송전, 관용시장(官用柴場)의 확보, 궁가의 절수(折受)와 사점 등의 형태로 나타났으며, 특히 왕실과 영아문(營衙門)이 그 선두에 섰다. 한편 촌락 단위에서도 개간과 분묘지를 거점으로 하는 산림 사점이 광범위하게 일어났다.

특히 인력과 물적 여유가 있는 사족(在地士族)은 누구나 주인 없는 임야를 독점적으로 선점하여 타인의 이용을 오랫동안 배제하여 사유를 주장할 수 있게 되었고, 산직(山直)과 묘직(墓直)을 두어 수호금양(守護禁養)을 실시하여 종국에는 사양산(私養山: 국가가 入葬이나 개간을 목적으로 하는 일반인이나 소나무 보호를 목적으로 하는 송계에게 입안을 허락한 산)을 소유하게끔 되었다.

지방의 사족들이 확보한 사양산은 관아에서

사적 소유에 대한 인증(입안: 立案)을 받아 독점적 사용권을 내세워 근동의 주민들에게 입산을 통제하였음은 물론이다. 조선 후기 왕실과 영아문, 권세가와 사족들에 의해 초래된 공리지의 사점 확대는 마을 인근의 산림(柴場)에 의존했던 민초들에게 나름의 자구책을 강구하지 않을 수 없게 만들었고 이를 극복하기 위해 결성된 민간 혹은 관 주도의 자치조직을 송계라 정리할 수 있다.

3. 송계의 형태와 운영

가. 송계의 시행형태

송계의 시행형태는 관 주도의 송계와 토지를 가진 사족(在地士族) 주도의 송계와 기층민 주도의 송계 등 크게 세 가지로 나누어 생각할 수 있다. 관 주도로 시행된 송계의 흔적은 하동 익산 김제 등에서 찾을 수 있다. 이들 중 하동의 송계는 관 주도로 시행된 대표적 송계로 정조 24년(1800) 하동부사 허집에 의해 하동부 전체 고을에서 금송(禁松)을 주목적으로 시행되었던 송계를 말한다.

하동지역에서 실시된 송계는 봉산과 사양산의 개념을 떠나 하동지역의 모든 산이 송계의 대상이었디. 따리서 히동지역의 121개 마을 전체에 감관과 산지기를 두어 관리하게끔 하였고, 각 동리에 경계를 정하여 입안을 해줌으로써 각 동리의 송계에게 점유권을 인정해 주었다.

재지사족 주도의 송계는 조선 후기 사회의 특징인 문중 강화를 반영하며, 송계산으로서 묘산(先山)을 금양 대상으로 삼고 있다. 제지사족이 주도한 송계는 一姓 중심의 족계(族契) 형태의 송계, 또는 여러 성씨가 참여하지만 1姓 내지 2姓이 주도하는 송계, 그리고 마을 전체가 1姓에 예속되어 금송을 실시하던 형태를 들 수 있다. 첫째의 사례는 상주박씨의 족계에서 그 유형을 찾을 수 있고, 두 번째 사례는 나주 금안동 송계에서 찾을 수 있다. 세 번째 사례는 분동심시(粉洞沈氏)의 산하리계안(山下里契案)

에서 그 유형을 찾을 수 있다.

기층민이 주도한 송계는 보역(補役, 또는 補用)을 목적으로 결성된 경우와 연료확보를 목적으로 결성된 경우로 나눌 수 있다. 보역을 위한 송계는 국가의 役에 대응하는 차원에서 운영되었고, 계원들이 일정한 조(組)를 수합하여 원곡(元穀)을 만든 후, 그 원곡을 계원들에게 빌려주고 취리(取利)함으로써 원곡의 확충을 기할 수 있었다. 계원들은 확충된 원곡을 바탕으로 국가에서 부과한 역에 대응하였을 뿐만 아니라 마을에서 발생하는 다양한 잡사의 경비로 충당하였다.

기층민이 주도한 송계 중 연료확보를 위한 송계는 공리지의 축소나 분할 또는 사점확대로 인하여 발생한 연료확보 문제를 해결하기 위해서 결성된 송계를 말한다. 조선 후기 향촌사회에서 연료를 확보할 수 있는 방법은 재지사족의 동계(洞契)에 하계(下契)로 편입되거나 아니면 송계를 결성하여 관으로부터 허락(立案)을 받아 점유권을 확보하는 길이 있었고, 그렇지 않은 경우는 동리와 멀리 떨어진 공리지를 찾거나 시초를 파는 사람에게 구입하는 수밖에 없었다.

마을 소유의 송계산이나 시장(柴場)을 갖는 것은 보역에 도움이 되고, 개간을 통한 경작지 학보나 묘지학보에도 유리하였기 때문에 재지사족의 하계로 편입되는 것보다는 관으로부터 승인을 받아 송계산이나 시장(柴場)을 확보하기 유리한 송계를 결성하는 길이 가장 좋은 방법이었다.

기층민이 주도한 충남 금산군 일원의 송계는 독립형태나 연합형태로 나타나고 있다. 독립된 형태의 송계는 한 마을이 한 산림을 책임지고 관리하는 독송계를 말하며 자연촌 단위로 결성된 송계를 말한다. 독립된 형태의 또 다른 송계는 里단위로 조직된 里송계도 들 수 있다. 연합형태의 송계는 여러 마을이 한 산림이나 여러 산림을 힘을 모아 힘게 관리하는 연힙송계를 밀하는데, 양동(兩洞)송계, 3동송계, 4동송계, 5동송계 등을 말한다.

나. 송계의 시행목적과 활동내용

송계의 시행목적은

1) 국가수요의 공용산림에서 금송(禁松)을 목적으로 하는 송계,

2) 묘산 금양을 위한 송계,

3) 보역(補役)을 위한 송계,

4) 연료확보를 위한 송계 등으로 크게 네 가지로 분류할 수 있다.

국가수요의 공용산림을 금송(禁松)하기 위한 송계는 철저하게 관주도로 운영되었고, 묘산 금양을 위한 송계는 씨족 중심으로, 보역과 연료확보를 위한 송계는 국가의 역에 대응하는 차원에서 자연촌 중심으로 시행되었음을 알 수 있다.

대부분의 송계는 그 특성상 한 가지 목적의 추구보다는 2-3가지의 목적을 함께 추구하기 위해서 결성된 것으로 나타나고 있다. 관 주도의 송계는 공용산림의 금송을 주된 목적으로 하는 한편, 산의 관리를 책임진 각 동리의 송계에게 점유권을 인정하여 필요한 시초(柴草)를 충당하게끔 하였다.

재지사족 주도의 송계는 묘산 금양을 주목적으로 하는 한편, 상하합계의 형태로 운영하여 하계의 구성원들인 기층민들이 목재와 땔감과 꿀을 확보할 수 있는 경제적 혜택을 함께 도모할 수 있게 하거나 국가의 보역에 공동으로 대응할 수 있게 하였다.

송계의 주된 활동 역시 시행주체, 결성된 시대와 지역에 따라 각기 다르게 나타나고 있다. 관 주도의 송계는 금송 활동에 초점을 맞추고 있으며 17세기 후반부터 19세기 초에 걸쳐 계속 나타나고 있다. 사양산 확보의 일환으로 진행된 제지사족의 송계는 18세기 초에 나타나고 있으며, 묘산을 금양하는 한편, 상하합계의 형태로 운영하여 시초(柴草)의 경제적 혜택을 함께 도모하였다.

보역을 목적으로 결성된 송계는 19세기 초중반에 주로 결성된 것으로 나타나고 있으며, 연료확보를 위한 송계는 대부분 19세기 말과 일

제시대 조사보고서에 나타나고 있다. 이들 송계는 시기와 지역, 시행주체, 시행목적은 비록 다르지만, 금송 영역을 관으로부터 인허 받고, 인허 받은 산림에 대하여 각기 그 실정에 맞는 형벌권 등을 확보하여 자율적으로 운영하였던 점은 공통적이라 할 수 있다.

다. 송계의 조직과 운영

송계의 조직은 송계의 결성시기와 유형에 따라 각기 다르게 나타남을 알 수 있다. 18세기 초에 재지사족 주도로 시행된 금안동 송계, 19세기 초에 관 주도로 운영된 하동의 송계와 그리고 20세기 전반에 기층민 주도로 시행된 금산의 송계를 통해서 송계의 조직과 운영실태를 살펴보면 다음과 같다.

1) 재지사족 주도 송계

18세기 초에 시행된 재지사족 주도의 금안동 송계는 각 마을에서 상한(常漢; 평민) 신분의 감고(監考) 1인씩을 내어 매월 돌아가며 마을 뒷산인 금성산을 송계산으로 관리하게 하였고, 각 면에서는 양반신분의 직월(直月) 1인을 내어 한 해의 송계 업무를 관장하게 하였다. 목사로부터 점유권을 인정받은 금성산을 금양하고 송계를 원활하게 운영하기 위해 제정된 금안동의 약규(約規)는 다음과 같다.

(1) 소나무를 무단으로 벌채할 경우, 어린 소나무 1주는 장 10도,

(2) 살아 있는 큰 소나무 1주는 장 15도,

(3) 소나무 뿌리 1그루를 캔 자는 장 10도

(4) 스스로 말라죽은 소나무 1그루는 장 10도

(5) 생송 한 가지는 장 5도

(6) 솔밭에 불을 낸 경우에는 장 20도

(7) 유사는 매월 돌아다니며 적간하는데 만약 작벌처가 있으면 그 담당 감고는 장 15도

(8) 각 집안 노비는 3번 범금하면 그 상전댁이 벌주 1동이와 안주 4그릇을 내고 범금한 노비는 장 20도

(9) 신기 원당 남산 신축곡 구축곡 마을은

감고 1명씩을 내어 돌아가며 금호하게 하여 만약 금송을 어긴 자가 있으면 관에 고하여 무겁게 다스릴 것

(10) 계원들은 무릇 경조혼장과 같은 대사에 힘을 다해 원조할 것

(11) 약내(約內)에 부모와 부처(夫妻)의 상이 나면 유사가 전문하여 각기 장노(壯奴)를 보내 도와줄 것

(12) 상하유사는 매년 바꿀 것

(13) 매월 초하루에 공회를 열 것

이밖에도 마을의 경조사에 상부상조하기 위한 내용과 부모와 형제간에 지켜야 할 도리에 대한 윤리 기강에 대한 내용 등도 약규에 함께 담고 있다.

2) 관주도 송계

19세기 초에 시행된 하동의 송계는 국가수요의 공용산림(公用山林: 국가(또는 왕실과 궁가, 관가를 포함)가 공적 수요의 필요성에 의해 산정한 금산, 봉산, 송전 등의 산림, 즉 국가 수요의 특정산림)에서 금송을 목적으로 관 주도로 시행된 송계로서 그 조직은 조선 후기에 시행된 일반 행정조직인 오가작통(五家作統)을 활용하는 한편 마을의 집강(執綱)에게 감관(監官)과 산직(山直)을 차출할 수 있는 권한을 주었다. 따라서 관 주도의 하동 송계는 관내의 모든 산림에 대한 금송정책을 시행하는 한편 동리 단위의 자율권을 최대한 부여하여 관내의 산에 대한 점유권을 인정하였다.

정조13년(1789)에 작성된 호구총수에 따르면 하동군에는 4,221호가 거주하고 있었고, 그에 따라 오가작통은 855통 정도였을 것으로 산정 할 수 있다. 따라서 호수가 적고 많은 동리에 따라 7~10명의 통수가 있었을 것으로 추정할 수 있다. 결국 산감과 산직은 1개리 단위로 10여 명의 통수를 관리하여 매일 순산과 보호 활동을 폈을 것으로 추정할 수 있다.

하동지방에서 시행된 송계의 절목(松契節目)에는 서문과 10개의 조문, 121개 마을의 감관과 산지기 이름이 명기되어 있다. 10개 조문의 내용은 다음과 같다.

(1) 하동지방 일원의 모든 봉산과 사양산을 마을별로 경계를 정하여 표석을 세워 금양한다.

(2) 각 마을에서는 오가작통에 따라 통수와 산감과 산지기를 선정하며 한 통에서 도벌하는 사람이 있으면 통장도 함께 처벌한다.

(3) 권세가가 광점하는 일이 없도록 한다.

(4) 화전을 일체 금하고, 개간된 땅이 산허리 이상이면 소나무를 심도록 권한다.

(5) 한광처(閑曠處)에는 씨를 뿌리거나 나무를 심어 해마다 그 숫자를 보고한다.

(6) 정표 안의 면적을 산정하여 한 첩은 관에 보고하고 한 첩은 내려보내서 자료로 삼게 한다.

(7) 각 마을의 금양은 김직은 집강이 주관하여 매년 초에 차출하고, 감직은 근만(勤慢)을 수시로 규찰하여 스스로 징치한다.

(8) 민가의 담장과 울타리에 쓰이는 소나무는 각별히 금단한다.

(9) 각 마을에서는 한 달에 두 번 감찰한 내용을 알리고 잘못이 있으면 엄하게 다룬다.

(10) 미진한 조건은 추후에 마련한다.

3) 기층민 주도의 송계

20세기 초 기층민에 의해 결성된 금산의 송계는 최고책임자로 대방, 앉은대방, 손대방, 계장이 있으며, 그 휘하에는 초군대방, 송계유사, 총무, 재무 등의 집행부가 구성되어 계의 살림을 맡았다. 또 각 송계에서는 산림순찰원, 산감, 감금인(監禁人)을 두고 송계산을 보호 관리하게끔 하였으며, 이들 역원에게는 일정액의 수곡이 지급되었다.

금산지역의 송계 운영 사례는 독송계로 존재했던 금산군 신동리 수천 송계 규약으로 알 수 있다. 19세기 후반이나 일제시대의 전통을 계승한 흔적이 보이는 수천 송계규약의 내용은 다음과 같다.

(1) 수천리 거주세대는 의부적으로 가입해야 한다.

(2) 타동에서 들어오거나 분가자는 신입전으

로 백미 1말을 내고, 시입례로 술 한 말과 콩두부 한 매를 내야 한다.

(3) 송계원은 매년 호당 5전의 임야세를 내야 한다.

(4) 지엽 석 다발을 베면 벌금 1원을 징수하다.

(5) 작벌한 자는 말구에 따라 벌금을 부과한다.

(6) 사전승인 없이 서까래감에 준하는 나무를 베면 1주당 3원의 벌금을 징수한다.

(7) 만일 작벌현장을 목격하고도 이를 말리지 않거나 마을에 신고하지 않는 자는 벌목을 행한 자보다 더 무거운 벌금을 징수키로 한다.

(8) 송계산에 화전을 금하고 입장을 불허한다.

(9) 전 호구가 매년 삽작돌림으로 번갈아 가며 송계산의 산림수호를 맡는다.

라. 송계산의 형태와 면적

송계산의 확보는 송계 성립의 전제조건이자 가장 중요한 경제적 토대라 할 수 있다. 송계산을 확보하는 방법은 3가지로 나누어 생각할 수 있다. 첫째 관에서 주도하는 경우이다. 하동군 전체 11개 면 121개 마을이 하동지역의 봉산과 사양산 등 군내의 모든 산림을 송계산으로 관리하였던 예처럼 관에서 금송(禁松)을 위하여 지정한 산림을 송계산으로 활용하는 방법이다.

두 번째 사양산을 입안하는 경우이다. 사족이나 기층민이 결성한 송계가 관으로부터 인정(立案) 받은 사양산(私養山)을 송계산으로 활용하는 방법이다. 세 번째 송계산의 확보 방법은 송계에서 송계산을 공동으로 구입하거나 관으로부터 대여 받은 산을 송계산으로 활용하는 방법을 들 수 있다. 세 번째 사례는 충남 금산지역의 송계에서 그 흔적을 찾을 수 있다.

임업적 관점에서 접근한 송계에 대한 연구결과가 많지 않다. 그 결과 송계가 관리하던 산림 면적을 추정하기란 쉬운 일이 아니다. 다행스럽게 금산군 일원에 산재했던 130여 개의 송계에 대한 조사 결과로 송계가 관리했던 송계산의 면적을 추정할 수 있다.

송계산의 면적은 송계의 형태에 따라 1ha~500ha로 다양하게 나타났다. 금산군 일원에 걸쳐 조사된 송계산 130개소 중 10ha 미만이 34개소, 10~20ha가 24개소, 20~40ha가 17개소, 50~100ha가 18개소, 100~200ha가 16개소, 200ha 이상이 13개소에 달했다.

독송계와 리송계가 소유한 송계산의 면적은 주로 50ha 미만이었고, 다섯 마을 이상이 가입된 연합송계는 대체로 100ha를 상회하는 것으로 보고되었다. 그리고 대규모의 연합송계는 500ha 내외의 넓은 송계산을 소유했던 것으로 조사되었다.

마. 송계의 구체적 운영사례

송계의 주요활동 내용은 200여 년 동안 지속되어 온 전남 보성군 복내면 이리 송계를 통해서 그 전형을 엿볼 수 있다. 전남 보성군 복내면 이리 송계는 순조3년(1803)에 창설되어 200여 년이 지난 오늘날도 존속되고 있다. 또한 이리 송계는 우리나라에서 가장 방대한 송계 문서인 이리 송계안(二里 松稧案)을 그대로 보존하고 있기 때문에 송계의 현황과 운영방법, 그밖에 다른 지역 송계와의 차이점 등을 직접 확인가능하기에 산림이용사나 산림문화사적인 관점에서 그 중요성을 인정받고 있다.

복내면 이리 송계는 1803년에 창설된 이래 1812년, 1820년, 1821년, 1824년, 1830년, 1836년, 1842년, 1869년, 1881년, 1897년, 1920년, 1968년, 1983년, 1993년 등 모두 16차례나 중수되었다. 초기의 송계안을 참고하면, 국가에 부과한 요역을 공동으로 대응하는 한편, 집을 지을 때 받는 소나무 가격, 송계산에 묘를 쓰거나 화전을 일굴 때 부담해야 하는 금액 등을 책정하여 산림을 육림(林野禁養)하거나 화전을 금지(林野禁火)하는 적극적인 금송활동을 이리 송계에서 수행하였음을 알 수 있다.

이리 송계의 운영실태는 1920년에 작성된

송계안(松契案)에 자세히 나타나고 있다. 송계규약 제1항에 나타난 계의 임원 선정과정(契任選定事)을 살펴보면 송계의 구성원과 운영내용을 엿볼 수 있다.

'임원은 ① 도정(都正) 1人 : 존자(尊者) 年 60이상, ② 공원(公員) 1人 : 장자(長者) 年50이상, ③ 집강(執綱) 1人 : 적자(敵者) 年40이상, ④ 훈장(訓長) 1人 : 존자혹겸대도정(尊者或兼帶都正), ⑤ 강장(講長) 1人 : 장자혹겸대공원(長者或兼帶公員), ⑥ 직월(直月) 1人 : 경자혹겸대집강(敬者或兼臺執綱), ⑦ 강사(講師) 4人 : 少年 年30이상, 복내리(福內里), 반석리(盤石里), 용하리(龍洞里), 진봉리(眞鳳里) 각1인 겸대직강(兼帶執綱), ⑧ 간사원(幹事員) 4人 : 유자(幼者) 年20이상, 각1인, ⑨ 송금원(松禁員) 4人 : 나이에 관계없이 각 1인을 두며, 훈장, 강장, 강사는 무고이면 불필요하게 체임하지 말고, 도정, 공원, 집강, 직월은 혹 1년 혹 2년만에 체임하고, 비록 성실하더라도 3년을 넘기지 말고, 간사원, 송금원은 공정하면 연한에 구애받지 않는다'고 규정하고 있다.

제2항에 수록된 계원의 입안에 관한 사항(契員入案事)은 '원계원은 장자장손은 누구의 자손인가를 쓰고, 차자차손은 분호입안(分戶入案)하여 전(錢)1냥을 낸다' 고 밝히고 있다. 또한 계원이 타처로 옮기거나 타처에서 새롭게 옮겨와서 계원으로 가입할 경우, '특능은 별부(別付)하고 상등은 5냥, 중등은 4냥, 하등은 3냥씩으로 하고, 계원이 타처로 이거하면 방역(防役)은 논하지 말고, 만약 리중에 이거하여 현록하면 그 촌에서 내거(來去)한다. 만약 타처에서 리중에 환거하면 그 장자장손 추입은 논하지 말고, 그 차자차손은 錢2냥으로 입안한다' 고 밝히고 있어서 계원의 가입과 탈퇴에 대한 내용을 명기하고 있다.

송계규약 제3항에는 산림순찰, 산불방제, 소나무 가격, 어린 소나무 가격산징, 화전개간과 묘자리를 사용하는 것에 대한 내용 등이 '산림을 가꾸고 이용하는 사안(山林禁養事)'에 각항

목별로 정리되어 있다. 이들 내용 중 중요한 항목을 살펴보자,

산림순찰의 경우, '산지기는 부근촌 근실인으로 택정하되 집강이 간사원, 송금원과 함께 춘추 순산하고, 혹 임시순산 검찰에 각항 송잡목을 금양한다'고 규정하고 있으며, 각 마을별로 산지기의 숫자와 업무를 부과하고 있다.

임야금화(林埜禁火) 항목에서는 '만약 화변(火變)이 있으면 부근촌 산지기와 간사원 송금원이 급히 집강에게 통지하고 고지기로 하여금 리중을 불러들여 각촌이 일제히 금화하고 각기 금화기구를 들고온다. 만약 불참한 마을이나 늦게 도착한 사람은 회중에서 논벌하고, 필히 춘초추초(春草秋樵)에 입산을 불허하고 수매(受賣)로 추입례를 배로 한다'고 규정하여 산불예방과 방제에 대한 업무의 중요성을 나타내고 있다.

소나무 가격(松價) 항목에서는 '계원 중 (成造)는 대송가 5냥, 중송가 4냥, 소송가 3냥씩으로 정하고, 외타인은 싯가에 따라 봉한다. 가격은 선입하고 후에 부근을 허한다. 입벌후 대중소 주수를 감고하고, 만약 남벌하거나 무리하게 투작하는 자는 송가를 배로 하고 징벌은 금화례(禁火例)와 같다'고 규정하고 있다.

어린 소나무 밤매(稚松發賣) 항목에서는 '매 평에 2주씩 택립장양하고, 동촌인이나 혹 연대 날인하여 값을 성한다. 선입례(先人刈)하고 후 감고(後監考)한다. 만약 범금하거나 혹 경계를 넘어선 자는 예초한 것으로써 값을 헤아리고 치송은 매주마다 소송가로써 작정한다. 만약 그렇지 않으면 연대인이 예초한바 그 수를 채워서 회중에서 영원히 이의가 없게 한다. 벌은 금화례와 같다'고 규정하고 있다.

화전개간(火田起墾) 항목에서는 '해당마을 간사원이 그 성명과 모산모곡 기간몇 평을 기재하고 연대인이 날인하여 감고로 삼는다. 절대로 남벌과 실화를 금하고 만약 혹 범금한 치송은 소송가와 같게 하고 대중소 송가는 배를 가하여 징속한다. 만약 부족하면 연대인 소작으로 충수

하여 논벌하고 금화례와 같게 한다. 南草灰數는 매 100파마다 大草로써 분담하고 5파씩을 회중에 납부하게 한다. 비단 남초뿐만 아니라 기타 화전한 치잡곡류 灰數는 감고가 해당마을 간사원에게 비봉하여 오로지 책임을 담당하게 한다'고 규정하고 있다.

송계산에 묘를 쓸 경우 지불해야 할 금액(契山入葬壙中價) 항목에서는 '계원은 10냥이고 외타인은 20냥으로 정한다. 입장인은 모산 모등내 모좌일광지 모친 모월일을 갖추어 쓰게 하고, 입장년월일 아래에 성명 날인하게 하여 후고로 삼는다. 광외는 광점을 불허하고 송잡목을 침해할 수 없다. 만약 범금하면 금화례와 벌이 같다'고 규정하고 있다.

외지 초부의 침입을 막기 위한 경계(我里境界) 항목에서는 '경계내는 타리 초부가 침범 유래함을 불허하고, 입안정규는 각리 송금원과 산지기가 일일이 초부를 효유케 하여 里規를 근수케 하여 서로 구타하지 말고 이치에 따라 축출하게 하여 송잡목을 금양케 하자는 뜻이다'라고 규정하고 있다.

송계규약 제4항에서는 고지기와 산지기 및 임원에 대한 토지경작 사항(土地定作事)을 규정하고 있는데, 그 내용은 '庫直은 4~5두락으로 정작하게 하나 만일 토지를 변경하면 신입고지기에게 경작케 하며, 각촌 산지기가 이미 택정되어 감당할 만한 자이면 마땅히 정작케 하여 근만을 살피나 비단 작농뿐만 아니라 금송도 살펴야 하고, 任員이 간사원이거나 혹 이미 경작인이면 감평과 봉화할 적에 사사로움을 좇아 폐단을 일으키는 단서가 없을 수 없으므로 과오가 있으면 반드시 이동한다고 규정하여 송계에 종사하는 역원들에 대한 보상의 규정을 명시하고 있다.

이밖에 제5항에 전곡출입(錢穀出入)에 대한 규정을 두어 송계의 재산을 옳게 지키도록 규정하고 있으며, 제6항에는 강회에 필요한 경비(講會經費事)를 규정하는 한편 양노세반(養老歲饌) 항목에는 '年70 이상이면 반상을 불구하고 남녀

노인은 歲末에 고지기에게 고기 2근을 보내게 한다'고 규정하고 있고, 화전초회순산(火田草灰巡山) 항목에는 '계임이 간사원 4인, 송금원 4인으로 2인씩을 서로 바꾸어 4산을 순산하고, 소상히 모등 모곡 모인 몇 평 몇 부 수를 정하여 기록하고, 남초는 待捧하고 禾日은 備捧한다'고 규정하고 있다.

한편 금송순산(禁松巡山) 항목에는 '계임이 간사원 중 2인을 택하여 근실하게 순산하고 번잡하게 하지는 않는다. 만약 범금자가 있으면 일일이 소상하게 모인 모등 모송 몇주를 기록한다'고 규정하고 있으며, '임시순산(臨時巡山) 항목에는 간사원 순산경비는 단 당일날 그 경중을 보아 5냥 이내에서 2냥 5전 이상으로 내려준다'고 규정하고 있다.

앞에서 살펴본 바와 같이 이리 송계 규약에는 관으로부터 인허 받은 송계산의 보호와 관리에 대한 전반적 업무 내용뿐만 아니라 송계 운영에 필요한 제반 사항을 상세히 규정하고 있음을 알 수 있다. 이 조례를 통해서 송계의 상세한 조직을 일람할 수 있고, 원계원과 새로 가입하는 계원, 타처에서 들어온 사람 등에 대한 규정은 물론이고 송계 자체에서 소나무 가격을 상정하거나 무덤을 쓸 경우 부과하는 금액에도 계원과 계원이 아닌 경우를 분별하여 차별을 두는 등 어느 송계 문서에서 볼 수 없는 구체적인 내용을 담고 있음을 알 수 있다.

4. 임학적 관점에서 본 송계의 의미

임학적 관점에서 지난 3백 년 이상 이어온 송계의 의미는 무엇일까? 이 분야에 대한 산림학적 연구가 일천하기 때문에 의미를 정리하기란 쉽지 않다. 따라서 본고에서는 임학적 관점에서 송계에 대한 앞으로의 연구방향을 제시하는 한편, 송계의 의미를 1) 산림사적 연구대상, 2) 주민 자치에 의한 지속 가능한 산림관리, 3) 산림의 사유화에 따른 사회적 파장에 초점을 맞추어서 살펴보고자 한다.

1) 산림사적 연구대상으로서의 송계

지금까지 송계에 대한 학술적 접근은 주로 사학계에 의해서 이루어졌다. 사학계의 연구자들은 조선시대의 토지소유 주체, 향촌 및 촌락사회 성격, 관습법, 민속 등의 연구를 통해서 송계의 성격과 내용을 정리하였다. 그러나 산림학 분야의 경우, 몇몇 연구자에 의해서 송계에 대한 개괄적 소개는 있었지만 임업적 또는 임학적 관점에서 본격적으로 송계에 대한 연구를 다룬 예는 많지 않다.

따라서 현재까지 이루어진 사학계의 접근 방법과는 달리 임학적 관점에서 산림의 이용과 관리 측면에서, 송계에 대한 연구의 필요성이 제기된다. 산림문화사적 관점에서 송계를 접근하면 조선시대 토지소유나 향촌 사회의 성격규명과는 별개로 기층민의 산림 이용과 보호에 대한 구체적 사례를 정리할 수 있을 뿐만 아니라 조상들이 창안했던 독특한 산림제도의 지혜도 엿볼 수 있을 것으로 사료된다.

송계가 특히 산림사적 연구대상으로 관심을 끄는 이유는 임업적 관점에서 접근할 수 있는 계기를 부여하기 때문이다. 지금까지 보고된 조선시대의 산림이용 사례는 국가에서 필요한 국용재의 원활한 공급을 위해서 전국에 걸쳐 금산과 봉산을 지정하였고, 강원도의 산림지대에서 생산된 목재와 신탄재를 한강의 수운을 이용하여 한양에 공급하였으며, 경기도 광주군 일원에서 10년 주기로 소나무림을 옮겨가면서 왕실소요의 도자기 생산에 필요한 임산연료를 충당했던 사례를 찾을 수 있다.

그러나 지금까지 알려진 산림과 관련된 조선시대의 구체적 이용사례는 많지 않고, 그 내용도 옳게 정리되지 못하고 있기 때문에 임업적 관점에서 접근하는 것은 어려움이 많았다. 조선왕조가 산림을 보호하고 관리하기 위한 나름의 산림 정책을 시행했지만, 그 세부적 기록이 많지 않은 깃도 사실이다.

이런 사정으로 일제는 조선시대에 옳은 임정이 마련되지 않아서 조선의 산림은 황폐해졌고,

그 결과 산업발달이 저해되었으며, 국토의 보안도 해치게 되었다는 조선임정불비론(朝鮮林政不備論)을 명분으로 내걸고, 식민지 경영에 필요한 재원 확보책의 일환으로 토지조사사업으로 대다수의 공리지를 국유화시켜 산림수탈을 획책하였다. 그러나 송계를 통해서 우리는 일제의 조선임정불비론이 사실이 아님을 알 수 있다. 비록 송계는 국가에서 시행한 송금이나 또는 국가의 보역(또는 보용)에 대한 대응책으로 결성된 사적 결사체이지만, 대부분의 송계는 임산연료의 안정적 채취에 필요한 산림보호와 이용에 대한 자치적 규약을 내포하고 있었다.

따라서 송계는 산림육성에 대한 국가의 공식적 제도는 아닐망정, 기층민들이 자치적으로 창안한 지속적 산림이용을 위한 주민자치제도이자 산림이용과 보호를 위한 산림제도라고 할 수 있다.

임업선진국들이 목재나 신탄재의 생산과 유통에 대한 전통이 수백 년 전부터 본격화된 것에 비교해 볼 때, 규모적인 측면에서 이 땅에서 본격적인 임업의 싹은 20세기 초 일제의 식민지 수탈로부터 시작되었다고 알려져 있다. 그러나 최근에 보고된 다양한 지역의 송계는 우리에게도 산림이용에 대한 우리 나름의 독특한 제도와 관습이 있었음을 알 수 있다.

따라서 임학적 관점에서 바라본 송계의 의미는 우리 현실에 창안된 소상들의 산림이용에 대한 지혜가 응축된 현장이라고 할 수 있다. 하나 아쉬운 사실은 다양한 문화권에서 산림이용에 대한 조상들의 지혜가 응축된 산림이용방법이 오늘날도 꾸준히 이어져 오고 있지만 우리의 경우, 식민지 지배라는 장애요소가 있었던 것을 감안하더라도 너무나 철저하게 그러한 기록이나 흔적들이 사라져 버린 점이라고 할 수 있다. 이런 현실에서 송계에 대한 산림사적 연구의 필요성은 아무리 강조해도 지나침이 없을 것이다.

2) 주민자치에 의해 지속 가능한 산림관리

송계는 산림이 보유한 임산자원으로서 재래

적 기능의 중요성을 다시 한번 우리에게 환기시키고 있다. 오늘날 우리들이 산림을 휴양의 대상지나 환경보전을 위한 보루로 인식하는 것과는 달리 조상은 산림을 삶을 영위하는데 없어서는 안될 생명자원으로 인식했다. 압축고도성장에 따른 산업화로 오늘날은 대부분이 석유, 석탄, 천연가스 등 화석연료에 의존하고 있는 것이 우리네 실정이지만, 임산연료 공급처로서의 산림의 역할은 1960년대까지도 계속되었다.

60억에 달하는 인류의 절반 이상이 조명, 난방, 조리에 필요한 연료를 임산자원에 의존하고 있는 오늘의 현실처럼 조선시대도 민초들이 일상적인 삶을 영위하기 위해서는 안정적으로 땔감을 확보했어야 했다.

그 구체적인 자구책이 바로 송계라고 할 수 있다. 따라서 송계는 조선의 산림정책이 산림에 의존하는 기층민에게 산림의 이용권을 확보해주는 대신에 철저한 보호 정책을 펴게 하여 남벌과 개간으로부터 산림을 보호하게 했던 조직체라고 정의할 수 있다.

특히 송계가 존속했던 지역의 산림은 울창했다는 일제시대의 보고사례는 이용과 보호측면에서 주민자치에 의한 산림 관리가 효과적이었음을 말해주고 있다. 따라서 송계가 산림의 육성과 보호에 얼마나 효과적이었는지, 또 긍정적인 영향이나 부정적인 영향으로 파생된 것은 무엇인지를 따져보는 것도 앞으로 임학계에 주어진 과제라 할 수 있다.

환경오염과 자원고갈이 전 지구적 관심사로 되고 있는 오늘의 관점에서 금송계를 새롭게 해석하면 우리 선조들은 소위 지속 가능한 발전이라는 개념을 이미 오래 전에 창안하여 생활화하였음을 발견할 수 있다.

마을 주민들이 주변의 산림을 지속적으로 이용하기 위해서 자율적으로 규정을 정하여 노동력과 기금을 갹출하고, 그 규약에 따라 적정한 벌채량과 산림 조성량을 매년 할당하여 산림자원을 고갈시키지 않는 범위 내에서 산림을 이용했던 제도가 바로 송계이기 때문이다.

따라서 송계의 현대적 의미는 경제와 환경의 조화로움이 지속 가능하게 구현되는 사회, 즉 산림문화사회의 실현 가능성에 대한 흔적으로서 송계의 의미를 파악할 수 있는 가능성도 살펴볼 필요도 있을 것이다.

한편 산림관리를 위해서 국가가 일정한 면적의 산림에 대한 점유권을 송계에 인정해주는 한편, 산림의 관리와 보호에 필요한 형벌권까지 송계에 부여한 점에 대한 것도 새롭게 조망할 필요가 있다. 주민자치에 의한 공공재의 관리라는 측면에서 오늘날 외국에서 시행 중인 NGO에 의한 녹지관리의 대표적 사례를 조선시대의 송계를 통해서 발견할 수 있기 때문이다.

조선조가 300여년 전 산림관리를 자치조직인 송계에 위임한 산림정책의 근본 정신은 무엇이며, 오늘날 시민단체에 의해서 모색되고 있는 NGO에 의한 녹지관리 정책과는 어떤 관련이 있는지도 앞으로 풀어야 할 과제라 할 수 있다.

3) 산림의 사유화에 따른 사회적 파장

송계를 통해서 우리들이 배울 수 있는 교훈은 산림의 사유화에 따른 사회적 파장이 엄청나게 크다는 사실이다. 조선의 산림은 국가 지정의 공용산림(금산, 봉산, 송전 등)을 제외한 모든 산림이 백성에게 개방된 공리지였다. 그러나 조선왕조를 지탱시켰던 토지 공개념 제도는 조선 후기로 오면서 왕족과 명문 권세가들에 의해 흔들리기 시작했다.

특히 병자호란과 임진왜란을 거치면서 토지경제는 붕괴되어 토지의 사유화가 18세기에는 급격하게 진행되었다. 그 결과 17세기 후반부터 일반 백성이 이용할 수 있는 산림면적은 급격하게 줄어들 수밖에 없었다. 송계란 이처럼 조선 후기 산림이용에 대한 사회적 변화, 즉 공리지가 사유화되는 과정에서 파생된 산물이라고 할 수 있다.

한편 20세기 초에까지도 명맥을 유지했던 송계는 일제의 식민지 수탈정책을 위한 임적조사로 소멸의 길을 걷게 된다. 송계가 소유했던 산림들(동유림, 사양산, 송계산)은 토지조사의 결과에 의해서 대부분 국유화의 과정을 밟았고 종국에는 일제가 시행한 산림정책으로 사유화의 과정을 밟게 되었다.

송계의 발생과 소멸을 통해서 우리는 공개념의 특성을 갖춘 산림이라는 공공재가 사유재산으로 변할 때, 파생될 수 있는 사회적 파장이 얼마나 심화될 수 있는지 그 구체적인 사례를 일부 파악할 수 있다. 오늘날 광범위하게 진행되고 있는 녹지 개발이나 그린벨트 해제 정책에 보다 관심을 가져야 하는 이유도 송계를 통해서 산림관리의 중요성에 대한 교훈을 얻을 수 있기 때문이다.

5. 결어

임학은 생산과 이용에 수백 년이 소요되는 나무와 숲을 대상으로 하는 학문이다. 그래서 미래의 임학(업)발전을 추구하고자 하면 과거 우리 조상들이 시행해 왔던 산림과 관련된 임업 시책를 충분히 연구하고 검토할 필요가 있다. 이런 관점에서 최근에 사학계에서 발굴한 충남 금산군 일대와 전남 보성군 복내면 이리의 송계 연구결과는 여러 가지 중요한 의미를 지니고 있다.

금산과 보성의 송계를 발굴한 강성복 선생과 박종채 교수의 연구는 조선후기부터 일제시대에 이른 암흑상태의 산림제도사, 산림이용사, 산림문화사를 복원하는 일과 다르지 않기에 그 중요성을 강조해도 결코 지나침이 없다.

우리 산림사의 중요한 한 부분을 복원할 수 있게 연구기회를 준 금산문화원과 보성문화원, 그리고 송계의 흔적을 발굴하는데 노력을 아끼지 않는 두 분 연구자에게 다시 한번 경의를 표한다.

참고문헌
강성복, 1992, 「용화리의 역사와 민속」, 금산문화원
강성복, 2001, 일제하 해방 이후 송계연구, -충남 금산지역을 중심으로- 16회 전국 향토문화연구발표회 수상집, 전국문화원연합회
강성복, 2002, 「금산의 송계」, 금산문화원
김연석, 1998, 송계의 성격과 기능에 관한 연구-금산군을 중심으로. 국민대 석사학위 논문
박종채, 1995, 조선후기 금송정책과 금안동 금송계, <숲과 문화> 20호. 숲과 문화연구회
박종채. 2001, 「보성 복내리 금송계」, 보성문화원
산림청, 1997, 산림헌장 제정과 산림문화 총람 발간을 위한 연구, 산림청
산림청, 1997, 「한국임정50년사」, 산림청
임경빈, 1993, 「우리 숲의 문화사」, 광림공사
임경빈, 1995, 「소나무」, 대원사
전영우, 1997, 「산림문화론」, 국민대출판부
전영우, 1997, 산림문화사회의 흔적, 금송계와 금림조합, <산림> 1997년 3월
전영우, 1999, 「숲과 한국문화」, 수문출판사

전영우는 고려대학교 임학과를 졸업하고 미국 아이오와 주립대학에서 산림생물학을 전공하여 박사학위를 받았다. 1988년 이후 국민대학교 교수로 재직하면서 숲의 소중함을 우리 사회에 심기 위해서 집필과 사회 활동에 참여하고 있으며 「숲과 문화」의 발행인이다.

숲가꾸기와 산성의 조화

임 주 훈

1. 우리 숲가꾸기

우리 숲을 가꾸어 주어야 한다는 논의는 새삼스러운 것도 아니고 온 국민의 공감대를 얻을 정도로 당연한 사실로 받아들여지고 있다. IMF 위기 극복을 위한 각종 업체의 구조 조정은 실업자 대량 발생으로 이어졌는데 정부는 그 구제책의 일환으로 숲가꾸기 사업을 실시하였고 그 결과는 성공적이었다. 그러나 이러한 정부의 노력은 그 대상이 실업자 즉, 중년층에 국한되었고 경제성에 대한 개념이 미약한 신세대들에게는 숲의 가치가 그리 다가서질 못했다. 숲의 경제적 가치를 증진시켜 임업 소득을 증대시킬 수 있다든가, 숲의 환경적 가치를 증진시켜 국민생활을 건강하게 유지시킬 수 있다는 식의 이야기는 과거의 헐벗은 산야를 모르는 신세대에게는 그리 납득이 가지 않은 이야기로 변한 것이다. 그만큼 벌써 우리의 숲은 울창해졌고 숲이 주는 혜택 또한 당연한 것이라 치부된다. '배고프면 라면 끓여 먹으면 되지' 하는 식인 것이다.

우리 숲은 왜 가꾸어 주어야 하는가? 우리

부분의 숲이 딱 가꾸어 주어야 할 만큼 나이를 먹었다. 수고 경쟁을 치열하게 벌이다가 숲은 콩나물 시루처럼 가늘게 자란 나무들로 밀해졌고 더 이상 키 크기보다는 옆으로 퍼지고 싶은 단계에 이른 것이다. 물론 학문적인 해석을 내리자면 매우 복잡하다. 2 영급[1]부터 4 영급까지의 산림 면적이 5,223천 헥타르로서 전체 산림 면적의 81퍼센트, 3·4 영급의 산림 면적은 3,720천 헥타르로서 전체 면적의 약 58퍼센트에 달한다고 하니 이삼십 년 동안 얼마나 많은 나무를 심었겠으며 얼마나 많은 숲가꾸기를 행해야 하는가.

2·3·4 영급의 숲이란 생명체의 집합인 숲은 생명체인 인간의 집단인 인류와 같아 개개인을 교육을 시키지 않고 방치하면 올바른 사회 구성원이 되지 못하는 것처럼 각각의 나무도 가꾸지 않고 방치하면 죽은 가지가 많고 수관이 이웃 나무와 뒤엉켜 버린, 질서가 없고 쓸모 없는 숲으로 되어 버린다. 또한 낙엽 등 임내 퇴적물이 많아져 자칫하면 산불에 다 타버릴 정도

총 계	1영급	2영급	3영급	4영급	5영급	6영급	죽림	무립목지
6,422	525	1,503	2,487	1,233	400	114	6	159

숲이 만들어진 역사를 보면 너무도 당연한 일이다. 일시에, 그리고 한꺼번에 대통령을 비롯한 온 국민이 달려들어 나무를 심은 까닭이다. 대

로 위약한 상태를 가지고 있다. 2000년의 동해

---

1) 1영급은 10년

안 산불이나 2002년의 예산·청양 산불 등 해안 초대형 산불이 빈번하게 발생하고 있는 것을 보면 우리 숲이 안고 있는 산불에 대한 심각성은 더욱 확실하다.

2. 숲가꾸기 산물

결국 숲은 가꾸어줄 수밖에 없는데 숲을 가꾸어 준 결과 즉, 숲가꾸기 산물은 어떤 영향을 미치는가?

환경 이론에 오염이란 어떤 특정 물질이 일시적으로 한정된 공간에 많이 분포함으로써 일어난다는 것이 있다. 식목(植木)이 산에서 이루어지는 모든 산림작업을 선도했던 시대는 지나가고 어린 나무들이 커서 수관(樹冠)을 확장하고 결국 임관(林冠)을 형성하며 숲을 만드는 시기까지의 휴지기가 이어지다가 이제는 일시에 엄청난 양의 솎아베기(間伐)와 가지치기를 행해야 하는 숲가꾸기 시대가 도래했다. 숲을 가꾸어 준다는 말은 나무의 입장에서는 비약적인 생장을 예고하는 생육공간의 확보라 할 수 있지만 땅의 입장에서 보면 유기물질의 폭발적인 증가라고 볼 수 있다. 즉, 숲 속에 방치할 경우에는 일시적인 오염원이 되어버린다는 것이다.

숲가꾸기 산물은 가능하면 많은 양을 숲 밖으로 끌어내어 주어야 한다는 것이 되는데 그 엄청난 양을 소화해낼 장소도 없다. 강릉에서는 산불에 대비해 소나무숲길의 낙엽을 긁어모아 숲 밖으로 옮기는 것을 시도했는데 단 1년으로 끝났고 그나마 대부분은 골이 진 부분에 적재하고 말았다. 한편 만약 벌채목과 가지들을 숲 밖으로 끌어내어 한 곳에 적치하여 자연상태로 방치하면 그곳조차도 오염되어 버린다. 따라서 숲 밖으로 끌어낼 적정한 양을 결정하고 끌어낸 것에 대해서는 탄소 저장고로 지속될 수 있도록 적절히 가공하여 우리 생활용품으로 이용함으로써 존치시키거나 일련의 먹이사슬의 과정 속에 포함시켜 분해시켜 주는 방법을 적용할 수밖에 없다.

먼저 무엇을 얼마만큼 끌어낼 것인지를 결정해야 하는데 이것은 숲의 종류와 나이, 밀도 등에 따라 다르다. 심은 지 오래된 숲은 그만큼 많은 시간을 인접한 개체들과 경쟁하면서 살았을 것이고 그 결과 많은 죽은 부분 – 가지나 줄기를 가지게 된다. 따라서 숲가꾸기를 행할 때에 보다 굵은 탄수화물 덩어리를 잘라내야 한다. 아울러 숲 속에 놓아 둘 수밖에 없는 물질들도 분해하는데 시간이 많이 걸릴 수밖에 없다. 숲 밖으로 운반하여 이용할 산물들은 보다 굵고 이용가치가 높은 것일 수 있다. 따라서 가공기구를 사용하여 이용성을 증진시키는 작업이 필요할 것이다. 지속적으로 목재를 공급할 수 있도록 집단화된 숲가꾸기 사업장의 운용이 필요하며 수종별로 이용 가치에 대한 활용성 평가가 이루어져 용도별로 적합한 가공 방법에 대한 개발이 이루어져야 할 것이다. 예를 들어, 통나무집을 지을 수 있는 목재가 생산되는 숲이라면 제재소를 이용한 가공 행위가 동반되어야 하고 벤취용 목재를 생산할 수 있는 숲이라면 조그마한 제재소나 목공소가 수반되어야 하며 표고 골목 정도의 나무가 생산되는 숲이라면 굳이 목재 가공 시설이 필요 없다. 기계톱 한가지만 있어도 모든 것이 해결될 수 있기 때문이다.

그러나 여기서 중요한 것은 수요의 창출이다. 아무리 싼 가격에 우리 숲에서 나온 목재가 있다 하여도 이용할 사람들이 없다면 무용지물이기 때문이다. 목재 수요 창출을 위해서는 산업디자이너와 미술가의 도움이 필요하다. 단적인 예로서 아파트 주위의 어린이 놀이 시설을 보면, 모든 것이 철제이다. 그러나 독일의 어느 놀이터에는 대부분 통나무를 이용하여 시설이 된 곳도 있다. 3층 높이의 미끄럼틀에서 5세 미만의 어린이들이 이용할 수 있게 만든 모래 물레방아(?)에 이르기까지 나무를 이용하여 만든 것들로 가득 차 있다. 그러면서도 어른과 아이가 함께 즐길 수 있도록 고안되어 있다. 어린이 놀이터라고 꼭 어린이만을 위한 시설로 그치는 것이 아니라 어른, 가족과 함께 찾을 수 있는 공

간을 창출한 것이다. 이와 같은 훌륭한 목재 소
비 문화를 고안해 내는 사람들이 숲가꾸기에 투
입되어야 할 것이며 이를 위한 문화 행사, 디자
인전 등이 행해져야 한다.

우리 임업계는 환경론자들과의 싸움에도 불
구하고 임도를 많이 건설하고 있다. 그러나 단
지 길을 내는 데에만 급급하였지 목재를 소비할
수 있는 곳으로 승화시키기에는 미흡한 실정이
다. 물론 임도가 개설되는 위치에 따라 그 개발
방향은 달라져야 한다. 독일 슈바르츠발트 중심
도시라 일컫는 푸라이부르크의 도시림에서의 임
도는 이런 면에서 매우 인상적이다. 우리나라로
치면 도시림이라 해야 할 숲에서 목재를 생산하
고 있으며 임도 가장자리에 집재하고 있다. 또
한 좀 넓은 공지에 2층 건물 높이의 한쪽 면이
터진 삼각형 모양의 휴게시설을 만들고 그 안에
는 벽난로를 설치하여 궂은 날에는 장작불을 피
울 수 있게 해 놓았다. 물론 그 주위에는 장작
이 쌓여 있다.

장작 - 우리 사회에서 이미 잊어버린지 오래
된 연료이다. 그러나 독일의 농가에서는 아직도
장작을 석유와 혼용하고 있는 모습을 볼 수 있
다. 우리의 휴양림에 장작을 피울 수 있는 벽난
로가 있던가. 숲 속에 여러 가지 형태의 건물을
지어 놓았지만, 심야 전기를 이용하여 난방을
한다고 추위에 떨게 하는 모습은 보았지만 장작
을 담처럼 쌓아 놓은 모습을 볼 수 없었다. 가
리왕산 1,200미터 높이에 위치한 통나무집의
흉내를 내볼 일이다.

산불과 관련하는 조사차 충남 홍성군에 들렀
을 때 군 사업으로서 마을마다 소각장(공동 취
사장)을 만들어 주는 사업을 한다고 들었다. 비
닐 등 소각할 때 유해물질이 발생될 종류는 별
도로 쌓아 놓았다가 자원재생공사로 보내고 나
머지 생활 쓰레기를 소각하는데 사용하며 아울
러 마을에 큰 행사가 있을 때 무쇠 솥을 걸어
밥도 짓고 찌개도 끓이는 곳으로 활용한다는 것
이다. 아무리 요리기술이 발달한다고 해도 장작
을 이용해 지은 밥과 국이 더 맛있기에 마을회

관의 부대시설로 설치하면 좋겠다.

3. 숲가꾸기 시대에서 목재문화시대로

정부의 실업대책에 의하여 착수된 숲가꾸기
공공근로사업은 예산 부족과 인력 부족으로 매
년 20만 헥타르 밖에 가꾸지 못했던 휴지기를
숲가꾸기 시대로 발전시키는 좋은 기회가 되었
다. 그동안 숲가꾸기의 필요성이나 숲가꾸기 기
술도 많이 발전된 것도 사실이다. 일반인들과
함께 하는 숲 속 행사도 다양하게 개최되고 있
다. 인터넷을 통하여 숲가꾸기의 당위성 등을
홍보하는 것도 꽤나 많이 하고 있다. 이렇게 숲
가꾸기 사업이 활성화되었음에도 불구하고 우리
임업인들은 산물 처리 방안을 놓고 고민하고 있
다. 그 이유는 무엇일까. 순환의 논리를 전개하
지 않았기 때문이다. 숲만 바라보고 사업을 시
작했지 '어떻게 이용할까'를 고민하는데 투자하
는 시간이 적었다. 값싼 외국재에 뒤쳐지고 목
재의 이용가치도 떨어지는 국내재의 생산을 두
려워했기 때문은 아닐까. 목재 자급률이 극히
낮다고만 했지 우리 목재가 이만큼 생산될 수
있다는 홍보는 미약했다.

현재 진행되고 있는 숲가꾸기 산물의 처리
방안을 놓고 그 이용 가치를 논하기에는 우리의
목재 문화가 너무 낙후되어 있다. 여기에는 목
재의 이용도를 높일 수 있는 획기적인 개발이
이루어져야 하는데 전국적인 규모로 또는 지자
체별로 시행할 수 있는 문화 소재의 개발이 그
것이다.

그러나 이러한 장기적인 소비·이용 대책의
마련과 아울러 숲가꾸기 산물을 당장 처리해야
할 당위성에 대처하기 위해서는 숲에서 생산되
는 산물에서 너무 크고 새로운 것을 발굴하기보
다는 우리 생활에 이용될 수 있는 소품들을 개
발하는 것이 시급하다. 예를 들어, 학교 숲가꾸
기와 병행하여 나무 울타리 만들기 사업을 벌이
고 거기에 필요한 나무는 숲가꾸기 산물을 이용
하게 하자. 또 집안에 걸어 놓을 그럴듯한 공예

품은 아니더라도 간단히 응접실이나 베란다 등에서 쉽게 이용할 수 있는 조그마한 편상이나 의자를 제작하는 것도 개발할 필요가 있다.

숲가꾸기 사업장마다 갖가지 아이디어를 내고 숲가꾸기 산물을 이용하는 방안에 고심하고 있다. 공예품, 나무 벤치, 톱밥사료, 칩 등의 생산이 그 예이다. 그러나 우리나라 관광지가 그러하듯이 어느 곳에 가나 비슷한 상품으로 치장되어 있으면 안될 것이다. 결국 새로운 아이디어를 제시하는 응모전 등의 문화행사를 통해 숲가꾸기 산물의 이용방안을 도출해 낼 수밖에 없으며 이런 것들을 맛볼 수 있는 거대한 산림 문화 축제가 이루어져야 하고 그를 위한 새로운 공간이 개발되어야 할 것이다.

4. 숲과 산성의 조화

다행히 우리 산야에는 숲가꾸기와의 관련성도 높고 문화 행사를 개최하기에 적합한 곳이 많이 있다. 그것은 바로 '산성'이다. 우리나라는 한 때 산성국가로 불릴 만큼 산성이 많았고 '불의 나라'라고 불릴 만큼 연기가 많이 피워 올랐다. 그것이 밥을 짓기 위해서이건 숯을 굽기 위해서이건 장작을 사용하는 문화가 발달되어 있었다. 현재 우리의 산성은 대부분 방치되어 있거나 성곽은 복원되지만 그 안에 건물을 짓거나 생활 공간으로 이용하는 예는 드물다. 이러한 빈땅을 이용하여 목재 문화를 개발함이 어떨까.

산간 계곡 추운 곳에, 진입로도 시원치 않아 대형버스가 들어가기 어려운 곳에 휴양림을 개장하기보다는 산성들을 이용하여 목재 문화를 창출해 봄이 어떨까? 전통 양식의 집도 짓고 군불도 때보고 봉화도 올려보는 - 타임머신을 타고 옛날로 돌아가서 생활해 보는 체험의 장도 개설하고 집에 되돌아 갈 때 가지고 갈 수 있는 목공예품 만들기나 도자기 굽기 등의 총괄적인 행사터로 개발해 봄이 어떨까.

임주훈은 고려대학교 임학과를 졸업하고 동대학원에서 산림생태학을 전공하여 농학박사 학위를 받았다. 그후 독일 프라이부르크대학교 조림학 연구소에서 방문연구원으로 근무하면서 산림식생 및 입지학을 연구하였으며, 현재 산림청 임업연구원 산림생태과에서 산불생태, 산불 피해지의 생태계 변화와 복원에 관한 연구를 하고 있다. 숲과 문화 연구회 운영위원이다.

우리 민족과 소나무

이 희 봉

1. 소나무를 가꾸고 보전해야 하는 이유

1) 소나무는 우리의 삶과 역사를 함께 하는 민족수(民族樹)이다

소나무는 우리 민족을 대표하는 나무이다. 일본에 삼나무 문화가 있고 유럽에 자작나무 문화가 있다면 우리에게는 소나무 문화가 있다. 필자가 태어난 강원도 산골에서는 지금도 사내아이가 태어나면 새끼줄에 솔가지, 고추, 숯을 달아서 사립문에 내걸고 있다.

고추는 사내아이가 태어났다는 뜻이고, 숯은 사악한 기운을 물리친다는 뜻일 게다. 여기에 솔가지를 다는 것은 한 차원 높은 의미를 가지고 있다고 할 수 있다. 이는 새로 태어난 생명이 우리 나무인 소나무와 일생을 함께 하게 되었다는 뜻이 아닐까? 우리 민족은 태어나서 소나무를 심고 소나무와 더불어 살다가 소나무 관에 들면서 생을 마친다.

소나무가 우리에게 주는 혜택은 이루 헤아릴 수 없이 많다. 우리 민족의 삶의 터전이었던 농경지에서는 훌륭한 농자재의 몫을 하였고, 지금은 역사의 한쪽 기록으로만 있는 춘궁기는 구황식물로 목숨을 연명케 하였으니 이 어찌 민족수(民族樹)라고 할 만하지 않은가.

형질이 퇴화되어 구불구불하게 자라고 있는 소나무의 모습을 보고 우리 민족성을 닮았다고 빗대던 일제의 소나무 망국론에 부화뇌동(附和雷同)하여, 우리나라의 산림은 활엽수림으로 천되어 가는 과정에 있으므로 장차 소나무림은 없

어져야 한다는 논리를 펴는 학자도 일부 있는 것으로 알고 있다. 왜곡된 현상을 바로 잡아야 할 책무가 있는 학자가 앞장서서 나라의 나무를 깎아 내리고 민족성을 폄하하는 일에 앞장서고 있다니 참으로 한심한 일이 아닐 수 없다.

야산에서 자라고 있는 소나무가 뒤틀리고 꼬여 있는 것은 부인할 수 없는 사실이다. 그러나 처음부터 그렇게 된 것은 아니다. 본래의 소나무는 양백지방의 춘양목처럼 미끈한 팔등신이었다. 이러한 팔등신의 소나무가 뒤틀리고 꼬인 원인을 거슬러 올라가면 일제가 우리의 산림자원 수탈을 목적으로 질 좋은 적송만 골라 베어 불량한 개체가 남게 된 것이 가장 큰 원인이고, 광복 이후 사회적인 격변기를 거치면서 일어났던 도·남벌이 그 다음 원인이다.

이러한 소나무가 1960~1970년대에는 극심한 송충이로 몸살을 앓았고, 1980~1990년대에는 솔잎혹파리로 중병을 치르더니 일부 지역이기는 하지만 근년에는 서부경남과 전남지역에서 소나무의 에이즈라 불리는 재선충이 확산일로에 있고 이를 막지 못하면 장차 소나무의 멸종을 우려할 정도로 심각한 지경에 처해 있다.

우리 산의 주인은 소나무이다. 어떤 마을에서는 춘양목과 같은 팔등신 미인들만 모여 살고, 어떤 동네에서는 굽고 처진 팔다리를 가진 소나무 가족들이 저마다의 타고난 모양을 감추지도 않고 자랑하지도 않으며 그렇게 모여 살고 있다. 재질이 빼어나서 우량재를 생산할 수 있는 것은 그 나름대로 좋고, 아무도 보아주지 않는 구석진 야산 한 모퉁이에서 가난에 찌들고 눈비

에 시달리면서 살아가고 있는 보잘 것 없는 한 그루의 소나무라도 우리와 함께 살아왔기 때문에 더욱 정겹다.

소나무를 가리키는 송(松)이란 한자의 유래를 살펴보면 진시황제가 소나기를 만났을 때 소나무의 덕으로 비를 피할 수 있게 되어 고맙다는 뜻으로 공작의 벼슬을 주어 목공(木公) 즉, 나무공작이 되었고 이 두 글자가 합쳐져서 송(松)자가 되었다 한다. 여기에 필자는 이렇게 풀이하여 왔다. 소나무 송(松)자가 나무목(木)변에 귀할공·장인공·공경공(公)자로 이루어져 있다는 것은 소나무를 나무 중에 가장 윗격에 속하는 나무 즉, 나무 중에 최고의 나무로 삼을 수 있다는 것이다. 북미대륙의 그랜드캐년이 아무리 가슴 시리도록 웅장하다지만 그 어찌 내 고향 앞산의 포근함에 비할 수 있을 것이며, 독일이 자랑하는 흑림지대의 검은 숲이 그 어찌 우리네 산천 기암절벽 위의 낙락장송(落落長松)에 당할 수 있겠는가?

우리 산지는 지구생성과 관련된 마지막 빙하기의 직접 영향권에서 비켜나 있어 어머님 젖가슴처럼 부드러운 육산이 있는가 하면, 천인단애의 절벽과 기암괴석의 명산도 있다. 여름의 봉래산(蓬萊山)에서 가을이면 풍악산(楓岳山)으로 겨울에는 개골산(皆骨山)으로 계절 따라 이름표를 바꿔다는 봄의 금강산(金剛山)도 소나무가 없으면 진정한 금강산이 아니다. 천길 낭떠러지 절벽에 서서 새벽이슬과 저녁안개를 마시며 천년 세월의 고고한 품위를 간직하고 있는 우리의 소나무가 있기에 그 이름이 더욱 값진 것이다.

2) 가격과 품질면에서 경쟁력이 있다

임업에 종사하는 사람이라면 누구나 독일의 너도밤나무 한 그루가 벤츠 한 대 값이라는 사실을 알고 있을 것이다. 임업연구원에 의하면 일본이 세계적으로 자랑하는 편백재가 ㎥당 100만원임에 비하여 우리나라의 금강송 특대재(문화재 수리용 : 길이 720cm, 말구직경 42cm 이상) 1㎥은 720만원이라는 높은 가격으로 책

정되어 있다고 한다.

그러나 이러한 규격의 우량대경재는 희소가치가 있어 실제로는 이보다 훨씬 비싸게 거래되고 있고, 한 단계 낮은 규격의 목재가 산림청과 문화재청의 협약에 따라 문화재 수리용으로 ㎥당 180만원에 공급되고 있다.

이러한 임지에서 생산되는 소나무 1본당 평균재적을 3㎥으로 기준한다고 하면 소나무 1본의 가격이 국내산 소형승용차 한 대 가격과 맞먹게 되는 것이다. 문화재 수리용 목재가 생산되는 임지는 ha당 400~500㎥의 축적을 가지고 있고, 이 규격에까지 소요되는 생장기간은 80~90년 정도인 것으로 알려져 있다.

한편, 문화재 수리용이 아닌 일반용재를 생산할 경우 벌기에 달한 소나무 임지의 ha당 평균 수확량은 120㎥정도이다. 이를 시가로 환산하면 24,000천원(1등급 ㎥당 20만원)이다. 그 중에서 재질이 우수한 대경장재(大徑長材)일 경우에는 일반용재 대비 10배 이상의 고가로 판매할 수 있음을 볼 때 우리나라 소나무도 충분히 경쟁력이 있는 것이다.

그러나 임업은 회임기간이 길고 영세한 산주의 소면적 경영으로는 수지맞는 경영이 어렵다는 것은 어쩔 수 없는 사실이다. 따라서 범정부적 차원에서 소나무림을 조성하고자 하는 투자동기를 부여하고 이를 위한 정책개발과 지원책 마련을 위하여 부단한 노력을 경주해야만 할 것이다.

2. 소나무의 생장환경조건과 관리방법

1) 소나무의 생장 환경조건

소나무는 모든 방위에서 잘 자라지만 북향이나 동향에서 생장이 좋다. 산복에서 산정으로 갈수록 생장이 불량해지는 것은 지형의 특성상 토양수분의 조건이 생장의 제한요인으로 작용하기 때문이다. 소나무는 건조하고 비옥도가 낮은 능선의 사면부나 침식이 발달된 임간나지 등에서도 잘 적응하여 생장할 수 있을 뿐만 아니라

산록이나 계곡부의 양분이나 수분조건이 양호하고 활엽수와 경쟁이 배제된 지역에서도 양호한 생장을 보이고 있다.

그러나 과습한 지역에서는 통기불량에 의한 뿌리의 호흡문제 때문에 생장상태가 불량하다. 소나무의 생장에 관여하는 입지환경인자는 토양형 > 지역 > 토색 > 경사위치 > 유효토심 > 견밀도 > 방위 > 경사도 > 지질 > 표고의 순으로 그 영향력을 나타내고 있다(마상규 1994). 흑색에 가까운 토양에서 생장이 양호하고 알카리성이나 중성토양보다는 pH 5.0~5.5 정도의 약산성토양에서 생장이 양호한 것으로 연구되고 있으나 어느 지역이든 적응력이 대단히 높다.

이와 같은 소나무의 일반적인 생장 환경조건에도 불구하고 지난 20년간 소나무의 보호관리와 치료시술의 현장에서 경험한 바에 의하면 소나무 생장에 절대적인 영향을 미치고 있는 인자로 ①뿌리 발달(특히 뿌리의 호흡작용) ②토양조건 ③수분 조건 등을 들 수 있다.

수목의 뿌리는 나무가 생장하는데 가장 중요한 역할을 담당하고 있다. 나무의 뿌리는 지상의 몸체를 유지하고 지탱하는 수직근과 수평근이 있으며, 수분과 양분을 흡수하는 세근이 있다. 세근은 지표 가까운 부위에 넓게 분포되어 양·수분을 흡수하고 이들을 지상부로 공급하는 작용을 하면서 호흡을 하게 된다. 소나무림의 경우 표토 20㎝부근에 90% 이상의 세근이 집중적으로 분포되어 있다.

수목의 뿌리는 특별한 수종의 경우를 제외하고는 일반적으로 공기 중에 노출되어 있지 않지만 토양 속에서 산소호흡을 한다. 수목의 생장에 절대적인 기능을 수행하고 있는 세근은 살아있는 유세포로 구성되어 있어 세포분열이 왕성하고, 무기염을 흡수하는데 ATP를 소모하기 때문에 호흡량이 많다.

수목은 잎, 피목, 줄기와 굵은 가지, 뿌리 등에서 호흡작용을 한다. 수목의 호흡량은 수종, 수령, 생장속도와 생리적 활력, 환경요인과 온도 등에 따라 차이가 있다. 전체 호흡량의 32~

50%가량이 잎에서 이루어지고, 뿌리에서는 8%가량으로 비교적 적게 이루어지고 있지만 소나무 뿌리의 경우에는 전체 호흡량의 25% 내외로 크게 작용한다.

따라서 소나무 뿌리의 생장 공간을 인간의 편의에 의해 복토하거나 콘크리트 등으로 피복하고 답압하게 되면 수분과 양분의 이동이 제한되고 토양으로 산소 유입이 차단되어 뿌리의 호흡작용이 마비되어 뿌리의 활동이 정지되거나 고사되므로 어떤 경우에도 이를 지양해야만 한다.

다만 현장의 특수한 환경으로 인하여 부득이한 경우에는 굵은 돌과 자갈을 부설하거나 굵은 입자의 마사나 모래가 혼합된 토양을 사용하여 통기를 원활하게 유지함으로써 뿌리호흡에 지장을 주지 않도록 조치해야 한다.

다음으로는 토성이 중요하다. 토성이란 토양 내의 점토, 미사, 모래의 상대적인 혼합비율을 의미한다. 우리나라의 산림토양은 대부분 경사진 곳에 자리잡고 있어 표토의 점토성분은 여름철의 집중호우로 유실되고 모래나 자갈이 남게 된다.

따라서 이러한 산림토양은 통기성이 좋고 배수가 양호한 반면, 보수력이 떨어져서 봄과 가을 건조기에 나무의 생장이 불량해지는 경우도 있지만 모래가 많고 무기영양소의 함량도 적기 때문에 영양소를 적게 요구하며 건조에도 강한 소나무가 생장하는데 적합한 토양이 된다.

산림토양은 수목의 뿌리가 뻗으면서 느슨해지는 효과가 있어 공극(空隙·빈통)이 많다. 즉, 산림토양의 공극율은 보통 40~60% 정도로써 통기성이 양호하다. 이와 같이 공극이 많은 산림토양에서는 뿌리 뻗음이 양호하고, 수분과 양분의 이동이 쉬우면서 유효산소를 내포하게 되어 뿌리발달에 가장 좋은 조건이 된다.

다음으로 중요한 인자는 수분조건이다. 소나무는 생리적으로 습한 조건보다는 건조한 조건에서 생장이 왕성하다. 그럼에도 불구하고 중요한 소나무일수록 관리를 철저히 한다는 명

활엽수의 침범으로 파괴되고 있는 소나무 숲

활엽수를 제거하여 생장공간을 확보한 소나무 숲

목 하에 급수를 과다하게 하여 생장을 오히려 악화시키는 경우가 흔하다. 산지에서 생장하고 있는 소나무에 대한 수분관리는 자연적 순환에 따르므로 인위적인 간섭이 요구되지 않지만 평지에서 자생하고 있는 소나무나 이식목의 경우에는 계획적인 수분관리가 필요하다.

전술한 바와 같이 소나무는 뿌리의 호흡량이 다른 어떤 수종보다 많을 뿐만 아니라 건조한 토양에서 적응력이 높아 세근의 발달·생성기능이 왕성하므로 소나무림 주변의 환경변화에 따른 적절한 배수관리가 무엇보다 중요하다.

2) 소나무의 관리방법

지표면을 덮고 있는 식생은 끊임없는 변화를 되풀이하여 현재의 상태에 이른 것이나. 이와 같이 어느 지역을 기준으로 시간이 경과되면서 방향성을 가지고 자연적으로 식생의 모습이 변하여 가는 현상을 천이(遷移, succession)라고 한다. 이러한 과정이 산림에서 일어날 때 이를 산림천이라고 한다.

즉 산림천이의 진행상황을 보면 1년생 초본 → 다년생 초본 → 관목단계 → 양수림과 중간수 단계 → 음수림단계로 진행된다. 이와 같은 산림생태계의 천이과정에서 볼 때 현재 소나무림은 활엽수림으로 이르는 최종단계 이전의 선구수종으로서 적극적인 간섭(체계적인 보호나관리)이 없으면 최종적으로 소멸된다고 할 수 있다.

우리나라 소나무림은 전체 산림의 40% 가량을 차지하고 있으나 여러 가지 요인으로 인하여 해마다 감소하고 있다. 이렇게 소나무림이 감소하고 있는 현상은 첫째, 화석연료에 의한 연료혁명으로 산림환경이 소나무생장에 불리하게 변화되었고 둘째, 송충이와 솔잎혹파리 등의 피해로 분포면적이 줄어들면서 장기적인 조림수종에서 배제되었으며 셋째, 일제강점기에 자원수탈 차원의 남벌에 따른 형질퇴화로 인한 경쟁력 상실에서 그 원인을 찾을 수가 있다.

그러나 소나무의 장기보전을 위하여 전국에 분포한 우량한 소나무 임지를 직접 조사하고 이에 따른 관리방안을 20년간 연구·시행하여 온 필자의 경험으로 견지해볼 때 소나무림이 쇠퇴하고 있는 수된 원인은 바로 활엽수의 침범이다.

소나무보다 생장이 빠르고 번식이 용이한 아까시나 참나무류 등의 활엽수에 의해 햇빛을 차단당하면서 피압되거나 생육공간을 빼앗기면서 양분의 흡착능력도 저하되어 생장경합에서 이겨내지 못해 소나무림은 감소되고 있다.

따라서 현재 40여% 밖에 남아 있지 않은 소나무림이나 소나무림이 되기 위한 후계목들은 임업적이고 계획적인 보호관리가 선행되지 않고 자연의 순리에 맡겨진다면 급속도로 축소되어 수십 년 이내로 시리질 수밖에 없는 과도기적인 위치에 서있는 것이 현실이다.

<소나무림 관리의 실제>

생태계란 생물과 생물, 생물과 무생물적 환경이 상호간에 영향을 주고받으면서 살아가는 그 지역 전체의 생물계와 환경체계를 일컫는 말이다. 산림생태계는 산림 내에서 위와 같은 생물적 요소가 체계적으로 이루어지면서 기능적으로는 생산자, 소비자, 분해자로 구분된다.

생산자는 햇빛과 이산화탄소와 물을 원료로 하여 광합성작용이라는 생산과정을 통하여 생산물을 생산하는 녹색식물 즉, 교목과 관목 및 지피식생을 말하고, 소비자란 생산자가 만들어낸 녹색식물을 소비하는 초식동물과 이를 이용하는 2차 소비자인 육식동물을 통틀어서 칭한다.

분해자는 2차 소비자의 배설물이나 사체에 들어 있는 유기물을 분해시키는 미생물을 말한다. 이와 같이 생산자와 소비자 그리고 분해자의 역할이 이상적으로 구성되어 조화를 이룰 때 이를 두고 건전한 산림생태계라고 할 수 있다.

산림지역에서 자라고 있는 소나무는 입지적인 환경여건이나 식생의 구성내용에 따라 자람의 형태를 달리하고 있다. 일반적으로 소나무 집단지역에서는 개체간의 경쟁이 일어나면서 고사목, 열세목 등의 도태목이 나오고 수관에서는 고사지, 쇠약지 및 적체지 등이 발생된다.

실제로 산림지역 내의 우량한 노령소나무는 주변 활엽수들에 의해 피압되어 수체의 생리적인 활력이 떨어지면서 내성이 저하되어 갑작스러운 환경변화나 경미한 병해충 발생에도 치명적인 피해를 받아 고사되는 경우가 흔하다. 여기에 칡덩굴과 만경류에 의해서 통기성이 불량해지는 것은 물론이고 태양광선이 차단되어 소나무의 광합성율이 저하되는 등의 무시 못할 피해를 입고 있다.

이와 같은 조건에 있는 소나무림을 위한 보호관리의 우선 순위는 소나무림을 침범해 들어오는 활엽수들을 제거하여 소나무가 생장할 수 있는 생장공간을 확보하여 주는 것이다. 그렇지 않으면 소나무보다 소나무 이외의 수목들이 더 빨리 더 크게 자라기 때문에 햇빛을 차단 당하여 극양수인 소나무의 광합성은 저하되어 점진적으로 활엽수에게 자리를 내어주다가 종국에는 소나무만 고사되는 일련의 과정을 거치게 되기 때문이다.

둘째로 수령이 증가함에 따라 어려서부터 유지해오던 개체간의 거리가 좁혀져 밀생되므로 과감한 간벌을 통하여 수관생장과 부피생장에 기여하도록 한다. 활엽수와의 경쟁뿐만 아니라 소나무끼리 햇빛과 양분의 경쟁이 벌어지게 되면 소나무의 생리적 특성상 절간생장이 우선 되어 수고만 높게 자라 지탱기능과 지지기능이 저하되고 자연재해를 이겨내거나 경미한 병해충을 견뎌낼 수 있는 자생력이 약화되기 때문이다.

셋째로 중요한 것은 각개체 간의 수관부에 발생된 쇠약지, 이병지, 적체지, 도장지 등을 제거하여 뿌리의 기능에 비례한(주변생장여건을 고려한) 지상부의 엽량을 조절함으로써 생리적 기능을 강화시키는 수형조절을 통한 수목생장의 균형된 생장유도이다.

수형조절이란 단순히 숲 가꾸기의 일환인 가지치기나 임업적인 측면에서 바라보는 자연낙지가 아니라 인간이 적극적으로 관여함으로써 자연생장에 일조하는 일련의 과정이다. 이는 자연에 맡기면 활엽수에 밀려 죽을 수밖에 없는 최고의 수종인 소나무를 기술적으로 보호 관리할 수 있는 임업인의 최우선 과제라 확신한다.

기준 본 수 이상으로 밀생되어 심하게 생장경쟁을 하고 있는 임분에 대하여는 적도의 간벌을 실시하여 소나무 생장환경을 개선시켜야 하고, 많은 사람의 잦은 왕래로 인하여 심하게 답압·경화된 도심지역의 공원이나 주요 등산로변의 소나무림에 대하여는 유기물과 석회를 처리하면서 경운하여 토양의 산도를 교정하고 시비효과를 높이면서 토양의 구조를 개선해 주어야 한다.

한편 특별히 보전해야 할 가치가 있는 우량 소나무림에 대하여는 식생천이의 과정에서 이입된 활엽수 등을 제거하는 식생정리를 시행하고 주변의 지장목과 장애목 또한 제거하여 소나무림의 생장환경을 개선해 주어야만 한다.

그러나 이와 같은 소나무림의 관리방법은 현재의 임분에 대한 관리방안일 뿐이다. 우리나라의 소나무는 온갖 시련을 겪으면서도 꿋꿋이 살아남아 전국 수백 수천 곳의 산자락과 골짜기에 보물처럼 숨겨져 있다.

한국 소나무를 대표하는 춘양목의 집단지인 울진 소광리의 적송림, 일제가 직파조림 했다는 대관령의 아름드리 소나무 순림, 서해안 지역에서 터줏대감으로 자리하고 있는 안면도 소나무림 외에 양백지방을 넘나들며 깊은 산자락에 감춰져 있는 소나무와 소나무림이 건재하고 있다. 그러나 우리를 안타깝게 하는 것은 이 모든 지역의 소나무림에 대를 이를 후손이 없다는 것이다.

소나무림에는 활엽수가 대거 침투하여 그 세력을 넓히고 있고, 지표면에는 분해가 느린 소나무 낙엽이 두껍게 퇴적되고 있어 비록 어미나무에서 종자가 떨어진다 하여도 씨앗이 발아하여 착근할 수가 없다. 또 다른 지역의 소나무림에서는 산죽이 분포되어 하종갱신이 불가능한 것은 물론이고 이들과 극심한 근계경쟁과 양분경쟁을 하고 있어 상층목인 소나무 생장에도 불리한 영향을 미치고 있다.

산림생태계가 활엽수로의 천이과정에 있고 연료혁명 등으로 소나무 생장에 부적합한 토양환경으로 변하고 있다는 사실도 간과할 수는 없지만, 그렇다고 방관만 할 수도 없는 일이다.

산림자원 조성의 기본 원칙은 적지적수(適地適樹)이다. 다른 말로는 지금 그 자리에 서 있는 나무가 그 땅의 주인이라는 뜻이다. 오랜 세월을 한 자리에서 생장하고 있는 어미나무에는 환경에 순응하면서 살아가는 최고급의 유전정보가 고스란히 담겨져 자손에게 대물림되는 것이다.

즉, 현재의 어미나무에 의한 천연하종갱신으로 후계림을 조성하자는 것이 적지적수의 대원칙에 부합된다는 것이다. 이렇게 본다면 이 땅에서 오랜 세월 동안 적응하며 살아온 소나무

만한 조림수종이 있을까 싶기도 하다.

'자연은 있는 그 자리에 있을 때 가장 아름답다'는 말이 있다. 우리가 늘 보면서 즐기고, 이용하고 있는 자연 속의 풀 한 포기, 나무 한 그루는 어느 날 갑자기 지금 그 자리에 있는 것이 아니다. 적어도 수십, 수백 년의 세월을 지나면서 살아남아 오늘에 이른 것이다.

인류문명이 발달하면서 산을 깎아 도로를 열고 바다를 막아 옥답을 만드는 정도의 역사는 그리 큰 사건이 될 수도 없는 시대에 우리는 살고 있다. 비록 내용이 다르고 규모는 작을지 몰라도 먼 옛날의 우리 조상들은 뛰어난 예지와 감각으로 자연을 변형시켜 이용하고 있는 사례는 우리의 주위에서 얼마든지 찾을 수 있다.

풍수지리적 결함을 보완하기 위하여 인공적으로 조성한 하동 송림을 비롯하여 신라 진성여왕 재위 시 함양태수 최치원이 조성한 함양 상림, 1,500년 전에 바다 바람막이로 조성하였다는 전남 고흥의 월정리 해안방풍림 등이 그 예라고 할 수 있다.

이외에 임금님 행차에 가지를 들어 당상관의 직첩을 받았다는 보은의 정이품송, 세계적으로도 유례를 찾을 수 없는 세금을 내는 예천의 석송령, 비구니들의 새벽 기도소리에 잠을 깨는 청도 운문사의 치진소나무, 단종대왕의 피맺힌 절규를 보고 들었다는 영월 청령포의 관음송, 죽은 승려의 혼이 소나무가 되어 산중턱 위에서 마을을 지켜주고 있다는 정선 화암리 소나무, 이름 없는 나무지만 산업화에 물들지 않아 유명한 소나무보다 건강하고 품격과 수형이 아름다운 평창 진부의 척천리 소나무, 다행히 길이 늦게 열려 인간의 손때가 덜 묻어 살아남을 수 있었던 금강형 소나무의 국가대표격인 강릉의 부연동 소나무등이 있다. 그리고 지면으로 다 나열할 수는 없지만 수천 수만여 주의 소나무들은 동구 밖 언덕배기나 마을 귀퉁이에서 민초들의 서러운 삶을 지켜보며 갖은 역사와 전설을 간직하고 있는 이 시대의 보물이자 살아 있는 역사의 증인들이다.

그러나 이들은 자연생태계와는 격리된 지역에서 긴 세월을 살아오는 동안 인간의 편이와 문명의 이기에 의해 생장에 있어 가장 중요한 요소인 지표가 덮이고 다져지면서 지치고 쇠약해져 있다.

산림이 아닌 지역에서 생장하고 있는 소나무 노령목들은 그 이름만큼이나 유명하여 많은 사람들이 찾게 된다. 이로 인하여 수목의 뿌리가 발달하여 있는 생장공간이 인간의 발자국에 의해 다져지고 굳어지면서 수분과 양분의 공급이 방해받아 왔고, 잦은 우기와 폭우로 지표가 깎아내려져 물이 흘러내려간 작은 도랑에 이미 목질화되어 노출된 뿌리를 안타깝게 여기어 다시 흙을 덮어 숨통을 막아왔으며 이로 인하여 물과 양분이 스며들지 못하는 치명적인 피해를 반복하여 받아왔다.

이 같은 행위는 나무를 보호하기 위한 정성의 발로지만 통기성과 호흡기능을 가장 많이 요구하는 소나무의 생리기능상 치명적인 피해를 가져와 수평근과 세근, 근모와 균근의 발생을 억제나 마비시켜 소나무 고사를 앞당겨 왔다.

자연생태계에서는 스스로 생산하고, 소비하고, 분해하는 유기적인 과정이 연속적으로 일어나면서 조장, 통제되는 활동이 유지되어야 한다.

공해가 극심한 도심지역의 수목이나 생태계와 격리되어 단목으로 생장하고 있는 수목에서는 이와 같은 자연생태계의 순환이 이뤄지지 않고 있기 때문에 수세가 쇠약하고 내성이 저하되어 있으므로 현실적인 방안으로 대책을 수립하여 체계적으로 보호관리를 시행하여야만 한다.

산림지역과 이외지역에 살아 남아 있는 소나무들의 장기보존을 위한 보호관리 방법과 치료시술기법을 소개하면 다음과 같다.

뿌리수술 및 토양개량

수목의 뿌리는 나무생장에 가장 중요한 기능을 하고 있는 수평근과 세근의 활동성 여하에 따라서 수세가 결정된다고 해도 과언이 아니다. 세근은 수분과 양분을 흡수하여 수체로 전달하며 호흡을 하여 에너지를 생산하게 된다.

생장강화를 위한 배양토처리 과정

나무가 생장하는 토양에는 공기가 유통하게 되는데 토양이 답압되어 뿌리가 경화되거나 콘크리트 또는 보도블럭 등으로 피복되었거나 복토되었을 경우에는 수분과 양료의 이동이 차단되고 통기가 불량하게 되면서 수평근의 발달을 저해시키고 세근의 활동을 마비시켜 수목을 쇠약하게 한다.

이 경우에는 콘크리트 등의 피복물은 제거하고, 복토된 흙은 원상태의 지반까지 걷어내며 답압·경화된 토양에는 배양토를 처리하여 지력을 증진시키고 토양환경을 개선시킨다. 기능이 마비되었거나 고사 또는 부패된 세근은 살아 있는 생조직 부위에서 절단하거나 환상박피하는 뿌리수술을 시행하여 새로운 다수의 세근 발달을 유도함으로써 뿌리 활력을 증진시켜 생장강화의 기틀을 마련해 주어야 한다. 뿌리수술은 고도의 전문성을 가진 기술자의 처방에 의해 신중하게 시행하여야 한다.

특히 소나무는 생리적인 특성상 비교적 척박한 산성토양에서도 잘 자라지만 지하수가 높거나 답압되어 있는 토양조건에서는 생장이 불리하다. 산림지역에서 격리되어 오랜 세월 동안 그 자리에서 생장하고 있는 노령의 소나무가 생장하고 있는 토양은 자연상태에서의 양료공급이 불가능하면서 지력이 크게 저하되어 있기 때문에 유기물이 풍부하게 함유된 배양토를 처리하여 지력을 증진시키고 토양의 구조를 입단화하여 생장환경을 개선하여야 한다. 실제로 서

균형된 생장을 유도하기 위한 수형조절 과정

울시의 남산 등 대도시의 주요 등산로 주변이나 극심한 공해 등으로 산성화된 토양에 대하여는 유기물과 석회를 사용하여 산도를 조절하면서 토양의 물리·화학적 성질을 개선하여 생장을 강화하는 예가 점차 늘어나고 있는 실정이다.

수형조절 (T/R율 조절)

수형조절은 수목의 생장에 불필요한 고사지, 쇠약지, 이병지, 적체지 등을 제거하므로써 과도한 엽량을 인위적으로 조절하여 지하부와 지상부 생장의 균형을 유지하고 수관의 통기를 조장하여 광합성 작용을 증진시키면서 수종 고유의 수형으로 유도하기 위하여 시행한다.

따라서 수목의 보호관리 시술에 있어서 반드시 시행해야만 하는 공종이다. 특히 지하부의 뿌리활동이 부진한데 비하여 상대적으로 엽량이 많거나 고사지를 포함한 적체지 등이 많이 발생하고 있는 수목에 대하여는 과감한 수형조절을 시행하여 생장강화를 조장하고 수목생장의 균형이 유지되도록 조치하여야 한다.

영양공급

수목생장 환경이 적합하게 개선되었다 하더라도 수목자체의 생리적인 활력이 저하되어 개선된 환경을 활용할 수 없다면 의미가 없게 된다. 특히 보존가치가 높은 오래된 소나무 경우에는 수목자체의 생리적인 활력이 떨어지기 때문에 이의 빠른 회복을 위하여 인위적인 영양공

급이 필요하게 된다.

수목의 활력증진을 위해서 처방하는 영양공급 방법으로는 영양제 수간주사, 양료의 토양처리, 필수원소의 엽면시비 등이 있는데 이들 방법은 수목의 피해상태, 치료시기, 수종, 토양 상태 등의 조건을 종합적으로 검토하여 처리하게 된다.

외과수술

수목의 치료시술 중에서 널리 알려진 공종이다. 이는 수목에 나무썩음병균이 침입하여 부패되고 공동이 발생되었거나 수피가 고사되는 피해를 입었을 때 이를 치료하는 공종이다. 국내에서는 1978년부터 시도된 이래 수목치료 시술의 대명사가 되었고 그 동안 많은 기술적인 발전이 있었다. 외과수술의 시술공정을 보면 부패부제거 → 살균처리 → 살충처리 → 방부처리 → 방수처리 → 공동충전 → 매트처리 → 인공수피처리 → 산화방지처리의 공정으로 시행한다. 외과수술은 부패부 제거 외 8개 공정으로 처리되고 있으나 이 공종에서 가장 중요한 것은 나무썩음병균에 의한 부패부의 진전방지와 공동을 충전함으로써 수체의 지지력 확보에 비중을 두어 시행하는 것이다. 특히 주의하여야 할 것은 매트처리 시 형성층이나 수피가 덮이도록 처리하면 유합조직이 형성되면서 공동충전 부위가 들뜨거나 갈라질 위험이 있기 때문에 특별한 주의를 기울여야 한다.

안전대책

지주설치는 태풍이나 폭설 등의 기상적 요인과 과중한 자체 무게에 의하여 수목의 굵은 가지가 부러지거나 찢어지는 현상을 방지하기 위하여 위험한 가지나 줄기를 역학적으로 받쳐주는 공종이다. 브레싱 설치는 줄기나 가지가 자체중량이나 외부의 물리적 압력에 의하여 피해받을 우려가 있을 때 이들이 힘의 균형을 이루어 피해를 받지않도록 예방하는 공종이다.

지주설치의 경우 지면을 이용하여 설치하기

솔잎 혹파리 수간주사

때문에 설치공간이 충분히 확보되어야 하는 제약이 따르지만 브레싱 설치는 수관내의 줄기와 가지 사이를 연결하는 공종이므로 공간적인 측면에서 보면 비교적 자유롭다. 그러나 브레싱 설치여부를 결정할 때는 수목의 재질과 비중, 줄기와 가지의 길이와 굵기, 힘의 균형지점, 지엽의 양, 기타 미관 등을 고려하여 신중하게 결정·시행하여야 한다.

・병해충 종합방제

일반적으로 수목의 병해충을 방제하는 방법으로는 기계적 방제법, 물리적 방제법, 화학적 방제법, 천적을 이용하는 생물학적 방제법, 수목 자체의 활력을 높이는 생리학적 방제법, 임분의 구성이나 시업방법을 달리하는 임업적 방제법 등이 있다. 현재 수목보호 업계에서 주로 사용하는 방법은 약제살포에 의한 화학적 방제법과 수목의 활력을 높여주는 생리학적 방제법에 의하고 있다.

생리학적 방제법은 수목의 치료시술 및 생장환경을 개선하므로서 수체의 활력을 회복하고 내성을 증진시키는 간접 방제법이다. 이에 반해 화학적 방제법은 가장 확실한 효과와 적기방제가 가능하다는 이점 때문에 많이 사용하고 있다. 이 모두는 수목의 자생력을 키워나갈 수 있는 대전제 하에서 시행되어야만 한다.

3. '소나무의 에이즈' 재선충을 막아야

자연 생태계는 새로운 종의 출현과 소멸, 성장과 쇠퇴 등을 반복적으로 거듭하면서 스스로를 조절하고 있다. 이러한 실례는 우리의 소나무 시련사에서도 잘 나타나고 있다. 솔나방이 창궐하여 온 나라의 솔밭이 검게 죽어가던 때에는 경화병균이 솔나방의 기세를 꺾었고, 솔잎혹파리로 절망스럽던 소나무림에는 먹좀벌이 그 밀도를 조절하였다. 그러나 여우를 피하면 호랑이를 만난다는 속담처럼 그 어려운 고비를 넘기고 나니 완벽한 치사율의 재선충이 소나무를 벼랑 끝으로 내몰고 있다.

1988년에 부산의 금정산에서 처음 발견된 소나무 재선충은 적극적인 방제활동으로 거의 소멸단계에 있었으나 항공방제=생태계 파괴라는 시민환경단체의 주장이 전국적인 방송으로 제기 되어 논란이 되면서 방제시기를 놓치는 바람에 1999년 360여ha였던 피해면적이 2000년에는 350% 이상 늘어난 1,700여ha로 확대되었고 올해에는 50%가 늘어난 2,600여ha로 급속하게 확대되고 있다.

잘 알려진 바와 같이 1905년 일본에서 처음 발생한 재선충은 일본의 동북지역 소나무림을 전멸시켰다고 하며, 1982년 난징시에서 처음 발생한 중국은 우리나라 전체 산림면적인 645만ha를 훨씬 상회하는 7백만ha의 마미송(馬尾松)과 해송림이 불과 20년 사이에 전멸되었다고 한다.

우리나라 산림에서 지금까지 발생되었던 어떠한 병이나 해충도 이를 치유하는 약품이 개발되거나 밀도를 조절하는 천적이 있었지만 재선충의 천적은 아직까지 발견되지 않고 있다. 한 세기 이전에 발생된 일본의 경우에도 천적을 발견했다는 보고는 없고 불완전한 치료약품이 개발되고 있을 뿐이다.

현재까지 개발된 방제법도 감염된 입목을 벌채하여 훈증하거나 소각하는 방법 외에는 별다른 대책이 없다는 것이다. 그 동안 재선충 방제

실무에 종사했던 관련 전문가들은 철저한 훈증과 항공방제에 의한 확산저지가 가장 효과적이었다고 하지만 환경운동과 관련된 시민단체들의 무책임한 문제제기로 방제 적기를 놓쳐 기하급수적으로 피해가 증가하고 있다니 안타까운 일이다.

이제 겨우 소나무에 대한 중요성을 인식하고 지역적으로는 장기적인 보전대책이 마련되고 있는 이 시점에서 우리 잘못으로 우리나무인 소나무를 전멸시킬 수는 없는 것이다. 하나를 알되 둘은 모르고 시류만 쫓아 흐르는 편향된 여론에 밀려 주춤거리고 있는 지금 이 시각에도 소나무 에이즈는 그 영역을 넓히며 천문학적인 피해를 입히고 있다.

아직까지는 일부지역에 국한되고 그 피해도 견딜 만하다는 안이한 대처는 돌이킬 수 없는 우를 범하게 될 것이다. 재선충이 가지고 있는 완벽한 치사율을 볼 때 정부차원의 적극적인 관심유도와 대국민 홍보활동에 주력하는 것은 물론이고 전 산림관련 조직과 인력을 총동원하여 명예를 걸고 재선충과 한판 승부를 벌려서라도 현시점에서 반드시 막아야만 한다. 한 때 산성국가로 불릴 만큼 산성이 많았고 '불의 나라'라고 불릴 만큼 연기가 많이 피워 올랐다. 그것이 밥을 짓기 위해서이건 숯을 '굽기 위해서이건 장작을 사용하는 문화가 발달되어 있었다. 현재 우리의 산성은 대부분 방치되어 우량소나무림 보전대책은 국책사업으로 시행되어야만 바람직하다.

소나무림 보전을 위한 정책마련

산림청 통계에 따르면 2001년 현재 우리나라의 침엽수림 면적은 전체산림 면적의 42%인 2,692천ha라고 한다. 1982년의 침엽수면적이 3,259천ha였으니 이보다 567천ha가 감소되었음을 알 수 있다. 이렇다면 매년 3만여ha의 침엽수림이 소멸되고 있는 것이다.

여기서 침엽수림의 면적은 소나무와 해송 및 잣나무가 포함되어 있는 수치이지만 해송과 잣나무는 소나무에 비해 양분경쟁이나 피압 등에 있어서 활엽수에 의해 밀려나거나 자리를 내어주는 경우가 적고, 뿌리의 발달이나 양분의 흡착능력, 나무끼리의 생존경쟁과 번식능력 또한 소나무보다 월등하므로 매년 3만여ha씩 줄어드는 침엽수는 대부분 소나무라고 할 수 있다. 또한 이와 같이 통계에 의존하지 않더라도 우리의 생활주변에서는 눈에 띄게 소나무림이 줄어들고 있음을 느끼고 있다.

백목지왕이며 만수지왕인 소나무는 그 이름만은 이렇듯 다른 그 어떤 수종에 비교할 수도 없이 존중되어 왔지만 그 어느 정치가나 학자가 소나무 보호관리의 필요성을 역설하고 이에 따른 실제적인 방법론을 제시했는지 다시금 우리 스스로를 뒤돌아볼 필요가 있다.

과연 우리는 이와 같이 복합적인 원인에 의해 매년 3만여ha씩 죽어가고 있는 소나무에 대해 지금까지 무엇을 하였고 또 앞으로 무엇을 계획하고 있는가? 타당성과 실효성에 의문이 제기되는 국책사업인 간척사업엔 6조원 이상을 투자하는 현실에서 바로 눈 앞의 수익이 없다는 이유만으로 민족수인 소나무가 사라져가는 현실을 안타깝게 지켜보고 있어야만 하는 것인가?

다행히 산림청에서는 1996년부터 사라져가는 우량소나무림 보전을 위한 대안을 입안하여 기초조사를 시작으로 2002년 현재까지 매년 200ha씩 소나무림 보전사업을 시행해오고 있음이 그나마 위안이 되고는 있으나 전체 소나무림의 1%에도 못미치는 적은 면적이라 아쉬움은 아직도 남아 있다.

또한 천연림으로 보존가치가 가장 높은 전국의 국립공원 구역 내의 우량 형질의 소나무들이나 문화재 보존지역 내에 자생하고 있는 집단 우량 소나무림들은 현재에도 방치되어 활엽수들에게 자리를 내어주고 사라져가며 보호의 손길을 애타게 기다리고 있음이 안타깝지만 관심 있는 지방자치단체에서는 자체적으로 소나무림 보전을 위해 수년 전부터 예산을 편성하여 보호관리사업을 시행하고 있음에 다소 위안을 삼아본다.

산림정책을 관장하고 있는 산림청과 국립공원을 관리하고 있는 환경부, 문화재 보호구역을 총괄하고 있는 문화재청과 일선 지방자치단체에서는 소나무림의 피해면적에 대한 체계적인 조사가 시급히 필요한 것은 사실이지만 현실적으로 단기간에 해결될 수 없기에 장기적인 계획하에 단계적으로 전국에 산재한 소나무들에 대한 보호관리사업을 국책사업으로 시행하여야만 할 것이다. 소나무림 보전사업은 시기를 놓치면 다른 수종으로 천이 되거나 고사되어 사라져 버리기에 늦추거나 미룰 수가 없다. 현재의 실질적인 피해상태를 체계적으로 조사하여 그 결과를 바탕으로 중장기적인 계획으로 대책을 수립하고, 이에 따른 보호관리사업을 조속히 시행하여 민족수를 지켜내야 만할 것이다.

5. 소나무림 앞에서

시골에서 초등학교를 다녔던 필자는 월동용 솔방울 따기가 아련한 추억으로 남아 있다. 뒷산의 소나무는 크지도 않았고 높지도 않은 채로 솔방울을 달아 코흘리개 개구쟁이들의 따스한 겨울을 지켜주었다.

소나무에는 우리들의 먹거리와 일용하는 용도가 솔방울만큼이나 많이 있다. 아지랑이 피는 봄날의 노란 꽃가루는 섬섬옥수 고운 손으로 다식을 빚어 고담준론의 다담상(茶啖床)에 올렸고, 햇볕 좋은 양지편 솔잎은 감로차가 되어 선승의 득도를 도왔으며, 맛갈내는 송편에도 빠질 수 없었다.

새봄에 길게 자란 줄기는 목마른 초동의 허기를 달랬으며 무절장재의 춘양목으로는 나라님의 대궐을 짓고, 속이 꽉차 누렇게 익은 황장목은 왕후장상의 관곽재로 쓰였다. 그것도 모자라서 죽은 뿌리에서는 사람의 명줄을 이어주는 복령(茯笭)이라는 귀한 약제를 만들고 살아 생전

의 고고한 절개는 호박(琥珀)이라는 사리(舍利)로 화신하여 우리의 삶을 보듬고 있다.

지금도 경상도 산골에서는 이장(移葬)을 하고 난 파묘(破墓)자리에 소나무를 심는 모습을 볼 수 있다. 파묘 자리에 소나무를 심는 것은 우리 삶을 소나무 삶과 동일시하는 마음의 발로가 아닌가 한다.

우리 민족은 농경문화에 뿌리를 두고 있다. 농경문화란 자연의 법칙에 의존하고 순응하면서 씨 뿌리고 거두는 삶의 방식에서 다듬어진 문화이다. 하루가 다르게 발전하는 현대문명에서 살고 있는 우리들이지만 우리 마음 한가운데 깊게 자리하고 있는 우리 문화의 모태를 잊을 수는 없다. 그 가운데는 언제나 우리 소나무가 태산처럼 자리하고 있기 때문이다.

그러나 이런저런 이유와 사연으로 우리 나무, 우리 민족의 나무인 소나무가 사라져 가고 있다. 자연은 후손에게서 빌려온 것이라고 한다. 아직은 온 산천이 소나무라고 느긋하게 여기다가는 멀지 않은 장래에 소나무는 소멸될 것이고 자손들은 박물관에서나 소나무를 배워야 할 지도 모르는 일이다.

이러한 우리의 소나무를 위하여 학자는 연구실에서, 정부는 정책으로, 현업에 종사하는 자는 현장에서, 모든 이들이 소나무를 지키고 가꾸겠다는 한마음으로 매진할 때 우리의 소나무는 영원히 우리와 함께 할 것이다.

참고문헌
산림청, 2000, 「산림과 임업기술」
산림청 임업시험장, 1985, 「솔잎혹파리 연구백서」 p144-158
이희봉, 1998, 노거수의 보호실태와 치료방법에 관한 연구 p29-46
이경준, 1995, 「수목생리학」 p29-33, 서울대학교 출판부
이영노, 1986, 한국의 송백류, 이화여대 출판부
이원규 외, 1986, 소나무, 곰솔 천연치수림의

제벌지 타시비시험 〈임업연보〉 33

이천용, 1992, 「산림환경토양학」, 보성
　　문화사

임경빈, 1995, 「소나무」, 대원사

임업연구원, 1999, 「소나무,소나무림.」
　　p21-25

임업연구원, 1996-2001, 산림병해충발생 예
　　찰조사연보

전영우, 1997, 「산림문화론」 국민대학교 출
　　판부

전영우편, 1993, 「소나무와 우리문화」, 숲과
　　문화 연구회, 수문출판사

조재명 외, 1975, 소나무속 재질에 관한 연
　　구, 임업연구원 연구보고 22

한국임정연구회, 1991, 임정연구 20년사,
　　p192. 동양문화인쇄

한국임정연구회, 2001, 제2회 울진소나무림
　　보전을 위한 국제 심포지엄

이희봉은 고려대학교 산림자원학과 박사과정 수료. 문화재청 식물보호기술자와 산림청 수목보호기술자 자격 취득, 서울시 공무원교육원과 산림청 임업연구원에서 소나무의 관리기법에 대한 강의를 전담하고 있다. 소나무 보호 관리방법을 연구하기 위하여 18년간 소나무 시험포를 운영해오고 있으며, 지금까지 보은의 정이품송, 정선의 화암리 소나무, 서울 남산의 소나무 등 국내 유수의 소나무들과 우량소나무림 등 수십 여 만 주의 소나무를 보호시술하였다.

나의 산과 숲

박 이 문

산과 숲은 곧 자연의 전부가 아니라 일부에 불과하다. 하지만 '자연'하면 산과 숲이 우선 머리에 떠오른다. 산과 숲이 지구 형성의 역동적 시초의 흔적과 다양한 원초적 생명체들 삶의 살아 있는 모습을 보여주기 때문이다. 감동은 우리가 어떤 대상이나 상황을 접했을 때 그것들이 우리 마음을 끌어당겨 한 순간에 정서적으로 우리 가슴을 흔들어 놓는 경험을 뜻한다. 산과 숲은 상상만으로도 나에게 미적 감동을 불러일으킨다. 산과 숲에서 이러한 감동을 느끼는 이는 나만이 아닐 것이다.

나는 지자와 인자가 동시에 되고 싶었지만 둘 중 하나를 우선적으로 선택해야만 한다면 인자에 앞서 지자가 되고 싶었다. 그러나 공자는 논어에서 "지자요수, 인자요산(知者樂水, 仁者樂山) 즉 지자는 물을 좋아하고 인자는 산을 좋아한다"고 말한다. 내 자신의 마음을 가만히 늘여다 볼 때 나는 바다보다는 산을 더 좋아한다. 그렇다면 나는 소망과는 달리 지자보다는 인자, 플라톤보다는 부처, 학자보다는 훈육선생의 소질이 많은 것이다.

그러나 나는 아직도 인자보다는 먼저 지자가 되고 싶고, 그래도 바다보다는 산을 더 좋아한다. 큰 산이나 짙은 숲이 없는 서해안이 가까운 벽촌에서 태어나 자랐던 내가 이순이 넘어 오랜 외국생활을 접고 고국의 동해안 포항에 돌아와서 10년 가까운 동안에 즐겁게 보낼 수 있었던 중요한 이유의 하나가 그 지방의 높은 산들과 울창한 숲과 무관하지 않았다고 확신한다. 나는

미국 동부에서 살았던 때와 마찬가지로 경북에 살던 시절에도 수많은 산골짜기를 지나가거나 멀리서 바라보면서 그런 곳에 묻혀 살았으면 하는 생각을 수없이 해 보곤 했다. 나는 등산가는 아니지만 어디에서 살고 있든 내 마음은 언제나 산을 쳐다보거나 올라가고 숲 속을 걸어다니곤 한다. 파리에서 제네바 행 기차를 타고 프랑스와 스위스 국경을 이루는 높은 알프스산맥을 바로 코앞에서 보면서, 그리고 기차를 타고 독일에서 비엔나 역에 가까이 가면서 창 밖으로 푸르고 높은 산을 보면서 내가 깊은 미학적 감동을 받은 것은 우연이 아니다.

산은 무엇이기에 나를 끌어들이고 숲은 무엇이기에 나를 매료시키는가? 지구상에는 높고 낮은 산들이 많고, 산들 가운데는 중동이나 아프리카의 사막지대에서 볼 수 있듯이 실제로 나무 한 포기 없는 벌거벗은 산들도 많지만 나무 그리고 숲이 없는 산은 개념적으로 모순되게 여겨질 만큼 그 중 하나를 떼고서는 다른 하나를 상상하기 어렵다.

산은 곧 깊은 숲이며, 숲은 한 그루 또 한 그루 나무와 떼어 생각할 수 없다. 산은 높아서 당당하고 도도하며, 산의 숲은 짙어서 깊고, 숲을 이룬 나무들은 살아 있으면서도 조용하고 푸근하다. 우선 산과 숲에서는 모든 것이 푸르러 풍요하고, 공기가 맑아 기분이 상쾌하다. 나날이 팽창하고, 하루가 다르게 먼지로 공기가 탁해지는 도시에 있다가 산에 올라가고 숲 속으로 들어가면 더 그렇다. 산과 숲은 맑은 공기를 제공

해 줌으로써 우리가 생물학적으로 마음껏 숨쉴 수 있게 해 준다. 삼림은 끊임없이 산소를 제조해 냄으로써 문명에 오염된 공기를 정화해 준다.

삼림은 지구의 허파이다. 높은 산에 올라 시원한 바람을 맞으며 신선한 공기를 맞으면 육체에 생기가 돋고 마음의 자유를 느낄 수 있다. 푸르고 짙은 숲 속 그늘의 잔디에 몸을 뉘어 육체의 피로를 풀고 흠뻑 쉬고 싶다. 산은 정신적 자유의 광장이며, 숲은 육체적 휴식의 마당이다. 그래서 산림은 행복의 둥지이다.

바다가 활동적이라면 산은 명상적이다. 바다에서 삶의 활력을 경험한다면 산과 숲에서는 깊은 사색에 빠지게 된다. 숲 속 오솔길을 거닐면 철학적 명상에 들어가지 않을 수 없다. 산에 올라가거나 숲 속을 거닐면 누구나 철학자가 되며 그러기에 하이데거는 자신의 만년의 철학적 사색을 「사색의 길」이라는 제목으로 묶었다. 이런 점에서 숲은 본질적으로 종교적이며 철학적이다.

그러기에 산과 숲은 보면 볼수록 그리고 알면 알수록 엄숙하고 장엄하며 신비스러운 동시에 성스럽다. 불교가 다른 종교와 비교해서 명상적이고 사색적인 침묵의 종교라는 것을 환기할 때 국내 대부분의 중요한 사찰들이 예외 없이 경치가 뛰어난 높은 산기슭, 깊은 산골짜기의 숲 속에 자리잡고 있는 사실은 아주 당연하다.

산과 숲이 우리 마음을 매료하는 가장 원초적 이유는 그것들이 생명을 상징하며 생명 자체라는 사실에서 찾을 수 있다. 산과 숲은 원초적 여러 생명체들이 잉태되고 탄생하는 생명의 보금자리이다. 거기에는 이름을 알 수 없거나 숫제 이름도 없는 수많은 풀들이 솟아나고 수많은 종류의 나무들이 경쟁적으로 가지와 줄기를 뻗치고, 수많은 신기한 버러지들이 우글거리며 산다.

꿩, 뻐꾸기, 부엉이 등 수많은 모습의 산새들이 노래를 부르며 한 나뭇가지에서 다른 나뭇가지로 옮겨 날아다니고 다람쥐, 토끼, 여우, 산돼지들이 살아 움직이는 생명의 공간이다. 생명보다 더 신비스럽고, 황홀하고, 귀중한 가치는 없다. 인간의 마음이 표면적으로는 분명하게 드러나는 이유도 없이 산과 숲에 끌리게 되는 것이 아주 자연스럽다는 것을 쉽게 이해할 수 있다.

겉으로 얼른 보아서는 조용하고 잠잠하지만 산과 숲은 나뭇잎과 가지 사이로 들어오는 햇빛을 받으며 만 가지 풀, 나무, 벌레, 산새, 동물들이 서로 먹고 먹히는 하나의 생태계적 고리로 얽혀서 생명이 이어지다가는 끊기고, 끊겼는가 하면 다시 이어져 가는 삶과 죽음이 부글부글 끓는 뜨거운 도가니이다. 산과 숲의 원초적이면서도 보편적 매료는 그것들이 수없이 다양한 역동적 생명체들의 원천인 동시에 표현이기 때문이다.

산과 숲에서 우리는 생명의 신비에 황홀해지고, 놀라운 다양성에서 아름다움을 느끼며 문명으로 건조해져 가는 우리의 삶이 그 동안 시들고 상실되어 왔던 원초적 생명력과 접하면서 새삼 삶의 활력을 얻는다.

그렇지만 산과 숲은 인간을 위협하는 공포의 대상인 동시에 인간의 생존과 복지를 위해 정복하고 개발해야 할 존재이기도 하다. 그 곳에 서식하는 동물들이 인간의 거처를 훼손하거나, 생명을 끊임없이 위협해 왔다. 야생 생태에서는 수많은 벌레들이 끊임없이 인간에게 질병을 불러 일으키고, 야수들은 기회만 있으면 인간을 덮치려고 했다.

그러나 산과 숲은 또한 귀중한 삶의 자원인 동시에 공간이었다. 그것은 인간의 생존을 항상 위협하기도 했지만 식량의 원천으로서의 풀잎, 나무열매, 나무뿌리나 수많은 산짐승들을 인간에게 제공해 주었다. 그것은 농경사회가 정착되면서 풍부한 곡식의 무한한 제공자로서의 농토로 변하고, 산업사회가 시작되면서부터 수많은 공산품의 재료를 제공해 주는 자원으로 변모하면서 끝없는 개발의 대상으로 바뀌어야 하는 운명에 처하게 되었다.

그러나 이러한 자연과 인간의 관계는 지난 수십 전까지는 그 아무도 눈을 가릴 수 없게 180도로 역전되어 궁극적으로는 인류의 생존까지를 위협하는 인류의 관점에서 본 환경 위기와 아울러 지구상 모든 생명체의 죽음을 위협하는 생태계 파괴 문제를 초래하기에 이르렀다. 지구 온난화, 그에 따른 지구적 기후와 지구적 지형 변화 그리고 환경 호르몬 등을 포함하는 수많은 유독성 및 새로운 병의 발생, 인구 폭발, 폭발적 소비 증가, 지구 자원의 고갈, 공기와 물의 오염 등이 지구와 생태계의 번영과 지속적인 성장은 고사하고 파멸의 언덕과 나락의 골짜기로 몰아치고 있는 구체적인 징조로 의식되게 되었다.

머지 않아 우리는 죽음을 몰고 오는 독이 들지 않은 물을 마실 수 없게 되고 숨도 쉴 수 없을 만큼 악화된 공기를 마셔야만 할 지도 모르는 현실이 눈 앞에 보이게 되었다. 그런데 산이야말로 오염된 공기를 맑게 정화해 주는 지구의 허파이며, 숲이야말로 오염된 물을 깨끗이 정화해 주는 지구 심장의 정수기이다. 산과 숲이 귀중한 것은 그것의 미학적, 철학적, 종교적 차원을 훨씬 앞서 생물학적, 실질적 가치 때문이다.

높은 산이나 푸른 숲은 오로지 미학적, 도덕적 및 도구적 관점에서만 보더라도 충분한 가치가 있다. 그것들은 미학적으로 조화롭고 아름다우며, 도덕적으로 숭고하고, 우아하고, 도구적으로 여러 모에서 유용하다. 그러나 그것들의 더 근본적인 의미와 가치는 단순히 관조적 감상이나 관념적 사유나 도구적 용도성에 있지 않다. 그것들은 주말에 즐길 수 있는 등산 코스이거나, 꼭 없어도 그만일 수도 있고, 우리의 뜻대로 함부로 다룰 수 있는 단순한 도구가 아니다.

숲과 산으로 대변될 수 있는 자연을 지금부터라도 새로운 관점에서 바라볼 수 있어야 한다. "과학은 예술의 렌즈, 예술은 삶의 렌즈로 이해해야 한다"는 니체의 말은 옳다. 자연은 궁극적으로 과학은 물론 예술도 아닌 삶이라는 렌즈로 봐야 하고, 산과 숲의 의미와 중요성도 삶이란 관점에서 이해되어야 한다.

산이 많고 숲이 짙은 땅에서 태어나 자라고 살다가 죽을 수 있다는 것은 큰 축복이다. 실질적 관점을 떠나 정서적 측면에서도 마찬가지이다. 홍해의 수에즈 운하를 통과하면서 바라보이는 사우디아라비아 쪽의 붉은 흙의 벌거벗은 산맥들, 아프리카 쪽에 한없이 퍼져 있는 땡볕에 말라붙은 모래언덕들의 황량함, 아프가니스탄 전쟁 뉴스로 비추어진 발칸 지방의 험준하지만 삭막한 산, 이집트 카이로 교외의 붉은 색 피라미드들 만이 우뚝 서 있는 메마른 사막, 방대하지만 산과 숲으로 이루어진 그늘이 없는 몽고의 초원 등을 머리 속에 상상만 하더라도 산과 숲이 정서적으로 얼마나 귀중한가는 쉽게 알 수 있다.

산과 숲도 없는 지방, 산이 있더라도 벌거벗은 붉은 산이나 회색 빛 돌산만 있는 땅, 숲이 있더라도 펀펀하기만 한 나라에 태어나서 그 곳에서 평생 살아야만 한다는 운명에서 자유스러울 수 있다면 그것은 분명히 크나큰 행운이다.

가령 사우디아라비아나 아프가니스탄, 이디오피아나 이집트, 티베트나 몽고와 같은 나라가 아니라 한국에 태어나서 한국에서 살다 한국에서 죽을 수 있다는 것은 큰 축복임에 틀림없다. 한국보다 더 많은 산들이 솟아 있는 나라들이 있고, 한국의 산들보다 훨씬 장엄하고, 푸르고 아름다운 산들이 다른 여러 나라에 있다.

하지만 다른 많은 나라에 비해서 한국은 유난히 산이 많고, 푸르며, 다른 여러 나라의 산과 숲에 비해서 덜 높고, 덜 크고, 덜 울창하고, 덜 아름답지만은 어쩌면 그래서 더 아기자기하고, 더 따뜻하다. 한국전쟁과 그 뒤따른 가난 때문에 숲을 마구잡이로 황폐하게 만들 수밖에 없었던 빈곤한 세대를 살아 온 한국인들이 이만큼 다시 숲을 이룬 지혜와 피나는 노력에 경의와 감사하는 마음을 갖게 된다.

한국의 아름다운 산들은 더 잘 지켜지고 관리 및 보호를 해야 하며, 숲이 더 푸르고 더 무성하도록 더 잘 가꾸어 나가야 한다. 한국만이 아니라 지구의 모든 산들과 숲들의 경우도 마찬가지다. 지난 20년 환경 문제에 대한 인식이 국내적으로만이 아니라 지구적으로 확산되면서 우리나라에도 수많은 환경운동집단들이 생긴 것은 다행한 일이다.

환경 문제는 가까운 곳에서는 쓰레기 처리의 문제에서 시작되어, 청정 공기와 물을 확보하는 문제 등을 거쳐서 동물, 생태계 보호 등의 명목으로 산이나 숲과 같은 자연에 대한 윤리적 배려와 보호의 문제로까지 확대되고 있다. 이런 시점에서 환경에 대한 문제의식은 인간 중심적 세계관에서 자연 중심적 세계관으로의 전환이 이미 전제되어 있다. 그렇다. 자연의 일부로서의 산이나 숲, 야생 초목과 야생 동물들은 인간을 위한 도구로서 존재하지 않으며, 인간은 어떤 점에서 보더라도 자연의 주인으로서 자연을 자신의 소유물로 무모하게 개발하고 약탈할 권리를 갖고 있지 않다.

하지만 빈약한 우리의 환경의식은 빈약한 허점을 드러낸다. 이러한 사실은 가령 우리나라의 교수들 가운데도 볼 수 있는 골프 붐 현상으로 쉽게 알 수 있고, 그러한 유행에 부응해서 산을 마구 깎아 뭉개고, 숲의 나무들을 잘라 내서 골프장을 만들기에 바쁘고, 그러한 골프장에 생태적으로 극히 해로운 농약을 아무렇지도 않게 대량으로 사용하는 기업가들에서도 입증된다. 이러한 반 환경적, 반 생태학적 행동은 도덕적으로 그릇됐으며, 경제적으로 유해하고, 사회적으로 타당치 않으며, 미학적으로도 추하다.

그렇다. 보다 근본적인 환경 인식이 촉구되며, 철학적, 과학적 차원에서의 세계관이 요구되고, 정서적, 미학적 차원에서의 감성의 혁명과 고양이 필요하다. 다시 한 번 산으로 높이 올라가 눈 앞에 전개되는 지구의 피부를 바라보면서, 그것의 종교적, 철학적, 윤리적 및 미학적 가치를 인식하면서, 다시 한 번 숲을 바라보고, 그 속을 거닐면서 그 곳에서 얻게 되는 경험을 만끽하고, 그것이 지니는 일종의 종교적, 철학적, 윤리적 및 미학적 의미를 생각해 보자.

박이문은 서울대 불문과를 졸업, 동대학원에서 석사학위를 취득했고, 프랑스 소르본 대학에서 불문학 박사학위를, 미국의 남가주 대학에서 철학박사 학위를 취득했다. 이화여대 불문과 교수, 시몬스 대학 철학과 교수, 마인츠 대학 객원교수 등을 역임했고, 2000년 2월에 포항공대 교양학부 교수직을 정년 퇴임했다. 현재 시몬스 대학 명예교수로 재직하고 있다. 주요 저서는 「문학과 철학」, 「문명의 위기와 문명의 전환」, 「철학의 여백」 외 다수이며, 「나비의 꿈」, 「보이지 않는 것의 그리자」, 「울림의 공백」 등의 시집이 있다.

동양사상으로 본 산

장 동 순

장 동 순

서 론

동양 자연사상의 핵심이라 할 수 있는 음양오행 이론은 辨證法的인 對立性質로 지칭되는 음양이론과 五行에 관계된 이론으로 구분할 수 있다. 오행 이론은 크게 3가지로 대분된다. 첫째, 목 화 토 금 수 오행의 물리적 속성이며 이러한 오행의 과학적 정의는 순환시스템에서 'cyclic process property'로 정의할 수 있다. 둘째, 사물에 대한 오행 분류로서 인체와 자연의 다양한 현상과 사물을 다섯 가지 오행으로 분류하는 것이다. 세 번째는 오행의 相生相剋에 의한 二重 循環 체계 이론이다.

이 중에서 순환하는 시스템에 대한 과정 속성으로 정의한 오행에 대한 과학적 定義는 음양오행이론의 제일 核心 이론으로서 이 정의에 기초하여 체질분류, 맥진, 오행분류, 상생상극 등의 다양한 이론 전개와 일반화가 이루어진다고 할 수 있다.

오행의 상생상극의 순환체계만 하더라도 다른 시스템에서 볼 수 없는 여러 가지 獨創的인 특성이 나타나고 있다. 구체적인 예를 들면 오행의 순환성, 상생상극 대칭성, 다섯 가지 오행의 직접 相互 작용, 최소원소체계, 오행미분방정식의 解에 대한 시간 位相差, 상생상극 순환체계에서 음양 이중 되먹임, 오행순환의 확대, 축소의 반복성과 유기적인 全一性, 오행시스템의 成長比로서의 黃金分割, 相生 방향의 一方性, 勝復法의 원리 등을 들 수 있다. 위에서 언급한 많은 이론에 대하여서는 다른 문헌에서 언급한바 있으므로 여기서는 구체적인 기술을 하지 않기로 한다(장동순,1999,2001).

음양오행 분류에 대한 간단한 예를 <표1>로 나타내었다. 본 논문에서는 이러한 오행의 과학적 이론에 기초하여 음양오행이론에 기초한 산과 나무 그리고 양택풍수 및 절기와 생태계에 관계된 이야기를 하기로 한다.

본 론

1. 절기

산과 나무 등에 대한 이야기를 전개하기 전에 절기의 변화를 간단히 기술하기로 한다. 계절과 같은 절기나 운기의 변화에 따라서 지상에 있는 농시물은 그 기운의 변화에 따라 변화한다. 예를 들어서 금년과 같은 壬午年에는 첫 번째로 천간에 있는 壬의 기운에 의하여 전체적인 기운은 丁壬合木의 목과 해가 되어서 목의 기운이 천지에 충만하게 된다.

이것이 의미하는 바는 금년에는 음양오행의 분류 중에서 목에 해당하는 기운이 강성하여짐을 의미한다. 구체적으로 언급하면 금년에는 동물로는 목에 해당하는 개나 닭의 사육이 잘된다. 죽 개가 새끼를 평년에 비하여 두 배 정도 많이 출산을 한다. 그리고 곡식으로는 참깨나 들깨와 같은 간을 좋게 하는 목기의 곡식 작황이 좋다고 할 수 있다.

구태여 작황에 따른 통계에 의존하지 않더라

		Wood(목)	Fire(화)	Earth(토)	Metal(금)	Water(수)
1	오행					
2	성질	부드럽고 따듯하다	뜨겁고 확산한다	끈끈하게 뭉친다	표면에서 긴장을 하며 결정을 이룬다	차고 연하고 미끄럽다.
3	얼굴형					
4	오장육부	간(-) 담(+)	심장(-) 소장(+)	비장(-) 위장(+)	폐(-) 대장(+)	신장(-) 방광(+)
5	동물					
6	곡식	팔	수수	기장	현미	검은 콩
7	나무	소나무	오동	버들	백양	측백
	산	목산	화산	토산	금산	수산

<표1> 음양오행 분류 요약

도 금년에는 비록 날이 가물더라도 오행 중에서 목으로 분류되는 식물의 성장이 특히 좋으며 일반적으로 모든 식물들의 성장속도가 평년에 비하여 좋음을 알 수 있다.

그러나 금년은 지상에는 午火의 더운 기운이 돌고 하늘에는 壬水의 찬 기운이 돌기 때문에 더운 기운이 습기를 동반하여 하늘로 상승하는데 적합한 단열팽창 변화에 가까운 수직 방향의 온도 분포를 가진다. 그러므로 금년에는 덥기는 하나 아주 가물지는 않는 것이다.

이러한 것을 보다 잘 이해하기 위하여서는 甲乙丙丁戊己庚辛壬癸의 十干과 子丑寅卯辰巳午未申酉戌亥의 12地支로 이루어지는 甲子 乙丑 丙寅 丁卯 戊辰 己巳……로 나타나는 六十甲子에 대한 이야기를 우선 언급할 필요가 있다. 그러나 본 고에서는 이에 대한 자세한 언급을 하기보다는 자축인묘진사오미신유술해로 표시되는 12지지의 12달의 특성을 파악함으로써 절기가 나무나 인간에 미치는 영향에 대한 일단을 파악하는 계기로 삼기로 한다.

사주명리나 운기학에서 지지에 숨어 있는 지장간이 가지는 물리적 의미에 대한 중요성은 새삼 언급할 필요가 없을 것이다. 初期 또는 餘氣, 中期, 正氣로 되어 있는 지장간의 구성 성분을 살펴보면 지장간의 첫 번째 기운은 지난달의 남은 기운이 餘氣로 이어져 내려온다. 두 번째 기운인 중기는 그 지지와 3합을 이루는 기운으로 되어 있다. 그리고 마지막 정기는 각 월에 해당되는 음양오행의 본래 정식 기운에 맞추어져 있다.

구체적으로 언급하면 우선 정월인 寅月에는 지장간이 寅(戊丙甲)으로 이루어져 있다. 초기인 戊는 지난달 丑月의 정기인 丑(癸辛己)의 己土에서 음토인 기토가 寅月의 陽의 기운에 맞추어 무토로 된 것이다. 인월의 첫 번째 시작인 무토 餘氣는 입춘을 맞아 겨울 수기의 아래로 가라앉는 기운에서 봄의 목기의 상승하려는 기운으로 방향전환을 돕는 힘을 상징한다.

그래서 입춘이 시작되는 날을 기준으로 하여 정확하게 땅속 구멍에 묻어둔 재가 하늘로 날아오르며 상승하는 힘을 가지게 되는 것이 이 무토에 의한 변환의 힘이라고 생각한다. 두 번째 변화는 一月인 寅月에 필요한 목기의 생성을 강화하기 위하여 木氣의 다음 번 오행인 火의 기운을 미리 생성시키는 것이다. 이렇게 함으로써

시작하는 巳月의 중기에는 가을 金의 기운이, 그리고 가을이 시작하는 申月에는 겨울 수의 기운이 각각 내재하여 있는 것이다.

그래서 봄이 시작하는 寅月에는 화의 변화 기운에 의하여 봄기운이 강렬하게 시작되는 듯이 보이며 여름에는 가을의 기운이 겨울에는 봄의 기운이 잠깐 출현하는 듯이 보이는 것이 아닌가 하는 생각이 든다. 이러한 이론을 확대하여 응용하면 寅巳申亥의 4글자에는 변화를 先導하여야 하는 강한 氣運이 내포되어 있다고 유추하여 볼 수 있다.

그러므로 인신사해를 4맹이라고 하며 사주팔자에 이러한 인신사해의 기운이 많이 들어 있는 사람은 강력한 변화를 동반하는 삶을 꾸려 갈 가능성이 크다고 할 수 있다. 이러한 영향은 사람뿐만 아니라 나무에게도 유사하게 영향을 미친다고 보는 것이 자연스럽다고 할 것이다.

각 계절의 가운데 달인 卯月, 午月, 酉月, 子月의 중기는 午月을 제외하고는 각각 그 계절의 정통기운에 해당하는 오행의 기운으로 이루어져 있다. 午月(병기정)의 경우에는 중기가 화 대신에 기토로 이루어져 있다. 이것은 인오술 화국의 3합의 관점에서 보면 기토가 되어서는 아니

12 지지	寅月 戊7일 병7일 갑16일	卯月 갑10일 을20일	辰月 을9일 계3일 무18일	巳月 무7일 경7일 병16일	午月 병10일 기10일 정10일	未月 징 9일 을 3일 기18일	申月 무 7일 임 6일 경17일	酉月 경10일 신20일	戌月 신 9일 정 3일 무18일	亥月 무 7일 갑 5일 인18일	子月 임10일 계20일	丑月 계 9일 신 3일 기18일
절기	立春	驚蟄	淸明	立夏	芒種	小暑	立秋	白露	寒露	立冬	大雪	小寒
	雨愁	春分	穀雨	小滿	夏至	大暑	處暑	秋分	霜降	小雪	冬至	大寒

목기의 출현을 보다 자연스럽게 이루어지게 하려는 자연의 섭리라고 생각한다.

이렇게 각 봄(寅月, 1월) 여름(巳月, 4월) 가을(申月, 7월) 겨울(亥月, 10월)의 계절이 시작하는 첫 번째 달에는 앞으로 다가올 오행의 성질을 가진 강한 기운이 지장간의 中氣로 배치되어 있는 것이다. 이것은 봄 여름 가을 겨울의 4계절에 대하여 공통적으로 배치되어 있다. 구체적으로 인월의 중기에는 火의 기운이, 여름이

되며 그대로 화의 기운으로 남아 있는 것이 타당하여 보인다.

그러나 오행의 관점에서는 화의 기운이 치성하면 화생토를 하여 토의 기운이 나타나야 한다. 4계절 12지지 체계에서는 오행의 토는 6월의 미토가 그 역할을 대신하고 있음을 감안한다면 여기서 화의 경우 오월에 중기가 미토가 됨은 오히려 一理가 있어 보인다.

아무튼지 子午卯酉의 4글자는 계절의 중앙에

위치하여 있는 순수한 기운임을 알 수 있다. 이것은 풍수에서도 자오묘유의 4 正方位와 건곤간손의 4維로 이루어진 팔괘방위가 가장 기가 왕성한 主 位置라는 것과도 일맥상통하는 것이다.

끝으로 각 계절의 마지막 달인 辰未戌丑 월에는 中期가 오히려 그 전 계절의 기운으로 이루어져 있다. 봄이 끝나 여름이 시작하려는 진월에는 오히려 겨울의 찬 기운인 계수가 있다. 그러기에 지장간의 배치가 단순히 그 달에 기후를 의미한다고 가정한다면 진월에 강력하게 꽃샘추위가 나타날 수 있는 것이다.

이런 식으로 여름의 말기인 未月에는 봄을 뜻하는 을목이 존재하여 봄의 기후를 나타나게 하며, 가을의 끝 무렵 戌月에는 뜨거운 여름의 정화가 나타나고, 겨울 축월에는 가을 신금의 건조한 기운이 분포하여 있는 것이다. 섣달 12월에 메마른 辛金의 기운이 나타나 소한이나 대한의 추위를 더욱 춥게 느끼게 할 수도 있을 것이다.

지장간의 위와 같은 배치에 따라서 위에서 언급한 바와 같이 절기 변화의 일단을 유추하여 볼 수도 있다. 그러나 이러한 지장간의 구성이 전체적인 12지지의 순환 시스템에서 강약의 조화를 이루도록 절묘하게 배치되어 있다는 점에서 시스템 이론 차원에서 감탄할 만한 것이다.

첨단과학 이론에서도 어떤 순환하는 시스템의 제어 이론을 이런 식으로 구성한다면 완벽하여 보이지 않을까 생각한다. 이는 목화토금수 오행순환이 상생과 상극의 이중 제어 시스템으로 되어 있는 것과는 다르지만은 그러한 개념이 국부적으로 응용된 좋은 순환 이론이라고 생각되는 것이다.

2. 나무와 절기

산에 대한 이야기를 하기 전에 산에서 자라는 나무가 절기에 따라 어떠한 생태를 보이는가를 소개하는 것은 매우 유익하리라 판단된다. 구체적인 예를 하나 들면 초승달에서 보름달로 달이 둥그렇게 커가고 있을 때에는 나무에도 수액이 점점 차오르기 때문에 나무가 단단하여져서 벌목이 용이하지 않다고 한다. 그 반대로 달이 점점 기울어갈 때에는 나무 내부의 수액이 빠져나가고 있기 때문에 나무도 건조하여지고 알력도 약하여져서 벌목이 용이하다고 한다.

절기에 따른 농사에 대한 응용의 예로 하나를 들어 보자. 벼농사에서도 서리가 내린 후에 벼를 수확하면 벼가 이미 다 건조된 상태로 탈곡되기 때문에 벼를 일부러 건조시키려는 노력을 들이지 않아도 벼가 썩지 않는다고 한다. 그러나 요즈음 농사법은 벼를 일찍 심어 조기 수확을 서두르고 있기 때문에 벼가 썩는 것을 걱정하여야 하고 불필요하였던 건조과정이 중요해지는 것이다. 나무의 절기에 따른 생태변화에대하여 외국 기록의 예를 소개하여본다.(『살아 있는 에너지 : 빅터샤우버거의 삶과 아주 색다른 과학이야기』, 도서출판 양문, 1999: 유상구 역)

1843년 오스트리아의 한 도편수가 기록한 것으로서, 계절에 따라 나무의 재질이 어떻게 변화하는지를 탁월한 식견으로 기술하고 있다. 1년 중 목재를 인공건조하기에 적합한 날은 불과 사흘뿐이다. 4월 3일, 6월 30일, 그리고 성 캐서린의 날이 바로 그날이다. 특히, 성 캐서린의 날은 포탄이나 탄환에 사용되는 재목을 가공하기에도 좋은 날이다. 목재가 굳고 단단하기 위해서는 온화한 계절로 달이 바뀐 후 처음 8일 동안 벌목하도록 한다. 이때 온화한 계절이란 황도(黃道)상의 처녀자리, 물고기자리, 쌍둥이자리, 천칭자리 등을 볼 수 있는 계절을 말한다. 벌목한 후 나무가 좀먹지 않기를 바란다면 1년 중에 벌목이 가능한 날은 불과 사흘뿐이다. 1월 26일, 2월 10일, 2월 13일이 그날이다.

내열성이 뛰어난 목재가 필요하다면 3월에 달이 기울기 시작한 지 48시간 후인 바로 그날 벌목하도록 한다. 뒤틀리지 않는

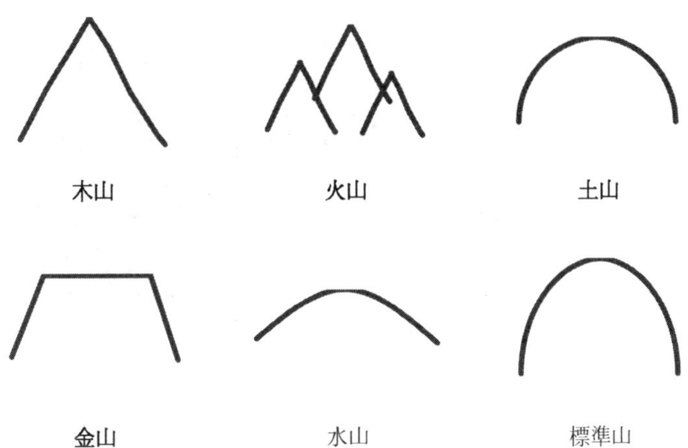

목재를 얻기 위한 최적일은 일조시간이 줄어들기 시작한 가을철로서 달이 1/4 정도 차기 시작한 3일째 되는 날이 좋다. 나무의 재성장에 무리 없이 땔나무를 얻기 위해서는 10월에 달이 뜨기 시작한 처음 1/4시간 동안에 가지를 치는 것이 좋다. 통나무를 톱질하여 쓰러뜨릴 경우에는 물고기자리가 떠오른 시각이 좋으며 쓰러뜨린 나무는 물고기자리나 게자리가 가라앉는 시각에 물에서 건져 올린다. 뒤틀리지 않는 목재를 얻기 위해서는 게자리를 관측할 수 있는 금요일 음력 초사흘에 벌목하는 것이 좋다. 낱구지나 술통을 제작하기 위한 곧고 단단한 나무는 진갈자리나 게자리가 떠오른 음력 초순에 벌목을 하도록 한다. 팽창률이 적은 목재를 얻고자 한다면 새로 달이 떠오르기 전인 11월의 첫째 날과 둘째 날에 벌목하도록 한다.

위에서 인용한 바와 같이 절기에 따라 나무 재질이 크게 영향을 받고 있음을 알 수 있다. 그 외에도 나무는 햇볕을 좋아하는 가의 여부에 따라 음수나 양수로 구분하고 있다. 이에 대하여서는 구체적인 언급은 하지 않기로 한다.

3. 산

산은 풍수와 밀접한 관계를 가진다. 오행산은 산의 기운을 음양오행설에 근원을 두고, 오행으로 구분한 산을 말한다. '오행'이란 순환과정의 다섯 단계 성질 또는 기운인 목·화·토·금·수를 말한다.

'목산(木山)'은 아래 그림에서 보듯이 산의 형태가 표준형에 비하여 뾰족한 산으로서 전진 또는 진취작인 기운이 많은 산이라 할 수 있다. 목산 중에서도 산의 정상부가 마치 붓의 끝부분 같이 뾰족한 산을 문필봉(文筆峰)이라 한다. 목산이 있는 지세에서는 음택이든 양택이든 관계없이 학문을 숭상하는 사람들이 많이 배출된다. 서울 지세에서 경복궁과 청와대의 주산이 되는 북악산이 목산의 대표적인 형태이다.

'화산(火山)'은 산의 정상부가 두 개 이상의 뾰족한 봉우리를 이루고 있으면서 마치 나무가 불에 탈 때 나타나는 불꽃의 형태를 닮은 산을 말한다. 서울 남쪽에 있는 관악산이나 목포에 있는 유달산 봉우리가 화산의 대표적인 형태이다. 정열적인 기운이 많은 곳으로서 문인이나 예술가가 많이 태어난다고 볼 수 있다. 이것은 사람의 체질에 있어서도 역삼각형의 화형의 사람들이 예술계나 스포츠계에 많은 것과 유사하다고 할 수 있을 것이다.

진천 롱다리

'토산(土山)'은 산의 정상부가 동그란 형태로 되어 있는 산으로서 산의 형태가 전체적으로 둥근 모양을 하고 있어서 마치 바가지를 엎어놓은 은 듯한 산이다. 농사를 끝내고 노적가리를 쌓아 놓은 형태와 유사하다 하여 노적봉(露積峰)이라고도 하는데, 토산이 있는 지역에서는 재물이 많이 모여 부자가 되는 사람이 많다. 경주나 강릉의 최 부잣집이 대표적인 경우라 한다. 그

리고 거제도의 많은 섬들이 이렇게 동그란 토산의 형태를 가지고 있어서 이곳에서 재물이 풍족함을 시사하여준다. 서울에서는 인왕산이 토산이라 할 수 있다. 토의 기운이 매우 현실적인 기운으로서 이러한 산이 현실 생활과 밀접한 관계를 가진 재물과 연계됨은 자연스럽다고 할 수 있다.

금산(金山)'은 정상이 평탄하게 수평으로 펼

처진 것을 말하는데, 일(一)자와 유사해서 일자 문성(一字文星)이라고도 부른다. 오행에서 금은 자존심이나 획일성 그리고 독재나 지도력을 의미한다. 경상북도 선산군에 있는 고 박정희 대통령의 선산 앞에는 천생산이 안산으로 있는데, 이 산이 바로 금산의 형태이다. 고 육영수 여사의 고향인 충청북도 옥천군 생가 바로 옆에도 금이 있다고 한다.

지세에 있어서 금산이 있는 곳에서는 왕이나 왕비가 나오는 것으로 되어 있는데, 금은 권위나 지도력을 나타내기에 왕기(王氣)를 상징한다고 볼 수 있을 것이다.

'수산(水山)'은 산 정상부에서부터 아래로 유연하게 물결이 흐르듯이 낮게 내려오는 산을 의미한다고 볼 수 있다.

4. 하천과 다리

음양오행을 이용한 생태계의 다른 응용의 예로는 치산치수에 관계된 것이다. 치산치수 중에서 특히 물에 관계된 것을 중점적으로 다루고자 한다. 한마디로 오행의 수기를 상징하는 물은 찬 기운이며 치산치수의 요체는 물의 온도를 낮게 유지시켜야 한다는 것으로 요약될 수 있다. 물의 온도를 낮추기 위한 방법은 여러 가지가 거론될 수 있는데 예를 들어서 수심을 깊게 하는 방법, 제방에 나무를 심는 것, 그리고 하천이나 강의 물줄기를 사행천으로 유지하는 것 등을 들 수 있다. 물의 흐름을 蛇行川으로 유지하는 방법에 내재한 이론은 사행천의 물의 흐름이 유지될 경우 물은 '자연엔진'의 역할을 하게 되는 것이다. 자연엔진이란 외부에서 열을 받지 않고 스스로의 온도를 낮추면서 그 때 발생한 현열의 일부를 기계적인 동력으로 사용하는 것이다. 이러한 기전을 이용한 공학장치가 보텍스 튜브라 할 수 있다(장동순 외, 1999, 2000). 이러한 방법들은 또한 교각이나 제방의 상화를 위한 자연 생태적인 보전 방법과도 밀접한 관계가 있다. 이에 대하여서는 이미 언급한 바 있으므로 여기서는 구체적인 언급은 생략한다.

5. 양택풍수

양택풍수에서 家相의 3대요소로서 첫째가 背山臨水(배산임수) 둘째가 前低後高(전저후고) 셋째로 前窄後寬(전착후관) 등을 정하고 있다. 배산임수는 집 뒤에 산이 있고 앞에 물이 있어야 한다는 것이며, 전저후고는 집 주건물의 높이가 정원이나 길의 높이보다 높아야 한다는 것이다. 그리고 전착후관은 집의 입구는 좁고 정원은 넓어 안정감이 있어야 한다는 것이다(오성출판, 2000).

물론 이 3가지 요결에 대해 우선 간단하게 공기역학적인 관점에서 제시할 수 있는 해답 중의 하나는 바람의 속도가 작아지는 곳에 공기의 압력이 증가되어 陽壓(양압)이 생기고 이러한 양압이 음압에 비하여 인체 생리에 좋을 것이라는 점이다.

여기서 양압이란 공기의 압력이 주변의 공기 압력보다 높아지는 현상을 의미하고 반대로 음압이란 공기의 압력이 주변 공기의 압력보다 낮아지는 현상을 지칭한다. 음압이 될 경우에는 몸 주변에서 공기의 흐름이 바깥쪽으로 빨려나가는 현상이 발생하므로 일단은 호흡곤란이나 온도 하강 등이 일어나 몸이 불편할 것이 예상된다.

그러나 이것만으로는 충분하지 않아 보인다. 이러한 경우에 제기할 수 있는 질문은 왜 배산임수가 되어야 하는지 등에 대한 합리적인 해석이 충분하지 않다는 점이다. 이를 간단히 살펴보자. 예를 들어 산의 앞뒤를 음양으로 구분하면 산의 가파른 후면은 陽이고 비교적 완만한 앞쪽은 陰으로 定義하고 있다. 이 경우 양택이나 음택은 대개 이 완만한 음의 쪽에 자리잡아야 함은 풍수의 관점이 아니더라도 일반인들도 알 수 있는 상식적인 사실이다.

그렇다면 이 경우에 양택은 왜 산을 바라다보아야 하는 방향이 아니고 산을 등지는 방향이 되어야 하는 것일까? 물론 집 앞에 협곡이 있는 것에 비하여 산이 있는 것이 협곡의 강한 골바람을 피할 수 있다는 점에서 유리하여 보인다. 반면에 산이 있다면 앞쪽에서 불어오는 바람은 여기에서 바람의 속도에 의한 동압(動壓: 유체가 속도가 있음으로 가지는 압력)이 산에 막혀 공기의 정적(靜的)인 압력을 상승시키는 역할을 할 것이다. 그러나 이것이 집의 전면과 후면의 방향을 결정하는 이유로는 충분하지 않아 보인다.

이것에 대한 답을 생각하여 보기 전에 우리 인체의 음양의 배치와 그에 따른 상황을 파악하여보자. 구체적으로 우리 인체에도 전면은 음이고 이 전면에 많은 중요한 기관들과 경락이 분포하여 있다. 반면에 인체의 등은 양으로서 이곳에는 족태양 방광경과 족소음 신장경락만이 통과한다. 그런데 신기하게도 등에 있는 신장과 방광의 경락은 목화토금수의 오행 중에서 받아들이는 기능을 하는 水의 경락이다. 즉 배산임수를 하였을 경우에는 산에서 내려오는 陰의 기운을 인체의 등 쪽인 陽에서 음양의 조화를 맞추고 있으며 나아가서 오행의 水로서 자연스럽게 받아들이는 배치가 되어있다.

결 론

음양오행의 이론에 기초하여 절기의 변화 산과 나무, 가옥의 양택풍수, 하천과 다리 등 생태계에 관계된 이야기를 전개하였다.

참고문헌

장동순, 「동양사상과 서양과학의 접목과 응용」, 도서출판 청홍, 1999

장동순, 신나일, 신미수, 최덕호, 엄태인, 문승현, 나은수, "구심성나선운동연구", <한국 정신과학학회> 제 3권 1호 pp11-16, 1999

장동순, 신미수, 백영수, 나은수, "황금나선과 전산유체역학에 의한 보텍스 튜브설계", <한국정신과학학회> 제 4권 1호 pp35-40, 2000

장동순, 「동양자연사상의 탐구」, 아산총서 제 70, 집문당, 2001

박시익, http://www.feng-shui.pe.kr/frame.htm 박시익 박사 홈페이지. Jang, D.S. & Shin, M.S.,

Physicalinterpretation of Yin-Yang & Five Element & its application to ergonomics, presented to 33rd Nordic Ergonomic Congress, Tampere Finland, Sept 2001

장동순은 서울공대 원자핵공학과를 졸업 미국 루이지애나 주립대 기계공학 박사로 국방과학연구소, 에너지 기술연구소 연구원. 현재 충남대 환경공학과 교수로 재직 중이다. 저서로 『음양오행으로 풀어본 건강 상식 100가지』, 『체질을 알아야 기펴고 산다』, 『동양사상과 서양과학의 접목』, 『동양자연사상 탐구』 외 다수가 있다.

중국의 園林과 官吏

최 종 수

우리나라도 마찬가지지만 중국에는 예로부터 은사(隱士)가 있어 왔다. 명성이 높고 풍부한 연륜이 있으나 관직을 바라지 않는 문사(文士)가 산림에 은둔하여 후세 문인들로부터 고인(高人)이라는 존경을 받아 왔으며 본받아야 할 모범으로 여겨졌다.

은일은 사전적 의미는 ①세상을 피하여 숨는다 ②은사와 일민(逸民)으로 벼슬에 나아가지 아니한 숨은 선비 혹은 학문과 덕행이 있으면서 세상에 나서지 않고 편히 지내는 사람을 뜻한다. 다시 말해 은일은 은일의 활동 및 은자(隱者, 은일하는 사람)까지도 포함하는 의미이다.

과거 관리의 주 계층이었던 중국의 사대부(士大夫)들은 항시 '딜레마'에 처해 있었다. 하니는 관직에 나아가 입신양명(立身揚名)하는 것이요, 다른 하나는 자연으로 돌이기 정신적인 수양을 행하는 것, 즉 은일(隱逸)이다. 이 두 가지 명제는 항상 사대부들이 지향했던 모순된 것으로 이를 해소하는 역할을 원림(園林)이 담당하게 된다.

은일문화의 기원

사대부들의 은일문화는 멀리 요순(堯舜) 시대부터 비롯된 것인데, 가장 오래된 역사서인 사마천(司馬遷)의 『사기(史記)』에 '요(堯)가 허유(許由)에게 왕의 자리를 양위하려고 하자 허유는 받지 않았을 뿐만 아니라 그것을 부끄럽게 여겨 숨어 버렸다'라는 내용과 함께 백이(伯夷)·숙제(叔齊)의 고사를 열전(列傳) 제1장에 소개하고 있다.

백이와 숙제에 대해 유가와 도가에서는 그 견해를 달리하고 있다. 유가의 핵심서인 『論語』에서는 '그 뜻을 굽히지 않고 그 몸을 욕되게 하지 않은 자는 백이와 숙제이다[微子]' 하고 칭송한 반면, 『莊子』에서는 '이해에 달관하지 못하면 군자가 아니오, 명예를 좇느라고 자신을 잃으면 선비가 아니며…… 백이·숙제…… 같은 이는 남의 일을 일삼고 남의 즐거움을 즐겨 스스로 자기의 즐거움을 즐기지 못한 자들이다[大宗師]'라고 비난하였다.

이러한 상반된 입장 차이는 출사관(出仕觀)의 측면에서 생각해 볼 수 있다. 『論語』에서는 '벼슬하지 않는 것은 의(義)가 없는 것이니, 장유(長幼)의 예설을 폐할 수 없거늘 군신의 의를 어떻게 폐할 수 있겠는가? 사기 몸을 깨끗이 하고자 하여 대륜(大倫)을 어지럽히는 짓이다. 군자가 벼슬하는 것은 그 의를 행하는 것이니…… [微子]'라고 되어 있다.

반면 『老子』의 '영달해도 나타나지 않고, 은거해도 궁색하지 않다[詮言訓]'라던가 『장자』의 '지극한 즐거움은 세속의 즐거움을 초월하는 것이요, 지극한 명예는 세속의 명예를 초월하는 것이다[至樂]'와 같이 세속을 초월한 최상의 즐거움을 추구하는 것이 더욱 바람직하다고 보고 있다.

이와 같이 노장(老莊)의 철학에서는 백이와 숙제가 은일한 사실 자체를 비판한 것이 아니라, 이해와 명예에 연연하였기 때문에 비판하였다. 또 『장자』에서는 '비록 성인이 산림 중에 은거하지 않더라도 그 덕은 숨으며, 덕이 숨기 때문에 스스로 은둔하지 않는다[繕性]'라는 구절은 은자(隱者)의 숨는 장소가 문제가 아니라, 은자의 정신적 자유로움을 어떻게 추구하느냐가 더욱 중요하다고 지적하였다.

그렇기 때문에 노장의 철학에서는 사회적인 문제에 연연한 백이·숙제와 달리 사회적으로 무관심하며 정신적으로 자유로운 허유를 진정한 은자로 평가하고 있다.

중국의 위진남북조(3~6세기)시대는 통일 한 조(漢朝)가 와해됨과 동시에 모든 사회의 질서가 함께 무너진 시기였다. 특히 조(曹)씨와 사마(司馬)씨 간의 정치적 대립으로 인해 당시 사대부들은 자신의 출사(出仕)를 결정해야 했다.

권력에서 배제된 지식인들은 보신(保身)의 한 방편으로서 아예 정치와 관계를 맺지 않고 숲 속에서 은일 하는 이른바 '소은(小隱)'[1]으로서 목적을 달성하려 하였다.

그러나 권력의 핵심부에 있던 고위 관료들은 경제적·정치적 기득권을 유지하면서도 당시 유행하였던 사변적이고 궤변적 철학인 위진현학(魏晉玄學)의 사조에 맞추어 '대은(大隱)'을 행하였다.

이 대은은 '조은(朝隱)'이라고도 한다. 은일은 숲 속 깊은 곳에서 금욕청고(禁慾淸苦)한 생활을 하여야 했으나 호탕한 사대부들에게는 실행하기 어려운 것이었다. 이 시기에 기존의 소은 관념에 변화가 가해져 '관직으로 은일을 삼고, 은일을 관직으로 삼는다(以官爲隱, 以隱爲官)'는 새로운 은일 방식인 조은이 생겨나게 되었다. 대은은 시끄러운 저자거리에서도 은일 할 수 있

다고 하여 '시은(市隱)'이라고도 한다.

당조(唐朝) 이전의 원림과 은일문화

중국 초기의 원림(園林)은 멀리 상은(商銀) 시대까지 거슬러 올라가는데 왕들의 수렵이 행해지던 기능적·유락적 형식이었으며 일반적으로 부지를 선정한 후 원림의 경계와 담을 만들었고, 천연의 초목과 조수가 자생하도록 하여 천연적인 자연경관을 이루도록 하였다.

위진남북조에 이르러 원림이 독립적인 예술로 발전하게 되는데, 다양한 은일사상과 자연미 감상의 기풍이 당시 팽배하였기 때문이다. 이 시기의 사유(私有) 원림은 두 가지 성향을 나타내는데 그 중 하나는 화려함, 기이함을 숭상하며 귀한 것을 원림에 배치하는 것으로서, 왕들의 원림을 모방하였으나 규모가 왕의 것보다 다소 작았다. 또한 이런 원림은 권력의 핵심들이 행했던 정신적 은일인 대은, 혹은 조은의 환경이 되었다.

또 다른 한 가지는 권력에서 동떨어진 문인명사의 은일사상으로 인해 생겨난 것으로 이들은 빈약한 경제력으로 인해 실제 자연환경이나 전원(田園)이 소은의 장소가 되었다.

당조 이후의 은일문화

위진남북조라는 혼란기 이후 당(唐)의 통일로 중국은 사상 유래 없는 문화적 흥성기를 맞이하게 되고, 특히 이 시기에 중은(中隱)이 생겨나게 된다. 중은은 소은처럼 산 속에서 지내는 고달픔을 겪지 않아도 되는 은일의 형태이다.

이러한 개념은 백거이(白居易)의 중은[2]이라

---

1) 이러한 소은과 대은의 개념은 진(晉)의 왕강거(王康去)가 쓴 '반초은(反招隱)'이라는 시에서 나타나는데 숲 속에 숨어서 벼슬에 나아가지 않는 것을 소은이라 하고, 명리(名利)를 다투는 곳(높은 관직이나 시끄러운 저자거리)에서 정신적 은일을 구가하는 것을 대은이라 한데서 비롯되었다.

2) 대은은 조정과 저자에 머무르는 것이고 소은은 산에 숨는 것이다.
산에 울타리를 치는 것은 아주 쓸쓸하고 조정과 저자는 매우 시끄럽다.
차라리 중은 하는 것만 못한데 관청에 머무르며 은일 하는 것이다.
나아간 듯 하며, 다시 머무른 듯하며 바쁘지도 않고 한가롭지도 않다.

는 시에서 잘 나타나고 있다. 중은은 왕강거가 말하는 대은과 구별되는 점이 있다. 몸은 조정에서 정사를 돌보면서 정신은 은일을 할 수 있다는 것이 대은 또는 조은의 개념이다. 어느 정도 높은 지위를 지녀야 정신적인 은일도 어울리는 것으로 여겨졌던 것이 당조 이전의 개념이었던 것에 반해, 백거이의 중은은 한직(閒職)에서도 정신적인 은일을 구가할 수 있음과 동시에 소은의 고달픔을 겪지 않아도 된다는 것이다.

이러한 중은의 발생은 당조에 실시된 과거제도로 과거 귀족에 의한 폐쇄적인관 관로(官路)에서 서민에 대한 대폭적인 개방으로 지배층의 변화를 가져오게 됨으로써 생겨나게 되었다. 그러나 과거제도로 등용된 중소 지주계급들은 높은 관직까지 이르기는 상당히 힘들었다. 정치 상황 등 여러 가지 이유로 좌천되는 경우가 있어 과거 문벌 귀족과는 달리 낮은 계급에 만족해야 하는 경우가 많았다.

한편 신흥 관료계급이 경제적으로 넉넉하지 못한 것도 하나의 원인이 된다. 과거의 문벌 귀족은 관직에 나가지 못할 경우에는 의식(衣食)에 별 걱정 없이 수려한 자연 속에서 화려한 별장을 짓고 은일 할 수 있었으나 과거제도 출신의 관리들은 빈약한 경제력으로 인해 훌훌 털고 산으로 숨어들 수 없었고 하급관리나 좌천된 한직에서 만족해야만 했다. 그러나 은일은 사대부라면 반드시 행해야 했던 것으로 여겨져 중은이라는 개념이 생겨나게 된다.

위진남북조 시대에 유행했던 위진현학의 영향을 받아 대은의 개념이 생겨났듯이 당조에 유행했던 개방적이고 융통성을 지닌 선종(禪宗)의 영향으로 사대부들의 구미에 맞는 중은이 생겨나게 되고 입신양명과 독선기신이라는 '두 마리 토끼'를 잡아야 했던 사대부들은 이 중은의 개념을 도입함으로써 문제 해결의 실마리를 찾아냈다.

......

출세하지 못함과 현달함과 빈과 부
바로 네 가지 사이에 있는 것이다.

당조(唐朝) 이후의 원림과 은일문화

당조에는 유명한 사유 택원(宅園)이 많았는데, 대부분 유명한 문인의 소유였다는 것이 위진남북조의 귀족적 사대부원림과 다른 점 중의 하나이다.

예를 들면 백거이의 여산초당원(廬山草堂園)은 산 중에 풍경이 뛰어난 지역에 만들어진 별서원이라 할 수 있다. 이 초당원은 아주 소박한 것으로서 당조시기에 나타나는 최초의 소원(小園)이라고 할 수 있다.

초당은 세 칸에 기둥이 두 개이고, 방이 두 개……, 나무는 쪼개기만 하였고, 붉은 칠은 하지 아니하였다. 담은 흑손으로만 칠하였고, 석회를 바르지 아니하였다…….

[草堂記]

이처럼 백거이의 초당은 규모가 작고 소박하지만 그는 '대나무 숲에 거문고 하나에, 연못 위에 술 한 병만 있으면 된다(閑居偶吟)'라고 시에 적으면서 옛날의 은사들이 그랬던 것과 같이 강호를 그리워 할 필요가 없다고 생각하였다. 이런 이유로 대규모의 택원이 아니어도, 작은 연못 하나만 있으면 마음이 트이고 기분이 유쾌해지는 것을 느끼게 해 준다고 믿었다.

다른 고급 관료들처럼 화려하고 규모가 큰 원림은 과거제도를 통해 입신한 중소지주 출신으로서 지방 관리로 좌천되어 있는 백거이의 당시 처지에서는 무리였을 것이다.

여산초당원과 같이 사대부들의 원림은 정신적 은일 환경으로서 중요하였으며, 점차 사대부 생활 중에서 빠질 수 없는 요소가 되어 집에는 작은 나무 몇 그루라도 심은 작은 소원을 하나씩 가져야 했다. 사회규범과 개인의 자유, 물질생활과 정신적 만족, 출사(出仕)와 처은(處隱) 사이의 모순된 관계는 바로 원림에서 조절되어지고, 평형관계가 유지될 수 있었기 때문이다.

백거이의 중은이란 시에서 "관청에 머무르며 은일 하는 것이다. 나아간 듯 하며, 다시 머무른 듯하며, 바쁘지도 않고 한가롭지도 않다 …… 출세하지 못함과 현달함과 빈과 부, 바로 네 가지 사이에 있는 것이다"라고 한 구절은 지금 관점에서 보면 무사안일하고 복지부동한 공무원의 행태로 비춰지기 십상이다.

그러나 한편으로는 옛날 사대부들처럼 정신적 수양은 접어두고라도 격무에 시달린 육체와 정신을 달랠 수 있는 조그마한 택원(宅園)을 가질 수 있었다는 것은 부럽기도 하다.

급속한 산업화와 도시화로 모두들 아파트에 모여 살아 집에 한 뼘의 개인 정원을 갖기란 쉽지 않다. 그래서 가까운 곳에 대중의 원림[公園]이 더 많이 필요하고 자주 찾고 사색할 수 있는 숲이 더 절실하게 느껴진다.

최종수(崔鐘秀)는 서강대 철학과, 서울대 환경대학원을 졸업하고 행정고시(11회, 1971)에 합격하여 경제기획원 수급계획과장, 농림부 원예특작국장을 지내고 현재 산림청 차장으로 재직하고 있다.

'山과 사는 마을' 보은 구병산 구병마을

이 호 신

늦가을, 버스 차창에 기대어 산과 들을 바라보는 일은 참으로 눈물겨운 일이다. 불연 듯 지난 삶의 여정이 마음결을 파고 들어 자꾸 뒤척이고, 찬연했던 대지의 빛들이 저물어 가니 눈을 감아도 떠오르는 풍경은 쓸쓸하다.

자연은 역시 주저 없이 돌아가는구나. 푸른 잎의 소망으로 한 때 하늘과 바람을 벗하고 단풍의 열정으로 붉게 타오르다가 이제 흙빛으로 침잠하는 저 지극한 순연(順緣).

왜 낙엽이 흙빛으로 돌아가는지, 산과 들녘이 마침내 땅 빛을 닮아 가는지. 여태 붓을 들고서도 겨우 마흔 중반에서야 느끼고 깨닫는다.

낙엽은 뿌리로 돌아가 다시 새 생명으로 만나기 위해 대지의 품에 그림자를 지우고 안긴다. 즉 자연은 소멸하는 것이 아니라 그들의 고향으로 돌아가는 것이다. 문득 나도 돌아가고 싶다. 사계의 순환처럼 놓아갈 수 있는 삶과 사유의 터전이 있다면 다시 그 뿌리로 돌아가 희망의 싹을 틔우고 싶어진다.

"희망의 땅 충북에 오신 것을 환영합니다"

청주(淸州)를 지나자 대형 현수판이 눈길을 끄는데 오히려 눈이 팔리는 곳은 터미널 주변의 모텔들. 소위 버킹검궁전 고깔을 쓴 건축물과 골프연습장, 그리고 상영중인 '조폭마누라' 영화 간판이다.

개성을 강조하는 시대에 도리어 개성을 잃어버린 환경은 무엇보다 자신의 뿌리를 상실한 탓이요, 끝없이 남을 흉내내려는 자본의 맹목적 소산이다. 이 멈출 길 없는 속도의 삶 속에서 우리가 끝내 다다르려는 곳은 어디일까. 결국 돌아갈 수 없는 길을 향해 나아가는 것이 아닐는지. 착잡한 심정으로 창 밖을 보니 보은(報恩)이다.

아, 보은이라!

그래, 이만한 투정과 넋두리도 사실은 누구의 은혜로부터 비롯된 것이 아닌가. 저 대자연의 무한한 은총으로부터 살아온 세월이 아니었던가. 따라서 이제 스스로의 연민에서 깨어나 잃어버린 우리 고향 마을을 찾아갈 일이다. 아직도 산과 마을이 하나되어 살아가는 사람들의 온정과 숨결에 취해 볼 일이다. 내 그 속에서 다시 새벽의 마음으로 더불어 살아가는 생명과 삶의 이치를 배우고 익히리라.

보은읍에 내려 하루 세 번 길을 연다는 구병리행 막차(18:30)를 갈아타자 버스 안은 온통 작은 장바닥이다. 모처럼 읍내로 나와 구입한 자질구레한 생활물품과 농가 용기들. 그리고 장에서 팔고 남은 농작물을 거두어 가는 것들로 어수선하여 짐과 사람이 반반이다.

초로의 기사는 군데군데 짐과 사람을 떨구고서도 일절 반응이 없으니 이곳 생활 환경에 어지간히 배인 모양이다. 사람들도 또한 어지간히 시끄럽기로 매일 눈만 뜨면 마주 보는 산골 사람끼리 무슨 사연이 그리도 많은지. 인정이 뭉클하다.

친구와 조잘거리다가 홀로 남은 뒷좌석의 여

학생에게 삼가 저수지를 지나면서 말을 걸었으나 학생은 자꾸 내 눈을 피하며 경계하는 눈빛이요, 말대답을 하지 않는다. 땅거미가 밀려옴으로 단지 내가 찾아갈 마을 위치와 주변 풍광에 대해 알고 싶었건만.

밝은 날 그의 막내 삼촌 되는 이에게 이 섭섭함을 말하자 학생의 삼촌 역시 나를 한마디로 무색하게 만들었다.

"여자가 처음 보거나 낯선 사람 말에 아는 척하면 안 되지유"

나도 서울서 학생들을 가르치는 선생이라고 소개해도 학생은 영 반응이 없어 하는 수없이 앞자리의 할머니께 구병리 이장댁에 가려면 어디서 내려야 하느냐고 묻자 종점이라며 "쟈가 이장댁 큰조카 아닝게유" 하고 가리키니 바로 그 대꾸 없는 여학생이다.

어둠 속에 함께 내려 마침내 경계의 눈빛이 풀린 학생을 뒤로 하고 구병산 아래의 불빛을 따라가자 왼 산골에 덤프트럭과 레미콘 돌아가는 소리가 요란하다. 그 동안 닦은 산길을 가로등에 의지하여 시멘트로 포장하는 일이었다.

이장댁에 이르자 마침 임희순(55) 이장은 동갑내기 부인(박순옥)과 함께 인부들에게 줄 새참국수를 나르는 중이어서 그런지 길손 맞기를 조금 당황해하는 표정이다. 나 역시 그들에게 폐가 될까 머뭇거리니 두 차례나 전화를 받은 막내아들 성빈(27)씨가 삽질을 하다말고 나를 알아본다.

그의 말인즉 장마철이면 길이 질퍽거려 경운기가 산길을 가지 못해 무척 힘겨웠노라며 마을의 숙원인 산길을 포장하는데 차를 또 부를 수 없어 늦도록 일을 하고 있단다. 나 또한 시장한 탓에 국수를 얻어먹고 상현달이 뜬 구병산(九屛山·876m)을 바라보다가 마을 솔밭길로 내려와 어둠 속에서 '구병리의 밤'을 그렸다. 아홉 폭 병풍이 펼쳐진 것 같다는 구병산은 어둠 속에 더 신령스럽기로 백운대와 신선대 능선이 한 먹빛으로 마을을 감싸주는 정기가 충만하다.

지붕 없는 양옥의 이장댁에서 한 이틀 묵어

가기를 청하는 길손에게 이장부인은 자꾸 어려워하는 눈빛이다. 거두어들인 온갖 농산물이 거실에 가득하고 방을 치우지 않아 부끄럽다며 이웃의 민박을 권하나 진정 내 속내를 모르는 까닭이다.

결국 방을 치우는 동안 이장댁 어른인 할머니(문춘화·76)방에 잠시 머물러 인사를 드리자 깔끔하고 정돈된 방안은 왠지 코가 곧고 오똑한 할머니의 분위기와 닮아있다.

할머니는 황해도 서흥군 신말에서 자라나 시집온 후 남북전쟁을 예견한 시부모를 따라 구병산에 둥지를 틀게 되었다(1947)며 시어머니로부터 들은 마을의 유래를 들려준다. 즉 난리를 미리 피해 자리함은 일찍이 이곳에 이주한 마을 사람들의 내력으로 다음날 마을입구에 '장수마을 구병리' 표석으로 세운 글에서 상세히 읽었다.

속리영봉(俗離靈峰) 정맥이 서남쪽으로 꿈틀대며 30여 리를 뻗어 오다가 불연 용트림하며 깎아 세운 듯한 9개의 절묘한 암봉의 구병산(九屛山)은 산세가 웅장 수려하고 동서로 가로 뻗으며 신선대, 백운대, 봉학대, 노적봉을 만들어 등산객을 부르고 있다. 흔히 말하기를 속리산은 아비산이요, 구병산은 어미산이라 하니 구병의 품속에 아늑히 자리잡고 아비산 속리를 바라보는 우리 마을의 터전은 비기(秘記)에 삼재팔난을 피할 수 있다는 전국 십승지지(十勝之地)의 하나라는 속리산 아래 '증항(甑項)'은 마을이 터잡은 '멍에목(駕項)'과 '돌목(石項)'을 말하며 지형이 소의 자궁과 같다 하여 우복동(牛腹洞)으로도 일컬어지는 길지 중의 길지요, 명당 중의 명당이다.

본래 보은현 속리면에 속한 땅으로 19세기 중엽부터 정감록을 신봉하는 사람들이 하나둘씩 모여들어 '가항'과 '석항' 터를 잡아 마을을 이루니 '웃멍에모기' '느진모기' '된모기'라 부르고 있다.

1914년 행정구역 통폐합 때 구병산 아래 있

다 하여 '구병리'라는 이름을 얻었고, 국토분단의 혼란기를 당하여 새 삶터를 찾던 난민들이 명당이라는 이곳으로 찾아들어 큰 마을을 이루었으나 근대화 물결과 함께 찾아온 이농현상으로 하나, 둘 도시로 떠나고 이제는 전형적인 작은 산촌마을로 변했다. 하지만 마을 중앙의 '월봉(月峰)'을 중심으로 좌청룡 우백호가 마을을 아득히 감싸안고 있으니 명당의 모습은 예나 지금이나 변함 없어 지덕을 입고 사는 이 터전의 사람들이 무병하고 오래 사니 전국에 '장수마을'로 널리 알려져 이름을 떨치고 착하고 어질게 사니 '범죄없는마을'로 지정 받은 선택받은 터전이다.

옛부터 현자준걸(賢者俊傑), 효자(孝子), 효부(孝婦) 모여 사는 터전이 이곳이니 선조들의 뜻을 이어 어버이를 섬기고 이웃 간에 정을 나누며 오손도손 살아가며 '장수마을' '범죄없는 마을' 전통 세워 명예를 드높이고 천대만대 영원토록 '구병리'를 지켜가세(1997년 4월).

할머니는 반세기 넘게 살아온 구병리의 경관을 자랑스러워하고 사람들의 인정을 고마워한다. 사남매를 낳고 길렀는데 지금 이장이 둘째고, 막내아들 임경순(45)은 마을 입구 솔밭에서 식당을 경영하며 보은의 특산, 한국 전통주(충북 무형문화재 제 3호)인 '송로주(松露酒)'를 빚고 있는데 그의 큰딸이 버스에서 만난 학생이다.

고향을 두고 남하한 할머니는 "사람도 허리가 아프면 가장 괴로운데 남북이 허리가 잘려 있으니 얼마나 민족이 고통스럽겠수"라는 의미 심장한 말로부터 돌아가신 시어머니 말씀을 아직도 경모(敬慕)하고 산골에 시집온 며느리들을 대견스럽고도 고마워하는 마음씨는 실로 군자의 덕과 보살의 자비를 지녔다.

하지만 나와 동갑인 막내아들을 친구처럼 잘 사귀어 보라고 손을 잡아 주는데 갈퀴처럼 거친 노동의 숨결이 전해오니 신산한 산골의 삶이 뜨겁게 느껴진다. 그 손으로 늦은 밤 옥편을 넘기기도 하고 낡은 재봉틀 앞에서 여생을 보낸다는 할머니의 살뜰함은 정녕 안빈낙도(安貧樂道)의 표본이라 하겠다.

깨끗하게 방을 비운 뒤 불을 넣고 길손의 이부자리를 펴준 며느리는 시어머니의 말을 빌자면 예전엔 인형 같았단다. 그런데 곤고한 삶이 주름만큼이나 깊었을까. 종일 고단한 실눈을 비비며 하품 속에 들려주는 사연은 화전을 일구며 사남매를 길러 온 촌부의 눈물겨운 육성이다.

"젖먹이는 업구유, 두 살 터울의 젖떨어진 애는 걸리고 팔밭(화전)으로 가는데 장작으로 불을 때 가지고 아씨 끓여서 보리밥에 감자 넣고유, 두 번째 불을 때고 퍼 가지고 이고유. 이내 돌아와서는 국수 새참 또 이고 가면 애는 종일 울며 따라오지유"

구병산 구병마을

또 젊은 시절 장날엔 농작물을 이고 아침에 나서면 저물 녘에야 돌아온 나날이 다반사였다는 뼈마디 휜 손으로 지은 집에서 나그네는 하루를 묵었다.

이튿날 새벽, 마을길을 나서자 온통 안개가 산마을에 자욱한데 어젯밤에 본 솔밭 사이로 여명이 터져 오른다. 예선 중국에서는 해가 뜨는 동쪽을 부상목(扶桑木)이라 하고 그곳 나라를 조선(朝鮮)이라고 부르니 부상목의 신화에서는

. 구병리의 새벽

해가 나무뿌리에서 나와서 가지를 타고 동쪽하늘로 오른다(박용숙,「한국의 미학사상」)는 뜻인데 구병산 구병마을에서는 이 솔밭이 그러하다.

　아침을 먹고 이장의 배려로 막내아들 성빈을 앞세워 이제 구병산을 오른다. 그의 아버지와 자신이 태어나 어릴 적부터 오르던 구병산. 인적 없는 산길은 낙엽의 주검으로 덮혀 겨울산으로 돌아가기 위한 채비로 햇살이 부서진다. 방아쌀개처럼 보인다는 '쌀개바위'와 노적가리를 쌓은 형상의 '노적바위'를 찾아보며 정상의 백운대(876m)에 오르자 예전에 마을이 있었다는 삼가저수지, 수정초등학교의 삼가분교, 동다리와 그 너머로 속리산 뒷자락이 하염없이 펼쳐진다. 앞 뒤 좌우로 살펴보면 동은 경북 상주시 화남면(化南面)이요, 서는 외속리면(外俗離面), 남은 마로면(馬老面), 북은 삼가리(三街里)와 접하고 있다.

　구병산 무릎에 안긴 스물세 가구에 인구 67명(2000년 기준)인 내속리면(內俗離面) 구병마을은 장수마을로 알려져 있으나 고령의 노인들이 세상을 뜸으로 점차 인구가 줄고 아이들이 외지로 나가 예전의 초등학교가 분교로 되었다.

　산골에서 자라나 초등학교 6학년 때 처음 보은읍에 나가 보았다는 성빈의 말을 빌면 학교운동회를 올해부터 추석 다음날로 정해 시행했는데 의외로 고향을 찾는 동문들이 호응해와 다시 마을 축제가 되었단다. 멧돼지, 고라니와 부엉이를 자주 보았다는 구병산 정상 백운대에서 바라

보는 신선대는 결코 헛되이 이름짓지 않았음을 절감하건만 화폭에 담기란 차마 어렵다.

　산을 내려오자 이장댁 거실은 온통 재배한 느타리버섯을 봉지에 담느라 마을 사람들이 모여 있다. 2Kg에 보통 1만원을 웃도는데 사정에 따라 등락의 폭이 크단다. 이방인도 손을 걷어 붙였으나 두 봉지째에 낭패를 본 것은 내가 담은 버섯을 이장부인이 쏟고 나서부터였다.

　오후엔 마을 전경을 살피려고 앞산(우복산) 약물탕이 있는 바위산으로 기어올랐다. 유난히 안개가 짙어 시야가 불투명 하나 마을은 온전히 구병산 품에 안겨 있고 꼭 반달을 엎어놓은 것 같은 월봉(月峰) 아래 마을이 둥지를 틀었다. 여러 골짝의 물은 동맥처럼 마을을 지나 구병천으로 모여들고, 마을길은 꼭 산을 오르는 뱀의 형상이다. 마을 입구를 비롯 세 군데의 솔밭이 무리를 이루고, 골짝의 텃밭과 비닐 하우스가 산촌의 풍광을 더한다. 이곳 작물인 옥수수, 얼갈이 무, 고추, 대추, 버섯 등 복합영농 터전이

월봉과 감나무

한눈에 드러난 것이다.

그런데 흥미로운 것은 월봉을 중심으로 마을 교회와 당산나무 아래 산신당(山神堂)이 동, 서 끝으로 나뉘어 있다. 또 마을을 돌다 보면 미래를 예측한다는 '철학관'과 외지에서 이주한 사람이 쌓은 돌탑도 살펴지니 참으로 각별한 공동체이다. 다행히 지금껏 신앙문제로 시비하는 일이 없었고, 교회에 나가는 사람들도 매해 정월과 칠월에 있는 산제에 참석한단다. 이 가파른 약물탕 앞산에서 소리 지르면 온 마을에 퍼지고경운기 소리 또한 메아리가 되어 산길로 되돌아간다.

물은 다만 흘러갈 뿐이런만 길과 메아리는 오고 가는구나.

저녁엔 우연히 연락이 닿은 충북개발원의 정연정(鄭然政)씨 부부가 마을을 찾아 왔는데 함께 임경순씨의 식당에서 송로주를 곁들인 대접을 주인으로부터 후의 받았다. 송로주는 맵쌀에

. 구병마을 산신당

솔잎과 광솔, 복령을 막걸리와 함께 넣고 증류해 60일간 숙성시킨 후 48℃로 제조하는데 안동소주와는 또 다른 독특한 맛과 향이 난다.

내친김에 하루를 더 묵은 이튿날 아침, 마을 이곳 저곳을 돌며 밑그림을 그리는데, 민박을 겸한 식당(백운산장)주인 이원준(李元準·66)씨가 아침식사를 권해 사양하지 않고 식구들 밥상에 끼어 들었다. 붓글씨와 한학에 조예를 가진 이씨의 흔적이 식당과 방마다 그득한데 잠시 후 흰 수염을 기른 단아한 한복의 할아버지가 또 밥상머리에 앉으신다.

노인은 이씨의 부친인 이기봉옹(李基琫·86)으로 치매로 누운 할머니보다 한 살 아래인데 청수한 눈빛과 고운 자태가 산골 노인상(像)과는 또 다른 분위기다. 아니나 다를까 포의(布衣)의 처사(處士)로 이곳에 이주한 선친을 따라 살아왔고, 지금도 새벽 4시면 어김없이 일어나 세면하고 단정히 앉아 노자경(老子經)을 보신단다. 이처럼 구병산에 의지한 유림(儒林)의 역사는 깊었는데 〈구병산에 꽂은 학맥(學脈)〉(『보은의 지맥과 인맥』 : 보은 문화원 刊)에서 살펴지는 대목이 있다.

맏며느리인 이씨의 부인은 할아버지에 대해서 한마디로 자혜(慈惠)와 순리(順理)의 선비요, 시어른임을 지금껏 모셔온 감회 어린 눈빛으로 일러준다.

"큰며느리인 지가유 딸 넷을 내리 놓았는데도 한마디하시거나 찌푸린 인상이 없으셨시유"

나는 이 대목에서 크게 놀라고 감격하여 할아버지 앞에서 붓을 들었다. 할아버지는 이미 알고 있으리라. 살다 보니 어느 날 젊은 객이 나타나 자신을 그리니 사양하거나 거절할 일 또한 도(道)가 아니라고.

이제 길을 떠나기 위해 이장댁으로 가 할머니께 큰절을 드리고, 그 동안 신세졌던 마을 사람들께 인사차 마을을 돌자 김장이 한창인 집에 모여 있다.

그런데 늦가을 햇살 속에서 마을 어른들의 귀여움을 독차지하고 있는 댕기머리 소년을 보게 되었다. 그것은 마치 이곳에 숨겨진 보물을 찾은 듯, 아니 구병마을의 보석처럼 새싹처럼 반짝이는 희망이었다.

서울 출신인 아버지(선지부·宣地夫·47)의 손을 따라 마을로 들어온 야림(6)이가 예전 마을 사람처럼 이 마을에서 자라나 온전히 살아갈 수 있을까. 또래의 아이라곤 혼자인 그가 어른이 될 수 있는 희망이 없고서야 '장수마을'의 자랑은 후일 아쉬운 기록에 그치리라.

나는 비로소 빌고 싶었다. 이 정겨운 마을이 다시 아이들의 웃음소리로, 삼가초등학교 운동회 함성으로 이어질 수 있는 그 날이 오기를. 내 훗날 또 다시 이 마을로 해와 달의 인연이 닿을제, 오늘의 청년 성빈처럼 야림이가 자라 지난 이야기를 들려주기를…….

나그네는 그렇게 염원하며 인근 속리산 법주사를 향해 길을 떠났다.

이호신은 동국대학교 대학원에서 미술을 전공했다. 자연과 문화, 그리고 인간의 삶을 화폭에 담아내는 화가로 『풍경소리에 귀를 씻고』, 『숲을 그리는 마음』, 『길에서 쓴 그림일기』 등의 책을 냈으며 최근엔 마을을 주제로 그림기행을 하고 있다. 개인전 6회. 주요작품은 대영박물관 한국관, 국립현대미술관, 이화여자대학교 박물관에 소장되어 있다.

산과 숲과

손 경 석

존 러스킨(John Ruskin 1819~1900)은 영국 빅토리아 왕조 때의 저술가였다. 그는 등산사상 알프스의 수려한 경관을 유미적(唯美的)으로 표현한 불후의 명작 『근대화가론』을 저술하고 스포츠 등산을 비난하면서 신성한 산을 오염시키는 것이라고까지 했다.

그가 부르짖는 사회계획과 예술비판은 영국 문화계에서 정통을 부정한다는 비난을 받았으나 한때 참신한 풍조를 일으키기도 했다. 그 후 1869년 영국 산악회 회원이 되면서 근대 등산의 새로운 풍조에 동조하기도 했다.

그의 『근대화가론』에서 '산은 인류를 위해 세워진 학당이고 가람(伽藍)이다. 학도에게는 개방적인 전적(典籍)의 보고이며 근로자에게는 소박한 휴양과 교훈 그리고 온순함을 베풀어주고 사색가에게는 고요 깊은 승암이 되어준다. 순례자 등에게는 신성한 영광이 되어준다. 산은 인류 누리의 대가람이다. 바위의 문들이며 구름의 흐름, 계류가 암석과 더불어 들려주는 노랫소리, 눈의 성단 그리고 끝없는 별자리들이 열을 짓는 자금(紫金)의 궁륭(穹隆)인 대가람이다'라고 산의 미, 자연의 아름다움을 읊었다. 산악이 인류에게 주는 감동을 말했지만 필자가 개인적으로 생각하기에 좀 유감스러운 것이 있다. 산의 미를 더불어 말 할 수 있는 푸르름의 숲, 수림의 이야기가 빠지고 있는 거다. 러스킨은 산은 눈 덮힌 산마루의 정수리에서 산복의 숲이 일체가 된 당연한 아름다움으로 인식했기 때문에 수림에 대해 별도로 언급하지 않았으리라고 해석하고 싶다. 그러나 산은 그 산록에 숲이 있는 것은 당연하고 이 숲과 더불어 보여주는 아름다움이야말로 산이 인류에게 주는 감동의 더없는 인자(因子)임은 더할 여지는 없다고 믿는 거다. 다만 수림과 숲은 산이 아니라도 평지에도 우거져 있고 생태계의 중요한 부분을 이룬 까닭에 구태여 산의 미에서 같이 언급하지 않은 것인지?

그런데 우리나라와 같이 국토가 온대권에 위치하고 산의 높이가 고작 2,000미터 미만일 때는 산은 숲과 더불어 있고 산은 일부 암봉 부분을 제외하면 수림의 산이라고 해서 틀릴 것이 없다. 비록 광엽수림에서부터 산의 높이에 따라 침엽수림 지대가 되고 다시 광목지대를 지나 비로소 목초사력지대가 되고 설선(雪線)은 그 이상의 높이에 있다. 즉 우리나라의 설선은 2800미터가 되는 까닭에 우리나라엔 빙하가 없고 만년설의 산도 없는 것이다. 그 까닭에 등산하면 꼭 빙하지역 설선 이상의 산 정수리에 올라가지 않더라도 등산이 되고 우리나라 등산은 결국 수림지역의 산에 올라가는 것을 말하게 된다. 가령, 스위스·알프스 사람들은 등산이라면 설선, 빙하지대 이상 높이의 산정에 가는 것을 말하고 수림 한계 내의 등산은 야외도보 여행 내지는 산지 유보(遊步)의 일반 하이킹이나 단순 야외 생활을 말한다. 즉 산림한계선 이내의 산길은 걷는 탐승길이고 결코 등산로가 아니라고 하는 것이다. 이것은 암벽 등반과 구별되는 개념이다.

여기서 잠시 산의 숲 이야기를 떠나서 수림

벌채의 역사를 더듬어 보기로 한다.

　예부터 인류는 생활의 대부분을 숲에 의존해 왔다. 그것은 가구, 연료, 무기는 물론 취락의 건재(建材) 등 생활 전반에 걸쳐 의존해 온 것이 사실이다. 즉 20세기에 들어와서 조림이나 식림이 본격화될 때까지 나무는 벌채되고 숲은 개발일로를 걸어왔다. 제일 먼저 경제적 벌채의 대상은 양질의 거목(巨木)들이었다. 기록에 의하면 기원전 3000년 이상의 앞 시대에 지중해 동부 레바논 삼(杉)목이 벌채되었다는 기록이 있다. 높이 40미터, 둘레 10미터나 되는 거목 이야기는 구약성서에도 거듭 등장하고 있다. 로마시대에 들어와서는 유럽에서 숲과 인간과의 관계 기록이 나온다. 씨저의 『가리어 전기』에서는 광대한 숲의 공포를 언급하고 있고 베스비오스 화산 조사를 한 프리니우스는 '기마병 1개 중대가 몸을 숨길 수 있는 거목 숲이 있다'고 기록하기도 했다. 벌채 난발이 거듭되면서 유럽의 숲은 격감되었고 로마 제국의 변영은 대량의 수지(樹脂) 채집과 교량과 선박용으로 더욱 숲은 벌채의 일방통행을 하게 된다. 유럽의 수림(樹林)이 황폐되고 벌채되면서 그 대상은 미국 대륙과 아프리카로 옮겨갔다. 다시 그 대상이 동남아의 열대우림으로 이동하고……. 1997년 미국 환경관계의 보고에 의하면 현재 지구내 남아 있는 숲은 33억 3,630만 헥타르로 8,000년 전과 비교해 숲의 54%가 감소했다고 한다. 더욱이 원시림은 22%만 남았다고 한다. 우리나라의 경우는 어떠할까. 전문가들의 통계를 기다리지 않더라도 수림의 벌채는 식림이나 조림이 따라가지 않는 감소의 일로를 걷고 있지만 다행한 것은 연료로 벌채되지 않는 오늘날에도 적절한 숲의 보존과 식림이 시급하다고 누구나가 느끼는 것이다. 산림청과 국립공원 관계자들이 부르짖는 자연보호운동은 즉 수림의 보호로 귀결되고 있음을 보아도 능히 알 수 있는 거다. 즉 수림의 황폐와 파괴는 산악경관의 훼손은 물론이고 생태계의 파괴로 직결되면서 산의 미는 흉터 있는 자연으로 노출되어 가고 있다. 이권의 개입으로 개발의 미명은 파괴가 정당화되고 있고 이로 인한 각종 규제는 산과 숲의 생활을 이기적 측면으로 상반된 양상을 노출하고 보호와 이용의 상극이 조화를 이루지 못하는 형편이다. 여기에 이용자 또는 등산자들의 자연오염 파괴보다는 오히려 대규모 개발의 산림 싹쓸이가 국토의 수림을 황토화시키고 있는 것도 사실이다.

　산은 입체적이고 조각적이며 선의 미와 면의 미가 부동의 아름다움으로 구현한다. 여기에 산자락을 드리우는 숲은 복합(複合)의 미로 조화시키며 그것은 집합단체 복잡다양 혼합질서의 양상으로 '산악미'를 돋보이게 한다. 바다와 같은 동난과 평화의 교착(交錯) 미는 없지만 분명 동(動)과 정(靜)의 태고로부터 교차가 변화하는 기상 속엔 있었다.

　깊은 고요와 아울러 정적 속에서 일어나는 불가사의한 음율이 있고 순박하고 청명한 색채의 변화 속에 이를 종합하고 통일하는 전체적 포용성이 산에 있는 거다.

　벽공을 가로지르는 산의 능선에는 무한의 넓이와 영원의 힘을 느끼고 그 넋은 순화되어 초탈정화의 감애를 느끼게 한다. 이와 같은 대자연의 예술은 그 존재가 그대로 이상(理想)이며 여기서 Idealism과 Realism이 조화를 이룬다. 즉 확실한 존재성과 무한의 동경을 지닌 정념의 융합을 발견하게 된다.

　산은 인간이 삶을 갖기 이전에 존재하고 그 늠름한 모습의 아름다움을 빛내고 있었다. 허나 인간은 어느 시대까지 산의 숨겨진 것 감추어진 아름다움을 알지 못했다. 그러나 19세기 초 로맨티즘 문예부흥 르네상스는 악령들의 둥지로만 알고 있었던 산을 미의 대상으로 부각시킨 것이다. 산의 요정, 숲의 요정이 있던 고대 희랍시대부터의 자연관에서 아름다움의 대상, 예술의 대상으로 구체화되어 산은 인류의 대가람으로 깊이 인식된 것이다. 비단 러스킨의 말을 빌지 않더라도 그것은 분명 인류를 위한 대가람임이 틀림없다. 그것은 숲이 푸르러 산과 조화를 더욱 할 때 산과 숲은 일체로서 대가람이 되는 것이다.

수림이 역광을 받고 푸른장원(莊園)을 이룰
때, 싱그러운 신록이 그 존재를 알려줄 때, 낙엽
의 숲길에서 늦가을을 밟을 때, 그 비탈에서 지
는 해를 보는 숲속의 고요만이 있을 때, 우리는
새삼 자성(自聲)의 시공(時空)을 느낀다. 분명
숲 위에는 산의 정수리가 있겠다. 그 숲은 나를
인자하게 감싸준다.

산과 숲과,

우리 민족에겐 그것이 대가람 이상의 이상향
이었고 또한 도원경이었다. 또한 예술의 대상도
바로 이 산수향이기에.

손경석은 서울대 문리대 정치학과를 졸업하고 한국산악회 이사를 역임, 종신회원으로 대한산악연맹, 대한스키협
회이사, 서울대문리대 OB산악회 부회장들을 역임하였다. 1948년에 적설기 오대산 초등을, 1955년에는 설악산 천
불동계곡 추계 초등반, 1968년에는 설악산 적설기 서북주릉초등대장, 1970년 방일 문리대 OB 등반대장, 1974년
유럽알프스 사문리군등반, 1975년 히말라야, 안나푸르나 1봉 남벽 정찰대장 등의 화려한 산행경력을 갖고 있으며
국민대, 성균관대 등에 출강. 현재는 은령 스키 산악클럽 회장, 한.네팔 협회 부회장, 한국산서회 회장을 역임했다.
저서로 「등산백과」, 「등산의 이론가 실제」, 「등산, 하이킹 서비스」, 「회상의 산들」, 「저! 히말라야」,
「한국의 산천」, 「한국의 산악」, 「서바이벌」, 「명산사계」, 「최신 종합등산기술백과」, 「암벽등반기술」
「안전등산」, 「세계산악콘사이스사전 한국편」, 「그산길 그여로」 수문출판사에서 발간한 「산 또 산으로」 등
이 있다.

산수화, 그 필묵의 노래

백 범 영

1. 산의 도상적 형상

산은 자연을 대표하는 형상이다. 대지는 대체로 산과 골짜기, 그리고 평지로 이루어져 있다. 솟은 곳에는 나무들이 자라고 패인 곳에는 물이 흐르며, 평평한 곳에는 물이 고이기도 하고 풀이 자라기도 한다. 이런 자연의 형상 중 가장 쉽게 눈에 띄는 것은 산일 것이다. 어디에서건 사방을 둘러보면 시야에 걸리는 것이 산이다. 그래서 산이란 자연을 대표한다고 볼 수 있다. 산은 또 영원불멸의 상징이다. 산은 살아있는 생명체로서 사시사철을 반복하여 생장수장(生長收藏)하지만 결코 소멸되지 않는다. 안정된 모양과 구조로 붙박혀 있는 산을 어느 누가 형상을 바꿀 수 있을 것인가. 태초의 자세를 그대로 유지하면서 무한한 생명력을 보여준다.

이러한 산의 모습이나 의미를 사람의 마음속에 항상 지녀왔을 것이다. 아주 오랜 옛날부터 사람은 자연 속에서 태어나 자연과 더불어 살고 죽어서는 자연으로 돌아간다. 요즘같이 대지가 인위적으로 개조되기 전에는 항상 자연의 형상을 가까이 하면서 느끼고 살았을 것이다. 배산임수(背山臨水)가 이상적인 삶터이다. 양지바른 산기슭에서 산을 머리맡에 베고 누워서 멀리 원산(遠山)을 바라보는 일이 평생 계속된다. 뇌리에 각인된 형상은 행위로 표출된다. 세계 어느 곳이건

지붕은 그 지역 산의 모양을 닮는다. 하늘을 떠받치고 있는 건축물이나 무덤의 형상은 다 산처럼 위로 솟고 아래로 덮는 모양을 하고 있다. 그래야 자연현상에 순응하여 산처럼 영원할 수 있을 것이다. 또 산은 바로 높이의 표상이다. 공간적으로 불가능한 수직이동에 대한 욕구를 산을 통해 구현하고자 하는 것이다. 저 하늘의 절대적 이상세계에 대한 갈망을 산을 통해 구체화하는 것이다.

한자(漢字)의 상형문자(象形文字)에서 보듯이 산의 형상은 위로 솟은 세 봉우리의 모양을 하고 있다. 비낀 두 개의 선이 위로 올라가다가 만나면 산의 형상이 된다. 산의 형상을 더욱 간략화하면 결국은 삼각형(△)의 모양이 된다. 삼각형은 함축된 산의 도상(圖像)이다. 누구나 평면공간에 몇 개의 비낀 선으로 삼각형을 적절히 배치해 그린다면 이는 영락없이 산의 모습이 된다. 실제 화가들이 그림을 그릴 때에도 그런 방법으로 그리고 추상화에서는 더 분명해진다.

삶의 공간에서 체험하고 느끼는 산의 모습은 높이를 느낄 수 있는 우뚝 솟은 삼각형의 모양이고 여기에서 기하학적 도상을 발견하게 된다. 산을 바라볼 수 있는 곳에서 나고 산 사람은 산의 형상도 쉽게 그릴 수 있다. 천지의 자연 속에는 물체가 있고 물체 속에 형체가 있으며 형체 속에는 영적(靈的)인 신묘함이 있어 화가는 이 영적인 형태를

그려내는 것이다.

2. 산수화론

고대의 유물을 관찰하면 산과 구름의 추상적인 형상이 등장한다. 대개 인물화의 공간적 배경을 설정하거나 공간을 메울 때에도 산과 구름, 나무, 꽃, 물결 등이 등장한다. 그림은 대체로 인물화→산수화→화조화 순서로 발전하였다. 초기 산의 형상은 인물화의 배경으로 시작하였으나 자연미에 대한 인식과 동경, 향유 욕구로 말미암아 점차 독립적인 산수화가 나타난다. 산수시(山水詩)의 유행으로 산수화도 아울러 발전하며 화법을 뒷받침하고 이끌어줄 화론이 제시된다.

산수화의 효시(嚆矢)로 유포(劉褒, 漢代 2세기후반)의 북풍도(北風圖,「詩經」의 〈北風〉에 근거한 그림)를 들고 있다. 기록에 의하면 그가 그린 운한도(雲漢圖)를 보고 더위를 느꼈다고 하고 북풍도를 보고 서늘함을 느꼈다고 한다. 고개지(顧愷之, 東晋 345〜406)의 화운대산기(畫雲臺山記)는 산수가 있기는 하나 고사인물도(古事人物圖)를 그리기 위한 원고이다. 둘 다 완전한 산수화는 아니다. 독립적인 산수화는 동진에서 남조대(南朝代)에 나타나 흥기하였다. 대규(戴逵, 東晋 329〜395)도 이미 산수화를 그렸다는 기록이 있다. 그러나 오늘날 볼 수 있는 가장 초기의 산수화는 수(隋, 581〜619)대의 전자건(展子虔, 533〜603)이 비단에 채색으로 그린 유춘도(游春圖, 43×80.5㎝)이다. 퇴색이 되긴 했으나 선명한 색상과 형태가 그대로 남아 있다. 약간은 장식적인 요소가 보이나 말 타고 봄나들이 하는 정경이 화사하게 표현되었다.

산수화는 수·당(隋唐)시대에 완전한 화목(畵目)으로 자리를 잡는데 이는 자연주의에 대한 열망 때문이었다. 무위자연(無爲自然)으로 대표되는 노장사상(老莊思想)과 위진현학(魏晋玄學)과 산림문학(山林文學)의 유행을 배경으로 발전하게 된다. 예술에 있어서는 문학의 발전이 종종 미술보다 앞서며 항상 미술에 영향을 준다. 산수시는 산수화와 마찬가지로 자연미를 표현하는 예술이다. 자연미를 동경하고 산천의 미에 감정상으로 공명(共鳴)하여 이를 표현하고자 갈망하였다. 이는 필연적으로 예술형식으로 표출된다. 산수화의 출현은 자연미에 대한 사람의 인식이 일정한 단계까지 발전된 것이 반영된 것이다.

산수화는 인물화와는 달리 평면공간상에 경물들을 배치하려면 원근법이 필요하다. 초기 산수화의 제작상 어려움은 멀고 가까움을 어떻게 표현해야 하는지를 명확히 알지 못하였기 때문이었다. 거리상의 차이에 의한 비례나 시점의 일치, 색상의 변화, 사물들의 포치는 지금도 산수화를 그리는데 있어서 중요한 능력이 된다. 투시(透視)에 의한 거리감을 화면에 묘사하여 공간의 아득함이 느껴져야 산수화의 맛이 난다. 그런 그림을 일러 지척천리지취(咫尺千里之趣)를 잘 표현하였다고 한다. 전자건의 그림에 이런 원근법이 잘 나타나 있는 것을 보면 당시의 산수화 발달 정도를 짐작할 수 있다.

산수시와 산수화가 성행하면서 산수화 이론이 대두하게 된다. 예술가의 자연미 표출 욕구, 노장사상의 영향으로 직접 자연을 유람하고 감상하면서 시도 짓고 그림도 그리는 문인화가들이 등장한다. 이들이 이론을 저술하여 산수화의 발달에 상승작용을 한다. 그 대표적 인물이 종병(宗炳, 375〜443)과 왕미(王微, 415〜443)이다. 종·왕(宗王)으로 병칭되는 두 사람은 동시대 사람으로 모두 산수화에 뛰어났으며 관리가 되는데 뜻을 두지 않고 산천을 유람하고 감상하는 것을 즐겼다. 종병은 일찍이 산수에 뜻을 두고 서쪽으로는 형산(荊山)·무산(巫山), 남쪽으로는 형산(衡山)에 유람하여 은둔하였으며 말년에는 병을 얻어 고향 강릉(江陵)으로 귀향하였다.

　종병의 　저서「화산수서(畵山水序)」에는 현학적 산수사상과 그것을 산수에 의탁하여 조형화되는 회화적 근거를 밝혔다. 사변적이고 명상적인 도(道)의 탐구보다도 이목(耳目)을 즐겁게 할 수 있는 지각적인 완상(玩賞)이 중요한 관심사가 되었다. 자연미를 반영하는 산수화의 작용은 정신을 펼쳐내는 것이라고 하였다. "정신을 펼쳐낼 뿐이다. 새롭게 펼치는데 이보다 앞서는 것이 무엇이 있겠는가?(暢神而已　新之所暢　孰有先焉)"라고 하였다. 산수화는 그 자체에 효능이 있으니 사람의 정신을 유쾌하게 해주는 창신(暢神) 작용이 그것이다. 그는 또 눈으로 보고 마음으로 깨닫는 것을 법으로 삼아 자연경물의 법칙을 탐구하였다. 이는 산수화 창작에 있어서 하나의 우수한 전통이요 수련방법이다. 오늘날도 산수화가들은 마음의 눈으로 기록한 것을 토대로 그림을 그리기도 한다. 또 작은 화면 위에 넓은 경치를 그려내기 위한 투시원리의 법칙을 제시하였다. "무릇 곤륜산은 크고 눈동자는 작기 때문에 눈을 가까이 들이대면 그 모습을 볼 수가 없고 몇 리를 멀리하면 한 치의 눈동자로도 이를 다 볼 수 있으니 진실로 떨어지는 것이 멀어질수록 보는 것이 더욱 작아진다. 지금 비단을 펼치고 멀리 비추니 곧 곤륜산의 모습을 사방 한 치 안에 다 넣을 수 있어 세 치의 세로획은 천 길의 높이에 해당하고 가로의 몇 자 먹은 백 리의 아득함을 이룬다" 지적에 천리의 아득함을 담는 투시(透視)이론은 종병의 선각자적 역량에서 나온 것이다. 병이 든 그는 "아! 내가 늙고 병들어 아마도 명산을 두루 유람하기 어려울 듯 하구나. 오직 마땅히 마음을 맑게 하여 도를 보며 누워서 유람하리라!(噫　老病俱至　名山恐難遍遊　唯當澄懷觀道　臥以遊之)"하였다. 그는 산수화의 예술미를 감상하는 것으로 실제 산수의 자연미를 감상하는 것을 대체하였다. 후대에는 와유(臥遊)가 오히려 산수화 감상의 대명사가 되었다.

　왕미는「서화(敍畵)」에서 　역시 　산수화 효능론을 말하였다. 아름다운 경치를 표현한 산수화를 감상으로 얻을 수 있는 정신적 향수는 다른 데에 비길 수 없다는 것이다. 또 산수화의 작용이 진기한 것을 본받는 것이라고 지적하였다. 산수화는 단순히 화가의 손으로 그리는 것이 아니라 화가의 사상을 쏟아 넣는 일이며 그렇기 때문에 비로소 그림의 정취(情趣)가 이루어진다는 것이다. "어찌 다만 손바닥 안에서 이루어지겠는가? 또한 신명이 이에 강림하니 이것이 그림의 정(情)이다(豈獨運諸指掌　亦以神明降之　此畵之情也)"하였다. 이는 산수화창작의 길을 제시하였는데 송대의 곽희(郭熙)는「임천고치(林泉高致)」에서 더욱 진일보시켰다. 장언원(張彦遠, 唐. 815~875)은 「역대명화기(歷代名畵記)」에서 산수화가 성정(性情)을 즐겁게 해준다는 교육적 작용을 지적하였다.

　형호(荊浩·唐末·五代·870~930)는 태행산(太行山) 홍곡(洪谷)이란 곳에 은거하여 오직 자연의 아름답고 신비한 경치를 흠모하면서 그림을 그리며 일생을 마쳤다. 그의「필법기(筆法記)」에 의하면 장려(壯麗)한 자연풍경에 이끌려 소나무를 수만 장이나 사생했다고 한다. 그가 제시한 육요(六要)는 자신의 창작실천에 의거하여 사혁의 육법을 더욱 발전시켜 더욱더 분명하고 구체적으로 제시하였다. 전문적인 산수화창작을 위한 산수화론이다. 육요는 곧 기(氣)·운(韻)·사(思)·경(景)·필(筆)·묵(墨)이 　그것이다. "기란 마음이 붓에 따라 상을 취하는데 미혹됨이 없는 것이다. 운이란 필적을 숨기고 형을 세워 의형을 갖추는데 속되지 않는 것이다. 사란 깎고 덜고 크게 요약하여 생각을 응축시켜 사물을 그리는 것이다. 경이란 법도를 세우는데 의거하고 묘(妙)를 찾아 진

(眞)을 창조하는 것이다. 필이란 비록 법칙에 의거하기는 하지만 운용에 따라 변통하여 질(質)만을 취하지도 않고 형(形)만을 취하지도 않아 마치 나는 듯하고 움직이는 듯한 것이다. 묵이란 높고 낮음에 따라 흐리기도 하고 맑기도 하며 물체에 따라 얕기도 하고 깊기도 하여 문채가 자연스러워 마치 붓으로 그리지 않는 듯한 것이다. 특히 묵법과 용필에 관하여 방법을 제시하여 이후 많은 연구가 뒤따라 필(筆)이 정묘하고 묵(墨)이 현묘한 기법이 완비되었다. 또 이병(二病)에 대하여 논하였는데 이치에 맞지 않는 세부적인 결점인 유형(有形)의 병과 작가의 예술적 능력과 심미관과 관계되는 무형(無形)의 병을 경계하였다.

왕유(王維·唐·701~761)가 지었다고 전해지는 《산수결(山水訣)》과 《산수론(山水論)》에서는 자연경물의 자세한 관찰, 화면구성의 합리적 배치, 투시법상의 원근표현과 적절한 물상의 변화 등을 논하였다. 그 외에도 송대에 나온 산수화론으로는 전(傳) 이성(李成)의 「산수결(山水訣)」, 이징수(李澄叟)의 「논산수결(論山水訣)」, 심괄(沈括)의 〈논화산수(論畵山水)〉, 곽약허(郭若虛)의 「도화견문지(圖畵見聞志)」〈논삼가산수(論三家山水)〉, 미불(米芾)의 「화사(畵史)」, 소식(蘇軾)의 〈동파논산수화(同派論山水畵)〉 등이 있다. 송대 이후에 많은 화론들이 등장하지만 기법과 세부이론들이 많고 산수화론에서는 종병과 왕미, 형호, 곽희의 화론에서 큰 줄기는 벗어나지 않는다.

곽희(郭熙·宋. 1001~1090)는 당시 제일 가는 화가요 이론가였다. 그는 노장사상과 형호의 회화사상을 익혀 산수화론(山水畵論)을 과학적으로 연구하여 이른바 삼원법(三遠法)을 제시하여 산수화의 구도문제를 해결하였다. 아들 곽사(郭思)가 정리하여 기록한 「임천고치(林泉高致)」는 종병, 왕미, 형호 이후의 산수화론 중에서 매우 큰 가치

가 있는 화론이다. 그 중에서 자연경물의 관찰방법과 태도, 창작시 소재선택의 전형화, 투시법의 삼원론은 가장 뛰어난 이론이다. 곽희는 후대 사람들이 어떤 의견도 제시할 수 없을 정도로 깊이 있고 치밀한 내용을 제시하였다. "실제 산수의 시내와 계곡은 멀리서 바라보아 그 세(勢)를 취하고 가까이에서 관찰하여 그 질(質)을 취한다(眞山水之川谷 遠望之以取其勢 近看之以取其質)"고 하였다. 또 "산의 모습이 걸음걸음마다 바뀐다"고 하여 이동법을 제시하여 산의 모습을 면마다 보아야 한다고 하였다. 또한 자연을 관찰하는데 있어서 정(情)과 경(景)을 서로 융합시켜야 한다고 했다. 정감과 경물이 상호 융합하는데 주도적인 역할을 하는 것이 화가의 태도이다. 창작을 위해 소재를 취할 때는 정수(精髓)를 취해야 한다고 했다. 곧 모든 것을 나열할 필요 없이 적은 것으로 많은 것을 총괄해야 한다고 말하였다.

삼원론은 투시법의 기본원리를 더 발전시켜 자연을 관찰하는 기본적인 각도를 모두 개괄하고 있다. "산 아래에서 산꼭대기를 올려다보는 것을 일러 고원(高遠)이라 하고, 산 앞에서 산 뒤를 넘겨다보는 것을 일러 심원(深遠)이라 하며, 가까운 산에서 먼 산을 바라보는 것을 일러 평원(平遠)이라 한다. 고원의 색은 맑고 밝으며 심원의 색은 무겁고 어두우며 평원의 색은 밝은 것도 있고 어두운 것도 있다. 고원의 세는 높이 솟아 있고 심원의 뜻은 중첩되어 있으며 평원의 뜻은 온화하고 아득하다"고 하였다. 고원은 앙시(仰視)요, 심원은 부감시(俯瞰視)이며 평원은 평시(平視)로 산을 보는 것이다. 삼원의 투시법은 화가가 자연경물을 관찰하는데 충분한 자유를 제공해 준다. 또 삼원법을 종합적으로 사용하여 형상을 배치할 수도 있다. 예술적인 생략에 의한 경영위치도 중요하다. "산을 높게 보이고자 하면 산을 다 드러내지 말고 안개로 산허리를 가려야 하고

물을 멀게 그리고자 하면 가리고 비쳐서 물결을 끊어야만 된다(山欲高 盡出之則不高 烟霞鎖其腰 則高矣 水欲遠 盡出之則不遠 掩映斷其派 則遠矣)"고 하였다. 화면 구성상 매우 중요하고 효과적인 방법이다. 투시법과 예술적인 표현효과를 결합하여야 화면의 변화를 다양하게 경영할 수 있다.

형호가 자연 속에서 진(眞)을 찾아 곧 회화에 적용함으로써 형호 이후의 회화는 자연을 중요시하는 산수화가 유행하여 그의 회화사상은 관동(關同), 동원(董源), 거연(巨然), 이성(李成), 곽희(郭熙) 등으로 이어진다. 그들은 당대에 유행하던 청록산수(靑綠山水)를 배우지 않고 흥미를 느낀 것은 수묵산수화(水墨山水畵)였다. 북방의 웅장하고 거대한 산수를 표현하는 형호, 관동, 이성, 범관(范寬)의 일파가 있었고, 강남의 명징(明澄)하고 수려한 산수를 표현하는 동원, 거연이 있었다. 그리고 오로지 강남의 안개와 비에 젖은 경치를 표현한 미불(米芾), 미우인(米友仁) 부자(父子)의 미가산수(米家山水)가 있었다. 그들의 그림은 평담하고 온화하며 수려하고 윤택한 기품이 있는 필묵으로 꾸밈을 가하지 않은 자연스러운 맛이다. 이러한 문인화가들의 심미관은 점차 화단을 지배하여 송대 이후의 산수화 방향을 결정지었다. 근대까지의 산수화도 송대의 화풍과 화론, 심미관과 별반 다르지 않고, 현대에는 다양한 화풍과 기법이 풍미하지만 근저(根底)에는 여전히 자연주의적 심미관이 지배적임을 부인할 수는 없다. 지금도 많은 화가들은 그런 산수화를 그리고 사람들은 그런 산수화를 갈망한다.

3. 산수화의 내용

산수화의 소재는 일반적으로 나무와 숲, 돌과 바위, 산등성이, 물줄기나 폭포·강·바다, 구름과 안개 등이고, 때때로 해와 달이 등장하기도 하고 점경인물(點景人物)이 첨가된다. 계절에 따라서 봄에는 이내[嵐] 속의 매화나 복사꽃을 그리고 여름에는 무성한 숲과 구름과 시원한 폭포를, 가을에는 화려한 단풍을 그리며 겨울에는 깨끗한 설경(雪景)을 그린다. 곽희(郭熙)는 《임천고치(林泉高致)》〈산수훈(山水訓)〉에서 사계절의 연람(烟嵐)의 변화를 정감(廷監)어린 어조로 묘사하고 있다. "실제 산수의 안개는 네 계절이 같지 않으니 봄산은 담박하고 아름다워 미소짓는 듯하고, 여름산은 자욱하고 푸르러 흠뻑 젖은 듯하며, 가을산은 맑고 깨끗하여 단장한 듯하고, 겨울산은 어둠침침하여 잠자는 듯하다"라고 하였다. 단순히 자연의 경물만을 그리는 것이 아니라 변화무쌍한 자연의 정취를 관찰하여 정경(情景)을 융합하여 필묵(筆墨)으로 표현한 것이 산수화라고 말할 수 있다.

산수화는 원래 실제 있는 풍경을 토대로 그리기는 하지만 고전(古典)이나 시문(詩文)의 내용을 그린 그림들이 많다. 임금의 어좌(御座) 뒤에 걸리는 장식화로 일월곤륜도(日月崑崙圖)가 있다. 화려한 채색으로 그려져 있지만 일반화가들도 같은 내용을 수묵화로 그린 그림들이 있다. 임금의 덕(德)을 칭송하는 내용으로 출전은 《시경(詩經)》〈천보(天保)〉에 있다. 요즘으로 치자면 '대통령찬가'쯤 되는 노래로서 전쟁을 치르고 온 병사를 위해 잔치를 베풀어준 군주(君主)의 덕(德)을 칭송하는 내용이다.

天保定爾 亦孔之固 俾爾單厚 何福不除
天保定爾 俾爾戩穀 罄無不宜 受天百祿
降爾遐福 維日不足
天保定爾 以莫不興 如山如阜 如岡如陵
如川之方至 以莫不增
吉蠲爲饎 是用孝享 禴祠烝嘗 于公先王
君曰卜爾 萬壽無疆
神之弔矣 詒爾多福 民之質矣 日用飮食

群黎百姓 徧爲爾德
如月之恒 如日之升 如南山之壽 不騫不崩
如松栢之茂 無不爾或承

그 중에 "산과 같이, 언덕과 같이, 산마루와 같이, 구릉과 같이, 냇물이 막 이르는 것과 같이" 흥하지 않음이 없고 불어나지 않음이 없음을 기원하고, 또 "초생달 같이, 떠오르는 해 같이, 남산(南山)의 무궁함 같이, 송백(松栢)의 무성함 같이" 이지러지지 않고 무너지지 않으며 계승하지 않음이 없음을 노래한 내용이 있다. 이 아홉 가지의 같음[九如]을 회화화(繪畵化)한 것이 천보구여도(天保九如圖)이다. 시대에 뒤떨어진 그림 같으나 절대자에 대한 존경과 칭송을 생각하게 하는 그림이다. 이는 내용대로 하늘에 해와 달이 떠 있고 소나무 잣나무가 있으며 시냇물이 흐르고 언덕과 산이 있는 풍경을 그리는 것으로 일종의 산수화이다.

무릉도원(武陵桃源)을 주제로 이상향(理想鄕)을 그린 산수화도 있다. 제목을 도원문진(桃源問津)이라고 하기도 하는데 도연명(陶淵明)의 도화원기(桃花源記)를 그림으로 그린 것이다. 중국 진(晉)나라 때 호남(湖南) 무릉(武陵)의 한 어부가 배를 저어 복숭아꽃이 아름답게 핀 수원지로 올라가 굴속에서 진(秦)나라의 난리를 피하여 온 사람들을 만났는데, 그들은 하도 살기 좋아 그동안 바깥세상의 변천과 많은 세월이 지난 줄도 몰랐다고 한다. 세상과 따로 떨어진 별천지(別天地)를 뜻하기도 하는데 높은 산마루가 사방으로 병풍처럼 둘러싸여 있는 곳에 복사꽃이 만발하였는데 한 어부가 그곳으로 통하는 석문 앞에서 떠내려오는 꽃잎을 보면서 노를 젓고 있는 모습을 그린 그림이다. 다분히 도가(道家)적 사상이 반영된 것이라고 볼 수 있다. 조선 초의 안견(安堅)이 그린 몽유도원도(夢遊桃源圖)가 유명하다.

송(宋)의 구양수(歐陽脩)가 52세 때 지은

추성부(秋聲賦)를 그림으로 그린 작품들도 많이 그리는 산수화 주제이다. 가을밤의 바람소리를 듣고 자연과 인생의 무상(無常)함을 탄식하는 내용인데 방야독서(方夜讀書), 성재수간(聲在樹間)을 제목으로 쓰기도 한다. 그 내용은 다음과 같다.

바야흐로 밤이 되어 책을 읽고 있다가 서남쪽에서 들려오는 소리를 들었다. 섬뜩 놀라 귀기울여 들으며 말했다. "이상하구나!" 처음에는 바스락바스락 낙엽 지고 쓸쓸한 바람 부는 소리더니 갑자기 물결이 거세게 일고 파도치는 소리같이 변하였다. 마치 파도가 밤중에 갑자기 일고 비바람이 몰아치는 것 같은데, 그것이 물건에 부딪쳐 쨍그렁 쨍그렁 쇠붙이가 모두 울리는 것 같고, 또 마치 적진으로 나가는 군대가 입에 재갈을 물고 질주하는 듯 호령 소리는 들리지 않고, 사람과 말이 달리는 소리만이 들리는 듯했다. 내가 동자(童子)에게 물었다.

"이게 무슨 소리냐? 네가 좀 나가 보아라"

"별과 달이 밝게 빛나고 하늘엔 은하수가 걸려 있으며 사방에는 인적이 없으니 그 소리는 나무 사이에서 나고 있습니다"

"아, 슬프도다! 이것은 가을의 소리구나. 어찌하여 온 것인가?…"〈후략〉

가을 바람의 처량함과 만물이 조락(凋落)하는 경치를 보고, 자연 현상의 변화와 인간의 생활을 연관시켜 인생의 덧없음을 안타까운 탄식조로 노래하고 있다. 초옥(草屋)의 방안에 사람이 책을 읽고 밖에는 동자가 손가락을 가르키고 있는데, 하늘에는 달이 떠 있고 산중의 사방에 나무는 바람을 맞아 이리저리 쏠리고 있는 장면을 그린 그림이 추성부의도(秋聲賦意圖)이다. 해방 전까지만 해도 웬만한 화가라면 한 번쯤 그려봤음직한 주제이다.

산수화의 주제로 대표적인 것이 소상팔경

도(瀟湘八景圖)이다. 소상팔경도는 중국 호남성(湖南省) 동정호(洞庭湖) 남쪽의 소수(瀟水)와 상강(湘江)이 합류하는 곳의 빼어난 여덟 가지의 정경(情景)을 그린 그림이다. 시적 정취를 흠씬 풍기게 해주는 아름다운 곳으로 시간과 계절의 변화에 따라 미묘하게 변화해가는 풍경은 시와 그림의 주제로 많이 다루어졌다. 산시청람(山市晴嵐), 연사만종(煙寺晚鐘), 원포귀범(遠浦歸帆), 소상야우(瀟湘夜雨), 어촌석조(魚村夕照), 동정추월(洞庭秋月), 평사낙안(平沙落雁), 강천모설(江天暮雪)이 그 팔경(八景)이다. 팔경을 화제(畵題)로 하여 최초로 그림을 그린 사람은 송(宋)의 이적(李迪)이라고 전하는데, 북송대 이후에는 중국에서 산수화의 전형이 된 팔경(八景)을 그리는 전통이 성립되고 한국과 일본에서도 많이 그려졌다. 우리나라에는 고려 때 전해졌으며, 조선시대에 들어와 본격적으로 유행했다. 12세기 말 명종(明宗·1171~1197) 때 이광필(李光弼)이 어명으로 소상팔경도를 그렸다는 기록이 있다. 조선시대에는 전기부터 후기에 이르기까지 산수화의 주제로 즐겨 그려졌으며, 중기의 이징(李澄), 김명국(金明國), 후기의 정선(鄭敾), 심사정(沈師正), 최북(崔北) 등이 명품을 남겼다. 초기에는 실제 경치를 소재로 따랐으나 점점 관념에 따른 재구성으로 변화해갔으며, 우리나라의 작품들은 모두 관념으로 재구성한 작품이라고 볼 수 있다. 이후 우리나라에서도 명소의 풍광을 시문(詩文)으로 노래한 관동팔경(關東八景), 단양팔경(丹陽八景), 악양팔경(岳陽八景), 한양팔경(漢陽八景) 등 서울에서 지방까지 '○○팔경'이 많다. 다만 산수화로 그려낸 경우가 많지 않을 따름이다.

조선 후기 문예의 부흥기에는 기존의 관념산수를 지양하고 현실 풍경을 화면에 담은 진경산수화(眞景山水畵)가 있다. 실학정신을 바탕으로 내 땅에 대한 관심을 가지고 적극적으로 끌어들인 것이다. 겸재(謙齋) 정선(鄭敾)과 단원(檀園) 김홍도(金弘道)와 같은 걸출한 화가가 나와서 이 땅의 풍광과 우리네 마음을 아름다운 필치로 노래한 것이다. 관념적인 산수도 우리의 경물로 배치하여 한층 더 눈에 익은 그림으로 비춰진다. 1970년대 말에 국학붐과 함께 진경산수를 이어받자고 하는 실경산수가 풍미한다. 화가라면 으레 산수화를 그리게 되었다. 그러나 진경정신을 제대로 살리지는 못했던 것 같다. 예술적 감성보다는 현실을 반영하는 역사적인 인식이 너무 앞섰던 것은 아닐까?

4. 과제

현대의 미술은 외래미술의 적극적 유입과 함께 전통적인 산수화는 예전 같지 않다. 선두나 최우위에 있던 산수화는 생활환경과 감정의 변화에 따라 점점 외면당하고 몇몇 화가들에 의해 명맥이 유지되고 있는 듯한 인상이다. 각 대학이나 단체의 사회교육원에서는 많은 일반인들을 대상으로 산수화를 가르치고 있지만 필묵의 맛이나 자연의 흥취, 지척천리지취(咫尺千里之趣)같은 감흥을 얻기는 어렵다. 대부분 카메라로 찍은 사진을 확대해서 대강 그려 놓은 것에 불과하기 때문이다. 체화된 자연에의 감정은 물론 경물을 관찰하는 방법이나 태도, 화면을 구성하는 원리조차 연습되지 않는 상태에서 밖으로 내보이는 전시가 앞선 까닭이다. 현대의 많은 화가들도 장기간 수련을 필요로 했던 어려운 필묵운용의 훈련을 포기하고 대신 쉽고 다양한 표현방법을 택한다. 또 바쁜 세상에 산천을 거닐 만큼 한가롭지가 않다. 따가운 햇볕에서의 그늘이 예술인 것을….

현대의 회화는 예전처럼 주제나 소재로 화목을 분류하지 않고 표현방법이나 경향(傾向)에 따라서 작품을 분류한다. 현대적 미술작품의 대체적인 분류방식을 보면, 의고(擬

古)적 경향, 전통적 경향, 사실적 경향, 조형적 경향, 정의(情意)적 경향, 심의(心意)적 경향으로 나눈다. 의고적 경향은 전통회화의 소재와 기법을 따르거나 재구성하는 경향을 말하고, 전통적 경향은 진경산수의 정신으로 사실적인 방법으로 표현하는 경향을 말하고, 사실적 경향은 오늘날의 사회와 삶을 직접적으로 그림에 도입하는 경향을 말하고, 조형적 경향은 실험적이고 현대적인 조형성을 추구하는 경향을 말한다. 정의적 경향은 심미적 소재나 정서를 담아내는 경향을 말하고, 심의적 경향은 상징적으로 관념의 문제를 형상화하는 경향을 말한다. 대체로 이런 구분을 하는바, 산수화로 보자면 소재 면으로 보면 맞지 않으나 주제나 표현방법으로 보자면 화풍이 다를 뿐이지 이 전부의 방법을 다 포괄할 수가 있다. 산수화의 소재는 워낙 방대하고 변화가 많으며 주제도 무궁무진하다. 또 화가들의 감성은 더욱더 확대되고 다양해진 것 같다. 현대적 감각으로 재해석 내지 재창조한다면 어느 화목 못지 않게 풍부하고 다양하리라 생각된다.

대학에서는 여전히 미술의 기본으로써 산수화를 가르치고 있다. 초기의 화가이자 이론가인 종병과 왕미, 형호와 곽희의 창신(暢神)적 태도를 재현할 수 있다면, 자연의 미를 동경하고 산천을 거닐면서 이를 표현하고자 하는 열정이 있다면 신산수화(新山水畵)의 출현도 예상할 수 있을 것이다. 무엇보다도 중요한 것은 산수와 보다 가까워지는 것일 게다.

백범영은 홍익대학교 미술대학 동양학과 및 동대학원을 졸업하였다. 3회의 개인전을 열었으며 70여회의 단체전에 참여하였다. 전통수묵화에 깊은 관심을 갖고 연구히며 각품활동을 하고 있다. 현재 용인대힉교 예술 대힉 회화과 교수로 재직하고 있다.

붉은 악마가 낀 산의 해

탁 광 일

월드컵

월드컵이란 한바탕의 광풍이 우리나라를 휩쓸고 지나갔다. 아직도 그 여운이 채 가시지 않았는지 월드컵이 끝난 지금도 한국신문에는 월드컵과 관련된 얘기가 계속해서 뉴스거리가 되고 있는 것 같다. 월드컵 기간 중 캐나다의 한 촌 구석에 살고 있는 필자도 비록 녹화된 것이긴 하지만 몇 몇 한국 경기 하이라이트를 현지의 국영 텔레비전 방송을 통해 시청했다.

경기장을 가득 메운 한국 축구 팬들이 함성을 지르며 열광하는 모습도 생생히 볼 수 있었다. 월드컵 기간 중 한국은 세계 곳곳에서 화제를 모았다. 필자가 살고 있는 마을에도 한국축구팀은 단연 화제 거리였다. 마을의 모임에서나, 심지어 길을 가다 마주치는 마을 사람들 모두 한국 팀이 예상 외로 잘 한다는 감탄과 함께 격려의 말을 아끼지 않았다.

약체 한국 축구팀의 선전이 이곳 서양 사람들에게 축구경기를 보는 재미를 크게 늘려준 것도 사실이다. 우리나라 정부는 월드컵을 계기로 국위가 크게 선양이 되었다고 크게 기뻐하고 있다. 캐나다의 현지 미디어들도 일본과 공동 주최국인 한국 축구팬들이 열광하는 모습을 흥미롭게 취재해 방영했다.

스페인을 꺾고 4강에 진출했을 때 토론토나 밴쿠버 같은 캐나다 대도시의 교민들이 시내 중심가에서 벌인 시가행진도 전국뉴스시간에 보여주었다. 그동안 이곳의 언론 매체에 한국이 소개 될 때는 사건, 사고 또는 재난과 관련한 부정적인 것들이 대부분이었기 때문에 월드컵 게임에서 승리할 때마다 열광하는 시민들의 표정은 한국에 대한 부정적 이미지를 개선하는 계기가 되기도 하였다.

세계화

오늘날 경제는 국경을 따지지 않으면서 메이드 인 코리아의 의미가 점점 퇴색하고 있다. 운동화를 만드는 다국적 기업 나이키사의 신발은 전량 미국 외에서 생산되지만, 세계시장을 상대로 마케팅을 지휘하는 본부는 미국에 있다. 우리나라의 많은 기업들도 나이키사처럼 크게 국제화되었다. 자동차나 전자제품과 같은 대표적 수출상품의 부품 중 상당부분을 외국에서 수입해 조립하고 있다.

중국이나 해외에 공장을 건설해 물건을 생산한 다음 현지 또는 제3국으로 직접 수출하는 기업들도 늘어나고 있다. 외국인 근로자들도 생산현장에 투입되고 있다. 먹는 음식도 일부를 제외하고 상당부분 외국 농산물에 의존하지 않을 수 없는 지경에 이르렀다.

우리가 사는 공간도 과거처럼 국내에 국한하지 않고 어릴 때부터 유학이나 출장, 관광, 이민 등을 통해 세계라는 공간을 우리 삶의 무대로 만들어가고 있다. 세계화가 삶의 공간을 지리적으로 크게 확대시켜 놓았고, 무역자유화에 따라 물질적으로 크게 풍요로워졌지만, 우리가 살아가는 환경을 점점 더 불안하고 위태롭게 만들고 있다.

외국부품, 외국인 근로자에 의존하지 않으면 안 되는 국내기업들, 외국시장에 의존하지 않으면 안 되는 나라경제, 외국기업들과 치열한 경쟁을 하지 않으면 안 되는 국제 시장 환경, 기를 쓰고 영어를 배우거나 외국유학을 하지 않으면 안 되는 교육풍토, 외국농산물에 의존하지 않으면 안 되는 우리 식단 등등 우리가 사는 환경은 예전에 비해 외국이라는 더 불안한 상황에 노출되고 있다.

외국에서 수입하는 원료나 부품, 외국의 시장 상황 등은 우리나라가 아무리 애써도 우리의 의지대로 조종할 수 없는 변수들이기 때문이다. 세계화의 진전과 함께 점점 더 이런 변수들에 의존도가 높아지면서 우리가 사는 환경은 더 불안해지고 위태로워지고 있다.

세계화된 축구

2002년 월드컵은 우리나라 경제와 사회가 점점 세계화되어가듯이 스포츠도 급속히 세계화되고 있음을 보여주었다. 우선 전통적으로 유럽이나 남미에서만 열리던 대회를 아시아에서 개최한 점과 시간과 공간의 장벽을 넘어 한달 동안 세계인의 이목을 집중시켰다. 자국의 축구경기를 보기 위해 또는 응원하기 위해 이역만리 유럽이나 남미에서 많은 시간과 돈을 투자해 한국이나 일본까지 오는 일이 가능해진 깃도 세계화로 좁아진 세상을 보여준 예였다.

또한 각종 부품, 기술, 심지어는 근로자까지 외국에서 들여와 물건을 만드는 우리나라 기업들처럼, 이번 월드컵 대회에 출전한 외국 팀들은 외국 감독은 물론 외국 선수들을 귀화시켜 자국 팀 대표선수로 활용하였다. 개인의 삶의 공간이 더 이상 자신이 태어난 나라 또는 인종에 제약받지 않고 실력만 있다면 자신을 필요로 하는 어느 나라의 팀에 가서 활동할 수 있음을 보여주었다. 외국인 감독이나 코치의 기용은 그들이 갖고 있는 경험과 기술의 수입을 의미한다.

대부분의 외국인 감독들이 유럽 출신임을 감안할 때 외국인 감독의 기용은 세계 축구를 오랫동안 지배해 왔던 유럽 축구기술의 수입을 의미한다. 우리 팀이 4강의 성적을 올릴 수 있었던 이유는, 선수들의 선전, 홈그라운드 이점, 노련한 유럽출신 감독의 작전, 국민과 팬들의 성원 등등이 복합적으로 작용했다.

그러나 이번 월드컵 대회가 예전의 월드컵과 두드러지게 달랐던 점은 감독의 영향으로 유럽화 또는 세계화된 축구로 대결한 점이다. 유니폼을 입은 선수들은 한국사람들이었지만, 그들이 구사한 축구기술이나 경기운영은 세계적 기준으로 자리잡은 유럽식 축구였다.

삶의 질과 무관한 월드컵

월드컵 대회 기간 중 많은 국민들이 우리 팀의 선전에 환호하고 열광했다. 월드컵 4강은 마치 우리를 단숨에 선진국으로 만드는 환상에 빠지게 하기도 했다. 경제적으로도 파급효과가 있었다. 경기장 가득 메운 응원단들이 입은 붉은색 티셔츠나 응원 도구를 만드느라 고용이 창출되고 공장이 밤낮 없이 돌아갔을 테니 국민소득 향상에 도움이 되었을 것이다.

또한 한국 팀이 승리할 때마다 축하하는데 소비된 술과 음식을 생산하는 과정에서도 고용이 창출되고 공장이 돌아가 국민소득 향상에 기여했을 것이다. 이들은 월드킵대회가 아니있다면 일어나지 않았을 것이기에 월드컵이 가져다 준 특별한 경제적 파급효과였다. 그러나 이들이 우리 국민들 개개인의 삶의 질을 향상시켰는지는 매우 의문스럽다.

세계화되지 않는 산

축구, 기업, 국가경제는 급속히 세계화되어가고 있다. 우리가 사는 주택, 도시, 주거 공간도 세계화되고 있지만, 산은 세계화되지 않는다. 축구나 기업과 달리 산은 국제경쟁력 같은 것에는 전혀 관심이 없다. 다른 나라 산보다 더 아름답게 더 크게 또는 더 높게 되려고 경쟁하지 않는다.

한반도의 백두산이나 금강산은 에베레스트나 알프스와 결코 자웅을 겨루지 않는다. 백두산은 아무리 애를 써도 에베레스트 산이 될 수 없음을 잘 알고 있기 때문이다. 백두산은 에베레스트만큼 높진 않지만, 에베레스트가 못 가진 것을 많이 가지고 있기 때문에 스스로임에 만족한다. 산은 세계화와 함께 우리를 상징하는 것들이 점점 사라져 가고 있는 가운데 우리 자신의 정체성을 간직하고 있는 몇 안 되는 상징물이다.

알프스 산은 스위스 국민의 정신을 나타내고, 히말라야산맥은 네팔, 인도, 티베트의 국민성을 상징한다. 마찬가지로 백두산, 금강산, 지리산 등은 우리나라의 얼을 담고 있다. 이들 산은 우리 선조들이 명상하고 사색하고 생활하던 곳이다. 산을 통해 우리는 선조들과 대화할 수 있고 산을 통해 우리는 후세들에게 우리의 정신을 물려 줄 수 있기 때문이다.

삶의 질과 직결된 산

세계화된 사회에선 어떻게 벌든 많은 돈을 벌어 그 돈으로 삶의 질을 결정 짓는 상품이나 서비스를 외국으로부터 사서 쓰면 된다는 논리가 지배한다. 예를 들어 월급을 많이 주는 반도체나 자동차 조립 공장에서 일해 돈을 많이 벌어 그 돈으로 삶의 질을 결정해 줄 것으로 생각하는 외식, 음악공연 감상, 고급차, 해외여행 같은 것을 사는데 소비하는 것이다.

그러나 삶의 질은 아무리 많은 돈을 받는다 해도 반도체 조립공장이나 자동차 조립라인에서 나올 수 없다. 삶의 질은 우리가 사는 생활환경이 친자연적이 될 때 높아진다. 산은 점점 열악해지는 우리의 생활 환경 속에서 그나마 삶의 질을 유지시켜 줄 수 있는 한가닥 희망이다. 우리나라의 많은 사람들이 주말이나 시간이 날 때마다 산에 간다. 세계화로 열악해진 생활환경 때문에 잃어버린 삶의 질을 되찾기 위해서다. 산에 가면 나무 향내가 밴 공기, 깨끗한 물, 새소리, 숲, 나무, 풀을 만날 수 있다. 이들은 예전에 우리 삶과 직결되었던 것들이다. 산에 가서 이 같은 옛 친구를 만나면 마음의 문이 저절로 열리게 된다.

산에 가면 국제경쟁력이나 주가지수, 환율 같은 것에 신경 쓰지 않아도 되기 때문에 심리적 안정과 여유를 찾을 수도 있다.

세계화되는 사회는 우리의 아련한 추억거리를 남겨두지 않는다. 서울에서 어린 시절을 보낸 나는 어린시절 살던 집들 대부분이 아파트 단지로 변해 버렸다. 내가 다녔던 초등학교 중학교 고등학교는 이름만 존재할 뿐 내가 배웠던 교실, 학교 건물 교정에서 자라던 나무들은 흔적도 없이 사라지고 아파트나 상가건물이 들어섰다.

어린 시절 개구리 잡던 개천은 복개되어 도로로 변했고, 메뚜기나 잠자리 잡고 놀던 논과 밭도 아파트 단지로 된 오늘날 산은 시간을 뛰어 넘어 우리와 땅과의 연결고리를 확인시켜 주고 세계화로 잃어버린 우리의 정서적 뿌리를 확인시켜주는 유일한 상징물이다.

올해는 유엔이 정한 세계 산의 해라고 한다. 공교롭게도 세계화를 상징하는 월드컵대회도 같은 해에 열렸다. 붉은 악마가 축구경기장을 붉게 물들이고 우리 사회의 모든 정신과 에너지를 축구라는 게임에 완전히 빼앗기고 있을 때, 숲과 나무들로 이루어진 푸른 전사들은 우리나라의 산들을 녹색으로 물들이며 수만 년을 계속해온 생태적 리듬을 묵묵히 반복하고 있었다. 세계 산의 해로 지정되었기 때문이 아니라 우리의 삶의 질의 향상을 위해 산의 의미를 새롭게 음미해 보자.

탁광일은 고려대학교 임학과를 졸업하고 캐나다 브리티쉬 콜럼비아 대학에서 임학박사 학위를 받았다. 현재 캐나다에 있는 School For Field Studies 교수로 재직하고 있으며 숲과 문화 연구회 운영회원이다.

討論會 10年의 回顧

송 구 영

내가 「숲과 문화」를 만난 것은 숲과 문화 연구회가 창간되던 해 충남 논산군 산림과에 근무할 때였다. 그동안 임업에 종사하면서 접할 수 있던 산림에 관한 월간지는 산림조합중앙회에서 발간하는 지금의 「산림」지와 「산림」지의 전신인 「산림보호」지가 있었고 60년대에는 「임업계」를 몇 권인가 받아볼 수 있었을 뿐이었다.

「숲과 문화」가 창간되고 1년 간은 무료로 배부되다가 1993년부터 회비를 납부하는 회원에게 배부되는 유상으로 바뀌었다.

처음 1992년에 발간된 「숲과 문화」는 표지와 내지의 지질이 같았고 검은판에 흰 글씨로 표제를 쓰고 왼쪽 아래에 「숲과 문화」가 추구하는 지표를, 오른쪽에는 목차, 그리고 밑에 발행처 이름을 써서 표지 한 면에 꽉 채워 격월간으로 6권이 나오고, 다음해에는 「숲과 문화」가 추구하는 지표와 목차를 이면으로 보내고 대신 숲 사진을 넣었는데 사진이 검게 되어 표지가 온통 검게 보였다. 편집하는 분들도 그렇게 생각했는지 제3권 제3호부터는 표지사진이 칼라로 되고 지질이 바뀌고 사진과 그림이 번갈아 실리면서 오늘까지 분량이 커지지도 작아지지도 않고 변함 없이 발간되고 있다.

내가 이야기하려는 것은 「숲과 문화」 표지 변천사가 아니라 해마다 숲과 문화 연구회가 개최하는 학술 토론회에 치음부디 지금까지 침석하면서 느꼈던 이야기를 하고 싶은 것이다.

첫 번째 <소나무와 우리문화> 학술토론회는 1993년 8월 20일부터 22일까지 2박 3일간 대관령 휴양림 임간수련장에서 개최되었다. 대관령에서 강릉을 가다가 강릉까지 14㎞를 남긴 어흘리 버스길에서 산길로 2㎞를 더 가야하는 수련장은 소나무 숲 속에 지어졌고 학습장은 통나무를 쪼개서 방바닥에 박은 책상과 등받이도 없는 고정된 장의자였다. 그리고 숙소는 60년대 군대 막사와 같은 곳이었으며, 식사는 하나은행에서 지원되어온 버스를 타고 끼니마다 어흘리로 나가서 해결해야 했다. 토론회의 테마와 장소는 아주 잘 어울렸지만 참가한 분들에 비해서 시설이 너무 열악했다.

첫날밤은 날씨가 좋아서 나무 사이로 하늘에 별을 보며 외국의 사과 나무들을 찍어온 슬라이드를 보면서 설명을 들을 수 있어 다행이었는데 이튿날은 아침부터 계속 폭우가 쏟아졌다. 산을 얼마나 좋아하는 분들이 모였는지 개중에는 숲 탐방을 간다는 예정이 있는데도 비 때문에 취소될지 모른다고 틈틈이 우의를 입고 등산을 다녀오는 분도 있었고, 자기 발표가 끝나면 가는 분도 있었다.

그러나 나는 소나무에 대하여 알고 싶은 것이 많았던 호기심에서 첫날부터 끝나는 날까지 소나무 숲이 이루어진 과정과 분포, 우리 소나무의 유전변이, 민속과 문학에 나타난 소나무의 상징 등 자세한 실명을 들을 수 있는 기회가 이런 토론회가 아니면 없을 것이라는 생각으로 거리가 멀거나 불편한 강의실은 탓하지 않았다.

행여 산림청이나 시도군에서 임업에 종사하는 분들이 많이 왔을 것으로 생각했는데 내가 아는 분은 임업 기계훈련원의 마상규 원장 뿐이었고, 임학계의 원로이신 임경빈 박사, 우리문화연구원의 이훈종 원장, 코리아투데이 임종한 주간, 그리고 숲과 문화의 편집위원들과 많은 교수님들이 참석하여 같이 자고 같이 이야기하고 했지만 시설에 대한 불평을 하는 사람은 한 사람도 없었다.

이훈종 선생은 눈을 뜨면서부터 이야기를 시작하면 강의를 듣는 시간을 빼고 밤늦게 잠들 때까지 계속 옛날 이야기를 하셨고 임종한 주간께서는 어렵게 구했다는 홍주를 가지고 오셔서 자기 전에 나누어 마시기도 했다.

두 번째 <숲과 휴양>은 1994년 8월 27일부터 28일까지 2일간 임업연수원에서 있었다. 첫날은 을지포커스렌지 훈련이 끝나는 날이라 훈련 종료 보고를 해야 하기 때문에 지각을 했다. 휴양림에 대하여 국민의 관심이 높아지고 있어 과제선택이 잘 되었다고 생각했으나 일반 대중과의 접근은 아직 빠르다는 생각을 하면서 들었다.

내가 충남 홍성군에 근무하던 1991년에 용봉산 휴양림을 조성하기 시작했으니까 실무에서 겪어야 하는 우리 임업 공무원은 반드시 들어야 할 학문이므로 직접 조성해야 하는 담당직원은 산림청과 협의해서 참가하도록 했으면 하는 아쉬움도 있었다.

임업시험장은 집무 교육이나 새마을 교육, 전국 산림과장 특별교육 같은 교육 때문에 2년에 한번 정도는 왔던 곳이라 강의실이나 잠자리, 먹는 식사까지도 내 집처럼 편안했고 거리도 가까워 좋았다.

세 번째 1995년 토론회는 <참나무와 우리 문화>로 한다는 원고 모집 기사를 읽고 산림청에서 발간한 保護樹誌에 보호수로 지정되어 있는 103개 수종 9,516본 중 114본의 참나무류

에 대하여, 보호수로 지정한 경위와 지정된 현황을 분석해 보면서 '보호수로 지정된 참나무'라는 제목으로 글을 써 보았다. 참나무는 우리 문화에 어떤 영향을 주었고 어떻게 이용되었으며 분포현황은 어떤지 그리고 앞으로 보존방안을 어떻게 세워야 할 것인지에 대하여 원고를 쓰기는 했으나 과연 학자들이 만드는 전문지에 끼워주기나 할런지 걱정스럽게 생각하면서 원고를 보냈다.

8월 19일부터 20일까지 청태산 휴양림에서 개최된 토론회에 참석해서 '참나무와 우리 문화'라는 표제의 책을 받아 들고 내가 쓴 글이 제1장 '참나무와 문화예술' 편에 들어갔고 발표까지 해야 한다는 것을 알았다. 비는 왜 그렇게 쏟아지는지, 빗물이 떨어지는 처마 끝에서 종일 교육하는 과정을 촬영하는 EBS TV 스텝들이 안쓰럽게 느껴졌다.

그 해에도 숲과 문화 연구회 운영위원은 물론 이훈종 원장, 박희진 시인을 다시 만날 수 있었고 새로 만난 포항 기청산 식물원 이삼우 원장은 노거수라는 회보를 몇 권 주셨고 서울시 남산공원 관리소장으로 계시다 지금은 서울대공원에 계시는 보령 출신의 이희봉 소장을 만나는 기쁨도 있었다.

네 번째 1996년의 <문화와 숲>은 내 집처럼 편안하게 느껴지는 임업연수원에서 개최되었다. 8월 23일이 처서라 학회를 하는 24일은 시원하기까지 했다. 많은 분들의 발표도 그랬지만 최민휴 임업연수원장의 '자연, 숲, 그리고 녹색 환경'이라는 발표 중에 '나무 한 그루를 심어 100년 동안 투자하는 비용이 대략 40,000원이고 100년 후 그 나무가 $1㎥$가 되었을 때 50,000원밖에 받지 못하지만 100년 동안 우리 인간에게 베푼 환경가치와 공익가치는 100만원 정도가 된다는 말과 지금부터 400년 전 연간 철강생산이 18만 톤이었는데 1톤의 쇠를 생산하려면 쇠를 녹이는 숯을 만드는 나무의 양은 $15㎥$가 들어 연간 나무소비량이 $300㎥$가 소요되어

산림 30,000~50,000ha가 皆伐되었다'는 이야기는 내가 山林에 대한 강의나 이야기를 할 때 자주 인용하는 말이 되었다.

밤에는 연수원 뒤쪽 잔디밭에 둘러앉아 각자 자기를 소개하는 시간을 가졌고 광릉 숲을 담은 슬라이드나 미국 온대 우림을 슬라이드로 보는 행운도 있었고 노래도 한 곡씩 부르면서 추억의 밤을 만들기도 했다.

다섯 번째 1997년 〈숲과 음악〉은 8월 23일과 24일 임업연수원에서 개최되었고 모처럼 비가 오지 않았다. 이 세상에서 음악과 미술과 여자를 다 아는 사람이 없다는 속담이 있는데, 음악을 모르는 문외한에게 얼마나 눈을 트이게 해줄 지에 대한 기대가 그동안 어느 토론회보다 매력을 갖게 했고 음악을 전공하는 교수님들이 나무와 숲과 음악과의 관계는 물론 그것들이 음악을 만들어 주는 기교까지도 예리하게 표현해서 이해하는데 많은 도움이 되었다.

작년에는 최민휴 임업연구원장이 나왔고 올해는 이보식 산림청장이 나와 특강을 했다. 특강의 내용이 학회의 주제와는 벗어났으나 산림청장이 학회에 나와 특강을 했다는 것은 숲과 문화 연구회가 행정부처까지 연계되었다는 증표이고 보다 넓게 홍보하는 계기도 되었다.

청장이 임목육종연구소장으로 있을 때 주목에서 추출한 택솔이 불치병 암을 치료하는데 탁월한 효과가 있다는 연구를 발표했고 제약회사에 많은 돈을 받고 넘겨주었다는 이야기를 들으면서 나는 32년간 현장에서 나무를 심고 가꾸면서 수많은 도벌꾼을 붙잡아 처벌한 것이 고작인데 업무의 성과는 맡은 분야에 따라 엄청난 차이가 있음을 알게 되었다.

그리고 원로 교수님들과 산림청장과 점심을 같이 먹고 대화를 하면서 해외 연수를 다녀와서 쓴 『흑림을 보고 와서』라는 책을 몇 분에게 나누어 주었는데 그 중에 이천용 박사는 〈숲과 문화〉에 글을 4개월에 걸쳐 연재해 주셨고, 전영우 교수는 그 해 10월호 〈산림〉지에 소개해서 시군 산림과와 임업협동조합에서 책을 보내달라는 많은 독자들의 요구를 받았다.

밤에는 임업연수원 뒤 작은 개울 옆 잔디밭에 앉아 '숲 속의 세레나데'라는 시간을 만들어 KBS와 MBC의 교향악단에서 일하고 계신 유명한 분들이 연주하는 관현악을 들을 수 있었고, 우리가 신청하는 곡을 들려주기도 했다. 그리고 이동희양은 '숲'이라는 곡을 가야금으로 연주해 주어 명실공히 숲과 음악의 학회가 되게 했다.

여섯 번째 1998년의 〈숲과 자연교육〉은 8월 22일부터 23일까지 '생태맹 (生態盲)극복을 위한 모색'이라는 부제를 달고 개최되어 전문가가 아니면 접하기 어려울 것이라는 생각을 하면서 참석했다.

그동안 대관령 휴양림과 청태산 휴양림, 그리고 임업연수원 교육시설을 이용해오다가 금년에는 수원시 변두리인 신갈의 하나은행 한마음터라는 연수원이었는데 잘된 조경과 넓은 주차장을 갖춘 아담한 건물이 구릉의 늘어진 산자락에 지어졌고 산 끝으로 넓은 호수가 발 아래 펼쳐진 숲 속의 별장 같은 곳으로 교육시설도 최상으로 잘 되어 있었다.

학술발표를 듣는 것도 중요했지만 『흑림을 보고 와서』라는 내 기행문을 〈산림〉지 소개해 준 전영우 교수와 〈숲과 문화〉에 연재해준 이천용 박사님께 인사를 할 수 있는 기회를 얻었고 수문출판사의 이수용 사장과 한 방에서 자면서 책을 만드는 이야기를 들을 수 있는 기쁨도 있었다.

그 해에는 그동안 열심히 오시던 원로교수님들이 많이 빠지셨고 참석자들의 연령이 전보다 훨씬 젊어진 것 같았다. 토론회의 주제가 숲과 자연교육이라서 그런지 환경단체에서 일하는 분들이 많이 참석했고 대학생들이 많이 보였으며 저녁에는 잔디밭에 앉아 현악4중주와 작년에도 왔던 이동희양의 가야금 연주까지 멀리 보이는 무대가 아니고 바로 앞에서 보고 들을 수 있었다.

　　일곱 번째 1999년은 〈종교와 숲〉이라는 주제로 학술토론회를 할 것이니 유교는 어떤 나무와 관련이 있는지 찾아보라는 전화를 받고 '향교와 은행나무'에 대하여 글을 쓰면서 전국 234개 향교에 무슨 나무가 몇 주 있고 수령은 얼마나 되며 왜 심었는지, 유래가 있으면 자세히 기술해 달라는 설문조사를 했다. 설문지가 100% 회수되지는 않았으나 돌아온 설문지를 종합한 결과 향교마다 은행나무가 많이 있었고 문묘에 은행나무를 심은 이유는 결이 곱고 병해충이 없으면서 티 없이 노랗게 단풍이 드는 것은 청렴결백한 선비정신을 나타내려 한 것이 아닌가 하는 답이 많았다. 그리고 중국 공묘에 있는 행단(杏亶)때문에 향교와 은행나무는 불가분의 관계가 있다는 답도 있었다.

　　설문을 중심으로 몇 가지의 자료에 의거 글을 썼으나 내 눈으로 보지 못하고 자료에 의해서 작성했기 때문에 기회가 되면 유교성지 순례를 꼭 하겠다고 마음을 먹었다.

　　토론회는 8월 21일과 22일었고 작년에 했던 하나은행 한마음터의 좋은 교육시설에서 발표까지 하는 기회를 얻었고 박희진 시인, 이수용 사장, 김태인 과장과 105호실에서 같이 자고 돌아올 때는 용인민속촌을 구경하고 오는 부가가치까지 있었다.

　　여덟 번째 2000년 학술토론회는 8월 26일과 27일 경기도 양평군 단월에 위치한 산음 휴양림 내 청소년수련관에서 〈숲과 임업〉이라는 주제로 열렸다. 한 세기가 지나고 새로운 한 세기가 왔다고 떠들썩대며 당장 모두가 바뀔 것 같이 법석대던 연초와는 달리 달라진 것이 전혀 없는 여름이 왔고 숲과 문화 연구회의 학술토론회도 변함 없이 열렸다. 산음 휴양림 내의 청소년수련관은 원색의 통나무집으로 2층은 강의실, 아래층은 식당이었고 숙소는 따로 떨어져 있는데 규모는 작았으나 정결하고 산뜻한 시설이 마음을 편하게 했다.

　　금년에는 내가 일선에서 나무를 심고 가꾼 어려웠던 시절의 이야기를 '내가 심은 나무, 내가 가꾼 숲'이라는 제목으로 글을 써서 발표했다. 발표가 끝나자 어떤 젊은 분은 황폐지가 그렇게 많았고 배고픈 사람이 그렇게 많았으며 정말 그렇게 어려웠던 시절이 있었느냐고 물었고, 전영우 교수는 선배님들이 그렇게 고생한 이야기를 어떻게 후배에게 전해주어야 하느냐고 했다.

　　저녁 토론회가 끝나고 휴양림관리소장이 내는 약간의 술과 포도, 삶은 옥수수를 먹으며 산림청에 계시다 퇴직하고 숲 해설가로 계신 김영기씨를 만나 현직을 있을 때 우리도에 출장을 오면 대학교 동창을 찾아가 식사를 같이 하고 허리가 아프다며 온천에 가자고 하던 옛날 이야기와 그동안 지내온 많은 얘기를 했다.

　　밤새 비바람에 흔들리던 낙엽송소리, 낙숫물 떨어지는 소리를 들으며 뒤척이다가 새벽에 일어나니, 창 밖을 보며 무엇인가 열심히 메모하고 계신 황인용 선생님, 비가 와서 등산을 못 갔다고 동동대는 정태을 과장도 잠을 설친 듯 했다.

　　아홉 번째 2001년도 학술토론회는 8월 25일과 26일 양일간 작년에 개최했던 산음 휴양림에서 〈숲과 미술〉이라는 주제로 열렸다. 두 번째 가는 길이라 물어물어 가던 작년보다는 편했고 동행한 김태인 과장이 많은 이야기를 해서 지루하지 않았다.

　　음악은 모르더라도 듣기만 하면 되지만 미술은 보면서도 이해할 수 없는 그림들이 얼마나 많은데 전문교수들은 그림을 가지고 나와 자세하게 설명을 해서 이해하는데 많은 도움이 되었다.

　　조선의 진경산수화 등 회화사의 발전과정이라던가 진경산수화에 깃든 자연의 관조사상을 통해 본 현재의 올바른 휴양활동 등 그 중에서도 특히 이호신 화백이, 수령 650년 된 매화나무를 철이 바뀔 때마다 가서 보고 그리고 했는데 어느 해 가보니 썩은 가지를 잘라버린 것을 보고 얼마나 아쉬워했는지 모른다면서 문화적 가치가 있는 나무는 보존하여야 할 필요성을 역설하는 것을 들으니, 나무는 임업을 하는 사람만 귀하게 생각하는 것이 아니라 다른 분야에서도 같은 생각을 가지고 있구나 하는 생각을 했다.

10년이면 강산도 변한다고 했는데 열 번 째 토론회는 금년 8월 24일부터 25일까지 <산과 우리문화>라는 주제로 산음 휴양림에서 개최될 예정이다.

우리의 삶이 모두 문화이듯이, 숲이라는 글자 앞에 이름만 바꿔 붙여 연구와 발표를 반복하면서 또한 문화를 만들어 가는 것처럼, 「숲과 문화」도 10년째 한번도 빠짐없이 격월간지에 주옥같은 글들을 남겼고 매년 학술토론회를 통해서 서로가 얼굴을 대하면서 직접 말하고 듣고

궁금한 것은 물어서 우리가 알고 싶어하는 산과 숲과 나무들이 만들어준 문화를 만져보고 들어보고 글로 남겨두는 일들을 해 왔다. '숲' 속에 숨겨져 있는 무궁무진한 보배들이 있는 한 우리 「숲과 문화」도 그렇게 영원토록 지속하면서 발전해가기를 바라는 마음 간절하다.

송구영은 임업공무원으로 충청남도 연기군, 부여군, 금산군, 청양군에서 대단위 산지 조림을 했다. 충남도청에서 제1, 2차 치산녹화 10개년 계획을 완수한 후 과장으로 승진하면서 홍성군, 논산군, 천안시를 거쳐 연기군에서 정년을 맞았다. 지금은 회덕향교 사무국장으로 있다.

4

산과 생태

북한의 산림생태계[1]

공 우 석

1. 도입

남북통일에 대한 염원은 더욱 높아지고 있으나 통일 이후의 한반도를 설계하는데 필요한 북한지역에 대한 정보와 지식은 단편적이고 제한적이어서 북한의 실상을 이해하는데 어려움이 많다. 특히 북한의 산림생태계에 대한 정보는 다른 정치·경제·사회·문화에 비해 부실하다. 통일 이후 국토의 효율적인 이용과 보전을 위해서는 북한의 산지와 산림생태계 현황을 파악하고 직면한 국토문제에 대한 종합적인 정보가 필요하다. 북한의 국토정보에 대한 자료 축적은 앞으로 남북교류와 협력에 있어서 중요한 기초자료가 될 수 있다.

북한의 산림생태계[1]를 이해하는데 가장 어려운 점은 북한이 기본적인 산림생태계 자료조차도 외부에 공개하기를 꺼려해서 자료를 구하는 것이 쉽지 않다는 것이다. 북한의 산림생태계에 대한 분석은 국·내외로 반출된 자료에 의존하였기 때문에 실정을 파악하는데 한계가 있다. 이 연구는 북한 관계 문헌을 확보하고 있는 정부기관, 대학 및 공공도서관 그리고 연구자가 열람 가능했던 다양한 문헌과 웹 페이지 정보와 필자가 1998년 중국 방문과 2001년 독일, 헝가리, 체코 방문을 통해 수집한 자료를 기초로 분석되었다. 그러나 북한의 산림생태계 현황에

대한 개인과 기관 사이의 의견 차이를 확인할 수 있는 객관적인 지표가 부족하여 가능하면 다양한 의견들을 가감 없이 소개하였다.

이 연구는 북한 산림생태계에 대한 기초 자료를 수집 정리하여 관련 정보를 구축하고 북한 산림생태계의 현황과 문제점을 파악하는 것을 목적으로 하였다. 이 글은 공우석(2001)의 발표문 가운데 일부를 재구성한 것이다.

2. 본론

1) 북한의 산

북한의 지세는 백두대간인 낭림산맥이 북쪽에서 남쪽으로 뻗어내려 이로부터 서쪽으로 강남산맥, 적유령산맥, 묘향산맥, 언진산맥, 멸악산맥 등이 펼쳐져 있고 함경북도에서 함경남도에 걸쳐 함경산맥과 부전령산맥 등이 낭림산맥과 이어져 북부와 동부가 높고 서부와 남부로 오면서 점차 낮아진다. 이들 산맥으로부터 발원한 여러 개의 큰 강들은 서해 및 동해로 흐르고 있으며 이들 강을 중심으로 평야지대가 형성되어 있다.

특히 평안북도의 묘향산과 함경남도의 함흥을 연결하는 선의 이북지방은 고산지대를 형성하여 백두산(2,750m), 관모봉(2,540m), 북수백산(2,521m), 남포태산(2,433m), 와갈봉, 차일봉, 두운봉, 백산, 운령, 대연지산, 낭림산 등 해발고도가 2,000m 이상인 산이 60여 개로 한반도 면적의 0.26%를 차지한다. 1,510~

---

1) 이 연구는 한국 학술 진흥재단 2001년도 기초과학연구지원사업으로 수행된 과제의 일부이다.

2,000m 사이의 면적은 3.43%, 1,001~
1,500m 사이의 면적은 9.49%를 차지한다. 북
한의 평균고도는 586m이다(홍순익, 1989).
1,500m 이상 산지의 90%가 북한의 동북지역
에 분포한다(염형민 외, 1992).

북한에는 한반도의 지붕이라고 일컬을 수 있
는 백무고원(백두 및 무산고원)과 개마고원을
비롯하여 장진고원, 낭림고원, 풍산고원 등 10
여 개의 고원지대가 형성되어 있으며 회령분지,
강계분지, 구성분지, 덕천분지, 이천분지 등 분
지지형도 고루 발달되어 있다. 그 중 개마고원
의 규모가 가장 크다(이창덕, 1992). 북한의 토양
은 내부산악지대에 나타나는 산악 산림갈색토양
이 6,520천ha로 53%, 동부 및 서부 해안지대
의 산림갈색토양이 24%, 북부고원지대의 산악
표백성토양이 13%, 산악하성토양이 6%, 간척
지토양이 3%, 동북산악지대의 고산습초원토양
이 0.5%를 차지한다(이진규 외, 1992).

2) 산림생태계

(1) 산림 수종

북한에는 83과 269속 1,023종의 수목이 있
으며, 산림 면적은 74% 정도이며, 침엽수가 차
지하는 비율은 54%이다. 수종 가운데에는 12
종의 소나무류, 3종의 전나무류, 3종의 낙엽송
류, 4종의 가문비나무류, 31종의 참나무류, 16
종의 자작나무류, 30종의 단풍나무류 등이 포함
된다. 북한의 산지에는 고등식물 4,900여 종,
일반용재 450여 종, 약용식물 900여 종, 염료
식물 80여 종, 향료식물 60여 종, 산채식물
300여 종, 사료식물 160여 종, 북한 특산종
800여 종이 자란다(이진규 외, 1992).

지대별 수종 분포는 고산지대에 분비나무, 전
나무, 낙엽송, 소나무, 이깔나무, 가문비나무, 종
비나무, 가래나무 등이 자란다. 중간지대에 참나
무류, 단풍나무, 자작나무, 황철나무, 분비나무,
잣나무 등이 분포한다. 저지대에는 대추나무, 참
나무류, 단풍나무, 느릅나무, 신갈나무, 물푸레

나무, 황경피나무 등이 나며, 평야지대에는 산딸
기, 머루, 앵두나무 등이 자란다. 가장 중요한
산림지역은 북부지역의 산록이나 습지가 많은
고원지대로, 이곳의 주요 수종은 이깔나무, 소나
무, 전나무, 분비나무, 가문비나무 등이다.

북서부의 낮은 산악지대에는 잣나무, 전나무
류 등이 하층림을 이루고, 피나무류, 단풍나무
류, 전나무류 등이 상층을 구성한다. 북동쪽의
해발고도 1,500m 이상의 산지에서는 침엽수림
이 흔하며, 해발 1,000m까지는 단풍나무, 물푸
레나무, 피나무류, 사시나무류 등이 차지한다.
북한의 중앙지대에도 대부분 이들과 같은 식생
이 나타나며, 해발 1,000m 이하에서는 참나무,
물푸레나무, 오리나무, 자작나무, 가래나무, 황
벽나무류 등으로 이루어졌다(하연, 1993).

(2) 산림 면적

북한은 1962년부터 각종 통계자료를 극히
제한적으로만 발표하고 있고, 발표 자료마저도
그 199신빙성에 의문이 제기되고 있다(김운근 외,
4a, b). 산림면적과 축척의 변화를 살펴보면
1910년경 임적조사(林籍調査) 결과(한국농촌경
제연구원, 1989)에 의하면 한반도의 산림면적
은 약 1,585만 정보였고 성림지 입목축적은 약
7억 1,500만㎥로 이 중 대부분이 북한에 분포
하였다. 1942년에는 전체 산림면적이 1,627만
4,000정보로 1910년에 비하여 42만 5,000정
보나 늘어났으나, 임목축적은 약 2억 1,200만
㎥로 무려 70%나 줄어들어 일제에 의한 산림
수탈이 얼마나 심했는지 알 수 있다. 1942년에
전체 임야 면적의 58%인 942만 1,000정보가,
총 축적의 62%인 1억 4,251만 5,000㎥가 38
도 이북에 분포하였다. 1970년 당시 북한에는
한반도 산림의 59.6%인 985만 3,000정보, 총
축적의 69.9%인 1억 6,000만 정보가 분포하였
다. 북한의 정보 당 평균 산림축적은 16.4㎥로
남한의 10.4㎥에 비하여 많았다.

근간의 북한 산림면적에 대하여 중국(中華人民
共和國1976)은 985만 4천 정보, FAO(FAO 한국

협회, 1987)는 904만 정보, 통일원은 1989년 955만 정보, 1991년 948만 정보, 중국임업부(中華人民共和國, 1991)는 635만 정보로 추정하고 있다. 따라서 북한의 산림면적은 약 948만 정보로 추정되며, 정보 당 평균축적은 44.8㎥정도이다(김운근, 1997).

북한의 산림 면적은 남북한 총면적의 59.8%, 북한 면적의 약 80%인 985만ha이며, 침엽수대인 한대림은 54%를 차지하며 자강도 북부, 압록강 유역, 두만강 상류지대에 주로 분포하고, 활엽수대인 온대림은 46%정도로 전지역에 분포한다(이진규 외, 1992). 통일부가 발표한 북한의 산림면적은 북한 전체면적인 1,228만ha의 약 77%에 해당하는 약 948만ha로 남한 산림면적의 약 1.5배에 달하며, 그 외에 논과 밭을 포함한 농경지가 212만ha로 전체면적의 17%를, 도시용지 및 기타용지가 나머지 68만ha를 차지하고 있다.

이 중 약 60%가 해발 100~1,000m 이내이며, 약 13%가 해발 1,000~2,000m인 중산성 산지, 0.26%가 해발 2,000m 이상의 산지이며, 나머지가 해발 100m 이하인 것으로 알려지고 있다. 전체 산림면적중 임목이 생육하고 있는 산림면적은 북한전체면적의 약 68.1%인 845만ha로 추정되고 있으며, 주거시 1.1%, 논 7.6%, 밭 11.6%, 초지 8.6% 등으로 나타나, 전체산림면적인 948만ha의 약 11%에 달하는 103만ha는 황폐지역이라 추정된다.(www.peaceforest.or.kr).

산지면적은 함경남도가 가장 넓고 자강도, 함경북도, 양강도 순이다. 식생 면적이 100만ha 이상인 곳은 함경남도, 함경북도, 양강도, 자강도 등이다. 산림면적 중에 조림에 의한 인공림이 1,207천ha로 전체 산림면적의 16%를 차지하고, 천연림은 6,326천ha로 전체 산림면적의 84%이다. 기타 지역으로 분류된 2,888천ha는 대부분 화전이나 다락밭으로 이용되다나 버려진 농지이거나 벌채된 이후에 방치되었거나 다른 용도로 이용되고 있는 산지로 총면적의 24%를 차지한다(석현덕 외, 1998).

1970년대 중국에서 발간된 자료에 의하면 북한은 산악지역이 80%를 차지하고 있어 실제 경지면적은 전체면적의 15%를 약간 웃도는 200만ha에 불과하다. 총 경지면적에서 식량작물의 재배에 160여 만 정보(약 70만ha의 벼 재배면적과 90만ha의 밭 면적)가 이용되고 있고 그 밖의 40만ha는 과수원, 뽕나무밭 등으로 구성되어 있다. 그 후 논 면적은 꾸준히 증가하였으나 밭 면적은 큰 변동 없이 일정한 수준을 유지하였다. 식부면적과 경지이용율은 1960년대 말을 정점으로 다시 하강 추세를 보인다. 1988년부터 북한의 총 경지면적은 214만 정보로 이 가운데 논은 30%인 65만 정보이며, 밭은 70%인 150만 정보이다(김운근 외, 1994b).

(3) 산림식생

북한에서의 수종별 산림 분포면적은 소나무(237만ha), 만주이깔나무(112만 5천ha), 낙엽송(34만 9천ha), 잣나무(19만 2천ha), 전나무(18만 2천ha), 가문비나무(10만 8천ha) 등 침엽수와 신갈나무(177만ha), 만주자작나무(25만 5천ha), 사시나무(24만ha), 달피나무(21만 9천ha), 황철나무(13만ha), 밤나무(10만 8천ha), 사스래나무(10만 3천ha), 아까시나무(7만 3천ha) 등 활엽수로 구성된다.

북한의 수종별 입목축적량은 이깔나무(20%), 소나무류(19%), 가문비나무와 전나무류(14%) 등 침엽수가 주종을 이루며 참나무류(20%), 자작나무류(6%), 피나무류(5%), 사스래나무류(2%), 단풍나무류와 물푸레나무류(1%) 등 활엽수가 섞여 자란다.

북한 천연림의 임상별 분포를 보면 총면적 687만ha 가운데 천연림은 침엽수림이 314만 4천ha(45.8%), 활엽수림 280만 6천ha(40.8%), 혼효림 82만ha(13.4%)의 순이다. 별도로 조성된 인공림의 면적은 210만ha를 나타낸다. 그러나 이 면적은 최근(전진표, 1999)에 발표된 산림면적과는 약간의 차이가 있다. 그러나 1991~1994년 사이에 관측된 Landsat TM 영상자료를 이용해서 북한의 산림자원을 분석한 결과(이승호 외, 1998)에 따르면 침엽수림, 활엽수림, 혼효림, 고산침엽수림, 참나무류 등으로 분류하였다. 임상별로는 침엽수림이 19.8%, 활엽수림이 63.2%, 혼효림 17.0%이었다.

1991－1994년 사이 북한의 산림면적은 국토 1,240만ha의 68.1%인 844만 6천ha를 차지하고 있어, 1970년대 79.8%에 비하여 크게 감소하였다. 이는 식량생산을 위한 산지개간과 연료림 채취로 인한 산림황폐화에 따른 면적 감소 등이 주된 요인이다. 황폐지는 북한의 서부지역인 평안북도 신의주 일대, 황해남도 개성 일대의 야산과 함경북도 두만강 일대에 주로 나타난다. 자강도, 양강도, 함경남북도 등에 전체 산림면적의 59.8%가 분포하며 산림지 외에는 밭(11.6%), 초지(8.6%), 논(7.6%), 수역(1.3%), 주거지(1.1%), 나지(0.6%), 기타(1.1%) 등이다. 북한의 총임목면적 약 3억 4천만㎥로 추정되었고, ha당 평균축적은 40.6㎥이다. 임상별로는 침엽수림이 전체 임목축적의 25.2%, 활엽수림의 59.9%, 혼효림의 14.9%를 각각 차지한다.

1980년대에는 1973년에 비해 산림이 다소 감소하였으나, 1993년부터 산림의 급격한 감소가 있었다. 1998년에 북한이 유엔에 보고한 산림면적은 75,519㎢로서 1991년 위성자료 추정치에 비해 약 10,000㎢ 감소하였고, 1970년의 97,726㎢에 비교하여 약 22,396㎢가 감소하였다. 1970년대부터 북한의 농지확대정책에 따라 많은 산림이 농지로 개간되었고 또한 연료채취와 목재 수급을 위한 벌채로 산림이 많이 감소하였다. 1990년대부터 악화된 북한의 경제 사정과 자연재해의 빈번한 발생과 관련된다(이규성 외, 1999).

1998년 UNDP와 북한정부 주관으로 스위스 제네바에서 개최된 '농업복구와 환경보전'에 대한 회의 자료에 의하면 북한의 산림 면적은 1970년 9,773천ha에서 1997년 7,533천ha로 감소하였다. 감소한 면적은 농지전용지역과 벌채 후 방치한 산림지역으로 추정된다. 그러나 1970년보다 산림면적이 감소한 것이 1998년에 발표된 산지면적이 토지 분류상 산지면적이 아니라 현재 산림에 의해 피복 된 면적만을 의미하기 때문으로 보기도 한다(석현덕 외, 1998). 그러나 복구대상면적은 2,240천ha로 사방 대상면적은 177천ha이고 재 조림 대상면적은 2,063천ha로 조사되었다. 1997년 현재 북한 전체 산림면적 7,533천ha 가운데 천연림은 6,326천ha이고 인공림은 1,207천ha이다(UNDP, 1998; 전진표, 1999). 지역별로는 함경남도 1,283천ha, 양강도 1,125천ha, 함경북도 1,213천ha, 자강도 1,067천ha, 평안남도 785천ha, 강원도 722천ha, 평안북도 655천ha, 황해북도 399천ha, 황해남도 284천ha 등이다.

(4) 산림 파괴

북한은 1960년대 중반부터 농업·농민문제 해결을 위한 기본원칙의 하나로서 기술혁명을 제시하고 수리화·기계화·전기화·화학화 등 '4화'운동을 전개하였다. 1970년대에는 '알곡 1,000만 톤 고지 점령하기 위한 5대 자연개조사업'을 제시하며 밭 관개, 다락밭 건설, 경지정리와 토지개량사업, 간석지 개간 및 치산치수를 추진하였다. 그리고 1980년대에는 30만 정보의 간석지 개간, 20만 정보의 새땅 찾기, 서해 갑문 건설, 태천발전소 건설 등을 내용으로 하는 4대 자연개조사업을 추진하였다(북한문제연구소, 1993).

북한은 부족한 식량을 확보하기 위하여 자연개조사업을 통하여 농지확장정책을 추진하였으나 1990년대 초기부터 침체되기 시작한 경제난 가중으로 그 성과는 극히 부족하였다. 경제난 가중으로 모든 산업의 가동율은 20% 내외로 저하되었다. 경제난은 농촌지역의 연료공급을 차단함으로써 산림의 황폐화를 초래하였고 1993년부터 자연재해가 계속되고 있다.

북한에서 산림 파괴를 가져온 주된 원인은 다락밭 건설과 남벌 그리고 구호나무 등이다. 특히 식량증산을 위해서 추진된 자연개조사업

중 다락밭 건설은 벌채와 함께 황폐화의 가장 큰 원인이다.

다락밭이란 산비탈 밭에 계단을 쌓아 만들어진 수평 또는 완만한 경사를 가진 밭이다. 북한은 자연개조사업의 하나로 경사가 16° 이상인 20만 정보의 비탈밭을 다락밭으로 조성할 것을 목표로 설정하였고 1976~1977년간 1단계로 5,000정보의 다락밭을 건설하였다고 발표하였다(www.nis.go.kr).

다락밭은 다시 다락논과 다락밭, 다락과수원으로 세분되며, 지형조건에 따라 뽕나무와 밀원, 식량작물 생산에 주로 이용되고 있는데, 1985년까지 다락밭 개발면적은 약 16만ha에 달한다. 그러나 다락밭에 지력요구도가 높은 옥수수를 주로 재배함으로써 과도한 지력감퇴와 비료부족으로 생산성은 극히 저조하였으며, 에너지 난으로 인한 농기계의 사용한계 등으로 1990년대 이후 경작되지 않고 방치되는 것으로 알려졌다.

이러한 다락밭 건설은 국가사업으로 당중앙위원회가 추진하였기 때문에 경사가 완만한 임산공업림도 상당면적 포함되었을 것으로 추정된다. 특히, 김일성 사후 식량난으로 인한 북한내부의 기강해이로 인민들의 무차별적인 개간과 연료채취로 임상이 양호한 임산공업림 지역의 산림이 크게 훼손된 것을 탈북자들의 증언을 통하여 알 수 있다.

다락밭을 조성하는 과정에서 야산의 나무를 모두 베어내고 목표달성에만 급급하여 제방공사를 소홀히 하는 등 무리하게 추진함으로써 비가 오면 다락밭의 토사가 흘러내려 지력을 감소시켰을 뿐만 아니라 하상을 높임으로써 홍수를 초래하는 요인으로 작용하여 오히려 농작물 생산을 감소시키는 결과를 가져왔다.

1995년과 1996년의 엄청난 홍수피해를 입은 대부분의 지역이 서남평야부의 평안남북 및 황해남북지역으로, 인구밀도가 높고 농업의존도가 높아 대규모의 다락밭 개발이 추진된 지역이었으며, 이 지역은 해발 200m까지 개간사업이 추진된 점 등에 비추어 볼 때, 산림의 황폐 정도는 심각한 수준이라 판단된다(www.peaceforest.or.kr).

다락밭과 함께 자연파괴를 야기하는 것은 뙈기밭이다. 뙈기밭은 버려진 땅을 일구어 만든 작은 밭으로 1980년대부터 시작되었다. 뙈기밭은 일정기간 동안 생산물을 국가에 납부하지 않고 전량을 밭을 일군 기업소 등에서 갖기 때문에 밭을 찾는데 주민들은 열심이다. 밭의 크기는 10평에서 200평 정도이다. 북한은 뙈기밭의 개인 소유를 금하고 기업소 등이 일정 기간 경작하도록 하였다. 그러나 산비탈이나 계곡 등지에 개인 뙈기밭을 경작하는 사례가 늘어나고 있다. 뙈기밭은 식량난이 심각한 함경도, 자강도 등 오지에서 급속히 확산되고 있다(조선일보, 1995). 또한 북한 농민의 개인 경작지인 '텃밭'이 최근 1천 평 규모의 개인 밭으로 확대되었다. 그 동안 20여 평 규모에 비하여 50배 늘어(중앙일보, 2000), 이를 확보하기 위한 산림 파괴도 발생하는 것으로 추정된다.

북한은 1980년대 중반 이후 에너지 난으로 농촌지역 모든 주택은 임산연료를 사용하기 시작하였고, 1990년대 들어서는 평양, 남포, 개성 등 일부 도시를 제외한 대부분의 지역에서 취사 및 난방용 연료로 임산연료를 사용하고 있다. 심지어 도시 아파트에서두 임산연료용 아궁이로 교체하거나, 아파트 근처에 공동연료창고를 마련하여 사용하고 있는 실정이다. 따라서, 도시지역 인근 야산의 산림 남벌에 따른 훼손이 심각한 실정이다.

특히 1980년대 들어서면서 식량난, 에너지난, 외화난에 봉착하면서 삼림의 황폐화가 가속화되었다. 삼림의 파괴는 식량증산을 위한 과도한 산지개간, 농촌지역 대부분 주택이 취사 난방용으로 임산연료 사용, 외화획득을 위해서 양호한 삼림의 대규모 벌채 등이 중요 원인이다. 이런 원인들로 1980년대 중반 이후 북한의 삼림 파괴는 빠른 속도로 신행되었으며, 1995년부터 계속된 대홍수는 이러한 삼림 파괴를 더욱 가속화시켰다. 또한, 외화획득을 위해서 변경지역의 양호한 산림이 무차별적으로 벌채되어 중국 등지로 반출됨으로써 양강도, 자강도 지역의 산림훼손이 타 지역에 비하여 심한 것으로 알려졌다.

북한의 주요 원목 생산지는 양강도, 자강도, 함경남도, 함경북도 등 북부지방으로 북한 산림 축척의 72%가 분포하며, 원목 생산량의 83%를 차지한다. 북한 전체 성장목의 비율은 양강도가 27.8%, 자강도가 27%, 함경남도가 12.4%, 함경북도가 13.2% 등이다. 목재는 이깔나무, 가문비나무, 분비나무, 전나무 등이며, 지역별 원목 생산 비율과 대표적인 군은 북한 전체 원목 생산량의 1/3을 차지하는 양강도의 삼지연, 보천, 백암 등이 있다.

북한 전체의 20%를 차지하는 자강도의 낭림, 화평, 용림, 성간군 전천 등과 13%를 차지하는 함경남도의 장진, 부전, 허천, 검덕, 요덕, 홍원, 신흥, 덕성, 정평 등도 주요 목재 산지이다. 그 외에는 6%를 차지하는 평안북도의 대관, 동창, 운산 등과 7%를 차지하는 평안남도의 대흥, 영원, 양덕, 덕천 등과 3%인 강원도의 판교, 법동, 회양 등이 있다.

현재 북한의 삼림 중 황폐지역은 150만ha에서 200만ha 정도로 추정된다. 이는 서울시 전체 면적의 25배에서 30배에 해당하는 규모이다. 백두산, 금강산 등 특별관리지역을 제외하고 전국적으로 황폐가 진행되었다. 정보 당 임목축적량은 30㎥ 정도로 빈약한 상태이며, 그 결과 강수량에 따라 홍수와 가뭄이 교차하는 피해가 발생하고 있다(조민성, 2000).

국토개발사업 중 광복 이후 북한이 가장 관심을 기울인 분야는 토지 건설 및 치산치수 사업이다. 토지건설은 식량증산을 위한 경지확장과 관련되는 것으로 간석지 개간, 다락밭 건설, 새땅 찾기 등이다. 북한은 약 32만 정보의 개간 가능한 간석지가 있는 것으로 파악하였으나 1990년까지 약 6-7만 정보를 간척한 것으로 보고되었다. 새땅 찾기는 나무가 없는 산지, 도로와 철도 옆, 하천부지, 늪지, 밭둑 등을 경지

로 만드는 것이나 산지 개간이 주요 활동이며(염형민 외, 1992), 그 과정에서 산림파괴는 피할 수 없었을 것으로 본다.

산지파괴의 또 다른 사례는 구호나무와 구호문건이다. 구호나무란 항일혁명투쟁 당시 빨치산대원들이 껍질을 벗겨 구호를 새겨 넣은 나무를 말하며 구호문헌이란 이러한 구호나무에 새겨져 있는 김일성-김정일 찬양 글귀를 일컫는다. 구호나무는 1961년에 처음으로 19그루가 발견되어 발표된 바 있으며, 북한의 주장에 따르면 구호나무 및 구호문헌은 1991년 2월 현재 북한 전역에서 약 1만2천여 점이 발굴됐다. 지역별로 보면 함북 7천4백 점, 함남 6백 점, 자강도 5백 점, 양강도 4백 점, 평양시 3백70점, 평남 2백50점 등이다.

또한 정치적 목적에 의한 자연훼손도 심각한 상황인데 북한은 금강산·묘향산 등 명산의 절경지역에 있는 천연바위들에 김일성과 김정일의 우상화 글귀를 수많이 새겨놓았다. 어떤 것은 높이와 너비가 각각 13m, 9m이고 획의 넓이가 1.6m나 된다. 특히 금강산 지역에만도 70여 개소에 4,500여 자를 새긴 것을 비롯하여 북한전역으로는 4만여 자에 달하는 것으로 알려지고 있다(www.nk.joins.com).

(5) 산림의 이용과 보전

북한의 산지이용 정책은 산림의 효율적인 이용을 중요시하는데 현재 100여 종류의 용재식물 및 섬유제지식물, 50여 종류의 유지식물, 30여 종류의 산과식물, 320여 종류의 사료식물, 70여 종류의 밀원식물, 60여 종류의 향료식물, 900여 종류의 약용식물, 300여 종류의 산나물을 종합 이용함과 동시에 목축, 산간농업, 산간공업을 촉구하고 이를 통한 산간농민의 생활향상을 추구하고 있다.

북한은 1970년에 발표된 토지관리 규정에 따라 토지를 농업용 토지, 산림 토지, 도시 토지, 특수용 토지, 기타 토지 등 5가지로 구분하고 각 토지 대상지의 내용을 규정하고 있다. 농

업용 토지에는 농경지, 농촌지대, 방목지, 갈밭, 간석지, 습지, 강과 하천 유역의 황무지 등이 있다.

산림토지는 임목지, 무임목지가 있으며, 도시토지는 도시 내 택지, 도시 내 산업용지, 공공이용지, 기타 부속지 등이 있다. 특수용 토지에는 군사용지, 철도, 도로 및 항만용지, 도시의 상업용지(염전용지 포함), 관광용지 등으로 나누며, 기타 토지 등으로 구분하였다(이진규 외, 1992).

북한에서 산지 이용의 원칙은 ①해당시기의 인민경제적 수요를 고려해서 농경지, 교통, 통신망, 송전선, 주거지 등에 관한 위치를 정할 것, ②각 지역의 생태적 조건, 지형, 지리적 위치 등 자연조건을 고려하여 산지를 이용하도록 할 것, ③산지와 국토자원에 해를 주지 않도록 할 것, ④임목이 무성한 지역을 농경지로 만들지 않도록 산지 현황에 치중해서 이용할 것 등이다.

북한의 삼림 전체면적(약 1천2백만ha)의 18.4%인 230만ha가 보호림으로써 관리되고 있다. 특별관리 대상이 되는 삼림지역은 김일성-김정일 부자의 혁명전적비 및 사적지를 보존하기 위한 특별보호림과 기타의 위생풍치림, 수원함양림, 사방림, 방풍림, 교통보호림, 호안림(하천둑 보존숲), 어부림(물고기 서식지 보호림), 학술연구림 등이 지정되어 보존되는 삼림형이 산재하고 있다.

북한의 삼림은 자연개조에 의한 교란과 부적절한 조림정책에 의해 형성된 대상식생 등으로 특별보호림(백두산 아고산 자연초원지대 포함)과 일부산림을 제외하고는 전반적으로 불안정한 삼림생태계 유지하고 있다. 경사지 개발(다락밭과 뙈기밭 개간)과 삼림 불량화(땔감부족으로 인한 남벌)는 호우 때마다 산사태와 토사유출을 유발시켜 하천 범람에 의한 상습적 수해가 발생하고 있으며, 삼림벌채 이후 나대지로 방치된 산지(민둥산)의 토지는 토양 영양염류의 유출량 증가와 토사유출로 말미암아 삼림 복원의 잠재력이 크게 훼손되어 있다.

민둥산이 넓게 분포하는 지역은 냉온대 중부·산지형 및 냉온대 남부·저산지형으로 우선 복구가 필요한 지역이다. 그러나 함경남북도, 자강도, 양강도 등 북동지역에서 북한 삼림면적의 67.9%, 축적의 78.9%를 포함하며, 상대적으로 임상이 양호하다(김종원, 2000).

북한은 전력공업, 석탄공업, 광업, 화학공업 등의 공업부문들과 함께 임업도 중공업의 한 부문으로 다루고 있다. 경제정책상에 있어서 '임업'과 '산림업'으로 구분하여 임업은 중공업부문의 하나로 다루고, 산림업은 농촌경리 속에 포함시키고 있다.

북한의 산림정책은 7단계로 구분한다. 제1단계는 인민민주주의 개혁기(1945~1949)로 1947년 산림의 국유화를 매듭짓고 주로 황폐지에 대한 조림과 사방사업을 본격적으로 추진했다. 제2단계는 동란기(1950~1953)로 전쟁 중에 파괴된 산림의 응급복구를 시도했다. 제3단계는 사회주의 혁명기(1954~1959)로 황폐산림의 복구를 위한 본격적인 조림 및 사방사업을 추진하고 1954~1961년까지 50만 정보의 조림목표량을 책정하였다. 제4단계는 사회주의 건설기(1960~1970)로 조림목표량을 80만 정보로 정하고 황폐산지에 대한 조방적인 조림이 계속되었다. 제5단계는 사회주의 안정기(1971~1976)로 경제림 조성을 위한 유용속성수종의 식재와 식용유 등의 유지생산 증대를 목적으로 호두나무 유지림 조성을 남부에서 활발히 추진하였다. 제6단계는 주체경제 확립기(1977~1986)로 조림사업 강화와 목재의 종합적·효과적 이용을 강조하였다. 제7단계는 사회주의 개방기(1987~현재)로 원목생산의 증대, 목재의 종합적·효과적 이용을 강조하고 있다(김운근, 1997; 석현덕 외, 1998).

북한은 농경지 면적이 협소하여 농지확대를 지속적으로 추진하여 1996년에는 농지가 광복 직후보다 1.1%가 증가하였다. 농경지 확장 수단으로 새땅 개간을 자연개조사업으로 추진하고 있으며, 새땅 개간 종류에는 경사도 15° 이하의 산지개간, 하천부지 개간, 습지 개간, 고원 및 대지 개간 등이 있다. 새땅 개간의 세 가지 원칙은 ①농경지로 쓸 수 있는 땅을 개간하고, ②국토의 종합적·합리적 이용의 관점에서 개간하고, ③토사 유실이 적도록 국토보존 차원에서 개간하여야 한다. 지형적으로는 곧 500m 이하, 경사도 15° 이하가 되어야 하고, 만일 경사도가 15° 이상이면 토지보호대책을 특별히 세워야 한다.

북한은 야산을 주요 개간 대상지로 삼았는데 그 이유는 야산이 생산성이 낮은 임지로 되어 있고, 경사가 완만하여 개간 비용이 적게 들고 토양이 농경에 적당하기 때문이다. 야산의 개간 방법은 경사가 비교적 급한 야산에서는 계단식 개간, 경사가 비교적 완만한 야산에서는 최뚝식 개간, 경사가 극히 완만한 야산에서의 전면개간 등이 있다.

1990년대 들어 일상화된 북한의 경제난은 북한 산림에 상당한 변화를 가져왔는데 과거 목재생산을 위한 임업에서 난방원료 공급, 공업원료 생산, 외화 획득 등 경제적 효용을 추구하는 산지의 다목적 이용을 강조하고 있다.

(6) 조림

북한의 조림 현황을 보면 1946~1960년은 녹화조림단계로 황폐산지 및 무임목지에 대한 녹화조림을 확대하였다. 1961~현재까지는 수종 갱신 조림단계로 섬유원료림으로 포플라·황철나무·닥나무 등이 보호림 조성수종으로 오리나무·아까시나무 등이 심어졌다. 일반용재림으로 수삼나무·삼송·이깔나무 등이 기름식물로 잣·호두·쪽가래·초피나무 등이 그리고 유실수림으로 밤나무 등을 광범위하게 조성하였다. 그러나 용재림 조림면적 중 약 70%가 이깔나무이다. 지대별(고도, 위도) 조림 수종을 보면 700m 이상에는 이깔나무, 종비나무, 분비나무, 황철나무, 박달나무 등이고, 500m 이상에서는 가문비나무, 음나무 등을 심었다(김운근,1997).

1998년 12월 자료(UNDP, 1998)에 의하면 98천ha의 산지가 완전히 헐벗었고 230천ha는 자연적으로 파괴되었으며, 예전부터 헐벗은 채로 남겨진 110천ha를 포함하면 450천ha의 산지가 당장 복구되어야 하는 것으로 본다.

산림면적 중 조림에 의한 인공림은 1,207천ha로 전체 산림면적의 16%를 차지하고, 천연림은 6,326천ha로 전체 산림면적의 84%를 차지한다. 지금까지 가장 많이 조림된 수종은 이깔나무와 잣나무였으나, 최근에는 주로 이깔나무를 심었다. 연료림 조성에 주로 이용된 수종은 아까시나무이다. 북한의 농촌 가정은 1년에 약 8㎥ 정도의 임산연료를 소비한다고 추정된다(석현덕, 1999).

북한의 전체 산지 중 약 200만ha의 산림이 복구사업이 필요하고 이 중 750천ha는 재조림이 시급히 이루어져야 한다. 북한에서 1970년 이후부터 농지로 전용되었지만 현재는 방치되어 있거나, 산지로 남아 있지만 벌채된 채로 방치된 황폐산지는 2,238천ha로 추정된다. 이 중 177천ha는 경사 16° 이상의 경사밭으로 사방사업 대상지이고, 나머지 면적인 2,061천ha는 재조림 대상 면적이다.

북한은 최근(노동신문, 1999)에 접목, 수종갱신 등의 방법을 통해 산림면적 가운데 많은 비중을 차지하는 소나무림을 잣나무 등 경제성 있는 수종으로 교체하는 산림개조 사업을 적극 추진하고 있다. 특히 낮은 산지에서 많이 자라는 소나무는 생산성이 낮고 벌레가 많이 끼므로 좋은 나무수종들로 산림을 개조하는 것이 좋다고 강조하였다. 소나무림에 상수리, 아까시나무와 같은 활엽수를 심어 혼성림을 만드는 방법으로 소나무림을 차츰 개조할 수 있다. 특히 땅이 메말라 당장 좋은 수종의 나무를 심을 수 없는 곳에는 아까시나무, 오리나무를 심어 몇 해 동안 땅을 기름지게 한 다음 잣나무나 창성이깔나무와 같은 나무들을 심는 방법으로 소나무림을 교체할 수 있다고 하였다.

대규모의 산림황폐지역을 복원하는데는 임업의 특성상 오랜 기간과 대규모의 인력과 경비가 소요된다. 북한의 산림황폐지를 복구하는데는 20여 년과 오랜 기간이 소요되며, 약 13조원이 엄청난 경비가 소요될 것이라는 연구결과에 기초해 볼 때, 북한의 산림자원 복구는 차후에 해야 할 과제가 아니라, 지금부터라도 남북협력의 차원에서 추진되어야 할 과제이다(www.krei.re.kr).

산림황폐지역의 복구는 식량난 해소를 위한 근원적 문제를 남북이 함께 해결한다는 관점에서 접근해야 한다. 산림황폐지의 복구는 홍수로 인하여 심각하게 훼손된 농지의 보전에도 직·간접인 도움을 주며, 이를 통해 식량증산에 기여함으로써 식량난의 근원적 해결에 기여할 것이다.

또한, 북한주민들의 생활환경개선은 물론 엄청난 비용투자가 요구되는 환경정화시설의 역할을 대신하여 주요 공업지역의 환경오염 개선에도 중요하다. 이러한 관점에서 북한의 산림황폐지의 복구는 통일환경 조성을 위한 남북협력의 측면에서뿐만 아니라 훼손된 지구환경을 복원하여 후손에게 물려준다는 측면에서 남북이 함께 추진해야 시급할 과제라 할 수 있을 것이다(www.peaceforest.or.kr).

3. 결어

이 연구에서는 북한의 산림생태계의 현황과 문제점을 파악하어 앞으로 남·북한긴 학자들의 상호 교류·연구 협력에 필요한 기초 자료를 수집하고자 하였다. 북한에는 83과 269속 1,023종의 수목이 있으며, 수종별 산림 분포면적은 소나무(237만ha), 만주이깔나무(112만 5천ha), 낙엽송(34만 9천ha) 등 침엽수와 신갈나무(177만ha), 만주자작나무(25만 5천ha), 사시나무(24만ha), 달피나무(21만 9천ha) 등 활엽수로 주로 구성된다.

산림면적은 북한 전체면적인 1,228만ha의 약 77%에 해당하는 야 948만ha로 남한 산림면적의 약 1.5배에 달하지만, 약 11%에 달하는 103만ha는 황폐지역이라 추정된다. 북한의 산림면적은 1970년 9,773천ha에서 1997년 7,533천ha로 감소하였다. 식량증산을 위해서 추진된 자연개조사업 중 다락밭 건설은 벌채와 함께 황폐화의 가장 큰 원인이다. 그 결과 북한의 전체 산지 중 약 200만ha의 산림이 복구사업이 필요하고 이 중 750천ha는 재 조림이 시급히 이루어져야 한다. 산림황폐지역의 복구는 북한의 식량난 해소, 산림생태계와 환경 개선을 남북이 함께 해결한다는 관점에서 접근해야 한다.

북한의 자연생태계에 대한 정보는 향후 남북 교류와 협력에 있어서 정확한 자료에 기초한 합리적인 정책을 입안하고 통일 후 국토를 체계적으로 관리하는데 유용하다고 판단되므로 차후 구체적인 연구 조사가 요청된다.

참고문헌

공우석, 2001, 북한의 자연 생태계의 이해와 보전, 북한 국토의 이해와 개발에 관한 국제학술 세미나, 요약집, 1-34, 대한지리학회, 2001. 12. 7. 서울대학교 호암교수회관 컨벤션센터

김운근, 서승진, 김정봉, 1994a, 북한의 임업과 수산업 현황, 한국농촌경제연구원

김운근, 고재모, 김영훈, 1994b, 북한의 농업 개황, 한국농촌경제연구원

김운근, 1997, 북한의 농·임업, 공보처

김종원, 2000, 남북한 자연환경 보전방안, 21세기 자연보전정책발전방향 청탁원고집, 173~185, 한국환경정책평가·연구원

노동신문, 1999. 6. 13 (http://www.krei.re.kr에서 재인용).

북한문제연구소, 1994, 북한조감, 내외통신사

석현덕, 1999, 북한의 산림 및 관리 현황, 한국임학회 1999년 정기종회 및 학술연구발표회, 초록집, 27-37

석현덕, 정정길, 유병일, 1998, 통일대비 북

한 산림관리 방안, 산림청

FAO 한국협회, 1987, 아태지역 식량농업 개발지표 1978-88, FAO 한국협회 (김운근, 1997에서 재인용)

염형민, 류승한, 1992, 북한의 국토개발 편람, 국토개발연구원

이규성, 정미령, 윤정숙, 1999, 북한 지역 산림면적 변화의 규모와 특성, 한국임학회지, 83(3), 352-363

이승호, 정성학, 송장호, 1998, 원격탐사에 의한 북한의 산림자원조사, 산림과 학위논문집, 58, 1-13

이진규, 이성연, 1992, 북한의 임업, 임업연구원

이창덕, 1992, 고냉지 농업, 강원대 출판부.

전진표, 1999, 북한 산림자원 실태 및 산림협력방안, 북한농업연구, 6, 74~76

조민성, 2000, 북한의 삼림 황폐화, 교수신문 2000. 8. 28

중앙일보, 2000, 8. 8

통일원, 1989, 북한산업지리연구

통일원, 1991, 북한개요

하연(역), 1993, 북한의 임업, 숲과 문화,

2(1), 42~49, Mueller, F.B., 1987, Sozialistische Forstwirtschaft, 1992~1995

한국농촌경제연구원, 1989, 한국농정 40년사 (하), 한국농촌경제연구원

홍순익, 1989, 조선자연지리, 김일성종합대학 출판부

中華人民共和國, 1976, 朝鮮主要氣象臺店資料, p.13(김운근, 1997에서 재인용)

中華人民共和國 林業部, 1991, 北韓出張報告書, 中華人民共和國(김운근, 1997에서 재인용)

UNDP/FAO, 1998, Agricultural recovery and environmental protection in DPRK, a document(draft) prepared for the Round

Table Follow-Up meeting, Palais des Nations, Geneva.

http://www.krei.re.kr

http://www.nk.joins.com

http://www.koreandb.net

http://www.nis.go.kr

http://www.peaceforest.or.kr

공우석은 경희대학교 지리학과 및 동 대학원 졸업, 영국 헐(Hull)대학교 대학원 이학박사. 청주대학교 지리교육과 조교수 역임하고 현재 경희대학교 지리학과 교수로 재직하고 있다. 논저로 "The Plant Geography of Korea" "Vegetational history of the Korean Peninsula" 외 다수가 있다.

화분을 통한 古植物의 이해

김 종 성

고식물학(Paleobotany)은 지질시대에 생존하고 있었던 생물의 구조, 생활양식, 생물들의 유연관계, 계통관계, 지리적 및 시간적 분포 등을 고찰하는 고생물학(Paleoneontology)의 한 분야로서, 식물상의 구성과 진화, 층위에 따른 발달과정, 그리고 생태의 구명에 목적을 두고 있다. 이러한 고식물학은 지층 속에서 나오는 화석을 이용하여 분대(화석대)를 연구하는 생층위학(Stratigraphy)과 각 시대의 생물의 생태를 밝히는 고생태학(Paleoecology)과도 밀접한 관련을 갖고 있다.

학자들은 다양한 방법들을 통해 옛 시대 동, 식물의 생활상에 대한 궁금증을 풀기 위하여 연구들을 진행하여 왔다. 식물의 대형기관인 잎이나 줄기의 대형화석 그리고 화분과 같은 미세화석을 대상으로 분석이 이루어져 왔으며, 또한 호수의 바닥이나 습원의 이탄층에 쌓인 화분을 추출하여 분석하는 방법들을 이용하고 있다. 이러한 연구 결과들은 각 시대의 식물상을 알기 위한 그리고 특히 피자식물의 진화 규명에 중요한 자료로 활용되고 있다.

여기에서는 고식물을 이해하기 위한 방법들 중 화분을 통하여 시도되고 있는 방법을 간략 소개하고자 한다.

화분의 관찰방법

화분의 크기는 작기 때문에 광학 및 전자현미경을 통해서만 관찰할 수 있다. 화분 크기의 측정 및 형상은 광학현미경 하에서도 가능하나 표벽 무늬 등 미세한 구조의 관찰을 위해서는 1,000-100,000배의 고배율 측정이 가능한 SEM (Scanning Electron Microscope)이나 TEM(Transmission Electron Microscope)등의 전자현미경을 이용하여야 하며, 특히 SEM은 입체구조를 관찰하는데 많이 이용되고 TEM은 평면 구조를 관찰하는데 유용하여 표벽 형상 관찰에는 SEM이 많이 이용되고 있다.

분류기준이 되는 화분의 형태학적 특징

화분을 이용한 분류는 종간 분류에 이용되는 경우도 있으나 어려움이 많으며, 주로 과내속간 분류에 이용되어지고 있다. 분류 기준에 이용되는 형질로는 주로 외부 형태학적 특징으로 화분립의 크기(극간 길이, 직도면 직경), 화분립의 형상 그리고 표벽의 형상 등이 있다.

1. 화분의 크기

화분의 크기는 극간 길이(Polar length)와 적도면 직경(Equatorial length)의 크기로 나타낸다. 주로 10-100μm 정도로 작아서 현미경을 통해 관찰이 가능하며, 광학 현미경하에서는 100-1,000배 정도에서 볼 수 있다. 화분 크기의 측정은 화분을 더 선명하게 관찰하기 위하여, 또한 오랫동안 보존하기 위힌 영구 프레파라트화 등의 다양한 전처리 작업이 필요하며, 이러한 화학적 전처리 과정에서 크기의 변화를 야기할 수 있으므로 주의를 요하기도 한다.

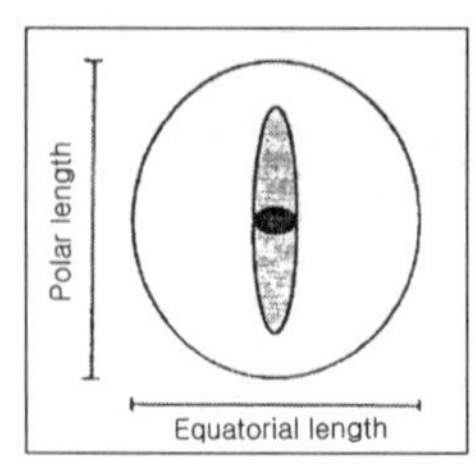

그림1 화분의 크기를
측정하기 위한 방법의
실례

2. 화분립의 형상

피자식물의 화분립은 그림 4의 Beech(너도밤나무)처럼 둥글거나, 럭비공과 같은 모양을 하고 있다. 그림 4의 너도밤나무 화분의 모습은 화분을 측면에서 바라본 · 모습(Equatorial view)으로서 화분 표면에 세로로 길게 홈이 패

3. 화분 표벽의 형상

표벽의 형태는 광학 현미경하에서는 관찰이 어려워 전자현미경을 이용하여야 하며 분류군을 정하는데 많이 이용되고 있다. 외표벽의 형상은 표면에 돌출된 돌기물의 무늬가 다양하며, 외표벽의 층상구조 또한 여러 가지 형태를 갖고 있다. 피자식물의 표벽을 측면 그리고 위쪽에서 바라본 구조는 그림 3과 같다. 표벽은 기저층과 원주 그리고 피복층으로 되어 있으며, 피복은 원주와 기저층이 드러난 경우(Intectate)와 피복되어 덮힌 경우(Tectate) 그리고 부분적으로 피복된 경우(Semitectate)가 있다. 단자엽식물의 일부 식물은 표벽이 얇고 정교하나, 피자식물의 표벽은 두껍고 불투과성 형태를 갖고 있다.

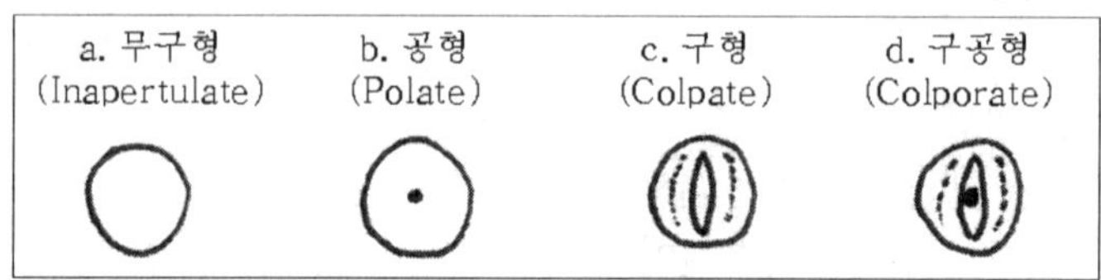

그림 2. 측면에서 바라본 여러 종류의 화분의 모습

여 있고 (발아구) 가운데에 홀(발아공)이 있는 모습을 볼 수 있다. 이처럼 길이로 패어진 홈의 유무와 그 수 그리고 홀의 유무도 화분을 분류하는 형질로 이용된다.

또한 위쪽에서 바라본 모습(Polar view)은 공 모습을 하고 있는 원형 (Circular)과 삼각형(Triangular), 아각형(Semi-angular), 아원형(Semi-circularm), 그리고 클로바 모양으로 보이는 3열 원형(Tri-lobate circular)으로 나누고 있다.

그러나 나자식물의 형상은 그림 4의 Spruce(가문비나무류)의 모양처럼 유익형(양쪽에 날개

화분을 통하여 옛 시대의 생물상을 알기 위한 노력

화분을 통한 고식물의 분석은 최근 호수의 바닥이나 습원의 이탄층에 쌓인 화분을 추출하여 분석하는 방법이 많이 이용되고 있다.

화분의 표피는 외표피(Extine)와 내표피(Intine)로 이루어져 있으며 내표피는 얇은 셀룰로오스로 구성되어 있다. 외표피는 투명한 막으로서 포분질 (Sporopollenins)로 구성된 딱딱한 막으로 이루어져 있어 외부의 영향으로부터 오랫동안 깨지지 않고 보존될 수 있는 특

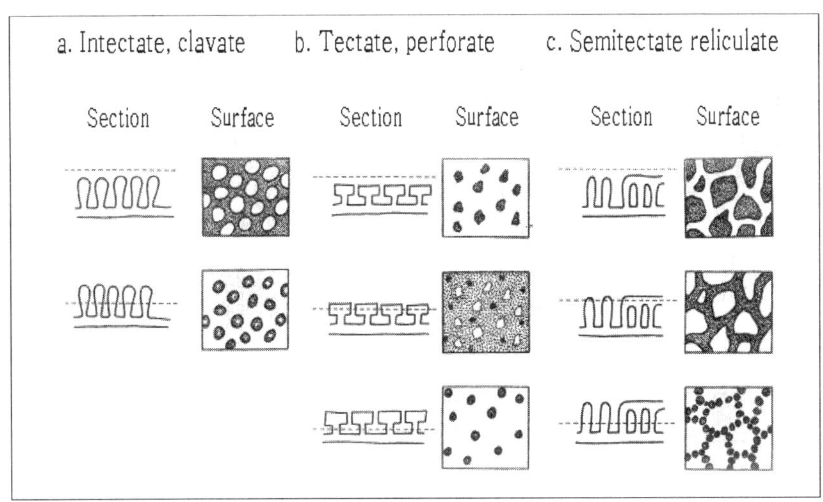

그림 3. 피자식물이 여러 종류의 화분 표벽의 층상구조와 표면무늬

징을 갖고 있다. 또한 호수의 바닥이나 습원의 이탄층은 분해조건이 좋지 않아 이러한 화분을 오랫동안 보존하고 있어 각 기의 층에서 추출된 화분을 조사 분석함으로서 당시의 식생 종류, 분포상태, 기후 등을 판단하는데 귀중한 자료로 이용된다.

1. 호수의 바닥에 퇴적한 화분의 층위별 분석

호수 주위의 임분에서 화분이 날아와 호수바닥에 침전하여 퇴적된 화분을 층별로 채취하여 분석하는 방법으로서 호수 근처의 임분에 서식했던 식물상 조사, 시간에 따른 식물상의 변화 등 역사적인 사건을 아는데 유용하다.

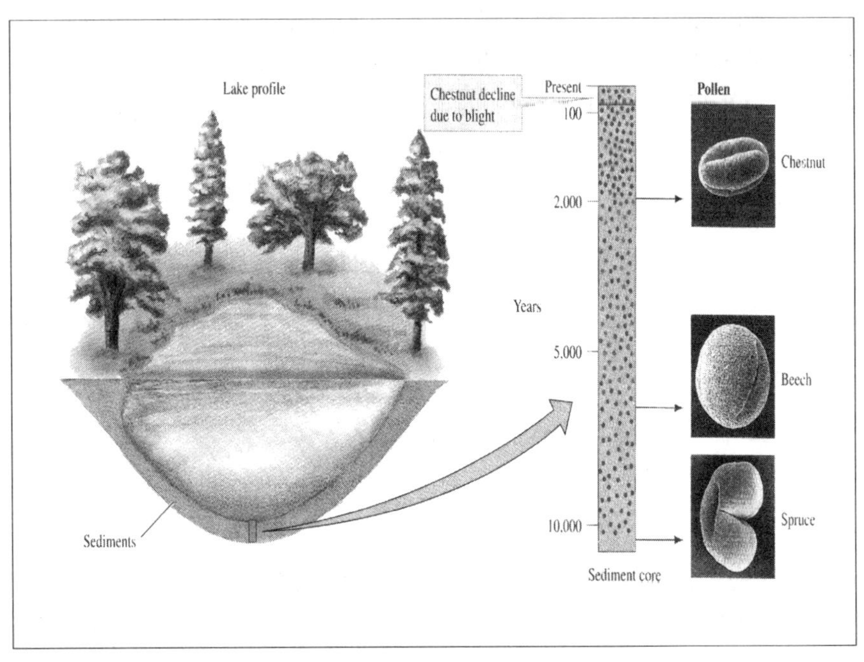

그림 4. 호수의 바닥에 퇴적된 화분들의 역사

예를 들면 그림 4를 보면 호수 바닥 가장 아래쪽에 존재하는 Spruce의 화분의 모습은 약 10,000년 전 가장 오래된 시기에 생존하였던 식물의 화분이고, 가장 위쪽의 Chestnut(밤나무)의 화분은 약 100년 전부터 생존하고 있는 가장 최근에 침전된 화분일 것이다. 이러한 기록들은 그 시대의 식물종을 알 수 있게 해주며 시기에 따라서 식물종이 어떻게 변화했는지를 알려준다. 또한 이러한 연구를 통하여 식물의 시기에 따른 변화가 기후의 변화와 함께 변화하였음을·증명하기도 하였다.

2. 습원의 이탄층의 화분분석

이탄층에 퇴적된 화분의 분석은 이탄에서 화분을 분리 추출하여 이용한다. 이탄을 채취한 후 KOH, HNO_3, H_2SO_4 등을 이용하여 이탄 덩어리를 분리하고 채를 이용해 대형 이물질을 걸러낸 다음 원심분리기를 이용하여 미세한 이물질을 분리하고 화분을 모아 현미경을 이용하여 검경한다.

우리나라에서는 화분을 이용하여 속간의 분류 그리고 종간의 유연관계 규명 등의 연구가 활발하게 이루어져왔다. 그러나 옛 시대의 식물을 대상으로 한 연구는 몇몇에 불과하며 아직 미미한 실정이다. 지질상 명확한 층위 구분이 없어 아주 오래 전의 생물상에 관한 조사가 어렵고 그리고 이와 관련된 지질학자, 역사학자, 임학자, 식물학자들의 공조 연구의 부족 등 어려움이 많으나 앞으로도 아주 먼 옛날, 가까이는 몇 백 년, 몇 십 년 전의 생물들 그리고 그 생물들과 함께 한 우리의 흔적을 찾기 위한 노력들은 계속 될 것이며 이 분야의 활발한 연구 또한 필요하리라고 본다.

참고문헌

고강식 외, 1984, 「식물계통분류학」, 광장 출판사, 357pp

이유성, 2000, 「현대 식물분류학」, 우성 출판사, 587pp

Erdtman, G, 1952, Pollen mophology and plant taxonomy, Angiosperm, Stockholm, 512pp

Fahn, A. 1982, Plant anatomy, Pergamon Press, 544pp

Molles, M. C. JR. 2002, Ecology, Mc Graw Hill, 586pp

Stuessy, T. F. 1990, Plant taxonomy, Columbia University Press, 514pp

김종성은 고려대학교 임학과에서 농학박사 학위를 취득했다. 고려대, 국민대, 경희대에서 강의하고 있고 현재 고려대학교 자연자원연구소 선임연구원이며 숲과 문화 연구회 운영회원이다.

문헌 속의 버섯

가 강 현

우리나라는 옛날부터 1 능이, 2 표고, 3 송이 라 하여 버섯들 중 앞의 3가지 를 가장 중요시 취급하여 왔다(정대교, 1966). 현재는 송이 가 격이 앞의 2가지 버섯에 비하여 월등히 높아 1 송이, 2 표고, 3 능이로 거꾸로 된 상황이다. 실 제로 위의 3가지 버섯 중 우리에게 가장 친숙한 것은 표고이다. 표고는 1년 중 어느 때나 우리 의 식탁에서 만날 수 있기 때문이다. 표고는 재 배가 되나 송이와 능이는 아직까지 재배가 되지 않는다. 표고는 주로 죽은 활엽수에서 발생하고 송이는 살아 있는 소나무림에서 능이는 살아 있 는 참나무림에서 발생한다.

위의 버섯들은 옛 문헌에 자주 등장하는 것 으로 보아 우리 문화와 매우 친숙한 버섯임을 알 수 있다. 실제로 참고할 수 있는 문헌을 필 자가 조금밖에 가지고 있지 않아서 다양한 정보 를 제공하지 못하는 것이 아쉽다. 따라서 이 글 에서는 과거의 버섯에 대한 역사적인 부분적 기 록과 산림 속에서 버섯의 역할에 대하여 말하고 자 한다.

버섯의 정의

버섯은 땅속 혹은 땅 위에 포자를 생산하는 자실체를 만드는데 맨눈으로 볼 수 있으며 손으로 채취할 수 있을 정도로 큰 균류를 말한 다(Hawksworth 등, 1995). 우리는 대개 자실 체가 우산모양을 한 것을 버섯으로 생각하고 있 으나, 그렇지 않은 종류도 많다. 버섯은 식물도

동물도 아닌 다섯 번째 분류 계인 균계(菌界)에 속하고 있다(Kendrick, 1992).

버섯은 엽록소가 없어 스스로 영양분을 만들 지 못하고 외부로부터 소화 흡수하여 양분을 얻 는데, 살아 있는 식물, 동물, 다른 균류에 기생 하거나 죽어 있는 유기물을 분해하거나 살아 있 는 식물과 공생하면서 살아가고 있다.

버섯은 죽어 있는 유기물을 분해하여 살아가 기 때문에 생태계에서 분해자라고 하며 살아 있 는 식물과 공생하는 것은 균근균이라 하며 식물 의 뿌리에서 서로 양분을 교환할 수 있는 균근 을 만든다.

버섯종은 담자균류와 자낭균류에 속하고 세 계적으로 담자균류 22,244종, 자낭균류중 주발 버섯목 1,029종, Leotiales 2,036종, 동충하초 과 237종으로 총 25,546종이 알려져 있고 (Hawksworth 등, 1995), 우리나라는 1,300여 종의 버섯이 알려져 있다. 많은 종류의 버섯들 이 식용 가능하나, 실제로 상업적으로 재배되는 버섯은 30종 정도이고 단지 5종 가량이 대량 재배되고 있다(Kendrick, 1992). 우리나라의 대표적인 재배버섯은 양송이, 표고, 느타리, 팽 이 등이다.

버섯의 역사적 기록

버섯에 대한 역사적인 기록은 『삼국유사』 에 신라 33대 성덕왕 3년에 "熊川州進金芝"와 "沙伐州進瑞芝"란 기록이 있다. 여기에서 金芝는

기록 학명	현재 학명	과거 버섯명	과거 한자명	현재 버섯명
Amanita muscaria	동일	홍심, 광대버섯	紅蕈	광대버섯
Amanita pantherina	동일	파리버섯	蠅蕈(승심)	마귀광대버섯
Auriculatia auricula-judae	동일	목이	木耳(목이)	목이
Clathrus mokusin	*Lysurus mokusin*	마고, 표고	蘑菰, 票古	새주둥이버섯
Clavaria botrytes	동일	싸리버섯	−	싸리버섯
Cortinellus edodes	*Tricholoma matsutake*	송균, 송심, 송이	松菌, 松蕈, 松耳	송이
Cortinellus shiitake	*Lentinula edodes*	향심, 참나무버섯	香蕈	표고
Fomes fomentarius	동일	화용심, 화용심, (부시)깃버섯	火絨蕈, 火茸蕈	말굽버섯
Fomes japonicus	*Ganoderma lucidum*	지초, 령지	芝草, 靈芝	불로초
Lactaris hatsudake	동일	청두균, 초버섯	靑頭菌, 初蕈(초심)	젖버섯아재비
Lasiosphaera fenzlii	*Lanopila nipponica*	죽령, 뢰환, 뢰부, 뢰설	竹苓, 雷丸, 雷斧, 雷楔	댕구알버섯
Lycoperdon gemmatum	*L. perlatum*	마발, 말불버섯	馬勃	말불버섯
Pachyma cocos	*Poria cocos*	복령, 복신, 신목, 복령피	茯苓, 茯神, 神木, 茯苓皮	복령
Pachyma hoelen	*Grifola umbellata*	저령, 주령, 풍수령	猪苓, 朱苓, 楓樹苓	저령
Pleurotus ostreatus	동일	천화심, 만이, 늦다리	天花蕈, 晚柤	느타리
Rhizopogon rubescens	동일	말둥굴버섯	−	알버섯
Tricholoma simeji	*Lyophyllum simeji*	국수버섯	−	땅찌만가닥버섯
Tremella fuciformis	동일	백목이	白木耳	흰목이

土名對照滿鮮植物字彙의 버섯분야(村田懋麿, 1931)

나무에 붙어 나오는 버섯과 瑞芝는 땅에서 나오는 버섯을 가리키나 정확히 어떤 버섯인가는 알 수가 없다(이덕상과 이용우, 1958). 여하튼 신라시대에 이미 버섯의 기록이 있는 것으로 보아 매우 오래 전부터 우리 민족이 버섯을 이용하였음을 알 수 있다.

그 이후의 버섯기록은 조선시대 허균의 『東醫寶鑑』에 伏笭(복령), 猪笭(저령), 木耳(목이), 桑耳(말똥진흙버섯), 麻孤(표고), 松耳(송이), 鬼耳(곰보버섯?) 등 7종이 기록되었고, 홍덕주의 『時用藥芳菌譜』에 111종이 기록되어 있다고 하나 현재 정확한 내용은 현재 알 수가 없다(정학성, 1993). 일제시대에는 주로 일본학자들에 의하여 우리나라의 버섯들에 대한 조사가 이루어져서 鏑木德二(1940)이 『鮮滿實用林業便覽』에 163종의 버섯을 기록하였다. 해방 이후 이덕상과 이용우(1957~1959)에 의해 「韓國産菌類目錄」에서 361종의 버섯이 기록되었다. 이 자료들은 버섯의 발생시기, 발생장소 등에 대한 매우 상세한 기록들이 있어 현재와 비교할 수 있는 매우 귀중한 자료이다. 그 이후 다수의 연구자들에 의하여 한국산 버섯에 대한 분류를 통하여 이지열(1988)에 의해 『原色韓國버섯圖鑑』이 출판되게 이르렀다. 그 이후 몇 권의 버섯도감이 출판되어 매우 활발한 한국산 버섯의 분류와 생태연구가 이루어졌다고 볼 수 있다.

버섯의 용어

버섯에 대한 용어는 1931년에 발간된 村田懋麿의 책자를 살펴보면 과거에 한자로 쓰여졌던 버섯명과 한글명이 기록되어 있다. 고려시대 발간된 삼국유사에는 신라 성덕왕 때 金芝와 瑞芝라는 용어로 버섯명이 등장하였으나(이덕상, 이용우, 1958). 조선시대 허균(1613)이 저술한 『동의보감』에는 伏苓(복령), 猪苓(저령), 木耳(목이), 桑耳(말똥진흙버섯), 蔴孤(표고), 松耳(송이), 鬼耳(곰보버섯?)(정학성, 1993), 『세종실록지리지』에는 松茸(송이), 眞茸, 鳥足茸, 香茸, 簟藁(표고)가 기록되어 있고, 石茸(석이)를 버섯으로 기록되어 있으나(고려대학교 민족문화연구소, 1971), 이것은 아마도 버섯이 아닌 지의류의 일종인 석이로 생각된다. 왜냐하면, 석이는 보통 석이버섯으로 불려지고 있어 버섯으로 잘못 알고 있는 경우가 많기 때문이다.

버섯을 의미하는 일본문자는 균(菌), 심(蕈, 椹), 이(茸, 栭, 栭), 지(芝), 고(菇, 菰), 유(藫), 마(蘑), 연(軟), 아(蛾), 수(苬)이고

(Kobayasi, 1978), 우리나라는 균(菌), 심(蕈), 지(芝), 고(菰, 蕈, 孤), 이(茸, 耳, 栭) 등의 한자가 쓰였고, 村田懋麿의 기록을 보면 그 당시 버섯이름의 통일안이 있지 않고 다양한 이름으로 불려진 것을 알 수 있다(표 1). 현재의 버섯이름에는 항상 접미사로 '버섯'을 붙이고, 고대로부터 내려오는 버섯이름(송이, 느타리 목이 등)은 그대로 쓰기로 하였다(한국균학회, 1978).

1931년에 출간된 『土名對照滿鮮植物字彙』에는 버섯 이름의 한글명, 한자명, 일본명이 기재되어 있어 과거에 버섯을 어떻게 불렀는가를 현재와 비교할 수 있어 여기에 기재한다. 특이한 점은 송이, 표고의 학명이 현재와는 다르게 기재된 것이다. 그리고 현재 표고라고 부르는 것이 새주둥이버섯으로 기록되었다. 과거에 우리는 표고버섯을 향심(香蕈)과 참나무버섯(村田懋麿, 1931), 세종실록지리지에는 簟藁이 표고로 기록되고 있다(고려대학교 민족문화연구소, 1971). 중국은 향고(香菇), 동고(冬菇), 향심, 추이(椎茸)라고 불렀다(杜懿珍, 1991).

역사 속에서 버섯의 이용

고려시대에서는 복령(茯苓)이 나라에서 송나라로 보낸 약재 중 하나로 기록되어 있다. 조선시대의 『세종실록지리지』(1454년 완성)에는 각도 공물 중에 균류는 총 36종이 있는 것으로 나타나서 매우 많은 버섯류가 이용되었음을 알 수 있으나, 정확히 어떤 종류인지는 알 수가 없다(고려대학교 민족문화연구소, 1970).

조선시대의 『세종실록지리지』는 고려 말부터 16세기에 이르는 동안에 각 지방의 토산품을 기록한 것으로, 여기에 버섯류는 5종류. 송이(松茸, 송이), 진이(眞茸), 조족이(鳥足茸), 향이(香茸), 점고(簟藁, 표고), 석이(石茸)가 기록되어 있다(고대 민족문화연구소, 1971).

진상품목에는 음력 8월에 송이가 있고, 요리법에는 해삼요리에 송이, 양열·족양·야제육에

표고, 잡채에 진이와 표고 등을 넣어서 요리하였고, 경상도의 향토식품에 표고를 이용한 것으로 보아 이 지역에서 표고가 많이 생산되었음을 알 수 있다(고대 민족문화연구소, 1971). 『국역산림경제 I』에는 버섯 재배법이 기록되어 있고 다음과 같다. 느릅나무, 버드나무, 뽕나무, 회나무, 닥나무는 버섯이 나는 다섯 가지 나무다. 장죽(漿粥)을 끓여 나무 위에 붓고 풀로 덮어놓으면 곧 버섯이 난다. 썩은 나무나 잎을 가져다 땅속에 묻어놓고 늘 쌀뜨물을 주어, 2-3일 젖어 있도록 하면 곧 버섯이 난다.

본디 썩은 나무는 사람에게 해롭지 않은 것이다. 또 잘 친 이랑 속에 썩은 거름을 붓고, 썩은 나무를 가져다 6-7치 길이로 끊어 부수어, 채소를 심는 방법처럼 이랑 속에 고루 깔고 흙을 덮고서 물을 주어 늘 축축하게 하다가, 만일 처음으로 자잘한 버섯이 나면 즉시 끊어버리고 이튿날 아침에도 나가서 또한 끊어버리면, 세 차례째 나는 것은 매우 크기도 하고, 거두어다 해먹어 보면 더없이 좋다. 소나무, 팽나무, 참나무에서 나는 버섯도 독이 없다(민문화추진회, 1982). 위의 방법은 버섯의 먹이와 적당한 수분을 공급하여 버섯을 발생시키는 방법으로 버섯의 생활사에 대한 상당한 식견을 가지고 있는 것으로 생각된다.

조선시대의 궁중유물 중 병풍(일월천도도, 십장생도)과 벽장문(군학장생도)의 그림에 버섯이 나오는데, 아마도 그 버섯은 불로초(영지)로 생각된다(이명희 등, 1995). 자연숭배의 대상이 된 10장생 중 불로초가 있는 것으로 보아 아주 오래 전부터 버섯이 조상들의 삶 속에 자리잡고 있었음을 추측해 볼 수 있다.

숲 속에서 버섯의 역할

숲 속에서 버섯의 가장 중요한 역할은 나무와 낙엽을 분해시켜 자연으로 환원시키는 것이다. 또한 수목의 뿌리에 균근을 만들어 식물의 생장을 촉진시켜주며, 사람들에게는 먹거리를

제공하는 것이다. 일반적으로 외생균근을 형성하는 버섯은 기주식물의 광합성 양분의 10~20%를 이용하는 것으로 알려져 있다(Finlay and Söderström, 1992). 외생균근성 버섯은 식물에게 토양의 무기양분과 물을 기주식물에게 제공하므로 서로 상리공생관계를 유지하면서 살아가고 있다. 버섯이 있으므로 그 버섯을 먹는 동물과 그것을 분해하는 미생물이 하나의 생태계를 이루게 된다.

버섯은 또한 토양의 생물학적 풍화작용에 관여하고 아름다운 모양을 가지고 있기에 심미적 가치가 있으며 건축물이나 옷감 등의 디자인 소재가 되기도 한다. 최근에는 약리효과가 밝혀지면서 질병의 치료제 및 건강 보조식품으로도 각광 받고 있다.

버섯의 구분

대부분의 버섯은 1년 중에 제한된 시기에만 자실체를 발생시키는데, 일부 버섯은 한 번 발생하여 연중 생장하기도 한다. 버섯은 80~95%가 물로 구성되어 있고 대개 20~25℃에서 자실체를 만드는데, 수분과 온도가 버섯 발생에 결정적인 영향을 준다. 우리나라의 기후조건에서는 여름과 가을에 주로 버섯이 발생하게 된다.

버섯은 자실체가 발생하는 위치에 따라서 지상버섯과 지중버섯으로 나눌 수 있다. 우리나라에서는 지상버섯이 거의 대부분이고 지중버섯은 복령, 알버섯, 덩이버섯류가 있다. 우리에게 가장 친숙한 지중버섯은 한약재로 쓰이는 복령일 것이다. 유럽에서는 덩이버섯이 가장 널리 알려져 있고 송이보다도 훨씬 비싼 버섯에 속한다. 버섯이 땅속에 있기에 후각기관이 발달한 설치류나 작은동물의 먹이가 되고 있다. 유럽에서는 처음에 돼지를 이용하여 버섯을 찾았으나, 현재는 개를 이용하고 있다. 왜냐하면, 돼지는 발견된 버섯을 먹기 때문이다.

알버섯(침엽수림 발생)

불로초(영지)

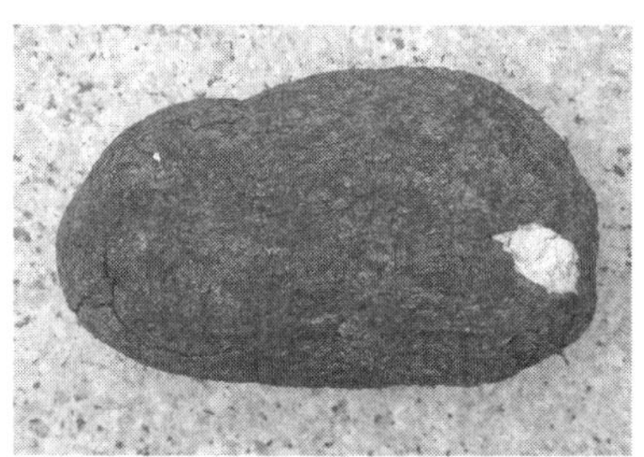

복령

노루궁뎅이

잎새버섯

지상버섯은 땅 위, 낙엽, 나무, 곤충, 퇴비, 혹은 버섯 위에 버섯을 만들기 때문에 우리가 쉽게 발견할 수 있다. 지상버섯은 죽은 유기물을 분해시켜서 살아가는 것과 살아있는 식물에 공생하거나 기생한다. 죽은 유기물을 분해시켜 살아가는 버섯을 사물기생균이라 한다. 우리 주변에서 쉽게 발견할 수 있고 생태계에서 매우 중요한 분해자 역할을 담당하고 있다. 낙엽과 죽은 나무에 붙어사는 모든 버섯이 해당한다. 우리 식탁에서 자주 등장하는 느타리, 표고, 양송이, 팽이버섯, 큰느타리(새송이), 노루궁뎅이,

잎새버섯과 약용버섯인 구름버섯과 불로초(영지) 등이 모두 여기에 속한다.

살아 있는 식물에 공생하거나 기생하는 버섯을 활물기생균이라 한다. 전자는 균근성 버섯이라 하고 후자는 기생성 버섯이라 한다. 균근성 버섯은 기주식물의 뿌리에 버섯균과 양분을 교환할 수 있는 균근을 만든다. 균근은 식물의 뿌리표면에 균사들이 쌓여있는 층과 뿌리세포 사이에 균사들이 침입하여 망을 이룬다.

식물은 버섯에 광합성 양분을 주고 버섯은 식물에게 토양에 있는 물과 인산, 마그네슘 등

표고

과 같은 무기양분을 공급해 준다. 대표적인 버섯은 송이, 능이, 대부분의 맹독성 버섯이고 균근성 버섯은 세계적으로 5,000~6,000종 정도가 있는 것으로 알려져 있다.

기생성 버섯은 살아있는 나무의 줄기나 가지에 붙어살면서 심한 경우 나무를 죽인다. 또한 나무의 목재로써의 가치를 상실하게 만든다. 우리 주변에서 쉽게 발견되는 버섯은 아까시나무에 발생하는 아까시재목버섯, 활엽수에 발생하는 덕다리버섯과 말굽버섯, 침엽수에 발생하는 삼색도장버섯 등이 있다.

독우산광대버섯(맹독성 버섯)

버섯 중에 뽕나무버섯과 뽕나무버섯부치는 엽록소가 없는 난과식물에 공생하면서 양분을 공급해 주고 있다. 이 경우는 식물이 엽록소가 없기에 스스로 광합성 양분을 만들 수 없으므로 버섯이 만들어준 양분을 식물이 이용하게 된다. 대표적인 것으로 한약재로 널리 쓰이는 천마가 있다(Cha 등, 1993). 천마는 땅속에서 감자모양의 괴경(塊莖)을 만들고 봄철에 꽃대가 나와서 종자를 만든다. 이때 땅속에 있는 괴경은 종자를 만드는데 양분을 완전히 소모하므로 꽃대가 지면 괴경은 속이 텅 비어 죽어간다.

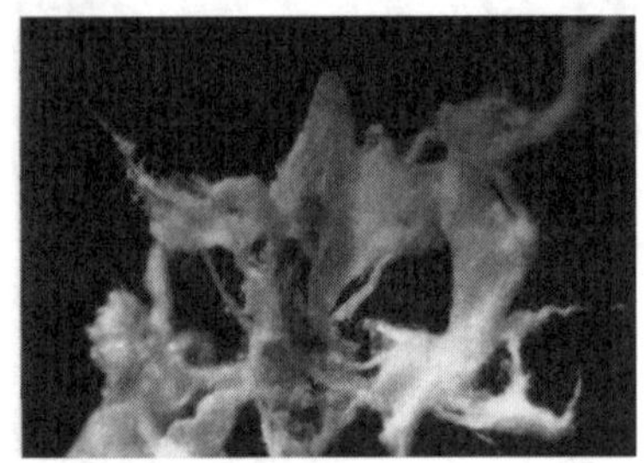

송이 균근(구창덕 교수 제공)

송이

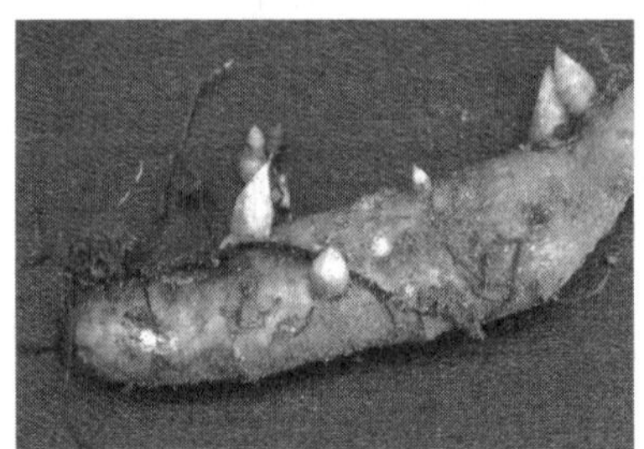

천마 괴경, 검은색 줄은 뽕나무버섯 균사속

능이

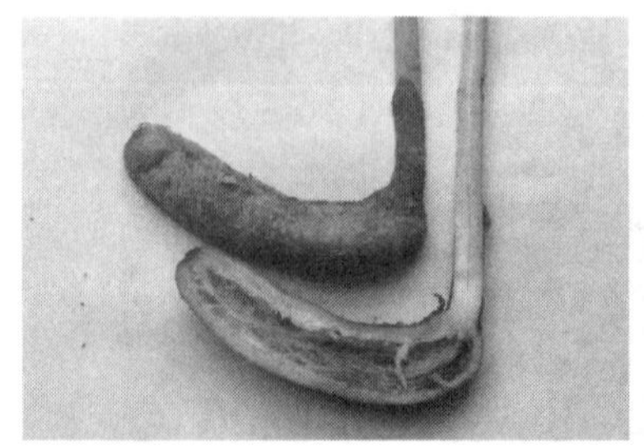

꽃대가 나온 후 천마 괴경 양분 소비

또한 버섯은 나무뿐만 아니라 동물의 똥, 나무의 열매, 곤충, 다른 버섯에서 양분을 얻어서 자실체를 만드는 종류가 있다. 우리에게 가장 널리 알려진 것은 곤충에서 양분을 얻어 자라는 동충하초가 있다. 동충하초 균은 곤충의 몸 속에 들어가 자라면서 다음해에 곤충을 다 먹고 자실체를 밖으로 만들어 낸다. 옛날부터 동충하초는 몸에 좋다고 하여 널리 식용되어 왔고, 최근에는 인공재배가 되어 많은 사람들이 이용할 수 있는 단계에 이르렀다.

눈꽃동충하초

동충하초

한편, 목재부후버섯은 분해 방식에 따라 크게 백색부후균과 갈색부후균으로 나뉜다. 백색부후균은 셀룰로오스, 헤미셀룰로오스, 리그린을 동시에 분해하는데 대부분의 버섯들이 백색부후균에 속한다. 구름버섯의 경우는 리그린의 90% 이상을 이용하는 것으로 알려져 있다. 갈색부후균은 셀룰로오스, 헤미셀룰로오스를 이용할 수 있으나, 리그린은 거의 이용하지 못하는데 버섯 중에 10% 정도가 갈색부후균에 속한다(Ingold and Hudson, 1993).

식용버섯

버섯은 식용버섯과 약용버섯으로 크게 나누어 이용하고 있는데, 큰 의미로 보면 약용버섯도 식용버섯에 속한다. 『중국약용진균』에는 약용으로 사용되는 121종 버섯의 분포, 형태적 특징, 약리효과, 사용법 등이 자세히 기록되었고 (류파, 1984), 동의보감에는 목이, 뽕나무버섯, 표고, 송이 등 몇몇 버섯들의 약효가 간단히 기술되었고 중국에 비하여 매우 적게 이용되고 있음을 알 수 있다. 일본에서는 100여종의 야생버섯을 식용하고 있으나, 우리나라는 송이, 능이, 뽕나무버섯 등 20~30여종의 야생버섯을 식용하고 있다.

일부 산촌주민들은 산림에서 이러한 버섯을 현재까지도 직접 채취하여 식용하면서 소득을 올리고 있다. 산림에서 얻을 수 있는 대표적인 식용버섯은 송이, 능이, 뽕나무버섯, 팽나무버섯, 개암버섯, 싸리버섯, 꾀꼬리버섯, 까치버섯, 노루궁뎅이, 목이, 곰보버섯, 기와버섯, 달걀버섯, 풀버섯, 뽕나무버섯부치, 갓버섯, 잎새버섯, 꽃송이, 벚꽃버섯, 망태버섯, 목질진흙버섯 등이 있다.

식용버섯으로 널리 알려진 버섯들은 대부분 재배법이 완성되어 시장에서 쉽게 버섯을 사먹을 수 있는 단계에 이르렀다. 표고, 느타리, 양송이, 큰느타리, 만가닥버섯, 잎새버섯, 팽이 등은 재배가 되어 우리의 식탁에서 자주 볼 수 있고, 불로초(영지), 복령, 신령버섯, 목질진흙버섯, 동충하초는 약용버섯으로 널리 재배하고 있어 시장에서 구입할 수 있다. 또한 많은 종류의 버섯이 음료수, 스낵, 식품 첨가제 등으로 개발되었는데, 이런 버섯 가공품은 소비가 점차 증가 추세에 있다(유영복, 1998)

독버섯

우리 선조들은 독버섯의 구분법과 치료법에 대한 관심이 많은 것을 알 수 있다. 현재의 상식과는 거리가 약간 먼 것도 있지만, 독버섯에 대한 나름대로의 상당한 식견을 가지고 있음에는 틀림이 없다. 조선시대 홍만선의 『산림경제』(1715)를 번역한 『국역산림경제 II』에는 버섯의 독에 대해 기록되어 있다. 그 내용은 다음과 같다.

버섯 중 밤에 광채가 있는 것, 삶아도 익지 않는 것, 삶아서 사람에게 비치어 그림자가 없는 것은 모두 독이 있는 것이다. 사람이 그것을 먹고 중독이 되었을 때는 급히 지장(地漿)을 마시게 한다. 또 인분즙을 마시게 하거나, 마인(馬藺)의 뿌리와 잎을 짓찧어 즙을 내어 마시게 하고, 또는 인두구(人頭垢)를 물에 타 토할 때까지 마시게 한다. 또 육축 및 거위, 오리 등을 잡아 뜨거운 피를 마시게 하거나, 기름에 달인 감초탕을 식혀서 먹이되, 향유를 많이 먹이는 것도 좋다. 박 속을 태운 재를 물에 타서 먹인다.

버섯에 중독되어 토사(吐瀉)가 그치지 않을 때는 작설차를 가루로 만들어 새로 길어온 물에 타 먹이면 신효(神效)하다. 또 하엽(荷葉)을 문드러지게 짓찧어 물에 타 먹인다. 단풍나무버섯(楓樹菌)은, 먹으면 사람이 웃음을 그치지 못하여 죽게 되는데, 지장을 먹이는 것이 가장 신기한 효과가 있고, 인분즙을 먹이는 것이 그 다음으로 묘한 효과가 있다. 그 밖의 다른 약으로는 구제할 수 없다(민족문화추진회, 1982).

실제로 숲에서 발생하는 맹독성 버섯류 10종 내외의 버섯을 제외하고는 대부분의 버섯을 먹을 수 있다. 맹독성 버섯은 알광대버섯, 흰알광대버섯, 독우산광대버섯, 개나리광대버섯, 큰주머니광대버섯, 파리버섯, 마귀광대버섯, 마귀곰보버섯, 노란다발 등으로 이들 버섯은 매우 치명적이어서 가끔 버섯 중독사를 일으키고 있다. 그 이외의 독버섯은 메스꺼움, 구토, 복통, 설사, 심장박동 증가, 환각증세 등의 증상이 나타나서 며칠 일을 고생하나 생명에는 지장이 없다.

김양섭(1997)은 우리나라 자생 버섯중 독버섯은 90여종으로 전체의 12.3%에 해당하는 것으로 보고하고 있다. 高木五六(1943)는 우리나라의 야생버섯 기록에서 식용버섯 96종과 독버섯 22종을 기록하였다. 기록된 독버섯을 살펴보면, 광대버섯, 애광대버섯, 마귀광대버섯, 알광대버섯, 흰가시광대버섯, 독우산광대버섯, 굽은외대버섯, 굴털이, 화경버섯, 갈황색미치광이버섯, 냄새무당버섯, 부채버섯, 큰붉은젖버섯, 애기털젖버섯(?), 땀버섯, 목장말똥버섯, 노란다발, 보라쓴맛그물버섯, 독그물버섯, 독청버섯, 마귀곰보버섯, 황토색어리알버섯 등이다.

鏑木德二(1940)은 조선의 독버섯 중독자 통계자료를 기록하였고, 1933~1937년 사이에 독버섯에 의한 사망자가 31명에 이른 것을 알 수 있다. 요즘도 가끔 버섯을 먹고 죽는 사람이 보고되고 있는 것이 과거와 비슷한 경향이 있다. 야생버섯은 정확히 알고 있는 버섯만 먹는 것이 중요하다. 그래야만 독버섯의 중독사를 예방할 수 있다.

맺음말

나에게는 숲 속에서 버섯을 찾는 것은 매우 쉬운 일이나 문화 속에서 버섯을 찾는 것은 매우 어려운 일이었다. '숲과 문화' 잡지에서 원고 청탁을 받고 문화 속에서 버섯을 찾아보는 동안에 그나마 문화 속에서 버섯을 많이 생각하게된 동기가 되었다. 아울러 필자뿐만 아니라 다른 연구자들도 과거 기록에 나타난 버섯명의 의미 혹은 유래 및 중국과 일본과의 관계 등 다방면에 대한 연구의 계기가 되었으면 한다.

현재 버섯은 우리의 음식문화 속에서 친숙하게 자리잡아 왔고, 현대인의 건강 식품으로 각광을 받아오면서 더욱 버섯의 수요가 증가하고 있는 추세이다. 그러나 소비자의 수요에 부응할 정도로 다양한 버섯을 제공하지 못하는 것은 아마도 버섯의 연구자가 턱없이 부족하기 때문으로 생각한다. 따라서 이 글이 많은 사람들이 버섯에 대한 관심을 가질 수 있는 동기가 되었으면 한다.

참고문헌

Cha, J.Y., M.C.M. Kasuya and T. Igarashi. 1993. On the symbiontic association with *Armillaria* spp. and *Gastrodia elata*. Trans. Mtg.

Hokkaido Br. Jpn. For. Soc. 41: 57-60. Finlay, R. D. and B. Söderström. 1992.

Mycorrhiza and carbon flow to the soil. In: Allen M.(ed). Mycorrhiza Functioning. Chapman and Hall. pp.134-160.

Hawksworth, D.L., P. M. Kirk, B.C. Sutton and D.N. Pegler. 1995. Ainsworth & Bisby's dictionary of the fungi. 8th. CAB International. 616pp.

Ingold, C.T. and H.J. Hudson. 1993. The Biology of Fungi. 6th. Chapman & Hall. 224pp.

Kendrick, B. 1992. The Fifth Kingdom. 2nd. Mycologue Publications. 406pp.

Kobayasi, Y. 1978. Materials on ethnologic and historical mycology (4). Trans. mycol. Soc. Japan 19: 473-486.

고대 민족문화연구소, 1970, 「한국문화사대계」 III 과학·기술사, p, 346-436

고려대학교 민족문화연구소, 1971, 한국문화사대계 IV 풍속·예술사, p.238-293

高木五六, 1943, 朝鮮野生菌蕈の栞, 조선통독부임업시험장, 35 pp

김양섭, 1997, 한국의 식용버섯과 독버섯, 한국버섯연구회 버섯 제1권 2호: 23-29.

杜懿珍, 1991, 「중국식용균지」, 중국임업출판사, 298pp

류파, 1984, 중국약용직균. 산서인민출판사, 228pp

민족문화추진회, 1982, (국역) 山林經濟 I,II, 고전국역총서 231, 232

小林義雄, 1978, 菌類民俗學と歷史資料 (4) 日菌報 19: 473-48

유영복, 1998, 한국의 버섯과학과 버섯산업, 「한국버섯연구회 버섯 제2권」 1호:19-37.이덕상, 이용우, 1957, 「한국산균류목록」(I), 임업시험장, 48pp

이덕상, 이용우, 1958, 「한국산균류목록」(II), 임업시험장, 33pp, Index 4pp

이덕상, 이용우, 1959, 「한국산균류목록」 (III), 임업시험장, 9pp

이명희, 한석홍, 임원순, 1995, 빛깔있는 책들 167, 「궁중유물(하나)」,대원사, 127pp

이원목, 1933, 椎茸人工栽培試驗, 조선총독부 임업시험장, p.22-45

鏑木德二, 1940, IV (附) 菌蕈. pp, 339-368

鮮滿實用林業便覽 1058pp, 朝鮮總 督府林業試驗場刊行會

정대교, 1966, 「표고(椎茸) 버섯 재배」, 부민문화사, 161pp

정학성, 1993, 한국산 고등균류 분류학 발표 목록, 균학회소식 5(1): 29-36

村田懋麿, 1931, 土名對照滿鮮植物字彙, p, 680-696, 한국균학회, 1978, 한국말 버섯이름 통일안, 한국균학회지 6(2): 43-55.

가강현은 2001년 동국대학교 대학원 졸업(미생물)이학박사 학위를 받았고 1992년 임업연구원 산림생물과 토양 미생물연구를 한 바 있으며 1998년에는 임업연구원 화학생물과 버섯연구실에서 연구하였다.

곤충, 그들만의 숲과 들

김 정 환

1. 그들 만의 우아한 질서

자유로움과 우아함의 상징인 나비의 비상! 그들을 보면 우리는 나비가 얼마나 지혜로운 곤충인가 하는 사실에 감탄과 함께 찬사를 보낸다.

그렇게나 자유로울 것 같은 모시나비들에게는 부부 사이 그러니까 암컷과 수컷 사이의 예절 혹은 질서가 존재한다. 모시나비는 한 마리의 수컷이 짝짓기를 하고 나면, 그는 암컷에게 자신의 정표로 만들어준 수태낭을 달아줘 다른 수컷과 교미를 하지 못하게 암컷의 교미 구멍을 아예 막아버린다. 수태낭은 바로 과거 인간이 십자군 원정 시절 사용했다는 정조대와 비슷한 구실을 한다. 교미한 암컷은 다른 수컷과는 두 번 다시 짝짓기를 하지 못한다. 이렇게 모시나비 수컷은 암컷에게 정조대를 채워 자신의 유전자를 이어간다.

그런 반면 파리는 독특한 짝짓기 전법을 쓴다. 암컷 광대파리가 짝짓기를 거부하자 수컷은 애무로 암컷을 달래며 억지로 강요하지 않고 먹이를 게워내 암컷에게 먹여 주며 구애하고는 짝짓기에 성공한다. 광대파리 수컷이 보이는 행동은 인간이 결혼할 때 가져오는 지참금과 흡사하다. 파리가 이런 행동을 한다는 것은 실로 충격적인 일이지 않은가?

배마디에 아름다운 청색 무늬가 아로새겨진 시골실잠자리, 그들 역시 짝짓기는 중요한 삶의 한 부분이다. 그들의 짝짓기 하는 모습은 아주 독특하다. 수컷은 암컷 머리채를 붙들고 암컷은

자신의 산란관을 수컷 생식기에 갖다대는 성 체위가 된다. 그것은 놀랍게도 우리 인간이 말하는 사랑 표시 하트 모양이 된다. 잠자리! 그들은 지구상에서 유일하게 독특한 사랑을 한다.

곤충, 그들은 사랑하는 데에만 능한 것은 아니다. 그들은 도공의 기질까지 타고 난다. 호리병벌은 봄과 가을에 새끼가 살집을 짓는데 분자가 고운 흙을 엄선하여, 타액으로 정성껏 섞어 10여 회 뭉쳐 와서 인간이 물레를 돌려 옹기를 만들 듯 항아리를 만든다.

인간이 1만년 전 처음 항아리를 만들었는데 비해, 그들은 무려 1억년 전부터 항아리를 만들어 온 것이다. 그리고 이것은 자신의 애벌레를 키우기 위해 고생스럽게 마련하는 집이다. 새끼 먹이로 나방 애벌레도 잡아넣어 놓고 알을 낳는다. 그리고 다시 흙을 뭉쳐와 항아리 입구를 막고, 완벽한 흙집을 만든다. 또한 천적들이 혼란스럽도록 옆에 일부러 빈방도 만들어 놓는 지혜도 갖고 있다.

호리병벌뿐 아니라 쌍살벌도 자신의 힘으로 나무 펄프를 이용하여 육각형의 집을 멋지게 짓고 새끼를 키운다. 점점 시녀벌이 늘어나면 고래등 같은 99칸의 아담한 집이 만들어지고 다음 세대를 이어갈 여왕벌과 왕자벌을 키워낸다.

그들이 천적이나 세상의 해악으로부터 애벌레를 지키는 모습은 우리 인간보다 더 간절하고 용감하다. 질서 또한 확립돼 있어 기생하려는 못 된 적, 검정맵시벌을 쫓아내는 역할을 하는 일벌과 번데기를 지키는 역할을 하는 일벌 등,

그들 쌍살벌 사회 질서는 무척 견고하고 분담이 잘 돼 있다.

떡갈나무 잎에 사는 왕가위벌레도 그들의 집, 좀더 정확히 말하면 애벌레를 위한 요람을 만든다. 떡갈나무 잎은 요람은 물론이요, 애벌레 먹이도 되는 일석이조의 효과를 낸다. 어미가 요람 만드는 모습은 장엄하기까지 하고 정교하고 꼼꼼한 모습에 우리는 감탄하지 않을 수 없다.

수컷은 암컷의 등에 타고 짝짓기를 한다. 황홀한 기분에 들뜬 것도 잠시, 짝짓기 후 바로 왕거위벌레의 어미는 정성스럽게 만든 요람에 알 1개를 낳고는 3시간에 걸친 대건축을 마무리한다. 그들은 수완 좋은 재단사요, 치밀한 건축가이다.

어깨넓은거위벌레도 고광나무 잎을 말아서 정교한 집을 짓는 재단사이다. 어미는 고광나무 줄기와 잎의 크기를 직접 걸어서 실측한 다음, 자신의 몸길이만큼 선을 긋고 잎을 자른다. 그들 역시 왕가위벌레처럼 짝짓기를 하며 집을 계속 짓는다. 암컷들은 3시간여 동안 등에는 수컷을 업고 잎에 대롱대롱 매달려 잎을 말아 집을 짓는다. 보는 이로 하여금 진한 모성애를 느끼게 한다.

그런데 이토록 사랑스럽고 수고스런 어깨넓은거위벌레의 노동이 계속되는 동안, 기생파리가 나타나 힘들게 말아 놓은 잎 속에 알을 낳고 도망가 버리는 비열한 행동을 저지른다. 이렇게 되면 암컷의 고생은 모두 헛것이 돼 버린다.

그러나 어깨넓은거위벌레가 계속 일을 하는 것은 기생파리의 행동을 모르기 때문이다. 인간이 보면 미련해 보일 수도 있지만, 이것이 또 그들 세상의 질서가 아닐까. 이렇게 자연은 실타래처럼 얽히고 설켜 돌아가는 것이 먹이사슬의 순리인 것이다.

쌍상벌이나 왕거위벌레처럼 곤충들은 종족보존이 삶의 최대 목적이다. 우리 인간 또한 그러하지 않은가?

나나니벌도 예외는 아니다. 그들은 땅속에 구멍을 파서 집을 짓는다. 수직으로 흙을 2cm정도 판 후, 그 밑에 타원형의 집을 짓는데, 주변을 어슬렁대며 집짓기를 방해하는 개미를 맹렬히 쫓아내고 작업에 열중한다. 집 구멍을 다 파면 편편한 돌로 문을 닫고 위장을 하기 위해 입구에 흙을 뿌려놓는다. 이 또한 5시간에 걸친 노동의 결과로 나타나는 성과이다.

분개미의 일개미들은 집을 넓힐 때, 땅속과 지상에서 동시에 작업을 한다. 양쪽에서 산에 터널을 뚫듯, 일개미들은 서로 반대편에서 파고 들어간다. 얼마 안 가서 구멍은 서로 맞닿는다. 이런 첨단 토목공법을 인간은 불과 수십 년 전에 시작했지만, 분개미들은 5천만 년 전부터 이런 첨단 토목공법을 본능적으로 하고 있다. 안과 밖에서 구멍을 파도 서로 만나게 돼 있는 구멍이 이들의 새끼를 키우는 집으로 통하는 터널인 것이다.

개미들과 진딧물과의 관계도 곤충 세계의 독특한 질서를 엿보게 한다. 개미는 식물의 줄기로부터 진딧물이 식물의 즙을 빨아 영양분을 섭취하고 남은 체액인 감로를 제공받아 먹이로 삼는다. 그것은 마치 인간이 젖소로부터 우유를 얻듯 개미는 진딧물로부터 우유를 짠다. 젖소가 인간의 가축이듯 진딧물은 개미의 가축이라고 할 수 있다.

이 모든 것은 곤충들이 자연 속에서 살아가는 일부분에 지나지 않는다. 어느 동물이던 간에 필요한 양식을 자연에서 얻으며 질서와 균형이 맞물려 돌아가는 다양한 생명체가 살아가는 숲과 들!

곤충들의 일생 중에서 가장 돋보이고 신비로운 것은 탈바꿈(변태)이다. 애벌레들은 피부를 감싸고 있는 딱딱한 키틴질을 탈피해야 성숙한 어른으로 성장할 수 있기 때문에 나타나는 성장 과정 중의 일부 현상이다.

잠자리들은 번데기 과정을 거치지 않는 불완전변태를 하는 곤충이다. 그들이 물 속 생활을 마감하고 육상 생활을 하기 위해 마지막 모험을 거는 우화과정! 애벌레를 거쳐 완전한 성충으로 변신하는 모습은 단지 과학의 논리로만은 설명할 수 없는 신비 그 자체이다. 그러나 그들의 껍질 깨는 아픔이 모두 성공하는 것만은 아니다. 연못에 사는 먹줄왕잠자리는 우화에 성공하고 왕잠자리는 그만 다리로 자신의 눈을 찔러 우화에 실패하고 만다.

이들 잠자리의 우화 과정은 독특해서 애벌레 껍데기에서 머리부터 빠져 나오면서 다 빠져나온 후에 머리를 들어올리는 도수형과 아시아 실잠자리처럼 거꾸로 눕지 않고 똑바로 서서 우화를 하는 직립형이 있다.

머리를 들어 올리는 것은 누구에게 배우지도 않았는데 자연적으로 해내는 본능적인 행동. 이는 중력의 법칙을 이용한 것으로 그들이 껍질 깨는 아픔과 어른이 되기 위한 처절한 몸부림에는 자연의 법칙과 질서가 도사리고 있다.

말매미들 또한 번데기 과정을 거치지 않는 불완전 변태를 하는 곤충이다. 6년 간 기나긴 땅속 생활을 마치고 나뭇가지에 올라온 애벌레는 5시간에 걸친 생명의 신비로운 변화 끝에 껍데기에서 탈출하면 찬란한 금색에서 점점 어른 매미의 색깔인 검정색으로 변한다. 단지 열흘 동안 어른으로의 외출인 셈으로 짝짓기를 끝내면 죽는다.

석가모니가 마지막 설법에서 브라만교의 경전보다 나비의 변태과정에서 배운 것이 많다고 토로했듯이 나비의 변태과정은 생명의 신비로움과 아름다움으로 가득 차 있다. 더구나 잠자리나 매미와는 달리 번데기 과정을 거치는 완전변태를 함으로써 그들의 생에 대한 경외심은 더욱 커진다.

모시풀을 먹고 자라던 큰멋쟁이나비 애벌레는 번데기 껍데기를 앞다리로 들어올려 탈피를 하고, 껍데기를 나오자마자 꿀을 빨아먹는데 필수 불가결한 빨대 입을 만든다. 그리고 우화가 날개돋이를 뜻하듯 날개를 우아하게 펼친다. 그들의 날개 빛깔은 생존의 색이다. 무늬와 색깔로써 자신을 위장하거나 경고색을 띠고 적에게 '나를 먹으면 너도 죽는다' 또는 '나를 먹으면 맛이 없다'라고 말한다.

어수리를 먹고 자라던 산호랑나비 애벌레는 가을이 되면 겨울을 번데기로 나기 위해서 변신을 하고, 자신의 몸을 무려 5시간 동안 나무에 묶고 월동준비를 한다. 그리고 단풍이 절정에 달할 무렵, 마침내 번데기로 탈바꿈하여 나뭇가지에 매달린다. 이듬해 봄의 삶을 향한 겨울 내내 기다림을 감수하는 것이다.

꼬리명주나비 또한 쥐방울덩굴에서 애벌레의 삶을 시작하고, 열심히 영양분을 몸 속에 저장하고, 월동을 위해 몸에서 나온 실로 자신을 나뭇가지에 묶는다. 그리고 번데기로 변신을 하고 다시 아름다운 성충, 나비로 변신한다.

나비의 알, 애벌레, 번데기, 성충으로 이르는 껍질 깨는 아픔을 우리 인간은 불교에서 말하는 사성제, 즉 고집멸도에 비유하곤 한다. 그리고 곤충의 짝짓기는 그 모습만으로도 아름다운 한 편의 성스러운 의식이요, 그들의 후손 번식을 위한 노력과 지혜는 인간의 그것을 무색케 할 정도로 정교하고 뛰어나다.

수억 년 동안 이어온 그들의 본능에 의한 행동은 자연의 질서에 따라 이어가고 이어진다.

2. 그들만의 치열한 전쟁

몇 센티미터, 몇 밀리미터에 지나지 않는 생명체. 곤충, 그들에게도 삶은 전쟁이다. 그들에게 하루하루는 생명을 지키고 굶주림을 벗어나기 위한 전쟁의 연속이다.

한가롭기 이를 데 없는 들판의 봄. 소는 한가로이 풀을 뜯고 드넓은 들녘을 보며 되새김질을 하는데… 겉으로 보기에는 한가해 보이지만, 보이지 않는 곳에 사는 곤충들에게 세상은 치열한 전쟁터이다.

방목한 소가 벌여놓은 풍성하고 질퍽한 분비물들…. 하루가 지난 이 소똥을 노리는 곤충이 있으니 파브르의 곤충기에 등장해 유명해진 왕소똥구리이다.

하루가 지나 꼬들꼬들해진 소똥을 좋아하는 왕소똥구리들은 익숙한 손과 발놀림으로 소똥을 굴려댄다. 이들이 소똥을 원형으로 만드는 이유는 가장 많은 양을 한꺼번에 뭉치고 수분도 충분히 보호할 수 있기 때문이다. 그들은 기하학, 수학의 원리를 본능적으로 알고 있는 것이다.

소똥 경단을 다 만들어 경단을 묻을 만한 곳으로 힘들게 굴려가기 시작하는데, 세상이 모두 전쟁터라 쉽사리 굴려가기 힘들다. 경단이 나뭇가지에 걸려 빼느라고 온갖 고생을 다하지만, 이내 경단 묻을 곳을 잘못 찾아, 개미집에 묻고 나서 쫓겨 나오기도 한다.

설상가상으로 성미 고약한 강도도 만나는데, 강도 녀석은 아무 이유 없이 소똥 경단을 반 반 나눠 가질 것을 강요하고, 힘없는 주인 녀석은 반을 나눠준다. 그러나 곤충 세계에서도 삶은 새옹지마인가? 강도 녀석의 경단은 높은 곳으로 굴려가다 낭떠러지에 떨어져 두 조각으로 쪼개지고 만다. 쉽게 얻은 대가는 쉽게 사라진다.

해당화 곱게 피는 여름, 왕소똥구리는 여전히 부지런하게 소똥 경단을 만들고 있다. 그들은 먹이를 사냥하는 전쟁터에 살아남게끔 외모마저 변화해 있다. 소똥을 긁어모으는 앞다리의 돌기, 경단을 꽉 잡게끔 생긴 중간다리, 경단을 잘 밀게끔 생긴 긴 뒷다리 그들은 그들의 삶에 적합한 생김새로 진화해 왔다. 삶의 전쟁터에서 살아남기 위한 방편이다.

봄에 성충의 먹이로 만드는 경단보다 여름에 새끼를 키우기 위해 만드는 경단은 보기에도 크고 탐스럽다. 새끼를 키우기 위한 산란용이니만큼 암컷은 열심히 소똥 경단을 만드는데, 옆에서 짝짓기 기회를 엿보던 철없는 수컷은 도와주기보다 몰래 먹느라고 정신이 없다.

7월 상순, 이때부터 산야는 풀벌레 소리로 시끄러워진다. 매미, 베짱이, 여치들의 울음소리가 그 주인공인데, 그들의 울음소리는 그냥 울음소리가 아니다. 바로 종족보존을 위한 하나의 전략. 그들의 울음소리는 자신의 영역을 선포하는 본 울음소리와 암컷을 유인하고자 우는 유인울음, 그리고 다른 수컷을 방해하는 방해 울음소리로 시끌벅적하다.

매미 중에 가장 음악성이 돋보이는 애매미의 울음소리를 가만히 들어보면 욕쟁이 할머니가 욕을 하며 웃는 소리로 들린다. '오! 씨…씨…팔…히…히…해…호…호…씨…씨…팔' 자기가 욕하고 웃는 해악이 담겨 있는 절규처럼 들리기도 한다. 그래서 욕쟁이매미라고 별명이 붙어 있지만, 아무튼 영역선포도 확실하게 하는 애매미이다. 울음소리 하면 떠오르는 구슬프기로 유명한 매미가 바로 깽깽매미. 8월 하순, 숲 속은 기관총 유탄이 날아다니듯 한다. 마치 전쟁이 난 듯 온갖 총소리는 다 내며 울어대는 것이 깽깽매미들이다.

흔히 개미와 베짱이 우화로 알고 있는 베짱이. 그들은 밤에 암컷에게 자신이 있는 곳을 알리기 위해 날개를 비벼대며 애절하게 울어댄다. 그들의 울음소리는 '스르륵 스르륵' 베 짜는 소리로 들린다. 가장 아름다운 소리를 낸다는 방울벌레의 울음소리, 마치 아름다운 차임벨 소리 같다.

그들은 아름다운 소리가 나게 하기 위해서 돌무더기 안에서 공명효과를 이용하는 지혜도 갖고 있다. 그들은 짝짓기를 하기 위해서, 암컷에게 자신을 찾도록 하기 위해서 울어댄다. 실상은 그들이 짝을 부르는 사랑노래를 우리는 울음소리라고 표현하니 얼마나 작위적인가?

날개를 맞비벼서 노래하며 짝을 불러 짝짓기를 하고, 베짱이 암컷은 생명을 잉태하여 땅속에 알을 낳고는 죽는다.

신갈나무 줄기에서 장다리파리는 짝짓기를 위해서 한판 승부를 벌인다. 마치 일본 스모 선수처럼 다리를 쫙 벌리고 마주 본 다음, 힘을 겨루는 것이다. 암컷은 수컷끼리의 필사의 힘겨루기를 보고 승자를 선택하기만 하면 된다.

이는 마치 인간 세상에 있어서도 능력 있는 남자가 미인을 얻는 것과 같은 이치이다. 두 팔을 부딪쳐 겨뤄서 수컷과 짝짓기를 하는 암컷, 진 수컷은 짝짓기 중에도 방해를 한다. 짝짓기 상대를 빼앗긴 설움 때문일까?

딱정벌레 목에 속하는 사슴벌레도 짝짓기를

위해 처절한 사투를 벌인다. 사투를 위해 변화된 커다란 턱으로 수컷들은 치열한 전쟁을 치르는데, 우리의 상식을 깨고 죽은 채 너스레를 잘 떠는(의사행동) 수컷이 이기는 것을 보고 경악한다.

그 옆에서는 잘 생긴 수컷 사슴벌레를 차지하기 위하여 암컷들도 사투를 벌인다. 강한 유전자를 얻기 위한 사투는 본능이다. 마침내 경쟁에서 이긴 암·수컷의 짝짓기로 태어난 새끼는 강한 유전자를 물려받는다.

소슬바람이 불면 왕소똥구리는 보다 더 철저한 먹이 경쟁이 벌어진다. 이 계절이면 소는 하나 둘 농가로 들어가고 들판에는 소똥이 귀해진다. 왕소똥구리 식량은 곧 바닥이 난다. 월동준비를 위해 경단 하나는 다른 계절보다 더 중요한 의미를 갖고. 녀석들의 싸움은 누구 하나 물러설 수 없는 전쟁터가 된다.

경단을 두고 뺏고 뺏기는 긴박한 상황이 벌어진다. 주인은 도둑을 모래 속에 묻어버리려 하지만, 그 사이 경단을 훔쳐 도망가 버리고, 주인은 잃어버린 귀한 경단을 찾아 헤매지만, 시력이 나빠 지척에 도둑을 두고도 자신의 경단을 찾지 못한다.

이는 왕소똥구리가 단지 후각에 의지해서만 사물을 판별한다는 증거이지만, 비록 훔친 남의 것이지만 치열한 싸움 끝에 경단을 빼앗아 온 도둑은 드디어 안전하게 모래 속에 경단을 묻기 시작한다. 이때 이마에 돋아난 5개의 돌기는 불도저 역할을 하듯 모래를 밀어붙이며 터널을 뚫는다.

경단을 굴속으로 안전하게 들여오고 모래로 만든 문을 닫아 버리면 이제 새끼를 키울 양식을 준비한 셈이다. 이제 이 도둑 왕소똥구리는 처절한 모성애로써 이 경단에 알을 낳아 새끼를 키울 것이다.

가을은 다가왔고, 어미 왕소똥구리가 죽을 힘을 다해 저장해놓은 소똥 경단을 먹이로 새끼는 알에서 깨어나 무사히 애벌레로 커가고 있다.

먹이 경쟁, 그리고 새끼 낳기 전쟁에서 어떻게든 이긴 왕소똥구리 승부의 세계는 이러한 인간사와 닮은 점이 발견된다.

가을이 다가오고 찬바람이 불어오면 곤충들의 피나는 짝짓기 사투는 더욱 심해진다. 생애 마지막이 될지도 모르는 짝짓기에 목숨을 바친다. 그들이 짝짓기에 목숨을 바칠 수밖에 없는 것은 개체수에 있어 수컷이 암컷에 비해 월등히 많기 때문이다.

곤충들의 사회는 어엿한 사회를 이루고 살아가는 개미의 모습에서 확실하게 드러난다. 여왕개미가 알을 낳아 애벌레를 키우고 고치에서 나오는 것을 도와준다.

고치에서 나온 일개미 1호는 본능적으로 자기 몸을 씻고, 자신을 지켜주고 키워준 여왕개미에게 봉사한다. 계속 일개미가 태어나 10마리 정도 되면 개미 가족들은 집을 만들기 시작한다. 일개미들은 각자 임무가 있어서 애벌레를 키우는 일개미, 고치에 곰팡이가 안 슬게 지키는 일개미, 외부의 적들로부터 가족을 지키는 문지기 일개미로 나뉘어진다. 또 하나의 생명이 탄생하고, 먼저 태어난 자매들은 새로 태어난 일개미의 탯줄 같은 고치를 정성껏 떼어준다. 고치가 다 떼어지면, 여왕개미는 새 생명에게 자신의 부족임을 확인하는 여왕물질을 발라준다. 개미들은 이 냄새로써 자신의 가족임을 확인한다. 개체 하나 하나가 중요한 구성원이 되는 개미사회에서 이런 확인 절차는 중요하다.

자매 일개미들은 어린 동생들의 고치를 곰팡이 슬지 않게 바깥으로 끌고 나와 말려주고, 세대가 늘고 가족이 늘어나면 단백질이 더 많이 필요하기 때문에 일개미들은 세상으로 나가 멧비둘기 시체 같은 고기를 포획해 온다. 자신의 가족들을 위해 한시도 쉼 없이 치열하게 일하는 일개미들의 본능적인 행동은 지켜보는 이로 하여금 그 철저한 조직적인 사회에 두려움을 느끼게 한다.

늘어나는 가족들을 위해 집을 넓히는 일본왕개미의 일개미들, 역시 집 넓히는 일을 하는 일개미와 경계하는 일개미로 나뉘어 공사가 진행되고, 얼떨결에 다른 그룹의 일개미들이 끼어든다. 일개미들은 본능적으로 전투가 벌어지고, 양 그룹의 일개미들이 서로 뒤엉켜 물어뜯고 개미산을 쏘며 삽시간에 동족상잔의 전쟁이 난다.

일개미들은 경고페로몬을 풍기며 자기 가족을 불러들이고 수백, 수천의 일개미들의 전쟁으로 확산된다. 전투병력의 임무는 일사불란하게 수행되어 한 마리가 적의 다리를 물고 늘어지면 다른 일개미들이 머리를 댕강 잘라버린다. 이렇게 10시간이 흐르고 사회 구성원이 적은 개미 집단은 몰살당한다.

그 다음 시체 처리반이 나서서 아군 부상자는 병원으로 옮기고 시체는 시체실에 보관되며 전쟁터는 말끔히 정리되고 하다 말은 집 넓히기 공사 임무를 수행하고 있는 무서운 일본왕개미 일개미들을 보며 축소판 인간 세상을 사는 느낌이 든다.

개미의 세상! 가시개미 또한 한 소그룹이 뭉쳐 일하고 싸우는 것은 마찬가지이다. 집을 지으며 자기 몸의 몇 배가 되는 잠자리를 잡아와 저장하고, 곰개미는 자기 몸의 몇 배인 지나가던 홍단딱정벌레를 표적으로 삼아 사냥을 벌인다. 이 딱정벌레는 큰 덩치에도 불구하고 단체의 힘에는 무릎을 꿇고 죽은 척하는 의사행동에 독한 냄새까지 풍겨대지만, 별 수 없이 곰개미 떼에게 잡혀 식량이 된다. 마치 선사시대 맘모스를 사냥하는 원시인들 사는 모습을 발견한다.

분개미는 더욱 발전된 전법을 구사하며 맹렬하게 싸운다. 치고 빠지며 적을 포위하고 생포한다. 그들이 벌이는 싸움은 인간의 전쟁을 능가하고 있다.

세계적으로 큰 곤충에 속하는 장수말벌은 길이가 무려 4cm나 된다. 사람도 죽일 수 있는 독성을 가진 장수말벌의 악명은 아는지 모르는지 짝짓기에서 맹렬한 겨루기를 하던 넓적사슴벌레가 장수말벌과 신갈나무 수액을 놓고 다툼을 벌인다. 그들에게 참나무류의 수액은 가장 중요한 먹이이기에 목숨을 걸고 싸우는 것이다.

톱사슴벌레 또한 먹이인 나무 수액을 차지하기 위해서 독침 있는 말벌과 처절하게 싸운다.

심지어 잠자리는 동족인 다른 종 잠자리를 잔인하게 잡아먹기도 한다.

베짱이의 머리를 붙잡고 게걸스럽게 먹어치우는 사마귀를 보면, 곤충들의 인정사정 없는 먹이사슬이 잔인하게 보이기까지 한다.

사마귀, 그들의 육식성 취향은 실로 정력적이다. 날카로운 앞다리에 잡힌 개미와 나비의 형체가 순식간에 사마귀의 위장 속으로 사라진다. 그렇게 먹이에 집착하고 식탐을 부리며 잠자리를 잡으러 연못 속에까지 들어가 익사하고, 거미를 잡으러 거미줄에 뛰어들어 거미줄에 걸려 굶어 죽고야 마는 사마귀을 보면서, 이 또한 자연의 법칙이라고 생각한다.

드넓은 자연 속에서 곤충들은 날마다 전쟁을 벌인다. 먹이를 위해, 종족을 지키기 위해, 일생에 단 한번일지도 모르는 짝짓기를 위해서 그들은 동족간에 피를 흘리며 전쟁을 벌인다. 그들의 몸짓 하나는 짧은 삶을 이어가기 위한 처절한 몸부림이요, 성장을 위한 사투이다.

들과 숲은 생명을 키운다. 그리고 그 들과 숲에는 치열한 경쟁이 이어지고 있다.

우리는 그런 숲과 들을 자연이 살아 있다고 말한다.

김정환은 곤충학회 이사, 고려곤충연구소 소장. 자연 생태계에서 사라져 가는 연약한 곤충들을 사랑하고 그들과 함께 일평생을 살아온 곤충학자이다. 〈곤충의 사생활〉(KBS 2000), 〈곤충, 그들만의 세상〉(SBS 2002) 등 여러 편의 다큐멘터리를 직접 제작했으며, 『한국의 딱정벌레』(교학사 2001), 『곤충의 사생활 엿보기』(당대 2001) 등 많은 저서를 냈다.

박새와 숲의 이용

이 기 섭

한국인들이 가장 좋아하는 취미 중의 하나는 아마도 등산일 것이다. 등산을 하면 심신을 상쾌하게 할 수 있고, 자연과 숲을 가까이 접할 수 있어 좋다. 하지만 등산의 목적이 단지 정상을 오르는 것이라면 그건 웬지 무미건조 하다는 생각이 든다. 등산하면서 카메라는 거의 필수품처럼 챙겨가지만 쌍안경을 가져가는 분은 거의 보질 못했다. 산새를 보면서 산에 오르면 등산이 더욱 재미있을 것이다. 산은 여러 생명들이 어우러져 살아가는 하나의 생태계임을 이해하고, 등산을 통해 그곳의 생물과 접하는 기회로 삼길 바래본다.

'산에서 제일 흔한 새는 뭘까요?'라는 질문에 사람들의 대답은 어떨까?

흔한 새라고 한다면 대부분 '참새'를 떠올린다. 참새는 전국 어디에나 있으며 볍씨를 까먹어 나쁜 새라는 생각과 함께, 산에도 가장 흔할 것이라고 생각한다. 하지만 참새는 답이 아니다. 참새는 인가 근처와 들판에 살며, 산에서는 거의 볼 수 없다. 산이라 해도 사람이 사는 절에서는 종종 보인다. 그렇다고 참새가 산이나 숲을 대표하는 새라고 말할 수는 없다.

다음으로 '까치'를 생각한다. 까치 역시 전국에 흔하게 있고, 나무 위에 가지를 엮어 큰 둥지를 짓는 새다. 하지만 까치는 산에 흔한 새가 아니다. 까치는 개활지와 숲이 만나는 가장자리에 사는 새다. 풍수지리적으로 산을 등지고 앞은 논밭, 그 너머로 하천이 흐르는 곳에 마을이 형성된 곳이 많다. 이런 마을 위치가 까치에게

도 좋은 서식처이다. 까치는 산과 접하는 곳의 높은 나뭇가지에 집을 짓고, 주로 개활지에서 곤충이나 먹이감을 구한다. 따라서 숲이 우거진 곳에는 까치가 흔하지 않다. 오히려 친척뻘인 물까치나 어치가 숲을 이용한다. 물까치는 얕은 산에 덤불이 많이 우거진 곳을 좋아하고, 어치는 참나무숲을 좋아한다. 그러나 이들 역시 가장 흔한 새의 답은 아니다.

'비둘기'는 어떨까? 비둘기 역시 참새, 까치만큼이나 흔한 새이다. 우리들이 볼 수 있는 비둘기는 대개 2종류로 공원이나 도시에서 자주 보이는 집비둘기와 시골에서 자주 보이는 멧비둘기가 있다. 집비둘기는 원래 우리나라에 없던 새로 운동경기 개막식에 이용되면서 전 세계에 퍼진 새이다. 가금화시킨 종이지만 도시의 환경에 잘 적응하여 야생처럼 잘 번식하고 살아간다. 하지만 집비둘기는 도시공원에 적응한 새로 산이나 숲에서는 볼 수 없다. 시골에 자주 보이는 멧비둘기는 어떨까? 도시인들은 멧비둘기를 집비둘기와 잘 구별 못하지만 전국 어디에나 흔하게 보이는 새이다. 멧비둘기는 이름에서 풍기는 것처럼 산에서 볼 수 있고 나뭇가지 사이에 집을 짓는다. 하지만 멧비둘기는 나무를 둥지나 잠자리로 이용하고, 먹이는 거의 농경지나 초지에서 먹는다. 따라서 산에 가장 흔한 새의 답이 아니다.

산에 가장 흔한 새는 '박새'다. '박'의 의미가 무엇인지 정확히 모르지만 흔하다는 뜻이 아닐까 생각된다. 산에 흔하다는 것은 산림이 많은

한국에 가장 흔하다고 할 수 있을 것이다. 박새는 나무구멍에 번식하고 나뭇가지 사이를 다니며 곤충과 나무열매를 찾아다닌다. 따라서 비둘기나 까치와는 달리 숲에서 모든 것을 구하는 새라고 할 수 있다. 박새는 울창한 삼림은 물론이고 공원의 듬성한 몇 그루 나무 사이에서도 만날 수 있다. 전국 어디에나 흔하고 제주도, 울릉도 등 나무가 있는 섬이면 어디에서나 볼 수 있는 새이다. 그런데 등산하는 사람 중에 박새를 아는 사람은 드물다. 황새, 두루미처럼 너무 귀하고 멸종위기에 처한 새는 오히려 알고 있지만 박새를 모르는 경우는 많다. 이것은 흔한 것에 대한 가치인식의 부족 때문이기도 할 것이다. 하지만 참새, 까치를 어린이들도 쉽게 아는 것을 보면 등산인의 무관심이나 교육의 문제이기도 할 것이다.

만약에 여러분들 중에서 아직 박새를 본 적이 없다면 지금이라도 근처의 산이나 숲으로 가보길 바란다. 그리고 나뭇가지 사이를 돌아다니는 새가 있는가 보라. 만약 참새만한 새가 나뭇가지 사이를 부지런히 돌아다니는 것을 보았다면, 십중팔구는 박새일 것이다.

사람들은 개미와 꿀벌은 부지런하며 열심히 일하는 동물로 상징해 말한다. 그러나 오히려 박새가 더 부지런하다고 생각한다. 개미와 꿀벌은 해가 뜨면 먹이를 찾기 시작하고 해가 지기 전에 서둘러 집으로 돌아간다. 박새의 경우, 해 뜨기 30분 전에 이미 일어나며 낮 동안 부지런히 돌아다니다 해가 완전히 진 다음에야 비로소 잠자리에 든다. 개미와 꿀벌은 겨울잠을 자지만 박새는 추운 날씨에도 아랑곳하지 않고 부지런히 돌아다닌다. 따라서 박새가 더 부지런하다고 할 수 있을 것이다.

또한 박새는 어떤 새들보다 용감하다고 할 수 있다. 거의 모든 새들은 사람을 보면 후다닥 도망간다. 꿩은 꽁지 빠지게 도망가고 오리나 기러기는 난리법석을 떨며 울면서 날아간다. 덩치 큰 독수리도 사람이 아래 있으면 슬며시 방향을 틀어 날아간다. 황새나 두루미처럼 키 큰

새들도 사람을 가장 경계하는 새들이다. 사람에게 가까운 참새나 까치조차도 사람과 마주하면 도망가기 바쁘다. 하지만 이 작은 새는 사람 앞에 가까이 다가오며 잘 도망가지 않는 새이다. 매일 먹이를 주면 사람 손에 앉기도 한다. 그 중에서도 가장 용감한 것은 곤줄박이로 가끔 바로 눈앞에 와서 동물원 동물 보듯 사람구경을 하고 가기도 한다. 박새는 소리흉내에 반응을 잘 보이기도 한다. 박새 소리를 휘파람처럼 따라하면 호기심 많은 박새가 가까이 오거나 응답하는 경우가 많다. 번식기의 박새는 자신의 영역에 다른 새가 들어온 것으로 착각하기 때문이다. 산에서 '야호, 야호'하고 소리치기보다 박새의 노랫소리를 감상하고 따라해보는 것도 좋을 성 싶다.

그리고 박새는 텃새로 일년 내내 볼 수 있다. 우리들과 함께 사시사철의 다양한 변화에 적응하며 강인하게 살아가는 새라고 할 수 있다. 봄철이면 나무 높이 올라가 계속 지저귀며 숲을 활기차게 한다. 겨울의 추위도 아랑곳하지 않고 서로 의지하여 어려움을 이겨나가듯이 서로간에 울음신호를 보내며 몰려다닌다.

따라서 산에 가장 흔한 새인 박새를 모르고 등산한다는 것은 물에 물고기가 있다는 것을 모른 것과 같다. 산에 오르면 박새를 기억하자.

박새는 자세히 보면 몇 가지 종류가 있다는 것을 알 수 있다. 그냥 '박새'라고 부르는 것과 그보다 크기가 작은 '쇠박새', 꼬리가 짧은 '진박새', 그리고 '곤줄박이'가 있다. 박새는 흰색의 배에 검은색 줄이 간 것이 특징이다. 머리 위는 검은색이지만 뺨은 흰색을 띤다. 그리고 등은 녹회색을 띤다. 박새는 저지대의 산림을 좋아하며 우리가 가장 쉽게 접할 수 있다.

쇠박새는 박새와 달리 배에 검은 줄이 없으며 아랫부분이 흰색이라기보다는 회색빛이 돌아 조금 시서분하게 보인다. 머리 위에서 뒷복까지 길게 베레모를 쓴 것처럼 검은색이 이어진다. 아래턱의 검은색 깃털이 콧수염처럼 잘려있기도

쇠박새

하다. 등은 회갈색이다. 쇠박새는 활엽수림을 좋아한다. 박새에 비해 약간 고산지대에 번식하지만 번식 후에는 정원에서도 쉽게 볼 수 있다.

진박새는 상대적으로 꼬리가 짧아 작게 보인다. 머리 위는 검지만 쇠박새와 달리 뒷목이 흰색인 것이 특징이다. 머리깃을 위로 올리기도 한다. 또한 날개에 2개의 흰색선이 뚜렷하다. 진박새는 주로 소나무나 잣나무와 같은 침엽수림을 좋아한다. 몸집이 작다보니 빽빽하게 우거진 소나무 가지 사이로 잘 다닌다.

곤줄박이

곤줄박이는 배가 곤색(적갈색)인 것이 특징이다. 앞의 3종류와는 달리 뺨색이 담갈색이나 베이지색을 띤다. 곤줄박이는 고산지대에서 주로 번식한다. 번식이 끝나면 저지대로 이동해 오기도 한다. 앞의 3종에 비해 나무종자를 잘 먹는다. 마치 딱따구리처럼 잣이나 때죽나무 열매를 두발로 잡고 깨먹기도 한다.

박새류는 종류가 다른 것처럼 이용하는 숲이 다르다. 박새는 저지대의 숲을 이용하고 쇠박새는 덤불이 많은 숲을 좋아한다. 곤줄박이는 고지대의 활엽수나 혼효림을 이용한다. 하지만 진박새는 침엽수림을 주로 이용하고 활엽수림에는 거의 가지 않는다.

우리는 전쟁으로 상처 나고 남벌로 벌거벗은 산에 나무를 심고 육종에 힘썼다. 그 결과, 이젠 산마다 나무가 우거진 숲을 만날 수 있게 되었다. 숲은 사람에게 목재를 제공하고 신선한 공기를 공급하며, 기후를 안정화시키는 등 고마운 존재이다. 그러다 식재되는 나무들의 종류에 대해 생각해보아야 한다. 산에 식재된 나무들의 종류가 똑같고 같은 키를 한 인공림을 보게 되면, 한숨이 나온다. 똑같은 키로 쭉쭉 뻗은 나무줄기 밑을 걸으면서 남들은 멋있다고 생각할지 모르나, 삭막함을 느낀다. 나무들이 외국산 나무 일색일 때는 한숨이 나온다. 이러한 숲을 혼자 걸어보면 새소리조차 들리지 않는 정막함과 쓸쓸함을 느끼게 될 것이다.

다양한 키와 여러 종류의 나무들이 자연스럽게 어우러진 자연림이야말로 우리가 추구해야 할 숲이 아닌가 생각해본다. 자연림이 아니더라도 한 종류의 나무만을 심지말고 여러 종류를 같이 심거나 시기를 달리하여 심으면 좋겠다. 목재생산 가치가 떨어지더라도 토종의 다양한 나무를 식재하도록 노력하자. 평지의 숲이 아닌 이상, 척박하고 경사진 산에서 자라는 나무들은 어차피 목재 가치가 떨어지는 것으로 알고 있다. 그렇다면 그러한 곳만이라도 토종의 다양한 나무들이 자라도록 해야겠다. 그것이 종다양성을 유지하는 길이며, 다양한 꽃과 곤충이 생겨나고, 박새들 또한 많아져 숲이 박새들의 울음소리로 활기차고 삶이 느껴지는 곳이 될 것이다.

이기섭은 1990년 3월부터 2002년 3월까지 경희고등학교 생물 교사로 재직하였고, 현재 경희새 생물학과 강사 및 메라람 조류 연구소 소장을 역임하고 있다. 한국 조류학회 총무이사 이기도 하다.

전통한지의 이해

전 철

1. 서언

전통한지에 앞서 우리들이 일상생활에서 흔히 부르고, 쓰고 있는 종이에 대해 알아보자. 우리들은 흔히 종이라고 하면 「양지」를 가리키는 말이지, 「한지」를 가리키는 말은 아닌 줄 알고 있다. 엄밀하게 말하자면 종이라는 말은 양지와 한지 모두를 가리키는 단어이다. 이처럼 양지가 종이의 대명사가 된 원인은 양지가 우리들의 일상생활에서 보편화되어 있기 때문일 것이다. 사실 양지가 도입되어 보편화되기 전에는 한지가 바로 종이였다. 그리고 양지에 대한 개념의 한지라는 용어는 양지가 도입(1908년)된 직후에도 없었다. 그러나 한지 수요가 감소하자 생산량이 줄어들게 되었다. 이에 따라 통계자료의 수월성을 위한 한 방편으로 국영 기관인 한국은행과 산업은행이 1955년에 공동으로 발간한 「광업 및 제조업 사업체 조사 종합 보고서」에서 처음으로 사용했던 것이 보편화되었다. 그후 1961년 정부에서 발행한 대한민국의 통계연감에서 이를 그대로 사용하면서 한지라는 명칭이 공식적으로 등장하게 된 것이다. 그리고 흔히들 한지를 우리의 고유한 종이를 의미하는 단일 품명의 종이로 오인하는 경우도 많다. 과거의 한지라는 개념의 수록지(手漉紙)는 주원료나 부원료, 용도, 색상, 산지, 크기 및 두께, 제조방법, 종이의 질, 마무리 방법 등에 따라 분류하여 각각의 명칭을 붙였다. 그 예가 태지(苔紙), 운모지(雲母紙), 창호지(窓戶紙), 감지(紺紙), 완지(完紙), 후지(厚紙), 포목지(布目紙), 백면지(白綿紙), 도련지(搗練紙) 등과 같은 명칭이다. 이와 같이 통계의 수월성을 위해 붙인 한지라는 용어가 양지의 대칭개념으로 처음부터 발생되었던 것으로 알고 있으나 사실은 그렇지 않다는 것이다. 그러나 오늘날은 양지의 대칭개념으로 받아들이는 것이 자연스러워진 것은 사실이다. 한지의 대칭 용어인 양지는 사실, 펄프·제지 분야에서는 공식용어로는 사용하지 않는 단어이다. 그러면 한지와 양지는 어떠한 종이이고 그 차이점은 무엇이며 어떠한 특성이 있기에 이 땅에서 2,000년 가까이 우리의 삶과 융화되어 문화적으로 토착화되었는지를 살펴보고자 한다.

2. 한시(韓紙)와 양지(洋紙)의 차이점

종이와 문자는 인류의 정신과 사상 그리고 문화를 계승해주는 매체로서 인류문명의 발달에 크게 기여해 오고 있다. 문명이라는 것은 산에서 흘러내리는 물처럼 높은 곳으로부터 낮은 곳으로 퍼져 전파되어 가는 특성을 갖고 있다. 이렇듯 당시의 문명국이었던 중국으로부터 우리는 문자문화, 정신문화, 정치·사회제도 등을 도입해 우리의 실정과 국민성에 맞춰 흡수, 개정해 사용해오면서 역사적 발전을 이룩해 왔다. 그 문명 중의 하나가 종이인데 종이 역시 중국에서 발명된 기술이 동쪽에 위치하고 있는 우리나라에 전파되었고 우리는 흐르는 물처럼 일본으로 그 기술을 전파시켜 주었다. 서쪽으로는 704~751년 달라스 전쟁에 의해 아라비아와 이집트를 거쳐 유럽으로 전파(1150년경)되어 갔다. 당시 우리나라는 제지 기술만을 도입하지 않고 한자문화를 비롯하여 종교, 정치, 사회제도를 함께 병행해서 도입했기 때문에 중국에서 고안한 마류(麻類)와 인피섬유(靭皮纖維)를 기본으로 하는 제지기술이 여과되지 않고 도입되었다. 그런데 이러한 섬유들은 길이가 길어 물에 균일하게 분산되지 않았다. 따라서 이를 기술적으로 해결해 나가기 위해 각종 점제와 초지발, 초지법 등이 개발되어 오면서 오늘에 이르고 있으며 각 지역에 따라 특색 있게 발전해온 것이다. 그리고 종이는 기본적으로 문자를 표기하는 서사재료이기 때문에 문자나 필기도구에 맞게끔 지질(紙質)이 개량될 수밖에 없었다. 이러한 이유로 각 나라마다 혹은 지역적 특성에 따라 원료가 변화되고 초지방법이 달라졌으나 그 원류는 바뀌지 않고 있다. 반면에 유럽에는 중국으로부터 한자문화와 각종 문물·제도 특히 한자와 필기도구가 도입되지 않고 종이제조 기술만 도입되어 당시의 기록재료였던 양피지(parchment)와 벨럼(vellum)을 몰아내고 면(綿)넝마지, 아마지(亞麻紙) 등으로 전환되었다가 최종적으로는 단섬유(短纖維)인 목재섬유를 기본으로 하는 종이로 변환되었다. 그리고 펜과 잉크라고 하는 필기형태는 평활성이 높은 서사재료를 필요로 했다. 즉 서사문화의 변형인 것이다. 펜의 특성상 세필이 요구되기 때문에 잉크의 번짐을 방지하기 위하여 사이즈제의 개발이 요구되었고 단섬유를 초지할 수 있는 초지기가 필요했던 것이다. 이것이 결국 목재펄프를 이용해서 제조하는 양지의 기술개발 배경이 된 것이다. 이처럼 오늘날의 한지와 양지가 모두 같은 근원을 갖고 있으면서도 전혀 다른 형태로 발전하게 된 것은 우리는 붓과 먹을 사용하는 문자문화까지 중국으로부터 도입했기 때문이고 유럽은 원료를 바꾸고, 사이즈제와 기계 초지기를 개발했기 때문

에 양자가 뚜렷이 구분되는 것이다. 더욱 근본적인 원인은 서양문화를 담당하고 있는 문자매체에 가장 적합하도록 서사재료를 꾸준히 개발해 나갔기 때문에 한지와 양지가 구별되는 것은 필연적인 결과라고 할 수 있을 것이다.

3. 전통한지의 개념

한지를 흔히 구분할 때 토착한지, 전통한지, 개량한지, 기계한지로 구분하고 있는데 토착한지(indigenous Hanji)라고 하는 것은 토착식 공정을 거쳐 원료를 펄프화 한 후 외발로 세로뜨기한 한지를 의미한다. 그리고 전통한지(traditional Hanji)란 이 토착식 공정을 그대로 답습하면서 동력만을 이용해 공정을 개선한 방식 즉, 원료를 펄프화 하는 공정에서 칼비이터가 이용되고, 건조공정에서 열판 건조가 도입되는, 오늘날 외발로 세로뜨기한 한지를 의미한다고 볼 수 있다. 여기에서 필자는 전통한지의 역사와 산업화 개념차원에서 조심스럽게 쌍발로 가로뜨기한 한지도 전통한지의 개념에 포함시켜야 한다고 본다. 일본인에 의해 일제시대에 전주를 중심으로 쌍발뜨기가 보급되었다고 문헌적 근거도 없이 전해져 내려오고 있으나 전주의 원로 지장들의 의견은 전혀 다른 견해를 갖고 있다. 즉 한일합방 무렵에 전주지방을 중심으로 쌍발뜨기가 자체 고안되어 보급단계에 이르렀을 때 일본인이 이를 배워 일본에 보급시킨 후 일제의 제지장려정책이라는 미명 아래 수탈 목적으로 전주를 중심으로 이 방법을 집중적으로 교육, 보급시켰다는 것이다. 따라서 이 초지 방법역시 우리 고유의 초지방식이라는 주장이다. 그리고 역사적으로 반세기 이상 동안 우리의 수록방법으로 토착화되어 왔기 때문에 전통의 범주에 넣어도 무방하다는 얘기이다. 이외에도 외발뜨기 방식은 초지해 낼 수 있는 종이의 크기가 제한적일 수밖에 없고 능률적이지 못하다는 점에서 산업화에 적합하지 않기 때문이기도 하다. 따라서 초지 방법에 따라 각각 특징 있는 한지

를 생산할 수 있으므로 외발한지, 쌍발한지라고 구분은 하되 전통한지의 범주에 포함시켜야 한다는 것이다. 상업적인 차원에서 흔히 논란의 대상이 되고 있는 전통한지에 대한 개념은 사실은, 초지 방법이 아니라 원료 제조 공정 자체가 토착식으로 이루어졌느냐 하는 것이다. 이러한 의미에서 개량한지의 도구인 칼비이터와 철판건조를 사용해도 전통한지로 인정해도 무방할 것이다. 주의해야 할 사항은 화공약품을 전혀 사용하지 않아야 한다는 것과 천연 점질물을 반드시 사용해야 하고, 화학펄프를 사용하지 않아야 진정한 의미의 오늘날 제조하는 전통한지일 것이다. 그리고 개량한지(improved Hanji)란 펄프화 공정과 표백공정, 지료조성공정에서 화학약품을 사용하고 리사이클 펄프나 버진(virgin) 화학펄프를 혼합해 쌍발식으로 초지한 한지를 의미한다. 대표적인 예가 화선지이다. 기계한지(machine made Hanji)는 개량한지와 펄프화와 공정은 동일하고, 원료에 합성섬유가 포함되며 초지 공정에서 각종 첨가제가 투입된 즉, 닥나무 인피 펄프가 약간 혼합된 상태에서 양지처럼 롤지(roll paper)로 제조되는 한지이다. 명목상 한지이지, 한지로 취급하지 않는 것이 일반적인 추세이다.

4. 전통한지의 제조 방법

전통한지 제조 방법을 설명하면 다음과 같다.

· 제1공정 : 닥나무 베기(cutting)

서리가 내리고, 농사일을 마무리한 이후부터 3월 이전인 농한기에 닥나무를 채취한다. 제지 원료로서 경제적이고 가치가 있는 것은 보통 3년 생이다. 보통 3년 생 미만의 줄기는 가늘어 박피 하는데 많은 노력이 들고 수율도 적다. 3년 생 이후부터는 매년 채취해야 섬유가 거칠어지지 않고 맹아율이 향상되며 균일한 섬유를 얻을 수 있다. 줄기의 밑 부분을 바짝 남쪽을 향하도록 경사지게 베어내는 것이 다음 해의 생육

을 위해 좋다.

· 제2공정 : 닥묻이(steaming)

가마솥이나 구덩이를 파고 물과 닥나무가 분리되도록 시설한 후 닥나무를 다발로 묶어 차곡차곡 쌓아 그 위를 비닐로 포장한 후 물을 끓여 수증기를 발생시킨다. 이 수증기가 닥나무의 목질부와 인피부 사이로 침투하게 되면 양자가 분리되면서 인피부는 수축하게 된다. 확실하게 인피부가 수축된 것을 파악한 후 그대로 12시간 정도 방치해 둔다. 이외에 석증법(石蒸法)과 통증법(桶蒸法)이 있으나 석증법은 비효율적이고 통증법은 효율은 양호하나 많은 양을 닥묻이 하기에는 부적합한 방법이다.

· 제3공정 : 닥나무 껍질 벗기가(debarking)

다 쪄진 것을 확인(2~3시간 정도면 충분하다)한 후 가마에서 꺼내, 식지 않도록 멍석이나 거적을 씌워 보온을 유지시켜 놓은 다음 하나씩 꺼내어 박피한다. 박피 방법은 1차적으로 원구 부위의 목질부와 인피부를 약간 분리시켜 놓고, 왼손으로 목질부분을 붙잡고, 오른손으로 인피부를 말구 방향으로 잡아 당겨 벗긴다. 이와 같이 박피 한 것을 생피(生皮)라 하고 한줌을 한 묶음으로 해서 장대나 줄에 길어 충분히 건조시킨다. 건조가 불충분하면 저장 중에 부패하거나 변색되어 지질을 떨어뜨린다. 이와 같이 건조시킨 인피를 조피(粗皮), 황피(黃皮) 혹은 흑피(黑皮)라고 부른다.

· 제4공정 : 닥칼로 표피 제거하기 (de-epidermising)

백피(白皮) 조제방법으로서 흑피를 충분히 물에 침지시켜 물을 흡수시킨 다음 꺼내어 닥칼로 표피(表皮)와 주피(主皮)를 제거하는 작업이다. 표피만을 제거하는 경우도 있다. 제거 작업 후 다시 한번 맑은 물에 침지해 수용성 물질을 빼낸 후 수일 동안 햇볕에 건조시키면 백피가 된다. 이와 같이 건조한 백피는 수년 동안 저장

해도 양호한 상태를 유지할 수 있다. 닥나무 인피 수율은 토질, 기후, 수령, 강우량 등에 따라 다르지만 수확 최성기에는 10a(300평)당 120~190kg(흑피 : 건조상태)정도이다. 이 양을 백피로 만들면 60~105kg(흑피에 대한 백피 수율은 50~55%)이 된다.

· 제5공정 : 흐르는 물에 씻어내기(洗淨 : washing)

흐르는 물에 인피부에 붙어 있던 표피 찌꺼기와 협잡물 등을 씻어낸다. 인피부가 물에 흘러갈 수 있으므로 주의하면서 씻어내야 한다. 장기 저장용은 씻어내면서 남아 있는 표피도 다시 한번 제거한다.

· 제6공정 : 삶기(煮熟 : cooking)

건조 백피의 중량을 칭량(10관 : 37.5kg을 기준으로 분리해 칭량해 두는 것이 편리하다)하고 전처리작업으로 수용성 성분과 협잡물을 제거하기 위해 맑은 물에 침지(침지 시간은 일정하지 않아 보통 여름철에는 수 시간 정도면 충분하고 겨울철에는 1~2일간 침지해 두는 것이 적당하다)해 둔다. 침지한 백피를 물기가 빠질 수 있는 곳에 자연스럽게 걸쳐놓은 후, 건조중량 약 37kg에 잿물 약 126ℓ를 만들어 백피가 충분히 잠길 정도로 한 다음 가마솥에서 약 6시간 정도 삶는다. 혹은 석회(石灰) 18ℓ와 목회(木灰) 4ℓ를 잘 섞어 휘저은 것을 약 6시간 동안 가마솥에 넣고 삶는다. 이 공정은 제지의 원료가 되는 식물섬유에는 순수한 섬유소뿐만 아니라 여러 가지 불순물(비섬유상 물질)이 혼합되어 있으므로 이를 제거해 순수한 섬유소만을 얻기 위해 실시하는 작업이다.

· 제7공정 : 흐르는 물에 씻어내기(洗淨 : washing)

백피를 알칼리 성분으로 자숙했기 때문에 자숙액에는 백피에서 용출된 비섬유상 물질이 용해되어 있고 인피부 내에는 칼슘 성분 등이 침착되어 있다. 자숙 후 하룻밤 동안 자연스럽게 방치했다가 백피를 마포에 넣어 일 주일 동안 흐르는 물에 담가 씻어낸다. 이 작업으로서 자숙 시에 용출된 비섬유상 물질과 티들이 흐르는 물에 씻겨 내려가거나 용해되어 버린다.

· 제8공정 : 바래기(漂白 : daylight bleaching)

식물체 속에 존재하는 섬유소 이외의 물질은 표백에 의해서 대부분이 가용성으로 변하고 물로 세정하면 대부분이 제거되지만 어느 정도는 잔존한다. 미표백 지료가 담갈색을 띠는 것은 비섬유상 물질이 잔존하고 있기 때문이다. 비섬유상 물질의 양은 원료의 종류, 자숙 방법 등에 따라 일정하지 않지만 5~10% 정도이다. 자숙과 침지를 끝낸 지료를 미표백 지료라고 한다. 전통 한지에서는 미표백 지료를 이용하는 경우도 있지만 시간이 지남에 따라 색상이 백색으로 변하는 것이 특징이다. 이것은 지료 속의 유색 물질이 공기와 접촉해서 자연 산화되기 때문이다. 그래서 순백의 양질종이를 제조하기 위해서는 유색을 나타내는 비섬유상 물질들을 완전히 제거하는 일이 중요하다. 이 공정을 표백이라고 하며 이 방법에는 일광, 냇물, 눈(雪)표백 방법이 있다.

· 제9공정 : 두드리기(叩解 : beating)

닥나무 섬유는 견사처럼 가늘고 긴 섬유이나 섬유 속에는 절유(節瘤)가 있어 고해(叩解)가 잘 안되고, 섬유끼리 서로 엉키어 결속(結束)되는 특징을 갖고 있다. 닥나무 고해에서 중요한 점은 과도하게 두드리면 섬유가 절단될 수 있으므로 닥방망이에 섬유가 묻어 나올 때까지 두드리는 것이 보통이나 이 정도에서도 섬유가 완전히 해섬은 되지 않는다. 따라서 해섬도를 높이기 위해서는 칼비이터를 이용해 다시 한번 단 시간(10분 내외)내에 처리해 주는 것이 유리하다. 장시간 과도하게 처리하면 오히려 결속섬유가 생성되어 초지에 적합하지 않은 지료가 된다.

그리고 한번에 다량의 원료를 투입하면 섬유가 서로 뭉쳐 결속섬유가 생길 우려가 있다. 또 고해기 축의 회전은 느리고 축에 붙어 있는 날은 뾰족하며 날카롭지 않아야 한다. 축의 날은 수치(受齒)와 근접시키지 않는 것이 좋다. 닥나무 고해는 단지 섬유의 해리라고 할 수 있다. 섬유 결속을 방지하기 위해 고해기 내에 초지용 점제를 첨가해서 고해하는 방법도 있다. 중국에서는 이 때에 원료를 마쇄해서 초지하기 때문에 지면에 물결무늬(理)가 생기지 않고 지면이 매우 부드럽고 유연한데 반해 우리는 섬유를 마쇄하지 않고 다만 닥방망이로 두들기기 때문에 지면(紙面)에 미해섬 섬유소가 그대로 남아 있기도 하고 물결무늬가 보이며 지합(紙合)이 고르지 못하나 종이 자체는 매우 질기다.

· 제10공정 : 지료 조성하기(preparation of stocks for papermaking)

닥나무 인피섬유만으로 제조할 때는 간단하지만 필요한 보조 지료를 배합할 경우에는 목제통 즉, 녹통(漉桶)에 보조원료를 고해된 닥나무 섬유와 함께 넣고 여기에 물을 부어 각반봉으로 지료와 물을 잘 섞어 액상으로 만든다. 여기에 점제인 황촉규근 액이나 느릅나무근 점액을 혼합한다. 여름에는 감탕나무의 잎을 사용하기도 한다.

· 제11공정 : 물질하기(抄紙 : paper marking)

액상의 지료에 점제를 섞은 후, 지통의 목조(木槽) 위에 보조로 횃대(桁)를 설치하고 그 중앙에 줄을 매고 여기에 건너편 발틀 중앙을 고정한 후 탄성을 이용해 앞으로 지료를 퍼올려 반대편으로 흘러가게 하고 지료를 발의 왼편으로 퍼올려 오른편으로 흘러가게 하거나 오른편 윗 대각선 방향으로 지료를 흘러가게 하면서 물을 사연스럽게 여과시킨다. 한편, 발의 오른편으로 지료를 퍼 올린 것은 왼편이나 왼편 윗 대각선 방향으로 지료를 흘려보내면서 반복 동작을

한다. 이 때 종이의 두께를 염두해 가면서 횟수를 조정하게 되는데 지료의 농도에 따라 달라지기도 하나 그 기준은 1몸매(3.75g)를 기준으로 몇 몸매의 종이를 초지할 것인가를 기준으로 두고 물질을 하게 된다. 이처럼 지료를 수중에 부상시켜 놓고, 초지발로 지료를 퍼 올리면 물 때문에 탄성을 갖지 못했던 섬유가 서로 얽히게 되고, 이때 대부분의 물이 발의 촉 사이로 빠지거나 발 위의 섬유층 위로 흘러가고 섬유층은 남는다. 이 층을 다른 곳으로 옮겨 압착 건조시키면 섬유는 탄성을 갖게 되고 서로 결착되어 지합이 형성되면 비로소 종이가 된다. 수록한지는 이와 같은 원리로 초지되기 때문에 기계 초지법과는 다르다.

· 제12공정 : 짜기(壓搾 : pressing)

초지한 습지(濕紙)는 지상(紙床)에 겹쳐 쌓아가지만 흘림 뜨기의 경우 매수가 500~600장이 되었을 때 압착장치를 이용해 탈수시킨다. 압착장치는 주로 Jack식, 유압식 등이 이용되고 있지만 옛날에는 석압식(石壓式)도 이용되었다. 어떠한 건조방법을 택해도 압착은 지질에 커다란 영향을 미치기 때문에 항상 주의해야 한다. 초지 완료 후 지상의 상부에 마포 혹은 무명 천을 씌워 잠시 방치해서 물이 빠지도록 한 후 다시 그 위에 목판을 올려놓은 다음 어느 정도 시간이 지나면 압착한다. 압착은 급격하게 행하는 방법을 피하고 가능한 한 서서히 하는 것이 좋다. 급격한 가압을 하게 되면 이미 만들어 놓은 지상이 무너지거나 습지의 박리가 불량해지므로 주의해야 한다.

· 제13공정 : 말리기(乾燥 : drying)

압착한 지상(紙床)은 60~80%의 수분을 함유하고 있으므로 이 수분을 제거해야 성지(成紙)가 된다. 이 공정을 건조라고 한다. 종이를 한 장씩 떼어 온돌방에서 건조했으나 이 방법은 종이의 광택을 손상시킬 뿐만 아니라 많은 연료를 필요로 하여 적합하지 않아, 1922년경부터

는 목판을 이용해 태양광선에 의한 건조법이 널리 보급되었다. 오늘날은 철판을 이용해 주로 건조하고 있으며 녹이 스는 것을 방지하기 위해 최근에는 대부분 stainless판으로 대체되고 있다.

· 제14공정 : 도침(搗砧 : stamping)

온돌장판지와 같이 두꺼운 한지를 제조하는 데 주로 이용되었던 공정으로 일반적인 공정은 아니다. 이 방법은 건조된 종이 3장당 젖은 종이 1장씩을 주름이 잡히지 않도록 포개어 놓고 디딜방아로 찧는다. 찧은 종이는 다시 건조시켰다가 같은 요령으로 또 다시 찧는데 이와 같은 작업을 3회 정도 반복하면 지면이 윤이 나고 치밀해져 용도를 달리해 사용할 수 있다. 오늘날은 다듬이질로 도침을 하기도 하며 묵즙의 번짐을 조정할 목적으로 전통한지에도 적용하고 있다.

· 제15공정 : 마무리(packing)

건조를 마친 수록한지는 선별, 재단, 포장 등의 마무리 공정을 거쳐 출하된다. 먼저 선별인데 관능검사나 과학적인 검사방법으로 지합(紙合), 티끌, 광택, 인장강도, 지모(紙毛)발생 정도, 파손지, 치수, 매수, 섬유조성 등 기타의 성상을 조사해 불량지를 제거한다. 다음은 재단으로 선별한 우량지를 겹쳐 쌓아 놓고 매수를 먼저 확인하고 일정 매수마다 간지(間紙 : 보통 색이 있는 종이를 이용한다)를 끼우고 이것을 규정된 치수별로 재단한다. 포장은 1권(20장), 1축(10권 : 200장), 1동 혹은 1괴(10축 : 2,000장)단위로 포장했다. 오늘날은 100장 단위로 포장하고 있다.

5. 전통한지의 특성과 이용

토착한지는 오늘날, 현실적으로 제조하기에는 어려움이 많다. 따라서 전통한지에 초점을 맞추어 그 특성과 이용 실태를 살펴보면 다음과 같다.

전통한지는 전통이라는 단어가 의미하듯, 우리나라에서 생산되는 닥나무를 사용해야 그 의미가 합당해지고 한지 본래의 특성을 살릴 수 있다. 닥나무는 기후, 토양조건, 특히 일교차의 정도에 따라 섬유질이 달라지는 특성을 갖고 있어, 사계절이 뚜렷하고 일교차가 심한 산간지역은 강인하고 광택성이 풍부하면서 부성분의 함량이 적은 섬유를 생산할 수 있는 조건을 갖고 있다. 따라서 전통한지의 기본 특성인 내구성이 강하고 보존성이 탁월하면서 외견상 광택성을 갖는 종이를 만들 수 있는 요건을 갖추고 있는 것이다. 또한 섬유의 길이가 길면서 강인하기 때문에 섬유 길이가 짧은 목재펄프로 제조한 종이에 비해 기본적인 강도(인장, 인열, 파열, 내절)값이 월등히 높은 종이를 만들 수 있다. 이 외에도 닥나무 인피섬유의 강인성과 초지 기법, 그리고 성지의 가공방법을 응용하면 표면강도를 높일 수 있고, 섬유간의 공극율이 높아, 통기성이 양호하고 수분의 흡·방습능력이 향상된다. 그리고 자연스러운 질감을 그대로 느낄 수 있으며, 마치 살아 숨쉬는 듯한 생명감을 느낄 수 있다. 이러한 기본적인 한지의 특성에 우리의 민족 정서가 어우러지면서 실생활에서 사랑을 받아 왔다. 그 명맥은 민속공예품으로 이어져 내려왔고, 현대 섬유예술가와 서양화가들에게 있어서는 자유로운 표현의 기법과 개성 있는 조형세계를 추구하는데 있어 새로운 소재로서 인정받고 있다. 그 한 예가 전통한지를 꼬아 이용하는 지승공예, 색지로 만들어 여러 겹으로 덧발라 두껍게 골격을 만들고, 그 위에 색지와 문양을 붙여 만드는 색지공예(전지공예), 전통한지를 물에 불리고 풀을 섞어 찧어 만드는 지호공예가 있으며 이외에도 지화(紙花)공예, 지화(紙畵)공예, 줌치공예, 연, 부채, 한지 의상 등이 있다. 창호용으로 사용할 때는 방안에 드는 햇살과 외풍, 외습(外濕)을 쾌적하게 완충시켜 주고 밝기와 온·습도를 조절해 준다. 그리고 벽지로 사용하면 시멘트의 중성화를 지연시킬 수 있고 수분을 조습할 능력이 있어 결로 현상이나 곰팡이 균의 서식을 방지할 수 있는 특징을 갖고 있다. 또한 장판지로 사용하면 자연 그대로의 멋이 깃들여져 있어 향수와 심신의 편안함을 가져다 줄 뿐만 아니라 피부에 대한 거부 반응(정전기 발생)을 없앨 수 있고, 온·습도 변화에 따른 조습 능력을 갖고 있어 쾌적한 환경을 제공해 줄 수 있다. 이외에도 질기고, 유연성이 강해 향토성이 강한 토산품이나 특산품의 내·외 포장지로 적합하다. 먹물이나 천연염료, 합성염료, 안료에 대해서는 섬유자체에서 색상을 간색화(間色化)시켜 주기 때문에 아무리 색깔이 진해도 전통한지에 스며들면 텁텁하고 질박한 느낌을 갖게 해준다. 이러한 특성은 지화(紙畵)공예와 사진 예술에서의 인화지에서 잘 나타나고 있다. 그리고 보존적인 측면에서도 양지의 수명이 150년이라면 전통한지는 알칼리성으로서 1,000년 이상을 버틸 수 있는 끈질긴 종이가 되기 때문에 국보급이나 문화재 급의 고미술품을 보수하는데 필수적이다. 물론 이와 같은 특성들을 충족시켜 주기 위해서는 절대적으로 전통적 제조 공정의 준수와 투철한 장인 정신이 뒷받침되어야 함을 간과해서는 안될 것이다. 이러한 측면에서 한지를 바르게 이해해야 하고 한지의 지질을 가늠할 수 있는 방법이나 인증제도가 선행되어야 할 것이다. 즉 당해 년도 서리가 내린 후인 11월 하순 이후부터 다음 해 3월 이전에 채취한 닥나무 인피부이어야 하고 온화한 조건으로 자숙이 가능한 천연 자숙제를 사용해 셀룰로오스의 중합도를 높여야 하고, 철분과 염분성분이 없는 연수로 세정을 충분히 해 비섬유상 물질과 자숙액이 남아 있지 않도록 해야 한다.

그리고 천연표백을 실시해 섬유가 약해지는 것을 방지해야하고, 긴 인피섬유를 단섬유(短纖維)화 시키지 않고 해섬할 수 있도록 특유의 고해방법인 타해법과 칼비이팅법을 실시해야 한다. 그리고 양지처럼 종이의 강도 향상을 위하여 전분이나 합성수지와 같은 첨가제를 사용하

지 않고, 황촉규근과 같은 식물성 점제만을 사용해 섬유 분산 효과와 함께 건조 및 습윤 강도를 향상시켜 주어야 한다. 그 후 용도를 고려해 외발뜨기나 쌍발뜨기로 초지한 후 압착과 천연건조, 경우에 따라 도침을 실시해 만든 제품이어야 전통한지의 특성을 가질 수 있다.

이러한 전통한지만이 앞에서 언급한 모든 것을 충족시킬 수 있는 제품이 될 것이고, 각종 산업현장에서 응용하고 있는 고성능 스피커 콘지, 절연지, 콘덴서지, 특수방음 패널, 전자파 차폐지, 의료용 멸균지, 각종 필터용지 등의 활로를 계속 지속시켜 나갈 수 있을 것이다.

참고문헌

高承濟, 1974, 韓國紙類 輸出의 歷史的 考
　　　察(1).(2),〈製紙界〉第102, 103號
金慶嬉, 1990, 韓紙製造方法硏究,
　　　中央大學校大學院, 圖書館學科
　　　碩士學位論文
金才熙, 1983, 韓紙工業에 對한 地理學的 硏
　　　究 高麗大學校 敎育大學院, 學位論文.
金天應, 1975, 韓紙製造에 關한 考察,〈연세
　　　어문학〉6집
朴東百, 1981, 우리나라 製紙考, 馬山大學
　　　論文集 3卷
朴鎭柱, 1973, 韓紙(紙匠), 無形文化財 調査
　　　報告書 第109号, 文化財管理局
상기호, 1996, 오색한지공예, 서울,
　　　한림출판사
徐　競, 1983, 高麗圖經(影印本), 서울,
　　　亞細亞文化社
徐有榘, 1983, 林園經濟誌(影印本), 서울, 保
　　　景文化社
魚孝善, 1968, 歷代 中國종이와 高麗紙,
　　　製紙界 제80호
李圭景, 1959, 紙品辯證說, 五洲衍文長箋散稿
　　　(上), 서울, 東國文化史
전통과학기술조사연구(III), 1995, 국립중앙
　　　과학관 학술총서 9, 국립중앙관
全　哲, 1996, 한지제조 이론과 실제, 익산,

圓光大學校 出版局
鄭善英, 1997, 종이의 傳來時期와 古代 製紙
　　　技術에 관한 연구, 연세대학교 대학원
　　　문헌정보학과, 박사학위논문.
諸洪圭, 1973, 韓紙史小考, 圖書館 179집,
曹亨均, 1990, 구한말 전후시대의
　　　한지생산과 대중국 수출상황,
　　　제지계 제216호
韓國銀行, 産業銀行, 1955, 鑛業 및 製造
　　　業 事業體 調査 綜合 報告書

전철은 원광대학교 임학과를 졸업하고 동국대학교에서 농학박사학위를 받았다.
1992년 1월부터 1993년 1월까지 일본 고지대학 연구교수로 있었으며 현재 원광대학교 생명자원과학대학 교수
이며 원광한지산업기술 연구소 소장이다.

산물(山水, 溪谷水) 자원화 전략

박 재 현

산물의 근원, 산

먹는 물 관리법 3조 3항에 따르면 생수는 '암반대수층 내의 지하수, 용천수 등 수질의 안전성을 계속 유지할 수 있는 자연상태의 물을 물리적 처리를 통하여 먹는데 적합하도록 제조한 물'이라 정의하고 있다. 그러나 이러한 법적인 정의와는 다르게 국어사전적 의미로의 생수(生水)는 '샘구멍에서 솟아 나오는 맑은 물'로 표현되어 있고, 한자어로는 생명수(生命水)로 표시되어 있다.

이 말은 짧게 줄여서 생수(生水)로 할 수 있으며, 말 그대로 '생명이 있는 물', 즉, '살아 있는 물'이라는 의미로 해석할 수 있다. 그리고 생명수(生命水)라는 말을 잘 생각해 보면 '생명을 유지시켜 주는 물', '생명에 활기를 불어넣는 물'로 해석힐 수도 있다. 그래서 많은 사람들이 생수를 찾게 되고 생수만을 마시려고 하는 지 모른다.

생수는 우리들이 아무런 의심 없이 마시는 '산에서 나오는 물'이고, '오염되지 않은 지하수'이다. 그래서 생수를 '맑고 깨끗한 천연 암반수니, 사람이 전혀 들어가지 않은 무슨 무슨 산 깊은 골짜기에서 받아온 태고의 신비를 가진 물'이라고 선전한다. 그렇다. 생수는 오염되지 않은 산에서 나오는 물이고, 그 산에서 저장한 지하수이다. 즉, '생수(生水)'는 산을 근원으로 하는 '산물[산수(山水), 계곡수(溪谷水)]'이다.

산수(山水)의 국어사전적 의미는 '산과물, 경치, 풍경', '산에서 흐르는 물'이라는 뜻으로 풀이하고 있다. 즉, '생수(生水)는 산수(山水)이고, 산수(山水)는 산에서 흐르는 물'이다. 물론 '산에서 흐르는 물'이란 말 속에는 '인위적인 훼손·오염·개발이 이루어지지 않은 산에서 흐르는 자연수'란 의미를 포함하고 있다.

물의 나이가 무려 45억 살

우리가 날마다 마시는 물은 언제부터 지구상에 있었을까를 곰곰 생각해 보면 아마도 인간이 태어난 그 이전부터 있었을 것으로 쉽게 생각할 수 있다. 왜냐하면 인간이 지구상에 존재하기 이전부터 많은 생물들이 살고 있었고, 그 생물들은 물이 없었다면 살 수 없었을 것이기 때문이다. 학자들에 따라 물의 근원이 어느 곳인가는 다르다. 어떤 학자들은 수십 억 년 전 지구와 충돌한 무수한 혜성들로부터 물이 발생하였다고 주장하고 있으나 이 수장은 설득력이 작다.

그러나 물이 지구 자체에서 만들어졌다는 설은 설득력이 있는데, 이를 주장하는 학자들은 물의 역사를 45억년 전으로 보고 있다. 즉, 물은 지구가 태어나면서 화산활동에 의한 지구 내부에 있었던 뜨거운 기체가 분출되면서 수소와 산소기체가 만나 이루어졌으며, 그 후 지구의 기온이 섭씨 100도 이하로 식으면서 증기가 응축되어 만들어졌다는 것이다.

맑은 산물, 그 신선한 맛

물의 맛은 그 물에 녹아 있는 성분이 무엇이

냐에 따라 달라진다. 물맛은 물에 녹아 있는 성분으로부터 발원되기 때문이다. 순수하게 수소이온과 산소이온의 합, 즉, 완전히 순수한 물은 아무런 맛이 없다. 또한, 이러한 순수한 물은 실험실 이외에서 찾아볼 수는 없다. 실질적으로 아무런 성분이 포함되어 있지 않은 순수한 물은 자연에서는 만들어질 수 없으며, 존재할 수도 없다.

우리가 증류수라 부르는 순수한 물을 만들기 위해서는 물에 녹아 있는 각종 성분을 제거해야 하며 이 물은 실험실에서나 만들어질 뿐 다른 곳으로 옮기는 과정에서 공기 중의 산소도 용해되고, 먼지도 섞여 들어가 실제적으로 순수한 물은 아니게 된다.

우리들이 '깨끗하고 신선한 물'이라고 부르는 '생수, 먹는 샘물, 광천음료수, 천연수' 등은 증류수에서 느끼는 맛이 없는 것이 아니며, 사이다나 콜라 등 색소 등을 첨부하여 만든 음료수와 같은 맛이 아니고, 또한 수돗물과도 같은 물맛이 아니다. 이 물맛은 말 그대로 '시원하고, 깨끗한 물맛 그 자체'인 것이다. 그러기에 우리들은 이 '생수, 먹는 샘물, 광천음료수, 천연수'를 마시기 위하여 많은 돈을 들인다.

혹자는 좋은 물을 이렇게 말하고 있다. '유해성분이 제거되고 미네랄이 보존된 물, 수소이온 농도가 8.9인 약알칼리성 물, 칼슘과 마그네슘의 합계경도가 1리터 당 500cc인 물(이 물은 깨끗한 바위 밑에서 흘러나오는 자연수와 같다), 산소와 탄산가스의 농도가 높은 물(이 물은 산소의 함유량이 높아 몸에 좋을 뿐만 아니라 탄산가스로 인해 탄산음료를 먹을 때와 같이 톡 쏘는 맛이 있다) 그리고 차가운 육각수가 좋다고 한다. 그러나 이러한 좋은 물의 조건들은 대부분이 산물(산수, 약수)이 가지고 있는 특성임을 알 수 있다'.

좋은 물은 싱그러운 향기가 난다

물에는 맛뿐만 아니라 특유의 향기가 있다. 우리가 수돗물을 마셨을 때 염소 냄새가 나는 것은 수돗물을 정화 처리할 때 포함되는 염소성분이 물에 남아 있기 때문이고, 중금속에 오염된 폐수나 온갖 생활하수, 공장하수 등이 섞여 죽어 가는 물의 냄새를 맡았을 때 퀴퀴하게 코를 찌르는 독한 냄새가 나는 것도 그 물 속에 녹아 있는 유독성분 때문이다.

한 예로, 기억 속에서 지워지지 않은 가까운 때에 우리들은 낙동강 물에서 페놀 등 중금속 성분이 다량 검출된 낙동강 페놀오염 사건이 심각한 사회적 문제가 되었던 것을 기억한다. 그래서 낙동강 근처를 지나던 사람들은 얼굴을 찡그리고 코를 막고, 페놀을 유출시킨 공장주를 욕하고, 이렇게까지 심각한 물의 오염이 발생하도록 위정자들은 무엇을 하였는가를 비판했다.

얼마 전 대형 선박에서 유출된 기름으로 인해 남해와 서해 일대에 거대한 기름 띠가 형성되고 인근 어촌에 사는 사람들은 바닷물에서 나는 기름냄새를 맡아야만 했고 또한, 이들은 기름 띠를 제거하기 위해 과다 사용한 유처리제로 인해 나타난 유독성 적조현상으로 막대한 재산 피해와 정신적·육체적으로 고통받았다. 더욱이 낙동강, 북한강 수계에는 오염물질로 인한 부영양화로 녹조현상까지 발생하여 수질오염현상은 이제 심각한 상태에서 최악의 상황에까지 이르고 있다.

굳이 낙동강 오염 사태나 선박에서의 기름 유출 사고로 인해 오염된 물에서 나는 냄새뿐만이 아니고 한여름 마을 앞 하수도를 따라 흐르는 물에서도 참기 어려운 악취가 나고, 공장이 밀집되어 있는 공단지대에서 제대로 정화하지 않고 방류하는 물에서 나는 악취는 도저히 오랫동안 맡을 수 있는 물의 향기가 아니다. 그러나 우리들이 '생수'라고 부르는 먹는 샘물(광천음료수, 천연수)에는 그러한 썩은 냄새가 나지 않는다. 아무런 냄새가 나지 않는다.

물론 먹는 물 수질기준 중 한 항목인 물의 향기가 최상급의 수준이 되기 위해서는 아무런 냄새가 나지 않아야 하지만 천연수에서는 오히려 시원하고 상큼한 냄새가 나는 듯하다. 그 냄새를 어떤 무엇과 같다고 비유할 도리는 없지만 숲에서 나는 시원하고 상큼한 냄새인 것은 분명한 것 같다. 아니면 어릴 적 시골에서 우물물을 길어 올렸을 때 함지박에 가득 담긴 깨끗한 물에서 나는 시원한 향내인 것 같기도 하다.

깨끗한 물은 색깔이 없다

지구상의 모든 생물, 무생물들은 자기 특유의 독특한 색깔을 가지고 있다. 물도 마찬가지로 색깔을 가지고 있는데 이러한 색깔은 물이 가지는 맛과 향기처럼 물 속에 녹아 있는 성분 때문에 나타나는 현상이다. 증류수를 바라보면 그 물은 색이 없다. 자연에서 만들어지는 모든 종류의 물은 색이 없다. 순수한 빗물이 그렇고, 강물이나 바닷물을 한 바가지 떠다가 바라보아도 색이 없다.

그러나 이 물에 어떠한 성분이 포함되면 이 물은 색이 변한다. 염색공장에서 방류되는 오염물질이 물 속에 포함되면 물의 색깔은 갖가지 염료 색깔로 변하고, 낙동강처럼 페놀 등 각종 오염물질이 섞여 있게 되면 물의 색은 거무튀튀하게 변해 버리고 만다.

장마 때에 하천을 범람하는 물의 색이 황토색이 되는 것도 물에 토사가 섞여서 물의 색을 달라지게 하기 때문이다. 이렇게 물의 색깔이 달라지면 우리들은 그 물을 마실 수 없게 된다. 물론 사람이 이용하기에 적합한 색소를 섞어서 만드는 청량음료 등을 제외하고, 자연적으로 발생되는 장마에 의해 만들어진 황톳물이나 인위적인 가정용 하수, 공장용 폐수 등이 포함되어 물의 색이 변화된 것을 사람들이 이용할 수는 없게 되는 것이다.

그러나 장마에 의해 색이 변한 물은 토사를 침전시키고 간단한 정수처리를 거쳐 마실 수 있는 물로 변하게 할 수는 있지만, 가정용수나 공장폐수 등 인위적인 오염물질이 과다하게 포함되어 있는 물은 다량의 화학 성분들을 이용하여야 정화가 가능하고 그제야 사람이 마실 수 있는 적당한 물로 변화시킬 수 있다.

수돗물이 오염물질로 가득 차 총천연색이 되어 흐른다면 그 물을 마실 사람은 아무도 없을 것이다. 계곡수가 빨간색이고, 생수가 파란색이고, 산 속 약수터에서 나오는 샘물이 노란색이라면 그 물을 아무런 느낌 없이 마실 수 있을까. 아무리 좋다는 생수니, 계곡수니, 약수니 하여도 색깔 있는 물을 마실 사람은 아무도 없을 것이다.

그래서 우리들이 생각하기에 깨끗한 물은 투명하니 맑고 색이 없기에 아무런 의심 없이 마시게 되는 지도 모른다. 실제로 증류수나 무색의 오염물질이 포함되어 있는 물을 제외하고, 생수니, 계곡수니, 약수니 하는 자연수는 깨끗하고 투명한 색을 나타내는 좋은 물이다.

산수의 특질 살려야

이러한 먹는 물의 특질뿐만 아니라 우리나라 하천과 호소의 수질환경기준에 의한 등급은 I 등급에서 V등급으로 나누고 이를 다시 이용목적별 적용 대상인 상수원수, 수산용수, 농업용수, 공업용수, 생활환경보전을 고려한 최저한계 수질 등으로 구분하고 있다. 하천수질환경기준 항목으로는 수소이온농도, 생물화학적 산소요구량, 부유물질량, 용존산소량, 대장균군수 등 5개 항목과 사람의 건강 보호를 위하여 전 수역에 대해 카드뮴, 비소, 시안, 수은, 유기인, 납, 6가크롬, 포리크로리네이티드비페닐(PCB), 음이온계면활성제(ABS) 등 9개 항목을 합한 총 14개 항목에 대하여 수질평가기준을 정하고 있다.

호소수질환경기준으로는 pH, 화학적산소요구량(COD), 부유물질량, 용존산소량, 대장균군수, 총인, 총질소 등 7개 항목과 사람의 건강 보호를 위하여 전 수역에 대해 하천수질환경기준과 동일한 9개 항목 등 총 16개 항목에 대하여 수질평가기준을 정하고 있다. 또한, 먹는 물 수질기준은 일반세균, 대장균군, 납, 불소, 비소, 세레늄, 수은, 시안, 6가크롬, 암모니아성질소, 질산성질소, 카드뮴 등 총 56개 항목에 대하여 수질평가기준을 정하고 있다.

그러나 산림지역에서 생산되는 계류수의 수질에 대한 명확한 평가기준이 없기 때문에 이와 같은 분류는 극히 제한적일 수밖에 없으며, 현 단계에서는 수질평가의 총량적인 정량화가 어려운 실정이다.

산림내 계류수는 대부분이 하천수질환경기준에 의한 수질등급상 1급수를 나타내므로 먹는 물로 이용하기에 문제가 없다고 하여 일부에서는 수질분석을 요한다거나 특별한 수질평가가 필요 없다고 주장한다. 그러나 최근의 도시화와 산업화로 인한 개발은 이미 산림지역 내까지 이르게 되어 대기오염물질들로 인한 산성비와 기타 오염물질로 인하여 계류수가 산성화되거나 산림생태계에 좋지 않은 영향을 미치고 토양 내에서 영양염류를 용출시켜 산림생산을 감소시키며, 계류수 오염에 영향을 미치고 있다.

뿐만 아니라 각종 개발에 따른 산림의 파괴와 훼손은 강우시 과도한 토양침식을 유발함으로써 이들 침식된 토사가 계류수에 유입되면 계류수의 오염이 발생하게 되어 이를 음용할 수 없게 되는 상태에까지 이르게 된다.

그러나 산림내 계류수(산물, 山水)는 여울과 소가 다양하게 구성되어 있어 계류수질을 향상시키는 작용을 한다. 즉, 여울에서는 하상의 자갈 표면에 부착된 미생물에 의하여 유기물이 영양원으로 섭취되어 정화되고 미생물이 필요로 하는 용존산소는 재폭기에 의하여 공급되며, 소에서는 흐름이 완만하여 부유물질은 침전하여 바닥에 퇴적되고, 퇴적된 오염물질은 하상에 서식하는 작은 동물이나 혐기성(嫌氣性) 미생물의 먹이가 되어 감소하는 등 수질이 좋아지게 된다.

이와 같이 산림내 계류수는 강우가 정지된 상태나 일정한 강우강도와 강수량 이하에서는 혼탁하게 되지 않고 맑은 상태를 유지한다. 뿐만 아니라 연중 계류수는 맑은 물을 마르지 않고 흐르게 함으로써 하류의 하천이나 호소에 유입되어 하류 수질을 좋게 하는데 중요한 역할을 한다. 따라서 산림이 제공하는 맑은 물에 대한 국민적 관심은 점차 증가하는 추세에 있고, 산림에서 생산되는 계류수의 질적인 평가에 대한 사회적 요구가 날로 증대되고 있는 것이 요즈음의 실상이다.

그러나 아직까지 우리나라에서는 계류수질 평가기준이 정립되어 있지 않아 하천 및 호소수질환경기준, 먹는 물 수질기준에 입각한 몇몇 항목에 대한 검사로 계류수질을 평가하고 있는 실정이고, 수질평가 인자도 통일적으로 정립되어 있지 않아 지역에 따라 학자에 따라 연구목적에 따라 다르게 적용하고 있는 상태이다. 뿐만 아니라 1995년 1월에 제정된 먹는 물 관리법 등 먹는 물과 먹는 샘물에 대한 각종 법규는 수돗물과 생수에 많은 비중을 두고 있어 지하수, 용천수 혹은 계류수 등의 다양화된 식수원의 특성에 맞는 적절한 기준과 관리가 어려운 실정이다.

따라서 산림내 계류수질 평가기준을 정립하기 위해서는 외국에서의 수질기준과 수질평가 항목을 검토함과 동시에 우리나라에서 적용하고 있는 하천 및 호소수질환경기준, 먹는 물 수질기준 그리고 먹는 샘물 수질기준을 면밀히 검토하고, 선행 연구들을 종합적으로 고찰함으로써 이들 수질평가기준 중 산림 내 계류수에 적용가능한 평가 항목을 선별할 필요가 있다.

생수 값이 댐 원수 값의 3만3천3백 배

이러한 생수는 최근에 떠들썩한 사회문제를 일으키면서 전 국민의 초미의 관심사가 되었으며, 수년 전 대법원의 판결과 정부의 결정으로 전면적인 생수(먹는 샘물)의 시판을 허용함으로써 먹는 물에 대한 경제적인 경쟁이 심화되고 있다. 즉, 현재의 생수시장은 1조원 규모에 이르고 있고, 먹는 샘물을 가공하여 공급하는 허가된 공급원만 해도 백 곳이 훨씬 넘는 등 생수시장은 불꽃튀는 경쟁을 하고 있다.

생수 값은 현재 0.5리터가 소비자가격으로 5백 원이고, 휘발유 0.5리터 가격은 608원으로 생수 값과 거의 같은 가격이고, 각종 업체들이

시험항목	음용수수질기준	생수 1	생수 2	생수 3	수돗물
탁도(도)	2도이하	0.94	0	0	0.29
냄새	무취	무취	무취	무취	무취
수소이온농도(pH)	5.8~8.5	7.38	8.07	6.49	7.44
질산성질소(mg/L)	10이하	0.83	0.38	0.51	1.49
염소이온(〃)	150이하	3.21	2.99	43.29	15.11
불소(〃)	1이하	1.53	1.84	0.22	불검출
트리할로메탄(〃)	0.1이하	불검출	불검출	불검출	0.015

<표 1> 생수(먹는 샘물)와 수돗물의 수질검사 비교

생수포장용기의 크기를 달리하여 판매하고 있다. 이러한 생수는 수돗물을 만드는데 사용하는 댐 원수 가격 0.5리터 당 0.015원에 비하면 무려 약 3만3천3백 배에 달하는 엄청난 가격이다.

이러한 생수는 우리나라에서뿐만 아니라 외국에서도 시판을 하고 있고, 비싼 가격에 팔리고 있다.

생수의 질이 떨어진다

최근 한국수도연구소가 3개의 먹는 샘물(생수) 생산업체에서 생산한 생수의 음용수 기준에 의거한 수질검사 결과를 발표하였다<표 1>. 이 발표에 따르면 대부분 생수의 먹는 물 수질기준 항목이 수돗물보다 양호한 값을 나타내었다. 그러나 생수에 포함된 불소의 함량은 기준치보다 작게는 1.5배에서 크게는 1.8배까지 검출되는 능 생수의 질이 떨어지는 경우도 있었다. 또한, 생수와 수돗물을 비교한 결과 수돗물보다 물에 부유물질 등 이물질이 포함되어 흐린 정도를 표시하는 탁도가 높게 나타나는 업체도 있었으며, 수소이온농도도 수돗물보다 높은 업체도 있었다. 이러한 생수에 있어 일부의 수질항목이 좋지 못한 결과를 나타낸 것은 일부 업체의 단적인 예이겠으나, 아마도 생수의 생산과정, 용기에 담는 등 가공과정에서 불순물이 포함되었거나, 사업체 측이 이러한 제반 공정을 제대로 관리하지 못한데 따른 결과라 생각된다.

또한, 생수는 자연상태의 물에 소독제 등 일체의 화학약품이 첨가되지 않은 장점이 있는 반면 일단 개봉돼서 상온에 있을 경우 수돗물에서보다 빨리 세균이 증식된다는 단점이 있다. 그래서 혹자는 이러한 생수의 세균침입 우려를 막기 위해서는 마시기 전에 용기를 개봉하지 말며, 개봉 후에는 반드시 차게 보관해야 한다고 말한다. 더욱이 최근에 외국의 먹는 샘물이 부쩍 늘어나고 있는 현실에서 먹는 샘물의 정의가 보다 명확하게 밝혀지지 않고 있다. 즉, 우리나라에서 먹는 샘물은 '지하 청정지역에서 나오는 물'을 말하는 것에 비해 외국에서는 지표수나 용천수도 먹는 샘물이라고 한다. 어느 의미가 옳은 지는 명확하지 않으나 그에 대한 범위를 명확히 해야 할 것으로 생각된다.

약수(산물)의 오염 증대

인위적인 훼손·오염 등의 원인이 되는 개발 행위가 없는 자연적인 산(山)에서 생산되는 물은 먹는 물 1급수의 수질을 나타내 안심하고 먹을 수 있는 물이라는 것은 이미 상식이다. 그러나 많은 산물이 인위적인 개발 등으로 인해 먹을 수 없는 물로 변해가고 있다. 이는 개발이란 명목으로 산이 파헤쳐지고 훼손되기 때문이다. 즉, 대규모 골프장, 스키장 등을 개발하는 과정에서 산이 훼손되고, 훼손 현장에서 침식된 토사가 계류로 유입되어 부영양화를 일으키는 오염원이 되기 때문이다.

뿐만 아니라 콘도, 호텔 등 건축물을 지으면서 이 곳에서 사용되고 배출된 물이 계류수를

오염시켜, 산물(山水)이 더 이상 정화처리나 약
품을 이용하지 않고 먹을 수 있는 맑은 물이라
는 말은 이미 옛말이 되어 버린 곳도 많아졌다.
더욱이 동리 뒷산에서 가뭄이 들어도 졸졸졸 맑
은 물이 흐르던 약수[약수란 말은 법으로 정하
여지거나 학문상의 개념이 아니고 땅이나 바위
틈으로 스며든 빗물에 여러 가지 광물질이 녹아
땅 밖으로 솟아나는 물을 말한다. 그러나 그 전
부를 약수라고 하지는 않으며 대부분이 석간수
나 자연수이고, 이 글에서 말하는 약수는 이러
한 자연수(산수)를 말한다]에서도 각종 세균이
검출되고, 수질도 먹는 물 1급수 기준에 미달하
게 되어 폐쇄되는 곳도 증가하고 있는 추세에
있다. 세계경제포럼(WEF)이 '환경지속지수 보
고서'에서 밝혔듯 한국의 환경지속지수가 세계
142개 국가 중 최하위권인 136위라고 발표한
것이 이를 잘 대변해 준다.

최근에는 전국의 1천4백60개 소 중 1백31곳
의 약수가 일반세균, 대장균, 여시니아균 등 미
생물에 오염되었거나 납 등의 중금속과 불소,
질산성질소가 다량 검출되는 등 먹는 물로 부적
합한 판정을 받아 약수터로서의 제 기능을 못하
고 있다. 이와 같이 전국의 약수터 10개 소 중
한 곳이 각종 세균은 물론 중금속에 오염되어
있어 먹는 물로 부적합한 판정을 받고 있는 것
도 이 같은 약수의 오염현상을 말해주는 대표적
인 실상이다.

이와 같은 현상은 약수터가 대부분 밖으로
노출되어 있어 지중수가 쉽게 오염되는 경우도
있고, 적절한 관리부족으로 인해 오염되는 경우
등 그 오염원인이 다양하기 때문이다. 또한, 야
생동물의 분변에 의한 오염이나 많은 사람들이
과다하게 이용함으로써 발생되는 오염 유발의
소지가 많은 것도 그 한 원인일 것이다.

얼마 전 서울 근교의 꽤 알려진 산의 약수터
를 찾았을 때 약수터 근처에서 쥐가 돌아다니던
것을 보더라도 약수의 오염이 진행되고 있음을
단적으로 알 수 있으며, 약수터 근처에 이용객
들이 버려놓은 쓰레기나 오물들이 널려 있는 것

도 약수터 오염이 심각한 지경에 이르렀음을 보
여주는 모습이다.

산물(山水)의 고갈

오래 전부터 약수터는 마을의 체육문화, 정신
문화, 그리고 동네 사람들에게 맑은 물을 지속
적으로 공급해 주는 등 산의 역할을 대변해 주
는 대표적인 장소로 자리하여 왔다. 그래서 약
수터에서 가까운 동리에 있는 사람이라면 대부
분 약수터에서 약수(山水)를 떠다 마시고 있다.
그러나 그들은 돈 내고 생수를 사먹지 않는 것
에 만족해하고 돈 없이도 좋은 물을 마시고 있
다는 것에 약간은 감사하면서도 이를 매우 당연
시한다. 물을 많이 필요로 하는 장사를 하는 사
람들은 일찍부터 약수를 떠다 식당 등 사업체에
서 사용하기도 한다.

판매되는 먹는 샘물에는 수질개선부담금
20%, 부가가치세 10%, 폐기물예치금이 병 당
평균 5원, 기역개발세가 톤당 100원, 법인세,
기타세가 7원으로 총 세금은 먹는 샘물 가격의
40%에 육박하는 것에 비하여 약수에는 세금이
없고 많은 양의 약수를 떠가도 누구하나 약수
(산물) 값을 받는 사람은 없기 때문이다.

산의 주인이 국가이건, 개인이건 간에 많은
사람들이 산에서 나는 물을 떠가는 것에 대해
돈을 받고 일정한 세금을 걷는 등의 행동은 아
무도 하지 않는다. 더욱이 아무리 많은 약수를
떠가도 그걸 가지고 무어라 하는 사람도 없다.
밤새도록 물통을 길게 늘어놓고 하루 종일 받아
가도 물이 줄어들어 아깝다고 말하는 사람도 없
다.

이와 같이 산에서 생산되는 약수를 무한정
무료로 이용하는 데에는 다음과 같은 몇 가지
이유가 있다. 우선, 아무도 약수를 받아 가지 않
고 내버려두면 그 물은 수로를 따라 하천으로
흘러들 것이기 때문에 어차피 없어질 물이니 아
무나 받아 가도 된다는 생각을 하기 때문이다.

또한, 산에서 생산하는 물은 토지의 부속물로
취급하여 독립된 재화(財貨)로 취급하지 않고

자유재로서 무한정 존재하는 것으로 인식하여 아무리 사용해도 줄어들지 않을 것으로 생각하기 때문이다. 더욱이 산에서 생산되는 물은 환경적 의미에서 공동성(共同性)과 비배제성(非排除性)이 있음으로써 동일 공간에서 생산되는 물은 공동으로 이용할 수 있고, 이를 자원으로 이용해야 한다는 사고가 아직은 미약하기 때문이라 여겨진다.

특히 많은 사람들이 '산은 국민 모두의 재산이며, 이 재산에 대한 이용은 누구나 할 수 있다'는 오래된 사회인식이 국민 정서 속에 자리하고 있기 때문에 산에서 생산되는 물은 그 어느 누구의 재산으로도 속해 있지 못하다는 생각을 갖고 있기 때문이다. 그래서 많은 사람들이 약수의 공급은 언제까지라도 지속될 것이며, 누구라도 마음대로 이용해도 된다고 생각한다.

그러나 어느덧 약수터 주변의 산림이 훼손되고, 많은 사람들이 나무 사이를 오가면서 토양을 딱딱하게 만들어 나무를 잘 자라지 못하게 함으로써, 이 약수터에서 흘러나오는 물은 점차 줄어들고 있다. 즉, 등산객들이 밟는 토양은 딱딱해져 토양이 가지고 있는 공극의 양이 줄어듦으로써 토양의 물저장능력이 감소되고, 이 물을 깨끗하게 정화해 주는 자연적인 수질정화기능도 약하되고 있다. 또한, 약수터에 그늘을 형성헤줌으로써 약수의 온두가 올라가는 것을 막아주는 산림의 녹음(綠陰)역할이 파괴되고 있다. 이와 같이 약수터를 이용하는 사람들의 무분별한 약수터 이용행태는 약수의 오염과 고갈을 유발하는 사태에까지 이르고 있다.

산물의 자원화 생각해보아야

맑은 물을 마시고 싶어하는 인간의 욕구는 이제 많은 돈을 들여 생수를 마시게 하였다. 그러나 생수는 산이 만들어준 물이다. 즉, 산에 비가 내리면 산은 토양을 통해 이 빗물을 흡수했다가 토양 속에서 오염물질들을 천천히 거르고 정화하며 땅속 깊은 곳으로 흐르게 하여 지하수로 저장한다. 이 물이 곧 생수로 시판되고 있는 물, 지하수이다.

그러나 약수는 산림자원으로, 중요한 재화로써의 가치를 가지고 있으면서도 환경생산물로서의 공동성과 비배제성의 성격으로 하여 재화로서의 가치를 잃고 있다. 즉, 환경에 본래 포함되어 있는 공동성과 비배제성을 가지는 많은 다른 것들이 자원화 되는 것처럼 약수도 소유화되는 성격을 가지고 있다. 따라서 약수가 나는 산이 정부의 산이면 정부가, 개인의 산이면 개인이 재화로써의 가치를 창출할 필요가 있다.

국민들이 깨끗한 물을 찾고 있듯이 약수를 수요자가 가져갈 때 일정한 '산림기금' 다시 좋은 물을 만들어낼 수 있도록 산림을 잘 관리하도록 하는데 사용되는 기금"을 기부하도록 하는 등 일정한 대가를 지불 받고 공급해야 할 필요가 있다. 그래서 축적된 기금은 다시 산에 재투자하는 방법으로 약수 혹은 산물(山水) 관리정책을 수립하는 것도 한 방법이 될 수 있다. 물론 방법적으로 밤에는 약수(山水, 먹는 샘물)를 적절히 저장하였다가 이 물을 낮에 공급해 주고, 다시 밤에는 저장하는 등 밤에 불필요하게 흘러내리는 약수를 이용한다던가, 아니면 사용하지 않을 경우에는 약수의 주입구를 막아 산이 이를 저장할 수 있도록 함으로써 자연성을 잃지 않도록 하는 등 약수의 이용을 효과석으로 관리하여야 할 것이다.

즉, 약수(옹달샘물)를 받아 저장하거나 간단히 처리하여 즉시 판매하는 등 약수판매의 전 과정을 위생적으로 관리함으로써 얻어진 산수판매수익금을 산림의 질을 개량하는데 재투자하는 방안도 고려됨직 하다. 그럼으로써 보다 훌륭한 산림을 만들어가야 하는 것이다. 그것도 산주(山主)들이 산림에 보다 많은 투자를 유도하는 하나의 방법일 것이다. 그렇게 된다면 산주는 산주대로 좋은 산을 가꾸기 위해 노력할 것이고, 산에서는 더 많은 좋은 질의 물이 생산되어 국민들이 이용할 수 있게 되니 이것이 바로 우리들이 바라는 '워토피아'를 만들기 위한 노력이 아닌가.

이와 같은 일들은 약수에서만 그칠 것이 아니라 산림내 계류수(계곡수)도 마찬가지다. 이미 산림내 계류수가 하천수질환경기준 상수원수 1급수, 먹는 물 수질기준 1급수라는 것은 이미 상식인 것처럼 산림내 계류수도 그 자원의 이용 가치가 큰 것이다.

산물자원화를 위한 산림관리에 주력해야

울창한 산림에서는 물을 저장할 수 있는 능력이 빈약한 산림에서보다 약 4배나 많다고 하니 20~30년 생이 대부분인 우리의 산림을 울창하게 가꾸고 관리해야 하는 것은 우리의 책임이다. 산물(산수, 약수)을 판매하여 얻은 이득을 다시 산림에 재투자하는 방안이야말로 대다수 국민들이 원하는 맑고 깨끗한 다량의 산물을 지속적으로 공급할 수 있고, 자연의 혜택을 지속적이고도 건전하게 누릴 수 있는 하나의 방편이 될 것이라 생각한다. 즉, 귀중한 산림자원(山林資源)인 산물(산수, 약수)을 효율적으로 경영·관리한다는 측면에서 약수를 관리대상으로 지정하고 철저한 관리를 통하여 이용할 수 있도록 보다 적극적인 노력이 필요한 것이다.

최근 각 지방자치단체가 지방재정확충을 위해 생수사업에 참여한다고 한다. 보도된 바에 따르면 각 지자체에서 벌써부터 생수원천을 수려한 산림지인 사유림지를 대상으로 지정하여 생수사업을 한다고 하니, 개발사업자는 자연파괴와 훼손을 최소화하도록 최선을 다해야 할 것이다.

강물이나 하천 물은 그대로 마실 수 없지만 산물은 약간의 정수처리만 하면 그대로 마실 수 있기에 충분한 검토를 통하여 이를 자원화 하는 방안은 산림을 보다 잘 가꾸기 위한 하나의 노력이며, 해결해야 할 우리의 과제이다.

'세계 산의 해' 효과적으로 활용해야

1998년 UN총회에서 산지의 중요성에 대한 인식을 제고시키기 위해 2002년, 올해를 세계 산의 해로 지정했다. 세계 산의 해를 설정한 취지는 산지의 지속 가능한 개발을 통해 산촌주민, 나아가 인류의 복지증진에 이바지하고 지구 차원에서 기후변화, 열대림 파괴, 사막화 등과 동등한 중요성을 부여하기 위한 것이다.

세계 산의 해를 맞이하여 미국, 독일 등 34개 나라는 위원회를 설립했고, 일본 등 50여 개 나라는 Web Site를 구축했다. 키르키스탄은 기념 우표를, 이탈리아는 엽서를 발행하는 등 세계 산의 해 홍보에 노력을 기울이고 있다. 물론 우리나라에서는 산림청, 산과 직·간접으로 관계되는 당국에서 이에 지대한 관심을 가지고 국제적 차원에서뿐만 아니라 국가적, 개인적 차원에서 세계 산의 해를 기념할 수 있는 기념식, 학술대회, 이벤트, 생태탐방, 산림문화 행사 등 다양한 행사를 주도하고, 면밀한 계획을 세워 추진하고 있다.

산은 생물다양성이 풍부한 생태계의 보고이고 기후변화의 지표이다. 또한 맑은 물을 지속적으로 공급하는 수자원의 근원이며, 에너지 및 광물자원과 복합적 토지이용자원을 포함하는 문화와 전통의 중심지로써, 매년 5천만 명 이상의 사람들을 찾아들게 만드는 관광의 명소이다. 물론 이러한 산의 중요성에 대해서는 많은 사람들이 인식을 같이 하고 있는 것도 사실이다.

산림은 인간에게 여러 가지 혜택을 준다. 나무는 목재를 제공하고, 그늘을 만들어주며, 광합성을 통해 기후변화의 원인물질인 이산화탄소를 흡수하고 숨쉬는데 필요한 산소를 제공해 준다.

나무가 많은 숲은 비가 오면 물을 땅속에 저장해두었다가 가물 때 흘려 보내준다. 숲에 나무가 많으면 토사가 유실되는 것도 막아준다. 또 숲은 버섯, 나물, 약초, 열매 등을 제공하고 야생동물의 서식처가 되기도 한다. 그러나 이처럼 막연히 말하면 사람들은 되묻는다. "돈으로 따져서 얼마나 혜택을 주는가?"라고 말이다.

미국에서 발표된 '도시림에 관한 보고서'를 인용해 보면, 나이 50년의 나무 한 그루는 일생 동안 우리 돈으로 7천만 원이나 되는 혜택을 베푼다고 한다. 매년 나무 한 그루는 이상기후를 완화시키고 토양유실과 홍수를 방지하며 야생동물에게 서식처를 제공하는 것이다. 오염물질을 흡수하는 효과까지 합치면 1년에 약 35만원 이상의 혜택을 주게 되는 것이다. 매년 이만한 액수를 연리 5퍼센트 복리로 50년 동안 합산한 금액이 5만7달러라는 계산이 나올 법하다.

나무 한 그루가 주는 혜택이 이렇다면 숲이 주는 혜택은 얼마나 될까? 이 문제에 관해서는 산림청 임업연구원에서 발표한 연구자료가 있다. 임업연구원에서는 숲의 기능을 휴양지 제공, 대기정화, 수자원 함양, 토사유출방지, 맑은 물 제공, 산사태방지, 야생동물보호 등으로 나누어 금전적으로 환산한 결과 총 49조9천억 원이나 된다고 한다. 결국 돈으로 환산했을 때 숲이 주는 혜택은 국민총생산의 10퍼센트를 넘고, 일인당 106만원의 혜택을 매년 제공하는 셈이 된다.

그러나 오늘날 급속한 세계화, 도시화, 산업화 및 탐방객의 증가는 산촌과 그 속의 자원을 위협하고 있는 실정이다. 전 세계적으로 산촌지역은 점차 지역적으로 한계를 드러내고 있고, 경제의 쇠퇴 그리고 환경악화에 직면하고 있는 것이 현실이다. 물론 무분별한 난개발도 문제다.

우리나라의 산림은 한국전쟁 이후 연료로 사용되기 위해 마구 베어져 헐벗은 산이 나타났으나, 연탄이 보급되고 1973년부터 시작한 치산녹화계획이 어느 정도 성공을 거두어 푸른 산을 다시 회복하였다. 우리나라의 임목축적량은 2001년 말 통계 자료에 의하면 ha당 약 67입방미터로 1967년 산림청이 발족할 당시에 비해 약 6배나 늘었지만, 미국과 일본의 2분의 1, 독일의 5분의 1, 스위스의 6분의 1 수준에 불과하며 아직 목재를 공급하기에는 이르다.

최근에는 도시화와 산업화가 진행됨에 따라 해마다 11,000ha나 되는 막대한 숲이 줄어들고 있다. 숲의 환경적인 기능이 바로 지금 눈에 잘 보이지 않기 때문에 이러한 숲의 중요성이 인정받시 못하는 것일지도 모른다. 그러나 앞으로는 숲을 훼손하기 전에 숲의 가치와 중요성을 반드시 생각해 보아야 할 것이다.

세계 물의 날 효과적으로 활용해야

3월 22일은 '세계 물의 날'이다. 이 날은 계속되는 물 부족과 수질오염을 방지하고 물의 소중함을 알리기 위해 1992년 11월 제47차 유엔총회에서 매년 3월 22일을 '세계 물의 날'로 제정·선포하고, 이 행사에 세계 각국의 동참을 호소했다.

이러한 유엔의 물 부족과 수질오염 극복을 위한 노력은 가깝게는 1994년에 '모두를 위한 물(Water for All)'을 슬로건으로 네덜란드에서 세계 80여 개 국 환경장관이 참가하여 세계적인 차원의 수자원보호대책을 위한 세계담수자원보호회담과 국제 수자원보호회담을 개최하였고, 태국 방콕에 본부를 둔 아시아, 태평양경제사회이사회는 세계 각국의 정부와 시민이 준수해야 할 유엔의 행동강령을 발표했다.

세계 물의 날은 1995년에 '여성과 물(Woman and Water)'을 슬로건으로 유엔은 세계수도협회와 함께 수질오염과 수자원고갈을 극복하기 위한 세계 시민들의 인식전환을 위해 '물의 날 심벌마크'를 제정했고, 96년에는 '30개 도시에 대한 물(Water for Thirty Cities)'을 슬로건으로 중국 북경에서 세계 물 회의를 개최했다. 이 회의에서 유엔인간거주위원회 월리 은도우 사무총장은 80개국과 선 세계 인구의 40%가 물 부족 고통을 겪고 있다고 말하고, 국제사회에 물 위기 극복을 위한 조치를 촉구했다. 지난

1997년에는 '세계의 물은 충분한가(The World's Water - Is There Enough?)'를 슬로건으로 모로코에서 제1회 '세계 물 회의'를 개최하여 세계 각국의 수자원전문가와 유엔기구, 비정부기구 등이 참가 '깨끗한 물을 공급받고 위생시설을 확보하는 것은 인간의 기본적 권리'라는 '마라케시 선언'을 발표하였다.

1998년에는 '볼 수 없는 지하수자원(Groundwater the Invisible Resource)'을, 99년에는 '모두가 살 수 있는 하천(Everyone lives Downstream)'을, 2000년에는 '21세기를

위한 물(Water for the 21th)'을, 2001년에는 '물과 건강(Water and Health)'을 슬로건으로 행사를 가지자고 결의했다. 그리고 올해는 '개발을 위한 물(Water for Development)'을 슬로건으로 정하고 있다.

이에 발맞춰 우리나라도 물의 유한성과 수자원 보존의 중요성, 나아가 물 절약의 미덕에 대한 국민의식의 획기적인 변화를 추구하고, 또 물의 가치에 인식을 새로이 하고 있다.

우리나라는 60년대 이후 사회 경제발전에 따른 물 수요의 급증, 도시화·산업화에 따른 용수수요의 대량화·집중화로 인한 수질오염이 가중돼 사용할 수 있는 물은 점차 줄어들고 있고, 물 부족으로 고통받는 지역도 증가하고 있는 추세이다. 더욱이 이상기후로 인한 가뭄과 홍수의 빈번한 발생으로 물 관리에 많은 어려움을 겪고 있다. 이에 정부 당국 그리고 각종 물 관련 단체 등에서 꾸준히 용수공급과 수질보전에 만전을 기하고 있다.

그러나 하천 강 바닷물의 근원인 산원수(山源水)에 대한 관리와 보전에 대해서는 인식이 부족한 실정이다. 최근 몇몇 국립공원이 탐방객과 각종 위락시설들로부터 계곡수를 보전하기 위해 계곡휴식년제를 실시하고 있고, 또 지난 1995년에는 새로운 식수원 개발을 모색하기 위한 고산계곡수의 활용가능성과 개발전략을 목표로 세미나도 개최하였다.

아울러 산림 당국 그리고 산림과 관계되는 대학, 연구기관 등에서는 물의 근원인 산원수의 중요성을 일찍이 인식하여 산원수의 수량증대와 수질보전을 위한 제반 연구 그리고 숲 가꾸기를 통한 녹색댐의 기능 증대에 만전을 기하고 있다.

오늘날 안전하고 깨끗한 물의 공급문제는 전 세계적으로 첨예한 화두이다. 우리에게 당면한 겨울 강수량 부족에 따른 봄 가뭄이 이를 잘 대변해 주고 있다. 건설교통부의 발표에 따르면 2001년 8월 이후 강수량이 예년(541mm)의 62% 수준에 그쳐 전국 13개 다목적댐의 평균

저수율이 35.6%로 낮아졌다는 말이 물 부족의 심각성을 직시하게 만들고 있기도 하다. 물론 물 부족 극복을 위해 정부 당국, 각종 물 관련 단체 그리고 전 국민이 노력하고 있는 것도 사실이다.

그러나 산원수는 하천 강 바닷물의 근원임과 동시에 맑은 물의 표상이다. 산원수가 보전되고 증대되어야 하류 하천수와 바닷물의 수질보전 그리고 물 부족 문제를 적절히 해결할 수 있다.

환경의 세기인 21세기 당면과제는 산원수의 수량증대와 수질보전을 위한 산림의 효율적 관리, 이에 대한 적극적인 투자가 재고되어야 한다. 아울러 윗물이 맑아야 아랫물도 맑다는 진리를 깨달아 산원수에 대한 인식을 새롭게 하고 그 이용방안을 심도 있게 연구할 필요가 있다.

올해는 유엔이 정한 '세계 산의 해'이기도 하고, '개발을 위한 물'을 슬로건으로 내건 '세계 물의 날을 가진 해'이기도 하다. 맑고 깨끗하며 지속 가능한 다량의 산물(산수, 계곡수)을 개발할 필요가 있는 것도 이러한 이유이다. 우리나라가 물부족 국가라는 사실에서 부족한 물을 어떻게 공급할 것인가 다시 한 번 심각히 생각해 볼 일이다.

'깨끗한 산이 있어야 맑은 물이 있고, 맑은 물이 흘러야 산은 산으로써 가치를 발휘한다'

참고문헌

권숙표, 1989, 음료수의 수질,〈자연보호〉
　　　　12(6):20-22.
김좌관, 1995, 수질오염개론, 동화기술
　　　　353pp.
김준현, 1995, 고산계곡수 활용가능성과
　　　　개발전략, 고산계곡수 식수원 활용
　　　　세미나자료집, 한국경제연구원:Ⅱ-1～Ⅱ
　　　　-18.
박석환, 1997, 환경생태학, 신광문화사,
　　　　342pp.
박재현, 1995, 산림유역에 있어서 계류수질 평

가기준 정립에 관한 고찰(Ⅰ),
자연보존 92:23-38.

박재현, 1996, 산림유역에 있어서 계류수
질 평가기준 정립에 관한 고찰(Ⅱ),자연
보존 95:38-52.

박재현, 1997, 산림유역에 있어서 계류수
질 평가기준 정립에 관한 고찰(Ⅲ), 자연
보존 97:33-42.

박종관, 1997, 물환경 조사법, 187p.

오영민, 신석봉, 1991, 수질관리, 신광문
화사, 311pp.

이규성, 이성홍, 이진하, 황상용, 1994. 수
질오염개론, 형설출판사, 363pp.

이규현, 1995, 심산계곡수의 공급방법 및
효과, 고산계곡수 식수원 활용 세미나 자
료집, 한국경제연구원:Ⅲ-1~Ⅲ-11.

이희승편저, 1995, 국어대사전, 민중서림.

정팔진, 곽동희, 권영호, 1997, 먹는 물
의세균학적 안전성 평가, 대한환경공학회
지19(4):521-528.

조선일보, 2001, 수돗물 검사항목 늘린다,
11월 13일자.

최영길, 한명수, 안태영, 곽노태, 1995, 담수의
부영양화, 신광문화사, 278pp.

최영박, 1994, 자연의 물 인간의 물, 집문
당, 342pp.

한국소비자보호원, 1995, 생수(먹는 샘
물)와 수돗물의 수질검사 비교.

홍사오, 1985, 계류수의 오염과 대책, 자
연보존 50:8-11.

박재현은 서울대학교 대학원 산림자원학과에서 박사학위를 취득하였다. 임업연구원 임지보전과에서 산림과 수질 연구를 담당하였고 현재 진주산업대학교 산림자원학과 교수이며 숲과 문화 연구회 운영회원이다. 주요 저서로 대학교재 『산림공학』, 『한국의 산림과 임업』 그리고 공저 수필집인 『작은 것이 아름답다』가 있다.

산림에다 문화를 접목시킨 한 산림공직자의 체험담

남 화 여

1. 머리말

산림공무원으로서 나의 평생 일은 강원도 홍천에서 시작되었다. 강원도 지역은 화전민이 자기의 화전 밭을 보고 바다보다 넓다고 말할 정도로 화전이 많았으며, 차량통행이 어려운 깊은 산 속에만 베어 쓸 수 있는 숲이 약간 있었고, 그나마 남아 있는 나무들은 도벌꾼들에 의해 잘려 나가고, 연료로 베어지고 있었다.

지금도 크게 다르지 않지만 산림공무원의 주된 임무는 화전정리, 탄광 갱목 공급, 펄프재 공급, 수확, 조림, 육림, 산불방지, 도남벌 단속 등이었다. 산림공무원으로 복무했던 젊은 시절은 황폐된 산림을 복구하기 위해 산림에 해로운 어떠한 행위도 용서되지 아니하였던 시기였고 따라서 일반인의 산림출입을 우선적으로 막았던 입산금지 시기였다. 치산녹화 사업기에 지속적으로 시행했던 입산금지 정책으로 인해서 산에 의지하던 산촌주민뿐 아니라 일반 국민들도 산림공무원을 가까이 하지 아니하였다. 이 시기에는 산림문화란 단어도 없었고, 설사 산림문화와 관련된 다양한 행사를 시도하였어도 산림에 대한 국민들의 공감대를 쉽게 형성할 수도 없었을 것이다.

산림이 어느 정도 녹화되고 1988년 올림픽이 개최된 후에 산림청에서는 연차적으로 자연휴양림을 조성하기 시작했다. 그러나 이 휴양림을 조성하면서도 이것이 훗날 산과 숲에 일반인

들의 관심을 모으는 곳이 될 줄은 상상도 하지 못하였다.

산과 숲에 문화를 나름대로 접목시키고자 생각의 눈을 뜨게 된 것은 자연휴양림과 관련된 업무를 담당하면서였다. 자연휴양림 조성을 보다 잘 하기 위해서 산림휴양학회를 찾게 되었고, 그리고 1997년 울진 국유림 관리소장 재직 시에 통고산 자연휴양림과 소광리 금강소나무를 관리하면서 숲과 문화 연구회를 만나게 되었다. 30년이 넘는 산림공직자 생활 중에 자연휴양림의 조성과 관리 기회가 주어졌을 때인 5, 6년 전에 겨우 문화를 산과 숲에 접목시킬 수 있는 계기를 만들었으니 산림공무원으로서 산림문화를 이야기하기에는 먼저 부끄러움이 앞선다.

2. 산과 숲에 문화를 끌어 담기

가. 통고산 자연휴양림을 관리하면서

초기 자연휴양림은 통나무집만 있었고 휴양객들을 위한 프로그램은 없었다. 산림 내 입산이 통제될 때 숲 속 통나무집에 올 수 있는 것만으로도 대단한 혜택으로 생각하였으나 막상 휴양림에 와서는 기대에 못미쳐 조그만 일에도 불평이 쌓이기 시작했다. 휴양림 운영 초기에는 누구나 한번쯤 '휴양림을 찾아 온 사람들이 먹고, 자고, 산의 나무, 계곡의 물, 이외에 무엇을 보고 돌아갈까, 또 우리와 함께 산을 사랑하고 그들을 우리와 함께 생각하게 할 수 있는 방법

이 무엇일까'에 대해 생각해 보았을 것이다.

당시나 지금도 크게 달라진 것이 없지만 휴양림에 대한 깊은 애착도 없고, 운영방법도 모르고, 관리만 하던 공무원이 직접 서비스를 실행하여야 하는 초보자 시절에 휴양문화란 것을 생각할 여유가 없었다. 유원지를 경험한 일반인들에게는 산림휴양문화란 생소한 것이었으며, 우리 공무원들도 산림에서 문화와 관련된 다양한 활동이란 것이 생소한 것이었다.

1997년 대관령 자연휴양림에서 개최된 '휴양림 연찬회'에 참석할 수 있는 기회를 얻었다. 연찬회의 토의내용 중 대구대학교 이주희 교수가 발표한 「휴양림내 숲 탐방로 조성방안」에 대한 내용은 당시 휴양림에 문화활동을 접목시킬 수 있는 방법을 찾기 위해 고민에 빠져 있던 나를 구해 주었다. 그 해 가을 통고산 자연휴양림에 숲 탐방로를 조성하기로 결정하였으나 처음에는 코스결정도 막연했고, 해설판 내용도 무엇을 어떻게 표현할 것인지 고민이 앞섰다.

공무원 생활 30년에 모방에 익숙해진 나에게는 새로운 세계로 향하는 모험이었다. 그러나 이주희 교수와 함께 길이 2.5km, 폭 1.5m의 길에 숲 해설판 26개, 숯가마 재현 1개 소, 통나무다리 3개 등을 만들면서 생각이 바뀌기 시작했다. 모방에서 창조가 아니더라도 관심 있는 전문가의 뜻을 실행할 의지가 있으면 새로운 세계를 펼칠 수 있다는 것을 알았다.

시행착오 끝에 숲 속에는 조그만 오솔길이 생기고, 개울에는 통나무 구름다리와 외나무다리가 있고, 무심코 지나치던 숲 속에서 이야기를 읽어볼 수 있고, 나무와 관련된 시 한편도 읽을 수 있고, 이렇게 숲을 소개하고 이해할 수 있는 숲 해설 코스를 조성하고 나서야 휴양림에 애착이 가기 시작했으며, 숲 해설판 내용이 머리에서 지워지지 않는 것이었다.

휴양림 이용객에게 숲 탐방로를 안내하고 해설판을 보충하여 설명하니, 이것이 나의 휴양림을 찾는 사람들에게 숲을 설명하는 시작이 되었다. 이때 숲과 문화 연구회 전영우 교수가 대학원생들과 함께 방문하여 처음 만나게 되었고, 나는 전 교수 앞에서 큰 것이나 알고 있는 것처럼 철없는 자랑을 하는 어리석은 짓을 하였으나 전 교수는 말없이 듣고 그 내용을 「산림」지에 소개하였다. 아름다운 산과 물과 숲도 인간에 의하여 그 가치를 더욱 고귀하게 하고 또 사랑하게 한다고 어렴풋이 산림문화에 대한 눈을 뜨게 되었음을 오늘에야 알 수 있을 것 같다.

나. 소광리 금강소나무와 만나면서

내 고향은 경북 울진이다. 울진이 내 고향이기에 새롭고 신기한 감정을 가지고 있는 것은 아니다. 그러기에 소광리 금강소나무 숲을 처음 찾았을 때에도 아주 신기한 모습에 매료되는 감정은 없었다. 강원도에서 만난 소나무에 비해 특별히 좋은 점을 쉽게 발견할 수 없었기 때문이다.

그러나 시간이 지나면서 소광리 금강소나무의 나이를 알게 되었고, 황장봉계 표석에서 역사를 배우고, 금강소나무 키에서 최고를 느끼게 되었고, 누른 속살에서 황장목을 볼 수 있었고, 곧은 금강송에서 소나무의 원형을 읽을 수 있게 되었다.

소광리 소나무 숲을 빈번하게 찾게 되면서 금강소나무의 아름다움은 하루 중에서도 시간에 따라 아침과 저녁이 다르고, 계절이 변함에 따라 다르고, 바라보는 장소에 따라 줄기와 잎의 아름다움이 다르다는 것을 느끼게 되었다.

이해를 하고 나니 이 소중한 우리의 자연유산인 금강소나무를 잘 보존하고, 많은 사람들에게 알리고, 찾아오는 사람들에게 이해시킬 수 있는 방법은 없을까 고민하기 시작했다. 한 가지 일에 골똘하게 생각하기 시작하니 해결방법 또한 나타났다.

그래서 먼저 시작한 일은 당시까지 향명으로 전해 내려오던 춘양목이라는 간판부터 금강소나무로 바꾸었다. 그 다음으로 도로변에서 관찰이 쉽도록 일정구역에 걸쳐서 숲 속을 알맞게 정리하였다.

또한 이 고장의 자랑거리이자 금강소나무의 특출한 재질을 관찰할 수 있도록 심재와 변재의 폭이 뚜렷한 황장목을 전시목으로 비치하는 한편 답사할 코스를 정리하였다. 또한 금강소나무의 특징과 좋은 점에 대한 상세한 안내문을 전문가로부터 받아 금강소나무를 찾는 많은 사람들이 금강소나무를 이해할 수 있게 만들었다.

금강소나무에 대한 나 자신의 이해와 준비가 되었을 때 소광리 금강소나무를 찾는 사람이 있었다. 제일 먼저 서울대 이애주 교수와 박노해 시인, 임옥상 화백 일행을 맞게 되었다. 이분들께 금강소나무의 숨어 있는 좋은 점을 열심히 자랑하였던 것은 당연한 일이었다. 그러나 더 놀란 것은 소나무에 대한 방문객들의 소감이었다.

이애주 교수는 오백 살 소나무 가지의 휘어짐을 보고 저 소나무 가지 곡선이 자신의 춤 선을 닮았다고 하였다. 그리고 오백 살 금강소나무에 취하여 저 소나무 아래에서 소나무 생태춤을 꼭 추고 싶다고 하였다. 이 교수가 이때 한 말이 씨가 되어 1999년 8월 1일 오백 살 소나무 앞에서 생의 두 번째로 현장에서 추는 소나무 생태춤(첫 번째는 에밀레종을 이운하고 그 앞에서 추었다 함)을 보여주셨다.

이애주 교수의 소나무 생태춤 시작은 먼저 소나무 씨가 땅속에서 움트는 모습을 나무 아래 정좌하여 태초의 소리인 기(氣)소리로 빛내골(光川)을 제압하고, 싹이 터서 줄기와 가지가 자라 오백 년이 되니 인간들이 환희하고 춤추고 고마워하는 모습을 춤으로 표현하였다.

이 교수의 춤사위가 이어질 때 모여 있던 대중들은 열린 입을 다물지 못하였고, 나는 무어라 표현 할 수 없는 감정에 젖었다. 지금도 지그시 눈을 감으면 그 당시 느꼈던 감정이 생생하게 떠오른다. 오백 살 금강소나무가 춤을 추는 것도 같고, 소나무 가지가 이애주 교수의 팔을 감는 곡선과 하나로 어울려 춤을 추고 있었다. 자연 그대로의 아름다움이 그것을 사랑하는 사람에 의해 빛이 나고 속살이 내비치니 산림문화의 그 속뜻을 어렴풋이 처음 느낄 수 있었다.

함께 참석했던 박노해 시인은 금강소나무 숲길을 걷다가 한 메모를 보여 주었다. 그 메모지에는 '큰 나무 숲 길을 걸으니 내 키가 커 보인다'고 적혀 있었다. 그리고 1999년 5월 10일자 중앙일보에 '소광리 1,600ha의 소나무 숲에는 500년 생 금강송이 다섯 분 계시고 300년, 200년 생이 어림잡아 8만여 분 계십니다……'라고, 오백 살 금강소나무 다섯 그루를 오백 살 소나무 다섯 분이 계신다고 시인의 말로 표현하니 금강소나무의 큰 키가 더욱 커 보이고 소중함이 더욱 소중해 보였다.

박 시인은 IMF 사태로 숲 가꾸기 공공근로사업을 하면서 설치한 현수막을 보고 서럽게 고마운 돈(정책 사업은 지원받지 못하고 실직자 구제를 위한 목적으로 예산이 배정되었기 때문에)으로 숲 가꾸기를 하게 되니 '숲에 희망과 미래가 있다'는 깃발이 고요히 흔들리고 있더라고 우리의 아픔을 대변해 주었다.

임옥상 화백은 옆에서 어느 분이 이 금강소나무의 줄기가 미인의 다리보다 잘 생겼으니 멋있게 그리시라 주문하니, 하시는 말씀이 "나는 화판이 짧아 이 소나무를 그릴 수 없어" 하시고는 소나무를 몇 번이나 다시 쳐다보고 되돌아보고 가시더니 박 시인의 금강소나무 이야기 글의 바탕그림으로 소광리 금강소나무를 정말 멋있게 표현하셨다.

임 화백의 솜씨로 찾아가기도 쉽지 않은 깊은 산 속 빛내골 금강소나무가 세상 속으로 얼굴을 선보이게 되었음은 물론이다.

얼마 후에는 『나의 문화유산 답사기』로 유명한 유홍준 교수께서 문화유산답사회원들과 금강소나무를 답사하고자 한다는 연락이 왔다. 너무나 유명한 분인데, 이 금강소나무를 어떻게 설명해야 할 것인가 생각하니 잠을 쉽게 잘 수가 없었다.

울진 금강소나무에 대한 교수들의 발표 논문들을 구하여 읽어보고, 전문가들이 표현한 글들도 읽어보고, 숲과 문화 연구회에서 발행한 책들도 찾아보았다. 그 많은 내용을 모두 외울 수도 없고 외운들 짧은 시간에 어디서 시작하여 어디까지 설명하여야 하는지에 대한 고민으로 기나긴 괴로움의 시간이 흐르고 마침내 일행을 맞이하게 되었다.

일행 중에는 다행히도 임학과 교수는 없었고, 다른 분야의 교수와 기업체 사장들이었다. 용기를 내어 설명을 시작했다. 황장봉계 표석에서는 임업의 역사와 금강소나무의 역사를, 오백 살 금강소나무 앞에서는 소나무 생육의 특성과 이애주 교수의 소나무 생태춤을, 금강소나무 표본목에서는 황장목 이름의 유래와 나무 재질의 특징을, 금강소나무 숲길을 걸으면서는 울진 금강소나무에 대한 여러 교수님들의 주장과 "큰 나무 숲 길을 걸으니 내 키가 커 보인다"는 박노해 시인의 이야기를, 삼백 살 금강송 아래의 어린 금강송에서는 미래의 희망과 껍질 깨는 아픔 위에 새로운 세계가 열리는 헤세의 『데미안』을 설명했다.

낙엽 쌓인 숲 속에서는 낙엽 밑에 있는 흙을 손으로 만져보고 냄새를 맡아보라고 전영우 교수의 『나무와 숲이 있었네』 책의 흉내를 내면서 김후란 선생님의 "맨발로 거닐던 숲길의 감촉이 초야의 감촉 같았다" "흙 냄새를 맡자 눈물이 핑 돌았다"는 소감을 소개하었다.

그리고 마지막으로 저녁 노을에 능선의 금강소나무 줄기가 붉게 물들 때는 손짓만 하고 침묵하는 것을 설명하면서 계절과 시간에 따라 소나무의 다양한 표정이 변하는 것을 읽는데는 세월이 필요했다는 이야기도 했다. 3시간을 답사하고 돌아서는 길에서야 유홍준 교수는 한 말씀하였다.

몇 년 전에도 금강소나무가 있다는 이야기를 듣고 이 길을 지나간 일이 있었으나 금강소나무의 아름답고 소중함을 느끼지 못하였는데 오늘에서야 설명을 듣고, 숲 속에서 나무를 바라보고, 안아 보고, 속살을 만져봄으로 우리 소나무의 문화적 가치를 새롭게 알게 되었으며, 다음 『나의 문화유산답사기』 제 4권을 쓸 때에는 꼭

소개하겠노라고 하신다. 그리고 일행 중 한 분이 독일어 교수라고 소개하면서 남 소장 전공이 무엇이냐고 묻기에, 임업을 공부하고 산림청에서 삼십 년 살았노라고 답하니 당신은 철학을 공부한 것 같다고 한다.

그 때서야 나는, '아 ! 오늘 이 안내는 성공이구나' 하는 안도의 한숨을 쉬었다. 산과 나무가 말없이 시간과 공간을 엮어 그 시대 사람들에 의해 문화를 피워내고 있음을 지켜보면서 내 발걸음은 가벼웠고 더욱 산과 숲에 문화를 접목시키는 일에 애착을 갖게 되었다.

다. 서울의 도시림을 관리하면서

서울 근교에 있는 수락산에 도시산림공원을 조성해 보았다. 무엇을 어떻게 하여야 할 지를 몰라 산림욕장의 변형으로 조성하여 산림공원이라는 이름으로 소개하였다. 수락산을 오르는 기존의 등산로 주변에 숲 해설판을 세우고, 수목 표찰을 달았다. 그리고 귀틀집도 선보이고 야생화와 약용수도 심었으며, 쉼터에는 시화판도 세웠다. 몇 십 년간 그대로 자란 숲을 도시림에 적합하게 가꾸기도 하였다. 산을 찾는 많은 사람들이 수목표찰을 읽는 것을 목격하게 되었고, 쉼터에서는 시화판의 시를 읽으면서 산림청에서 이런 일도 하나고 칭찬(?)하는 모습을 보았다.

이런 광경을 자주 집하면서 떠오른 생각은 잘 가꾸어진 숲에 역사를 알리고, 문화를 알리고 또 잘 다듬어진 오솔길이 마련될 때 시민들이 참여하는 숲이 조성될 것이며, 숲이 오래 보존될 수 있을 것이라는 것이었다. 숲을 관리하는 공무원과 연구하는 전문가와 표현하는 예술가가 산과 숲에 문화를 함께 접목시키고자 노력할 때 이 땅의 산과 숲은 풍요롭고 아름다운 문화가 피어날 수 있을 것이며 미래의 산림은 문화자원으로 변신할 것이라는 생각도 들었다.

3. 결어

세계 산의 해를 기념하여 지난 식목일에 산

림청에서 산림헌장을 제정 · 선포하였다. 제정된 산림헌장의 제1강령에는 "숲을 아끼고 사랑하는 일에 다같이 참여한다"고 명시되어 있다. 우리 산림공직자는 이 산림헌장을 실천하는 최일선에 서 있다. 일반 국민들이 숲을 아끼고 사랑하는 일에 다같이 참여하도록 무엇을 어떻게 하여야 할까? 1999년 국립공원 탐방객 수가 3천2백만 명이고 1996년 서울시 도시자연공원 이용자수가 3천만 명이며, 휴양림 이용객 수는 약 4백만 명으로 산을 찾는 인구가 매년 증가하고 있다.

이들이 산과 숲을 찾는 목적은 운동을 위함이 제일 많고, 다음은 사색을 위함이고, 그 다음은 학습을 위함이며, 그 다음은 휴식을 위함이라고 조사된 바 있다. 이와 같이 오늘날 산은 우리 생활의 일부가 되었고 내일을 위한 오늘의 휴식 제공처가 되고 있다. 산은 내가 살고 있는 터전이며 산으로부터 신성과 영감을 얻어 내일을 준비하는 삶을 살고 있다고 해도 과언이 아니다. 삭막한 콘크리트문화에서 지친 사람들이 생명이 숨쉬는 공간인 산과 숲에서 보다 알찬 활동이 일어날 수 있도록 산과 숲의 현장에 적절한 문화를 접목시키는 일은 앞으로도 계속해야 할 과업임에 틀림없다.

남화여는 북부지방산림관리청 휴양림 담당주무, 울진 국유림관리소장, 북부지방 산림관리청 경영과장을 지내고 현재 서울 국유림관리소장으로 재직하고 있다.

산에 심은 나무, 산에 심을 나무

이 천 용

서론

우리나라 헐벗은 산에 나무심기를 본격적으로 시작한지도 벌써 40년이 되었다. 박정희 전 대통령의 큰 업적 중의 하나인 조림사업은 통치자의 강력한 의지와 산림공무원 그리고 국민의 노력으로 산이 녹색옷을 입고 국민 모두에게 끊임없이 녹색선물을 주어 임업인으로 큰 긍지를 갖게 한다. 그러나 심은 나무는 녹화우선주의로 인해 많은 시행착오가 있었고 더욱이 지금에 와서는 쓸모 없는 나무로 변한 수종도 있음을 부정할 수 없다. 임업이 산업으로의 기능을 잃어버린지도 오래 전의 일이지만 우리 산의 나무가 조금 더 나이를 먹고 예쁘게 치장을 해준다면, 그리고 앞으로 심을 나무는 옥석을 가려서 심는다면 산림부국의 영화가 20년 후에 있을 것이라 확신한다.

그러므로 지난 조림수종을 반추하여 앞으로 심을 나무를 선정하는 일이 무엇보다 시급하다.

산에 심은 나무

1. 고대

234년 삼국시대에는 소나무와 해송이 능이나 도로 주변, 풍치·수원함양 또는 가구재·선박재 등을 생산할 목적으로 조림되었고, 구황식물로서도 큰 역할을 하였다. 890년에는 대나무 식재가 권장되어 호남에 대나무숲이 있었다는 기록이 있으며, 소나무·대나무·옻나무·닥나무·뽕나무를 五木이라고 하여 식재를 권장하였다. 904년에는 이미 밤나무가 식재되었고, 국가가 사용하기 위해 금산으로 지정된 적이 있었으며, 고려시대에는 접목방법, 종자 저장법 등이 발달되었다.

1036년에는 배나무가 유실수로 식재되었고, 조선 초에는 가로수로 식재되었다. 1114년에 油桐이 들어왔지만, 널리 식재된 것은 조선조 말기였다. 1145년에는 옻나무·닥나무를 식재하였고, 1165년에는 측백나무·전나무류·가문비나무류·이깔나무 등을 심었다. 1188년에 대추나무 식재가 권장되었고, 또 防風·홍수보호림의 下木으로서 많이 식재되었다. 목재가 인쇄판용으로 사용된 것을 보면 큰 나무가 많았음을 짐작할 수 있다.

1437년에는 상수리나무·굴참나무를 널리 식재하였고, 소나무와 졸참나무·떡갈나무 등의 혼효림이 조성되었다. 正祖 때에는 참나무류의 파종 및 맹아갱신에 대한 상세한 포고가 나왔다. 1453년에는 가로수로서 느티나무와 회나무가 식재되었고, 1481년에는 오동나무가 식재되었으며, 법령으로 都邑의 造林株數가 지정되었다. 정조 때 잣나무 조림이 國法으로 제정된 것도 특기할 만한 사실이다.

2. 근대

1906년 舊韓國政府는 일본의 임업기술자를 초빙하여 묘포사업을 시작하였는데, 그 당시에는 조림의 시험이나 경험이 없었던 때로서 재래

종 중 특히 소나무와 상수리나무의 묘목을 양성
하였다. 1907년 서울 부근의 산지에 조림된 수
종을 보면 소나무·해송·낙엽송·상수리나무·
산오리나무·좀사방오리나무·아까시나무 등이
었고, 비교적 성공한 수종은 소나무·산오리나
무·상수리나무·해송 등이다. 그러나 묘목 대
부분이 일본에서 수입되었다. 1905년부터 삼나
무와 편백이 부산의 수원지에 약 3만 그루가 식
재되었고, 1905년에 미루나무가 수입되었으며,
1907년에는 낙엽송을 8ha에 대면적 식재하였
지만 조림수종 중 가장 중요한 것은 역시 소나
무와 상수리나무였다.

1910년대는 아까시나무와 포플러의 시대였
다. 송충의 피해가 극심한 소나무림의 대안으로
서, 또한 속성수로서 식재하였다. 식재된 아까시
나무는 210만 그루였는데 그 기간 중 조림된
소나무의 40%에 해당된다. 그러나, 산복부의
아까시나무 조림은 대부분 실패하고, 산록부와
강둑에 식재한 것만 남아 있다. 포플러 조림을
장려하기 위하여 포플러 주간이 설정된 것도 주
목할 만한 일이다.

1922년부터 1931년까지 약 10년간은 사방
조림관계도 있었지만, 주로 산오리나무·물갬나
무·소나무·해송·좀사방오리나무·사방오리나
무·리기다소나무 등을 식재하였다. 양은 적었
지만 족제비싸리가 식재된 것은 주목된다. 족제
비싸리는 미국 원산인데 만주로부터 1910년경
에 우리나라에 들어온 것으로 추측된다. 일반적
으로 소나무·해송·낙엽송·잣나무·상수리나
무 등이 전국적으로 식재되었고, 밤나무는 사유
림에 식재되었다. 가문비나무·전나무·참나무
류·가래나무·박달나무·느티나무 등이 국유림
에 식재된 것도 특기할 만하다. 송충의 피해가
극심하였음에도 불구하고 여전히 소나무가 식재
된 이유는 대체수종이 없기 때문이다. 1931년
부터 송충에 의한 피해와 임상개량을 위하여 활
엽수 증식이 장려되고, 오리나무와 싸리류가 그
중 많이 식재되었다. 농산촌 진흥을 위하여
1933년부터 밤나무·호두나무·옻나무·오동나

무·유동 등 특수한 수종의 식재가 권장되었다.
일정시대의 조림수종을 종합하면 소나무·해
송·낙엽송·이깔나무·잣나무·리기다소나무·
측백나무·밤나무·상수리나무·산오리나무·물
갬나무·아카시아·포플러·사방오리나무·좀사
방오리나무·삼나무·편백·은행나무·굴참나무
·느티나무·싸리나무·벚나무·옻나무·호두나
무·느릅나무·오동나무 등을 主造林樹種으로
하고 있으며, 그밖에 여러 수종을 조금씩 조림
하였다.

3. 현대
광복 후 미군정을 거쳐 정부가 수립된 다음
6.25동란이 있었고, 그 후 전후복구 등으로 산
림법이 제정되기 전까지 장단기 조림계획을 수
립하는데 그치고 조림 성과는 극히 미약했다.

1952년에는 극도로 황폐된 산지를 조기복구
하기 위해 "민유림조림 5개년계획(1952~
1957)", "단기속성녹화조림 3개년계획(1952~
1954)", "생울타리조성 5개년계획(1952~
1956)" 등이 수립되었으나 무리한 계획으로 성
과는 극히 부진하였다. 또한 1957년에는 농가
부수입증대를 목적으로 "특수림조성 5개년계획
(1957~1961)"을 수립하였다.

1960년대 산림법 제정과 1967년 산림청 발
족으로 본격적인 조림이 시작되었다. 정부의 제
1차 경제개발 5개년계획에 농림분야도 포함되
어 추진됨에 따라, 산림분야는 "치산7개년계획"
이라고 하는 별도계획을 수립하였는데, 계획물
량은 연료림 412천ha, 용재림 332ha, 죽림 2
천ha, 특용수 34천ha, 개량포플러 222천ha로서
연료채취로 인한 산림피해를 예방하고자 연료림
인 아까시나무를 계속 조성하였고, 증식이 용이
하고 하천변 또는 부락주변 공한지를 활용하여
이태리포플러를 식재하였다. 연료림은 총농가호
수 2,340천 호에 대한 연료림 면적을 1,170천
ha(호당 0.5ha)로 책정하고 기존임분 433천ha,
기조성연료림(1959~1964) 325천ha이외에
412천ha를 신규 조성하기로 하고 국고보조에

의한 산림계 분수사업을 추진하였다. 1967년은 연료림 조성을 마무리하는 해로서 연료림 364,751ha, 특용수종 2,096ha를 조성하였다. 1969년에는 산지이용구분조사 결과 절대임지 비율이 높고 타산업과 경합이 없는 산간지역에 3,200ha 규모의 14개 대단위 조림단지를 설정하고, 전국 용재림 조림목표 2,700천ha의 70%인 1,900천ha를 집중조림하는 "대단지 산지개발계획"을 수립하였으며, 단기 5개년계획(1970~1974)과 장기 35년계획(1975~2010)으로 구분 추진하기로 하였다. 대단지조림 실행과정에서 한 지역에 대면적 조림이 집중됨에 따라 지존작업문제, 노동력 수급난 등 어려운 점이 많았으나 1970~1972년까지 3년 동안의 실적은 계획의 59%로서 비교적 성과가 있었다. 이 계획은 산림청의 내무부 이관으로 중단되고 말았지만 1973년 치산녹화 10년계획(1973~1982) 후부터는 계속적으로 조림사업이 추진되었다. 그 목표는 1982년까지 전국토 녹화이며 기본방향으로서 국민조림(새마을 운동에 의한 연중식수), 경제조림(산지에 국민경제권 조성), 속성조림이고 유실수 300천ha, 속성수 300천ha, 연료림 205천ha, 장기수 195천ha 등 1백만ha를 조림하며 조림수종은 42개 수종을 10대 수종으로 단순화하여 양묘·공급하였다.

제1차 치산녹화계획은 목표년도보다 4년을 앞당겨 1,080천ha를 조림하였는데, 그 결과 마을 양묘사업과 더불어 국민식수기간을 설정하고 온 국민이 참여하는 체제가 어느 정도 정립되었으며, 양적 조림 및 사방사업에 힘입어 대면적 황폐지 없이 국토가 녹화되었다. 또한 입산통제·낙엽채취금지와 수렵금지로 인해 산림피해가 경감되었고, 연료림 조성완료로 임산연료를 정상적으로 공급하게 되었으며, 가을에 육림의 날을 별도로 제정하여 육림에 온 국민이 관심을 갖도록 하였다. 반면 속성녹화라는 대명제 때문에 양적조림에 치우치게 됨으로서 투자효과 측면에서의 문제, 적지적수원칙에 입각한 양묘 및 수급문제 등 개선해야 할 사항도 발생하였다.

그와 같은 문제점들을 보완하면서 "제2차 치산녹화10년계획"이 수립되었다.

이 계획의 기본목표는 국민조림체제의 정착화, 경제조림의 확대 및 단지화, 지역별 완결조림을 원칙으로 하고 중점시책으로 산지이용장기계획 수립, 대단위 경제림단지 조성, 향토수종의 개발, 미립목지 및 요사방지의 일소, 해외산림자원개발 확대를 추진하는 것이었다. 조림사업의 특징은 범국민 식수운동의 지속적인 추진으로서 식목일 전후 1개월간(3.21~4.20)을 국민식수기간으로 설정하여 온 국민의 식수참여를 촉진하고, 가을에는 육림의 날(매년 11월 첫 토요일)에 육림주간을 설정하여 연중 관리의식을 고취시키고, 대단위 경제림단지를 조성해 나간 것이었다.

이와 같이 1973년부터 1987년까지의 치산녹화 1·2차사업계획기간 동안에 장기수조림 47%, 속성수조림 35%, 유실수조림 8%가 식재됨에 따라 장기수의 비중이 높아졌으며 지속적인 조림사업의 결과 약 2백만ha의 산림이 인공림으로 조성되었다.

조림에 사용된 수종은 주로 낙엽송, 잣나무, 리기다소나무, 편백, 삼나무, 오리나무류, 아까시나무, 포플러류이었으며 특용수로서 밤나무·호두나무·옻나무·오동나무·대나무 등이었다.

산에 심을 나무

산림이 우거지고 조림할 곳은 많지 않은 현실에서 먼저 숲 가꾸기는 목재자원부국으로 가는 가장 기본이고 필수이다. 숲의 최종산물인 목재를 쓰는 사람들은 가지치기가 안 되어서 죽은 옹이가 들어 있으면 아무리 나무가 굵어도 쓸 수 없다고 한다. 빛 좋은 개살구인 셈이다. IMF 이후 공공근로의 형태로 도입된 숲 가꾸기 사업이 올해로 마지막인데 그동안 숲을 가꾼 공은 앞으로 수십 년 후에 잘 나타날 것이다. 아직 가꿀 숲이 많은데도 투자우선 순위에 밀려 더 이상 진척이 되지 못함은 실로 안타까운 일

이다. 직경 30센티미터의 쭉 뻗은 목재가 2.4미
터만 있으면 충분히 목재로 쓸 수 있다는데 중
간에 옹이가 있으면 아무 소용이 없단다. 정말
가지치기의 중요성을 실감한다. 정부는 인공림
과 좋은 천연림에서 350만ha를 지정하여 경제
림으로 키워 국산재를 안정되게 공급한다는 계
획을 갖고 있다. 이 중 집약적인 산림사업을 실
시할 인공조림지가 약 절반이며 지역별로 강원
영서 지역과 소백산맥 남서 지역이 대상 산림으
로 전자의 연 평균 생장률은 4.3%로 전국평균
4.5%와 비슷하지만 후자는 상대적으로 연평균
기온이 높고 겨울에 눈이 많이 내려 생장률이
5.3%나 된다. 중요한 지역을 보면 장성의 편백
숲, 강진의 테다소나무, 백합나무숲은 대표적인
조림성공지로서 목재생산 적지이다.

　한편 새로 조림할 곳은 많지 않고 더구나 대
면적 벌채 후 조림은 환경보전 우선순위에 밀려
감히 엄두가 안 나는 세상이다. 그러므로 앞으
로 소면적 조림밖에 할 수 없으며 지금까지 별
로 비싸지 않은 침엽수 일변도 조림에서 점차
가치가 큰 나무 즉 소나무, 참나무류, 편백, 느
티나무, 물푸레, 자작나무, 은행나무 등을 심어
야 할 것이다. 이 중 소나무, 참나무류의 조림은
집중관리를 하지 않으면 주변 식생의 번무로 인
해 실패할 가능성이 많고 조림목의 생장이 불량
하여 곧 성숙림으로 될 수 없으므로 참 힘들다.
미래의 조림수종은 유용활엽수 또는 속성수 그
리고 다목적으로 활용될 수 있는 수종 선택이
중요하다. 편백, 느티나무, 은행나무 등은 생육
입지조건이 제한된 수종이며 최근 산지에도 적
합하여 생장이 빠른 것으로 알려진 백합나무와
고급재인 세로티나벚나무는 도입수종이므로 신
중한 선택이 요구된다. 오히려 지금까지 검증되
고 범용적으로 식재된 참나무류, 토종 벚나무,
아까시나무의 생장특성을 조금 더 연구하여 식
재하면 좋겠다. 또한 다용도로 쓰여 제대로 나
무값을 받고 있는 편백, 꽃과 열매와 향기가 좋
은 산사나무 등도 식재수종으로 권장할 만하다.
여기서는 대표적으로 소나무, 아까시나무, 그리

고 도입수종인 백합나무와 체리목, 목재로 쓰이
지는 않지만 조경, 약용 등으로 쓰이는 산사나
무에 대해서 자세히 설명하고자 한다.

1. 소나무

　소나무는 우리나라 최고의 나무이다. 보편적
이며 어디서나 잘 자라고 특히 척박한 곳에서
발군의 생장실력을 보인다. 자연적으로는 잘 자
라는데 일부러 심어 키우기에는 정성이 필요한
나무다.

　현재, 우리나라 소나무림의 면적은 총 산림면
적의 약 40%를 차지하는 약 260만ha정도이며
이 중 침엽수내에 단순림으로 존재하는 소나무
림이 약 70%, 혼효림내에 존재하는 소나무림이
약 30%이다. 나이별로 분포한 면적을 보면 30
년 생 이하가 90%를 차지하고 있어 목재로 쓰
기에는 아직 어리다. 용도별 공급실태를 보면
펄프용으로 공급된 소나무원목은 총 공급량의
1/3을 차지하며, 보드류용으로 25%, 건축토목
용 19%, 갱목용 17%이고 기타 포장재·해태
목·톱밥제조용 등으로 공급된 양이 6%를 차지
한다. 이와 같이 우리나라에서 생산되고 있는
소나무 원목은 대부분이 굵기가 가늘어 부가가
치가 낮은 갱목, 펄프, 보드류 등으로 사용된다.

　국내산 소나무 원목의 용도별 거래가격은 보
드생산업체에 납품하는 가격(공장도착가격)은
직경 및 재장 관계없이 미박피기준으로 55,000
원/㎥, 펄프용재는 60,000원/㎥, 갱목용재는
66,000원/㎥, 건축용 일반재는 135,000원/㎥이
다. 그러나 잘 기른 대원목의 경우는 ㎥당
450,000원이며, 특히 말구직경이 45㎝이상인
특대원목의 경우는 목조문화재·사찰·전통가옥
의 신축 또는 수리용(기둥보, 창방, 평방용)등으
로 공급될 경우 ㎥당 900,000원을 상회하지만,
공급량이 절대적으로 부족한 실정이다.

　소나무 고품질재는 크게 ①목조문화재 수리
용, ②문화재로 지정되지 않은 사찰의 건축·수
리용, ③민간 전통가옥(한옥) 건축용 등으로 사
용되므로 엄격한 규격기준과 함께 품질의 우수

성이 가격에 반영되어 있다. 예를 들어 소나무 특수재가 토목·건축용재로 사용되는 일반 소나무, 토목용재 및 미송의 가격에 비해 원목 기준으로 각각 6.0배, 6.8배, 3.3배의 높은 가격에 거래되고 있다. 소나무 고품질재 생산은 우리나라 전체 용재 생산량의 2% 내외로 추정되지만 생산액은 8%~10%를 점할 정도로 고부가가치 시장이 형성되어 있다. 또한 민족문화유산인 문화재에 대한 관심이 높아짐에 따라 문화재수리 예산이 점차 증가하면서 소나무 고품질재 수요가 꾸준히 증가하고 있다. 그러나 소나무 고품질재 시장이 점차 확장되는 반면 국내 자원의 부족으로 외재가 국내 시장을 점차 잠식하고 있다. 예를 들어 기둥, 대들보, 추녀, 보 등 대경목이 사용되는 핵심 구조재는 미송과 같은 외재로 대체되고 있는 실정이다(자세한 내용은 '소나무 소나무림' 참조).

그 외에도 소나무는 동해안 산불지역의 복구 수종 중 주민들이 가장 많이 심어달라고 한 수종이었는데 그 이유는 송이를 생산하기 때문이다.

2. 아까시나무

아까시나무라는 딱딱하고 어려운 이름보다 아카시아가 더 유명하고 친근한 이 나무는 콜롬버스가 미국을 발견한 이후 1600년대 진 로빈이 유럽에 전파하고 우리나라에는 100년 전 일본 사람 사카끼이가 중국에서 가져와 인천 월미도에 식재한 것이 최초이다. 그러나 벌써 한 세기 넘게 더불어 살고 있으니 더 이상 남의 나무가 아닌 우리 나무이다. 아카시아 속 나무는 고대 이스라엘사람들이 신목으로 삼고 생명력의 상징으로 중요시하였다. 어원은 그리스어의 Akis로서 돌기 또는 바늘이란 뜻이며 가지에 발달한 가시를 말한다. 아까시나무는 호주원산의 상록수인 가시 없는 아카시아속과 미국원산의 가시가 있는 로비니아속으로 나뉜다.

아까시나무는 숲이 황폐되었던 시절 척박한 땅에 가장 먼저 심었다. 묘목을 길러서 심고 씨

도 뿌리는 등 이중으로 피복했는데 환경이 좋지 않은 곳에서도 비료만 주면 움도 잘 나고 그런 대로 생장이 좋았다. 뿌리에는 공기 중에 있는 질소를 흡수하여 나무에 공급하는 뿌리혹 박테리아가 살고 있어 뿌리를 꺼내보면 팥알만한 것들이 마치 포도처럼 달려 있다. 박테리아는 나무로부터 양분을 공급받고 나무는 질소라는 나무생장에 필수원소를 받아 더불어 사는 시스템을 갖추고 있어 상당한 교훈도 준다. 뿌리에서 흡수한 질소는 점차 잎을 더 크게 만들고 이를 통하여 나무도 왕성하게 자라고 가을에 잎이 떨어져 척박한 땅에 질소를 공급하니 더 없이 좋은 나무다. 낙엽이 쌓일수록 땅을 개선하고 점차 다른 나무가 들어올 수 있는 환경을 만들어 주는 것이다. 아까시나무는 극도로 햇빛을 좋아하므로 만약 다른 나무가 들어서서 그늘을 주면 점차 그 역할을 다하고 사라진다. 그래서 집단적으로 그들만이 자라는 곳을 제외하고는 다른 나무에게 자리를 양보한다. 스스로 질소를 갖는 힘이 있으므로 비료도 질소비료보다는 인산비료를 많이 준다.

원래 이 나무는 척박한 곳에서만 자라는 것은 아니다. 빨리 자라기 때문에 좋은 땅에 심으면 훌륭한 자원이 된다. 유럽 헝가리는 아까시나무숲으로 유명하다. 부다페스트 다뉴브강가에 위치한 국회의사당 주변의 숲은 이미 명소가 되었고 어디를 가든 좋은 숲을 이루고 있으며 심지어 200년 생 된 나무도 있다고 한다. 전체 산림면적의 18%가 이 숲이고 새로 조림하는 곳의 절반이 이 나무라니 지금까지 아까시나무에 대한 부정적인 생각이 싹 사라진다. 목재로도 품질이 좋아 수출도 많이 한다니 헝가리는 아까시나무의 나라이다.

아까시나무는 그 강력한 움트는 성질을 이용하여 땔감이 부족했을 때 연료림으로 조성하여 동네사람들이 공동으로 이용하여 다른 나무를 베어 숲이 황폐되는 것을 방지하는데 큰 공헌을 했다. 가시가 많아 지금은 땔감을 해가라고 해도 거들떠보지 않지만 연료가 귀했던 당시에는

화력이 좋고 동네 가까이 심어 손쉽게 얻을 수 있어 그런 대로 환영을 받았다. 이 사례는 외국에도 널리 소개되어 한국의 위상을 드높였다. 중국에서도 200만ha를 조림하고 최근 북한에서도 가장 많이 심는 나무이다.

일반적으로 나무는 60년 정도 되어야 목재로 쓴다. 그러나 아까시나무는 30년 정도만 되어도 목재로 쓸 수 있다. 빨리 자라는 나무는 보통 무른데 이 나무는 단단하고 야외에서도 쉽게 썩지 않으며 무늬가 아름다워 마루나 실내 장식용으로 쓴다. 탄력성도 좋아 요트의 마스트나 트럭적재함의 상판으로 이용하며 농기구 자루로도 쓸모가 있다. 그러므로 좋은 땅에 심어 곧게 자라고 자원만 많다면 많은 용도로 개발될 것이다.

양봉업에서는 더욱 중요하다. 아까시나무는 꿀이 많이 나와서 일명 꿀벌나무(Bee tree)라고도 하는데, 꽃송이 하나 하나를 자세히 들여다보면 꿀샘 있는 부분이 진한색깔을 띠고 있어서 벌이 찾아오고 꿀을 가져가기에 좋게 되어 있다. 약 30만ha를 점유하고 있는 이 숲에서 매년 약 7천 톤의 꿀을 생산하는데 전체 꿀 생산량의 70%로서 42,000가구의 양봉 농가가 연간 800억원의 막대한 수입을 올린다. 그 어떤 꿀보다 값이 비싸며 꽃이 많은 덕분에 꿀도 많이 채취할 수 있어 양과 질 모든 면에서 각광을 받고 있다. 그러나 양봉산업은 1960년대 조림한 아까시나무에 크게 의존하고 있으며 더 이상 아까시나무를 심지 않고 기존의 나무도 점차 쇠퇴하고 있어 밀원이 감소하므로 양봉업자들은 이 나무가 자신의 생존과 직결되어 있어 보전과 관리에 각별한 관심을 갖고 있다. 앞으로 조림 면적을 확대하고 개화 시기를 달리하는 다양한 품종을 개발해서 벌꿀 생산을 많이 할 수 있게 하거나 생장이 빠르고 목재의 질이 더욱 좋은 아까시나무를 육성해 나가야 할 것이다.

3. 백합나무

지구온난화 방지 등 지구 환경보전 압력이 커지면서 인공림 용재 공급을 확대하고 화석연료를 대체할 목질바이오매스 생산을 위해 인공조림사업이 활발하게 이루어지고 있다. 남반구 지역의 인공조림 성공에 이어 열대지역의 속성수 조림이 빠르게 확대되고 중국은 국내 천연림 벌채금지로 인한 자국산 원목공급 물량 부족을 충당하기 위해 속성수 조림이 대대적으로 추진되고 있다. 유럽과 북미지역도 목질바이오매스원 확보가 국가적 프로젝트로 이루어지고 있다. 우리나라도 토지생산성이 높고 적지 선택의 폭이 크며 연년생장량이 빠른 백합나무를 집약적으로 조림해야 할 필요가 있다.

백합나무가 다른 가구용재 활엽수보다 상대적으로 속성수라 재질적으로 용재가치가 있을 것인가 하는 의문이 있지만 미국 산림청에서 발간되는 활엽수재 가격동향 분기보고서에 의하면 주요 가구재 건축내장재로서 연단풍나무보다 20%정도 싸며 주요 용재시장을 형성하고 있다고 한다. 우리나라는 한때 1만㎥까지 수입한 적이 있으나 최근에는 연간 2,000㎥정도 수입되어 장롱서랍재 실내인테리어가구 및 문틀소재 등 노출되지 않는 부분의 처리재로 이용되고 있다. 백합나무 시장규모는 국내 특수목 약 1조원 시장에서 약 1%인 10억원 정도로 작지만 기존에 사용해 왔던 천연림에서 생산되는 Cherry, Oak, Walnut 등 무늬목 가격이 자원고갈로 상승할 것이 예상되므로 중저가 가구시장에서의 백합나무 수요는 증가할 것으로 보고 있다. 백합나무 제재목 가격은 물푸레나무와 연단풍나무와 비슷한 9만원/㎥정도인 것으로 조사되었다

백합나무의 벌기령 30~40년에 연평균생장량이 10~17㎥에 달하는 것도 세계적인 속성수로서 손색이 없다. 이러한 생장량과 거래가격을 근거로 수익성을 분석하고 주요 조림수종과의 내부투자수익성을 비교해 본 결과 낙엽송이 0.6%, 잣나무 4.3%, 상수리나무 1.4%에 비해 백합나무가 5.6~9.3%로 수익성이 높은 것으로 보고되었다. 따라서 속성수 백합나무가 육성임업 추진을 위한 새로운 대체조림 수종으로서 기

회가 클 것으로 기대된다.

4. 체리목

고급가구재로 널리 쓰이며 국내에서 생산되는 잣나무, 낙엽송 목재보다 15배 이상 비싼 가격에 수입되고 있는 체리목(세로티나벚나무)은 우리나라의 기후 풍토에 잘 적응하고 있다.

체리목(장미과)의 학명은 *Prunus serotina* Ehrh로 북미에서 자라는 나무로 원산지에서도 재질이 뛰어나 상업적으로 최고의 가치를 자랑하고 있다. 1960년경에 원산지에서 종자를 도입 파종한 것이 현재 임업연구원 홍릉 야산에 30여 그루가 나무나이 40년, 높이 18m, 가슴높이 직경 45cm로 성장하고 있어 국내 생산 가능성이 높다.

이밖에도 이 나무에 대한 생장 및 적응력을 검증하기 위하여 1985년 경기도 광릉(중부임업시험장)에 1,500여 그루를 식재한 결과, 17년생의 나무높이가 16m, 가슴높이 직경 18cm로 우수하게 생장하고 있으며, 1993년에 수원에 심은 시험림에서도 뛰어난 적응력과 생장을 보이고 있다.

현재, 40년 생의 체리목 한 그루 당 목재로 쓸 수 있는 부분을 지상에서 평균 7m 높이라고 할 때 목재부피는 1.5㎥이며 금액으로 환산하면 최근 수입가격이 ㎥당 315만원(최상급)이므로 약 400만원이 된다. 참고로 국산 소나무목재 생산지 가격은 ㎥당 약 15만원이라고 하면 체리목의 경제적 가치는 엄청나다.

5. 산사나무

산사나무는 목재보다는 열매, 향기, 꽃이 월등하여 추천할 만한 수종이다. 봄의 흰 꽃의 아름다움과 향기는 타 수종의 추종을 불허하고 열매는 약재와 건강음료의 원료로 탁월하다.

산사나무는 1,000여 종이 있으며 우리나라 전국에 분포하고, 지리석으로 북위 20˚ ~50˚의 광범위한 지역에 생육되고 있다. 산사나무는 낙엽활엽소교목으로 수고는 6m정도 자란다.

산사나무의 열매를 산사자(山査子)라고 하며 한방에서는 강장제, 동맥경화의 예방 및 치료약으로 심장의 기능적 장애, 심장쇠약, 혈관 신경증, 동맥경화증, 고혈압 초기 치료약으로, 설사 멎이, 고기 먹고 체한데, 어중독(魚中毒)을 해독하는데 효과가 있으며, 유럽에서는 강심제로 이용한다.

산사의 성분 함량은 열매 가식부위 100g 중에 단백질 0.7g, 탄수화물 22.1g, 지방 0.2g, 칼슘 85mg, 인 25mg, 철 2.1mg, 비타민 C 98mg, B1 0.02mg, B2 0.05mg 등과 아미그달린, 우루솔산, 클로로겐산, 레몬산, 포도주산을 비롯한 유기산, 플라보노이드 등이, 잎에는 히페로시드, 쿠에르틴, 씨에는 아미그달린, 히페로시드, 꽃에는 카페산, 클로로겐산, 콜린, 트리메탈아민, 나무껍질에는 에스쿨린이 함유되어 있다. 이처럼 산사나무는 한방에서 이용도가 아주 높은 수종이나 우리나라에는 집단 재배 지역이 거의 없다.

중국은 세계에서 산사 생산량과 재배면적이 가장 많은 나라로서 산사(山寺)를 "健康的水果"(fruit for good health)라 하는데 산사의 열매에는 $B_1 \cdot B_2 \cdot B_6$ 와 비타민 C등 10종, 17종의 아미노산을 포함하여 80종의 영양소를 함유하고 있으며, 전체 아미노산 함량은 3.1%나 되고 비타민C는 시과(8mg/100g) 배(15mg/100g)에 비해 산사가 월등히 높으며 특히 집안자육(集安紫肉)과 모홍(毛紅)은 각각 118mg과 129.4mg이나 된다.

산사나무는 A. D. 1000년경에 약재로서의 수요가 증가하고, 유전자원으로서 보존의 필요성을 인식하면서 재배를 하기 시작하였다. 재배면적은 1990년에 350,000ha이며 생산량은 450,000톤으로 중국에서 재배하는 전체 과수 중 재배 면적과 총 생산량의 4위에 해당된다.

중국에는 약 150개의 재배종이 있다. 이들은 주로 *C. pinnatifida*, *C. scabrifolia*, *C. hupehensis* 의 3수종에서 유래된 것으로 재배 역사가 가장 오래 된 품종은 숙천철사(宿遷鐵

楂)로 400여 년 전부터 재배되었다. 재배면적이 가장 큰 품종은 첨홍(甜紅)으로 300ha이상이 식재되었으며 산사의 저장기간은 보통 60일 정도인데 흥륭자육(興隆紫肉)은 저장기간이 210일로 저장성이 아주 우수한 품종이다.

내한성이 가장 좋은 품종은 추금성으로 연평균기온이 3.5℃, 최저기온이 -40℃에서도 자란다. 수확량이 가장 많은 품종은 대홍운사(大紅云楂)로 성목 본당 수확량이 500Kg이나 된다. 대금성(大金星)은 산사의 평균 과실무게가 8.5g인데 비해 무게가 16.0g이며 최대과실은 19.0g까지 나가는 대립품종이다.

결론

임업분야에 근무하다 보면 임업인 모두 나무에 대해 잘 알고 있는 것처럼 인식되어 나무이름을 물어 오는데 특히 활엽수를 물어보면 대답하기에 곤혹스러울 때가 많다. 외국에 비해 정말 다양한 나무들이 자라고 있으므로 수목학자 아니고는 식별하기가 쉽지 않기 때문이다. 또한 산림에 대한 관심과 부의 축적으로 산에 어떤 나무를 심었으면 좋겠냐는 질문에는 선뜻 대답을 하지 못한다. 임학을 하면서 부끄러운 일이 아닐 수 없다. 앞으로 심을 나무에 대해 장기적으로 보면 소나무, 참나무, 편백 등이 유리하고 단기적으로는 임업연구원이 연구한 도입수종과 아까시나무, 그리고 산사나무 등을 추천하였지만 도입수종은 보다 신중한 선택이 요구된다. 외래수종은 자생수종보다 더 생장이나 질이 우수한 경우가 있고, 국가에 따라 외국에서 도입된 수종이 경제적으로 대단히 중요한 몫을 차지하기도 한다. 우리나라에도 이미 일본에서 낙엽송이 조림수종으로 되어 있고, 미국에서 리기다소나무, 물푸레나무, 스트로브잣나무, 플라타너스, 아까시나무, 미루나무 등이 들어와 나름대로 성과가 있었다. 그러나 주의해야 할 것은 외래수종에 대한 조림기술이 확립되고 시험수종의 영역을 벗어나 현지적용 단계까지 모든 점이 확인된 후 조림해야 한다. 생장이 빠르고 좋은 소질이 있는 나무라도 최고의 능력을 발휘하기 위해서는 최적의 육성기술이 적용되지 않으면 안된다. 이미 외국에서 조림기술이 확립되어 있다고 하여도 강수량의 계절적 변화, 토지 조건, 기온 변화, 잡초의 번무 정도 등 조건이 다르므로 우리나라의 조림기술로 검토가 필요하다.

참고문헌

김규헌외, 1996, 한국산림과 온실가스, 임업
    연구원 연구자료 126호
임경빈, 1991, 「조림학 원론」, 향문사
김외정, 2002, 속성수 육성임업추진 늦추지
    말자, 산림과학기술회지.
이병실, 2002, 중국의 산사나무 재배동향 및
    품종특성, <임업정보>134호
정헌관, 2002, 아까시나무, <산림> 6월호
이천용, 1999, 새롭게 인식할 아까시나무숲,
    숲과 문화 45호
이천용 등, 1999, 소나무 소나무림,
    임업연구원

이천용은 고려대학교 임학과를 졸업하고 동대학원에서 농학박사(사방공학)학위를 받았다. 1978년부터 임업연구원에 근무하면서 산림토양, 토양침식방지, 산림수자원 등 산림유역관리에 관한 연구를 수행하고 있으며 1989년에는 미국 오리건대학교에서 1년간 연구교수로 있었다. 현재 임지보전과장이며 숲과 문화 연구회 운영회원이다.

대학생들이 바라본 산과 우리 문화

김 상 윤

들어가며

최근 산림청(2001)에서 실시한 '산림에 관한 국민의식조사' 결과에 따르면 우리 국민 대부분(72.8%)이 산과 나무에 관심이 있고, 또한 국민의 절대 다수(97.8%)는 산과 나무가 국민의 복지·여가 등 삶의 질 향상에 중요한 역할을 한다고 생각하고 있는 것으로 나타났다.

군이 이러한 수치적 결과를 가지고 논하지 않더라도 주5일제 근무나 여가문화의 확대로 주변에 삼림욕이나 자연교육을 위해 가족 단위 혹은 동료들과 산이나 숲을 찾는 휴양객이 크게 증가하고 있다.

특히 올해는 UN이 정한 '세계 산의 해'이기도 하다. 우리나라도 산림청과 관련 단체를 중심으로 여러 기념행사들이 추진되고 있다. 중요한 것은 이러한 일련의 사업들이 단지 일시적인 홍보성에 그치는 행사가 되어서는 안된다는 점이다. 우리 산의 가치와 우리 숲의 소중함을 피부로 느껴보지 못한 이들에게 이 산의 가치와 소중함을 다시 한번 일깨워 줄 수 있는 실질적인 계기가 되어야 할 것으로 생각된다.

우리는 흔히 공기와 물이 소중하고 이러한 자연환경을 아끼고 보전해야 한다는 사실은 너무나 잘 알면서도 이를 생활 속에서 실천하는 데는 무관심하고 안이한 태도를 보여 각종 대기오염이나 하천 오염, 수자원 낭비 등 환경문제의 주범이 되고 있다. 이는 우리의 환경에 대한 태도나 인식이 그릇된 혹은 관념적인 수준에 머무르고 있는 현실에 기인하기 때문으로 해석되며, 이들의 생태적 감수성을 자극하여 올바른 생태철학과 환경윤리를 가질 수 있도록 도모할 필요가 있을 것이다.

필자는 지난 1999년부터 경희대에서 '숲과 문화'라고 하는 교양과목을 학생들에게 가르치고 있다. 본 과목은 이 시대가 요구하는 이러한 사회적 조류를 반영하여 개설되었으며, 대학생들에게 우리 주변의 살아 숨쉬는 자연의 모습을 올바로 바라볼 수 있는 시각을 체득하도록 지도함으로써 우리 사회가 지향해야 할 자연친화적, 생태문화적 순환형 사회를 구축하는데 일조할 수 있는 사회 구성원을 배양하는데 목적이 있다. 이는 최근 회자되고 있는 생태도시의 개념이나 과거에 우리 선인들이 추구하던 자연관과도 그게 다르지 않다고 본다.

그간 대학생들이 수업을 통헤 과연 우리 산과 숲을 어떻게 인식하고 있는지를 살펴보고, 또한 우리 산과 숲을 좀더 다양한 관점에서 이해할 수 있는 직접적인 체험 기회를 제공하기 위해 매 학기마다 '친구와 함께 하는 숲 탐방기'라고 하는 과제를 부여해 오고 있다. 학생들에게 굳이 성가신 과제를 부여하면서까지 주변의 산이나 숲을 탐방하도록 요구하는 이유는 우리 자연의 생태·문화적 가치에 대하여 백 번 설명하는 것보다 한 번이라도 직접 보고 느끼는 것만큼 효과적으로 전달할 수 있는 교육이 없다고 보기 때문이다. 그리고 누군가 말했듯이 똑같은 자연이라도 보는 만큼 그리고 체험한 만큼 알 수 있고 느낄 수 있기 때문이다.

매 학기 초 탐방기 과제를 부과하였을 때 학생들은 다소 난감한 반응을 나타내었으나 학기가 끝날 무렵이 되면 학생들이 과제를 통해 우리 산과 숲에 대해 가지고 있던 기존의 생각들이 달라지고 있음을 느낄 수 있었으며, 더 나아가 자연의 가치를 잘 모르고 지내는 다른 학우들이나 가족들과 함께 우리 산과 숲을 다시 찾는 하나의 계기가 될 수 있었다고 생각한다.

본 고에서는 그간 학생들이 제출하였던 '숲 탐방기' 과제물 가운데 몇 가지 과제 내용을 소개함으로써 대학생들이 바라보는 산과 우리 문화에 대한 생각들을 살펴보고, 대학생의 우리 산과 숲에 대한 인식 증진 방안을 검토해 보고자 한다.

탐방 장소: 남산공원
탐방 일자: 2002년 4월 5일

친구와 함께 남산공원을 다녀왔다. 아름다운 꽃들이 만개하고 울창한 녹음이 펼쳐져 있는 남산은 여전히 북적거렸다. 하지만 그 소란함의 의미가 달랐다. 낯선 사람들의 모습에는 친근감을 찾을 수 있을 만큼 여유로운 미소로, 기분 좋은 붐빔이 그 곳에 자리했다.

사람들의 마음을 편하게 하는데 숲이 일조하는 것 같다. 현실세계에서 다시금 자연을 되돌아보면 가슴이 탁 트이는 느낌을 받는다. 남산에서는 산의 기운이 느껴지는 듯한 상쾌하고 평화로운 느낌을 찾을 수 있었다. 남산만의 독특한 내음이 코 끝을 저며 온다.

'숲과 문화'를 배우면서 단순히 숲에서 느껴지는 것만을 생각하기보다는 숲이 우리에게 주는 것, 숲의 필요성 등 숲의 문화적 가치에 대해서도 생각해 보았다.

바쁜 생활 속에서 잠시 잊혀졌더라도 숲은 언제나 우리와 함께 했다. 오히려 너무 가까이 존재해서 그 고마움을 모르고 지나쳤던 것 같다. 피부에서 느껴지는 촉촉함에서 마음으로 전해지는 여유와 포근함까지.

숲은 우리보다 더 많이 생각하고 느낄 것이

다. 때로는 우리들 마음 안에 감동을 선사하기도 한다. 마음이 한층 더 건강해짐을 느끼면서 지금 숲과 함께 하고 있다는 사실이 작은 기쁨으로 다가온다. 새들이 지저귀고 햇빛에 나무들이 반짝거리고, 울창한 녹음을 형성하며 숲은 알게 모르게 우리를 감싸 안아준다.

숲에 들어서면 이곳에 당신의 슬픔, 힘듦을 놓고 가라고 하는 것 같다. 항상 다 줄 것 같은 친구. 남산을 다녀오며 숲에 대한 고마움을 조금씩 느낄 수 있었고, 같이 간 친구와도 더욱더 진한 우정을 나눌 수 있었던 것 같다.

숲과 같은 내가 되고 싶다. 언제나 어김없이 반겨줄 수 있는 마음, 반겨줄 뿐 아니라 마음속까지 상쾌하게 해 주는 마술적인 힘, 삶 속에서 숲이란 존재는 꼭 필요한 것 같다.

급할수록 되돌아가라는 말이 있듯이 숲을 찾아보고 둘러보는 여유를 가져야겠다고 생각했다. 재충전의 시간이라고나 할까? 숲을 통해 힘을 얻었다. 자연의 고마움을 느끼며 그것을 훼손시키는 일이 절대 없어야겠다고 다짐했다. 숲은 아주 조금씩 다가와 우리들 옆에 자리했고 나는 점점 더 숲 안에 길들여지는 것 같다. 어린 왕자가 장미를 길들이듯 숲과 내 안에 '길들임'이란 단어를 담고 싶다.

인위적인 관심이 아닌, 숲과 같은 사람이 되고 싶다. 숲을 통해서.

탐방 장소: 청계산
탐방 일자: 2001년 3월 24일

아직은 이른봄인가 싶다. 이제 막 진달래와 개나리는 꽃망울이 약간씩 맺힐까 말까 하고 있다. 이제까지 산을 다니면서 자연이 우리에게 주는 고마움을 크게 느끼지 못하고 살았다. 수업시간에 '솔솔 푸른 솔'이라는 비디오를 보면서 춘양목(春陽木), 금강형 소나무 등이 있고 경주지방의 소나무가 허리 부분이 굽어 있다는 것을 알게 되었으며, 얼마 전 매스컴을 통해 한번 산불이 나면 50년을 기다려야 원상 복구가 된다는 사실에 늦게나마 깨우친 바 있어 담배와 성

냥은 아예 가져가지 않았다.

도자기를 하는 나로서는 우리 조상들이 도자기를 굽기 위해 얼마나 많은 소나무를 벌목했는지 가히 짐작이 간다. 장작 가마를 한번 지피려면 지금도 10톤 정도의 소나무가 필요하다. 그리고 2일에서 3일 정도를 불을 때야 도자기가 탄생한다.

『세종실록』에 보면 전국에 관요(官窯), 민요(民窯)를 통틀어 약 324곳의 가마터가 있었다고 한다. 물론 소나무 연료가 훌륭한 예술작품을 창출하지만 산이 헐벗고 황톳물이 냇가를 가득 메울 때 어쩌면 그건 우리 도자기를 하는 도공들의 책임도 있을 것이다. 이번 식목일에는 내 집이 아닌 자연에다 다시 그 나무를 돌려주고 싶다.

빈 병 몇 개를 배낭에 넣고 하산하는 중에 어깨띠를 맨 산악인들이 쓰레기봉투를 들고 오르는 것을 보았다. 숲 속의 나무들도 왠지 그들을 반기고 있는 것 같았다.

탐방 장소: 소래산
탐방 일자: 2001년 9월 30일
오늘 나는 사진기와 메모장, 그리고 생수 한 병을 가지고 동네 근처에 위치한 소래산(蘇萊山)에 다녀왔다.

이곳 시흥시 신천동으로 이사온 지 거의 일 년이 다 되었지만 근처에 있는 산 한 번 찾아가 보지 않았다는 마음에, 또 소래산에 있다는 마애보살입상을 보고 싶다는 마음에 이곳 소래산을 찾게 되었다.

소래산은 시흥시와 인천시 사이에 위치한 높이 299.4미터의 바위산이다. 산을 중심으로 북으로는 계양산, 남으로는 수암봉, 군자봉과 함께 장관을 이루고 있다. 산 이름의 유래는 신라 무열왕 7년(서기 660) 당나라 소정방이 백제를 정벌하기 위하여 중국 산동성의 래주를 출발, 넉석도를 거쳐 이 산에 왔다 하여 소정방의 '소'자와 래주의 '래'자를 따서 정해졌다고 한다.

산기슭에는 영의정을 지낸 하연의 묘소가 있

고 정상 동쪽에는 고려 초기의 것으로 알려진 우리나라 최대의 마애보살입상이 병풍바위에 선각되어 있으며, 소나무와 쪽동백 등 140여 종의 식물이 자라고 있는 시흥시의 주산(主山)이다.

'소래산 삼림욕장'이라는 간판을 머리 위로 지나보내며 걸음을 옮기다가 도착한 곳은 '내원사'라는 작은 절이었다. 소나무 숲에 둘러싸인 절의 모습도 아름다웠지만 그 보다 더 보기 좋았던 것은 처마 밑에 걸려서 바람에 흔들리는 범종의 모습과 소리였다. 주위의 곤충소리들을 압도하는 '댕~댕~'(글로 표현을 못하겠음) 하는 소리와 바람에 이리저리 흔들리는 작은 처마 밑 범종의 모습은 뒤편의 소나무 숲과 어울려 한 폭의 그림과도 같았다. 옛 선조들이 건축물을 지을 때 항상 자연과 함께 하였던 이유를 조금은 알 수 있는 광경이었다.

절을 보고 마애불상이 있는 곳으로 걸음을 옮겼다. 걸음을 옮기는 중 빽빽이 들어선 소나무들과 크고 작은 바위들을 보며 몇 주 전에 보았던 시청각자료 '솔솔 푸른 솔'이 계속 생각났는데 바위틈에서도 힘껏 솟아오르는 소나무의 질긴 생명력을 눈 앞에서 직접 목격하니 감회가 새로웠다.

산길에서 비리본 신천동은 징닌김 같아서 어쩐지 내가 커 보이는 느낌이 들었다. 큰 사람이 되려면 산에 올라가 봐야 한다는 이모님의 말씀이 이런 이유에서가 아닐까? 걸음을 옮기며 무엇보다도 소나무들을 유심히 살펴봤는데 소나무 위에 있는 인공 새집과 솔방울들도 눈길을 끌었지만 무엇보다도 내 발길이멈춘 곳은 '**나무를 자르지 마시요**' 라고 아이들이 삐뚤빼뚤 쓴 푯말이었다. 무절제한 벌채가 자행되고 있는 요즘 나무의 소중함을 느끼고 몇 글자 남긴 아이들의 글이 나를, 그리고 이 사회를 부끄럽게 만드는 것 같았다.

개인적으로는 나무를 목재로 사용했을 때보다는 땅에 그 뿌리를 내렸을 때 우리에게 더 유용한 것 같다. 물론 경제적인 발전도 중요하다.

하지만 경제적인 효용만을 위해 무절제한 벌채를 감행한다는 것은 당장의 이익을 위해 먼 미래의 불행을 자초하는 것과 같은 일이라고 본다. 우리 미래를 위해 넓게는 우리 자손들을 위해 무절제한 벌목은 이제부터라도 지양되어야겠다.

약수터에 들르면서 물맛을 맛보며(어르신들은 물맛이 달다고 하는데 난 잘 모르겠다) 마애불상을 향한 지 한 시간이 조금 넘자 드디어 도착했다. 마애보살입상은 소래산 중턱에 위치한 병풍바위 벼랑에 선각되어 있었는데 그 형상이 흐릿했지만 인자하고 원만해 보였다. 이 보살입상은 국내에서는 찾아볼 수 없는 보관의 양쪽 옆에 연화문을 새긴 뿔이 달려 있는데, 이러한 형태는 서역지방에서 흔히 보인다고 하며, 따라서 이러한 양식의 보살입상으로 미루어 보아 당시 서역과의 교역이 있었음을 시사해 주는 것이라 했다.

화려한 보관과 자비스럽고 원만한 얼굴의 형상, 양수인과 양족, 연화좌의 표현양식 등으로 미루어 고려 초기에 조성된 뛰어난 작품으로 평가되는 이 보살상은 전체 높이 14미터, 보관 높이 1.8미터, 머리 높이 3.5미터, 어깨 너비 3.75미터의 거불로 우리나라 석불조각에 있어서 최대에 속한다고 한다(향토문화 14호).

보살상을 보호하는 차원에서 두른 철조망이 그 뜻이야 어찌되었든 외관상 그리 좋게 보이지는 않았지만 스피커에서 들려오는 불경소리와 자비스러운 석상의 모습, 큰 바위와 높은 소나무, 그리고 보살상 앞에서 기도하는 사람들의 모습이 조화를 이루어 절경을 이루었다.

마애불상을 감상하고 집을 향해 발걸음을 옮겼다. 마애불상을 향해 오면서 보았던 경치들을 집으로 돌아가며 다시 돌아보니 그 맛이 또 다른 것 같았다. 두 세 시간 밖에 안 되는 짧은 걸음이었지만 오늘 난 자신이 집에 너무 길들여져 있음을 느꼈고 반성하게 되었다.

자연이라는 크나큰 존재를 느끼고 향유할 줄 몰랐던 나 자신이 지금껏 큰 사람이 되기를 희망해 왔다는 사실에 부끄러웠다. 우리 선조들이 이룩한 문화는 자연이라는 큰 존재와 함께 조화를 이루었기에 가능한 것이 아니었나 하는 생각이 들었다.

난 오랜만에 참 좋은 경험을 한 것 같다.

탐방 장소: 축령산 휴양림
탐방 일자: 1999년 3월 21일

오전 9시 30분에 청량리 발 기차를 타고 경기도 남양주시 마석에 있는 축령산휴양림에 갔다. 이른봄이어서 그런지 다소 쌀쌀한 기운이 들었다. 마석역에 내려 버스 승차장에 가서 축령산으로 가는 버스를 탔다. 버스에 내려서도 한참을 걸어 올라가니 '축령산 자연휴양림'이라고 크게 쓰여진 입구가 나왔다.

처음엔 너무 추워서 주위를 둘러볼 생각도 못하고 그저 걷기만 했는데 눈이 오면서도 해가 나기 시작했고 난 주위를 둘러보기 시작했다. 그리 큰산은 아니었지만 정말 아름다웠다. 봄에 이런 절경을 보게 될 줄은 상상도 못했다. 소나무를 비롯한 많은 나무들이 눈에 덮여 있었다. 초록의 나무 위에 흰 눈은 정말 아름다운 조화를 이루며 내 앞에 서 있었다. 사람들이 신경써서 가꾼 듯 나무들은 가지런했다. 소나무가 유난히 많아 산은 초록 그 자체였다.

조금 올라가니 작은 개울들과 폭포가 보였다. 통나무집들도 있었는데 여름에 삼림욕하며 숙박을 하는 사람들을 위해 지어놓은 것이란다. 개울 가운데에 다리가 있어서 가보니 '목교'라고 쓰여 있었다. 인위적이지만 참 인상적인 다리였다.

옛날 이 산에 이성계가 와서 멧돼지를 잡는데 안 잡혀 산신에게 제를 올리고 사냥을 하니 멧돼지가 잡혔다 하여 '축령산'이라고 한다고 책자에 적혀 있었다. 입구를 나서며 다시 한 번 산을 돌아다보았다.

초록과 흰색의 아름다운 축령산, 다음에 왔을 때는 어떤 모습일까, 반드시 다시 한번 오리라 산에게 다짐을 하며 뒤돌아 내려왔다. 올라갈 때 탔던 버스를 타고 그리고 또 기차를 타고 난 다시 일상으로 돌아왔다.

탐방 장소: 우면산
탐방 일자: 1999년 3월 20일

며칠 전 친구와 서울 서초구 양재동과 방배동에 걸쳐 있는 우면산을 다녀왔다. 그리 높지 않아서인지 산이라기보다 동네에 있는 뒷동산 같은 느낌이었다. 먼저 내가 제일 놀랍게 생각한 것은 강남 도심에 산이 있다는 사실이었다.

그 동안 여러 번 그 앞을 지나 다녔지만 그곳에 산이 있고 그 안에 등산로, 약수터가 있다는 것도 모르고 있었다. 우면산 입구가 6차선 왕복도로와 맞닿아 있는 것이 어쩌면 이유가 될지도 모르겠다. 도시와 숲은 어쩐지 어울리지 않는다는 생각이 무의식중에 들었던 것이다. 그만큼 난 숲(자연)의 중요성과 필요성을 느끼지 못했고, 관심도 없었다는 생각이 들었다. 솔직히 입구에 서서 자동차들이 달리는 모습을 보니 정말 어울리지 않는다는 생각이 들었고, 그 도로와 산 입구 사이에는 어떤 벽이 있는 것 같았다. 아마도 내 마음에 세워 둔 벽이리라.

앞서도 언급했듯이 우면산은 그리 높지 않아서 2시간 정도면 정상에 다녀올 수 있었다. 그 안에는 약수터, 쉼터, 체력단련장, 전망대, 소망탑 등 여러 시설이 있었고, 등산로도 아주 잘 닦여 있어서 산책로라고 하는 것이 나을 것 같았다. 곳곳에는 사람의 손길이 닿은 흔적이 있었는데 안내 표지판, 운동기구들, 잘 가꾸어진 나무들과 곳곳에 심어진 묘목들을 보니 자연과 숲을 보호하고 가꾸는 데에 관심을 기울이는 사람들이 있구나 하는 생각에 조금은 안심이 되었다.

난 그 동안 숲(자연)이라는 것에 대해 별 관심이 없었고 내가 사는 곳과 숲을 서로 동떨어져 있는 것으로 여겼으며 숲의 필요성을 느끼지 못하며 생활해 왔다. 아마 이것이 가장 큰 문제인 것 같다. 우리가 생활하는 이 도시와 숲을 하나로 생각하는 것, 마음속의 벽을 허무는 것, 이것이 우리에게 가장 필요한 것 같다. 이런 의미에서 이번 탐방은 숲의 중요성과 숲을 지키기 위해서 무엇이 필요한지를 생각해 보게 하는 좋은 기회였다.

탐방 장소: 관악산
탐방 일자: 1999년 3월 20일

처음 관악산 입구에 들어갔을 때는 예상과는 달리 울창한 숲이 발견되지 않았다. 하지만 관악산 자연공원에서 조금 더 들어가니 좌우로 숲이 조금씩 형성되어 가는 것을 느낄 수 있었다.

관악산 호수공원에서는 호수와 숲이 조화를 이루어 절경을 이루었다. 때마침 모 대학에서 <굿거리>라는 마당놀이 패가 공연을 하고 있어 한층 기분을 고조시켜 주었다. 그 공연을 보고 있노라니 자연과 일치되고 싶고, 자연에 귀화하고 싶은 인간의 심성을 느낄 수 있었다. 이것이 숲과 문화라는 상호관계를 조금은 뒷받침 해 줄 수 있으리라 본다.

때 이르게 핀 꽃들은 더욱 숲의 아름다움을 돋보이게 했다. 숲에서 느껴지는 이러한 상쾌한 기분들이 삼림욕의 원리를 알 수 있게 해 주었다.

길가다 간간이 보이는 자원봉사단들이 쓰레기를 줍는 모습은 스스로 숲을 지켜가는 인간의 노력을 보는 것 같아 내심 흐뭇했다. 기억에 남는 장소는 자연관찰로에 놓여진 숲과 숲을 이어주는 다리였다. 정말로 하나의 기막힌 화폭과 같았다. 그것을 보고 내가 전공하고 있는 조경의 힘을 확인할 수 있어 매우 기뻤다.

하지만 무엇보다 인위적인 작업이 전혀 없는 좁은 등산로에 사방으로 펼쳐진 숲 자체가 하나의 탄식을 자아내게 했다. 숲이 인간에게 시각적 즐거움도 제공하고 있다는 것은 어느 누구도 부정할 수 없을 것이다. 자연 앞에서 인간의 존재란 얼마나 보잘 것 없는 것인지 다시 한번 느끼게끔 해 주었다.

또한 관악산의 가장 큰 특징은 돌이 무척 많다는 것이다. 그래서 조금은 투박해 보일 수도 있었을 터인데 곁에 펼쳐진 수풀이 돌과 기막히게 조화를 이루어 멋진 경관을 이루고 있었다. 숲이 있기에 산이 있다는 생각을 다시 들게 만들어 준 뜻 있는 탐방이었다.

탐방 장소: 관악산
탐방 일자: 2002년 3월 30일

나는 바다를 좋아한다. 부모님들께서는 두 분 다 바다 근처 사람이시며, 나도 공업도시이긴 하지만 바다를 끼고 있는 울산 출신이다. 그래서 기분이 안 좋을 때나 머리가 복잡할 때 주로 바닷가에 가서 파도치는 바다를 보면서 나를 다스렸다. 이런 연유에서인지 나한테 바다가 숲이란 공간보다 더 나한테는 친숙하게 느껴졌었다.

등산이란 것을 '어차피 내려올 것을 왜 굳이 올라가는 것일까?'라는 생각을 하며 살았기 때문에 숲이랑 가까워지기 힘들었으며, 그래서인지 숲이란 단어는 나에게 많은 거리를 유지하고 있었다. 하지만 선배의 권유에 의해 '숲과 문화'라는 과목을 수강하게 되면서 내 생각은 변하고 있었다. 내 자신이 조금씩 숲에 가까이 가고 있음을 느꼈다.

그러던 중 나의 발길은 산이란 곳에 향하고 있었다.

산이란 장소를 통해 바라본 숲이란 장소의 느낌이란 내가 이제껏 바다라는 공간에서 느꼈던 마음 속이 잔잔해지면서 평화로워진다는 큰 틀 속에서는 비슷하면서도 내가 바다에서 느낀 평화로움의 맛과는 다른 그 무엇인가가 있었다.

우선 바다에게 바다바람이 있다면 산에게는 올라가면서 흘렸던 땀을 씻어주는 산바람이 있다. 그리고 바다에겐 한없이 넓은 시야 속의 편안함이 있다면, 산에게는 숲에서 풍기는 한없는 아늑함 속의 편안함이 있었다.

숲에는 바다에게서 느낄 수 없었던 산에서만 느낄 수 있는 상쾌한 향기,

그 것은 나를 둘러싸고 있는 푸른빛의 나무들이 뿜는 것이었다. 도시에 찌든 공기 속에서 살던 나는 나무에서 뿜어져 나오는 깨끗한 산소를 느낄 수 있었다. 그리고 그 산소 속에는 내 머리를 맑게 해주는 그 무엇이 있었다.

또한 나를 감싸는 숲의 향기 속에서 어우러지는 산새의 소리들,

시원한 바람과 깨끗한 공기, 거기에 더해지는 산새의 맑은 소리, 그 숲의 향연 속에서 난 어느새 자연에 동화되고 있었다. 자연과 동화되어 가는 동안 나는 산에 오르면서 느꼈던 힘들다는 생각은 어느새 바람 속에 묻혀서 날아가 버렸다. 숲이 나에게 주는 향연에 취해 묻혀져 가고, 내 머리 속에는 아무런 상념도 잡념도 사라진 채, 그저 자연 속의 한 부분으로써 내 모습만이 있을 뿐이었다.

나는 조용히 앉아서 귀에 끼고 있던 이어폰도 뺀 채 느꼈다. 숲이 나에게 말하려고 하는 것을, 그리고 숲이 주려는 느낌을 난 그제서야 느꼈다. 사람들이 주말마다 아침 일찍 일어나 산을 찾아 숲을 찾아 올라오는 이유를.

아마 사람들도 이런 카타르시스를 찾아 올 것이다. 비록 올라오는 길이 힘들었지만 올라왔을 때 뭔가 해냈다는 느낌.

숲은 우리가 다가가려 하면 자신의 따스한 품을 활짝 열어준다. 그리고 쉬어가라고 한다. 그 시간 우리는 숲이 펼쳐주는 자연의 향연을 느끼는 것이다. 도시에선 느낄 수 없었던 평화로움을…. 그 평화로움 속에서 우리는 산에 올라오기 전에 무슨 근심 걱정이 있었던지 모든 것을 잊는다. 그 시간만큼은 아무런 생각 없이 무상무념의 상태로.

나도 그날 그 시간만큼은 근 한달 대학이라는 새로운 생활 속에 쌓였던 답답했던 마음을 털어버리고 올 수 있었다. 그전에는 바다를 보며 풀었을 그 무거운 짐들을 숲이라는 새로운 친구에게 말이다.

숲은 내게 내가 가진 마음의 짐을 모두 털어버리고 가라고 했고, 나는 처음 느껴보는 산의 포근함을 간직한 채 내려왔다. 또한 아쉬움도.

하지만 난 다시 오리라는 나만의 약속으로 그 아쉬움을 채웠다. 언젠가 숲이란 친구와 다

시 만나길 기약하며 숲과 문화 탐방기를 마친
다.

탐방 장소: 북한산
탐방 일자: 2002년 4월 5일

사기막동 야산 오솔길로 접어드니 진달래들
이 얼굴을 내민다. 앞으로 나아갈수록 양 옆으
로 더 많은 진달래들이 무리지어 나타난다. 바
위 위로 드리워진 밧줄에 매달리기도 하며 1시
간쯤 갔을까 갑자기 넓은 쉼터 같은 바위가 나
타나고 앞이 확 트이는 곳이 보인다. 몇몇 사람
들이 벌써 와서 쉬고들 있다. 저 밑 밤골 계곡
으로도 사람들의 모습이 보인다.

시선을 동북쪽으로 향하니 백운대와 인수봉
뒷꼭지 사이로 힘차게 휘어져 내려온 숨은벽 암
릉이 아이맥스 대형 화면처럼 눈앞으로 펼쳐진
다. 와~ 숨이 턱 막힐 정도로 감동적이다. 밝은
태양 아래 드러난 숨은 벽 암릉의 골격과 백운
대, 인수봉 뒷벽의 깎아지른 모습이 어제 비에
씻겨서인지 더욱 선명하고 도발적이다. 화강암
산의 면모가 유난히 두드러져 보이는 것 같다.
낭떠러지 길을 조심하며 암릉 중간 바위가 뚝
잘려져 나간 곳까지 나아가다 계곡으로 내려섰
다. 바람 때문에 더 무섭고 그래서 더욱 멋있는
곳.

호랑이굴을 직접 통과하려다 방법을 못 찾고
결국은 다른 사람들처럼 호랑이굴 왼쪽 안부로
오르니 백운대 뿌리 쪽이다. 암벽꾼들이 연습을
하고 식사도 하며 소란스럽다. 암괴를 바라보며
원편으로 계속 올라가니 백운대 중간부분이 나
온다. 만경대가 바로 코앞이다. 인수봉은 여전히
바위의 매력을 못 잊어하는 암벽꾼들로 무늬지
어 있다. 시간이 늦어서인가 생각보다 백운대에
사람이 적다. 갑자기 안개인지 구름인지 빠른
속도로 퍼져 나가더니 만경대가 사라져 버린다.
시야는 막혔지만 변화무쌍한 산의 기류 변화를
눈앞에서 바라보는 감흥 또한 멋졌다.

염초봉 암벽 밑으로 내려오기 위해 사람 하
나 겨우 들어갈 수 있는 바위구멍으로 들어간

다. 배낭을 벗어야 한다. 굴 속에 무언가 있을
것 같아 조금 겁이 난다. 그러나 생각보다 밝고
짧았다. 빠져나올 때는 림보춤 추는 자세로 드
러누우니 비교적 쉽게 빠져 나올 수 있었다. 이
곳이 여우굴이란다. 염초봉 암릉에서는 성취감
을 맛본 무리들의 "야~호" 환호성이 난리다. 위
험 대신 안전을 택한 처지지만 가파른 젖은 바
위 사이로 어렵게 빠져 내려오느라 손과 엉덩이
가 다 젖고 꼴이 엉망이다.

떨어진 낙엽이 아직도 수북한 희미한 길을
벗어나니 때늦은 산수유 몇 그루가 눈에 띈다.
갑자기 땅에 개나리꽃이 떨어졌나 하고 주변을
살펴보니 노오란 보석들이 점점이 쭉 깔려 있
다. 노랑제비꽃 군락지인가 보다. 북한산에 4가
지 색깔의 제비꽃이 있다는데 보라색은 많이 봤
지만 노랑색은 처음이다. 검은 흙과 대비되어
더욱 환하고 앙징스럽다. 이제 분홍색과 흰색의
제비꽃은 어느 산자락에서 또 어떤 모습으로 만
나 볼 수 있을까.

설인산악회 제 2야영장이라고 걸려진 커다란
바위가 보이고 그곳에서 조금 더 올라가니 전망
이 기막힌 바위가 나타난다. 거칠면서도 따뜻한
바위 위에 배낭을 베고 누우니 순도 100의 행
복이 온몸으로 퍼져나간다. 드러누운 머리 위로
는 염초봉이 그 옆으로는 백운대가 또 그 옆에
는 만경대 또 그 옆으로는 노적봉이 저 너미로
는 안개에 가린 의상봉 능선이 희미하게 보인
다. 첩첩 산중에 들어 온 것 같다. 일어나서 오
른쪽 어깨 너머로 보니 원효봉 능선과 하얀 성
곽길, 상운사가 보인다. 정말 경치가 너무 멋있
다. 이제 원효봉을 향해 나아간다. 북문을 빠져
나와 부드러운 흙길을 걸으니 정리 운동의 효과
도 있고 마음과 몸이 편안해진다. 늦게 출발해
서 발걸음을 좀 빨리 했고 또 해가 길어 충분히
즐긴 산행이 되었다.

맺음말

이상과 같이 몇 편의 탐방기 사례를 중심으

로 대학생들이 바라보는 우리 산과 숲에 대한 인식들을 살펴보았다. 탐방자의 전공이나 탐방 장소는 각기 달랐지만 자연을 바라보는 그들의 생각은 크게 다르지 않았다.

평소에 생활 속에서 자연과 자주 교감할 수 있다면 가장 이상적이겠지만 대학생들에게 있어 자연이란 존재는 현실 속에서 가깝고도 먼 대상이었다. 하지만 조금만 여유를 가지고 우리 주위를 둘러보게 되면 살아 숨쉬는 우리의 역사와 문화를 엿볼 수 있는 자연자산이 많다는 사실을 발견할 수 있게 된다. 일상생활에서 늘 접하는 보도(步道)의 한켠에서조차 지역의 역사, 문화와 희로애락을 함께 한 가로수가 있다는 점도 간과해서는 안 될 것이다.

예부터 우리 선조들은 산과 나무를 신령스럽게 생각하고 이를 종교적, 예술적 대상으로 승화시켜 하나의 인격체로서 대해 왔다. 이에 반해 현대를 사는 우리들은 자연을 단지 문명의 도구로서 이용하는 경우가 비일비재하다. 경제성이다 효율성이다 하는 관점에서 자연을 바라보게 되면 우리의 산과 숲이 담고 있는 자연의 참 가치를 도외시하기 쉽다. 한 번 파괴된 자연은 본래의 모습으로 되돌리기가 매우 어렵기 때문에 우리 민족의 소중한 얼을 담고 있는 자연이 더 이상 훼손되지 않게끔 미연에 방지하는 지속적인 노력이 각별히 필요한 때이다.

최근 사단법인 숲해설가협회에서 '대학생 숲해설가 양성 프로그램'을 특별과정으로 운영하고 있는 것은 매우 고무적인 일이라 할 수 있다. 특히 수강생의 대부분이 산림자원학이나 환경학을 전공한 학생들이기에 본 교육을 이수한 대학생들이 각자의 대학 캠퍼스에서 자연해설 프로그램에 투입된다면 기대 이상의 성과를 거둘 수 있을 것으로 생각된다.

실제적인 현장 경험이 부족하다보니 초기 단계에서 다소 미숙한 부분도 노출되겠지만 대학생 특유의 열의와 참신성을 살린다면 그간의 전공 지식을 현장에 적용하고 사회에 환원할 수 있는 좋은 기회가 될 수 있을 것으로 판단된다.

이 때 '숲과 문화'와 같은 관련 교양과목을 이수한 학생들이 캠퍼스 숲체험 도우미로 참가한다면 더욱 의미 있는 교내 봉사활동이 될 수 있을 것이다.

산과 우리 문화를 이해하고 보전하는 길은 그리 멀리 있는 것이 아니다. 우리 주변의 야산과 공원, 학교 숲과 가로수에 조그마한 관심과 애정을 보이는 것. 우리 산과 숲이 담고 있는 우리 민족의 얼과 정체성을 찾아보고 다양한 관점에서 느껴보려고 하는 것. 우리 고유의 생태·문화에 대한 자긍심과 이를 지켜가기 위한 확고한 환경철학을 심어줄 수 있는 해설 체계를 구축하는 것. 이러한 일련의 과정에서 특히 대학생들은 자신의 전공을 활용하여 사회적으로 산과 문화, 숲과 문화를 접목하고 증진할 수 있도록 하는 일에 일조 할 필요가 있을 것이다.

그간 수업 중에 '숲과 문화'를 가지고 4행시나 단문시를 지어보게 하였다. 작문을 하는 동안에 조금이나마 숲과 문화의 유기적인 관계를 정리해 보고 그 안에서 우리 인간의 입장을 생각해 보게끔 하기 위해서이다. 그 가운데 두 편의 내용을 소개하면서 문명의 이기만을 쫓고자 하는 우리 현대인에게 시사하는 우리의 산과 숲이 전하는 소중한 메시지를 되새기고 싶다.

숲이 아파한다는 것을 아는 사람은 그리 많지 않다.
과일을 딸 때 나무의 고통을 아는 사람은 그리 많지 않다.
문명이라는 괴물의 희생양이 되어버린 많은 생명들을 외면한 채, 단지 문명이 주는
화려함에 눈이 멀어 숲도 아파한다는 것을 아는 사람은 이제 거의 없다.(심효섭, 2002)

숲은 정복해야 할 대상이라고들 합니다.
과연 그럴까요? 아닙니다.
문명의 발달이 그런 생각을 만든 것 같습니다.
화합, 즉 자연과 조화로운 삶이 가장 이상적

인 관계입니다.(이서우, 2002)

참고문헌

구경우(원자력공학과). 1999. 우면산을 다녀
와서. 1999 숲과 문화 탐방기 과제.
김호진(생명과학부), 2001. 소래산을 다녀와
서. 2001 숲과 문화 탐방기 과제.
박종석(생명과학부). 2002. 관악산을 다녀와
서. 2002 숲과 문화 탐방기 과제.
산림청. 2001. 산림에 대한 국민의식 조사보
고서.
심문정(예술디자인학부). 2002. 북한산을 다
녀와서. 2002 숲과 문화 탐방기 과제.
심효섭(태권도학과). 2002. 숲과 문화 4행시
과제.
이서우(토목건축공학부). 2002. 숲과 문화 4
행시 과제
이은국(생명자원과학부). 1999. 관악산을 다
녀와서. 1999 숲과 문화 탐방기 과제.
이진영(예술디자인학부). 2002. 남산공원을
다녀와서. 2002 숲과 문화 탐방기과제.
진세호(화학과). 1999. 축령산휴양림을 다녀
와서. 1999 숲과 문화 탐방기 과제.
최중열(도예과). 2001. 청계산을 다녀와서.
2001 숲과 문화 탐방기 과제.

김상윤은 경희대학교 산림자원학과와 동 대학원을 졸업하고 일본 도쿄(東京)대에서 '산림레크리에이션 정책의 사회경제학적 연구'로 박사학위를 받았다. 국민대, 건국대에 출강한 바 있으며 서울대 임업과학연구소에서 특별 연구원, 일본 규슈(九州)대 삼림기능제어학강좌에서 방문연구원으로 근무하였다. 현재 경희대에서 '숲과 문화'와 '삼림교육론', '공원휴양림관리론' 등을 강의하고 있다.

숲해설가, 숲해설가협회

한 대 웅

1. 서언

우리에게 풍요롭고 편리한 생활을 제공한 과학문명과 산업의 발달은 재생 불가능한 자원의 고갈, 지구온난화, 환경오염이라는 새로운 문제를 인류에게 안겨주었다. 인류의 미래를 위해 새 천년의 문명은 생태적으로 건강한 새로운 삶의 양식을 요구하고 있다. 자연을 파괴하는 인간 중심의 세계관을 극복하고 자연을 존중하는 삶을 살아야 한다.

자연을 존중하는 삶의 태도는 책으로 얻을 수 있는 것이 아니다. 자연 속에서 생물이나 사물들을 직접 체험하고 느끼면서 그것들을 소중하게 여기게 될 때 가능하다.

숲해설가는 경이로운 생명공간 숲과의 만남을 통해 사람들의 삶과 환경을 바꾸고 자연과 사람이 더불어 살아가는 미래 문화를 만들고자 한다. 이로 인해 숲을 이루고 있는 산에 기대어 사는 우리의 새로운 미래 문화를 만들고자 하는 숲해설가와 숲해설가협회의 사회적 역할은 매우 중요하게 부각되고 있다.

숲에서 멀어져 가는 현대인들을 숲과 함께 살아갈 수 있도록 해주는 숲해설가, 그들은 과연 어떤 사람들이 모여 어떤 일들을 하고 있는지, 그리고 해결해야 할 과제는 무엇이며 앞으로 어떻게 나아가야 할 것인지를 살펴보기로 한다.

2. 숲해설가협회 설립

숲해설가협회의 뿌리는 1998년 국민대학교 사회교육원에서 자연환경안내자 과정(5월12일~7월31일) 총 240시간을 이수한 35명이 모여 1998년 8월 1일 창립한 자연환경안내자협회이다.

자연환경안내자협회는 1년 반 활동을 해오다가 단체활동의 공신력을 높이고 지속적인 발전을 위해 사단법인 등록을 추진하게 되었다.

그리고 자연환경안내자의 명칭을 재검토하게 되었는데 먼저 자연환경이라는 개념이 너무 넓은 범위를 포괄하고 있어 지구상에서 가장 완벽한 생태계의 하나인 숲을 대상 범위로 특화하였다. 또한 안내자라는 명칭이 주는 사회적 인식은 단순한 가이드에 한정되는 경우가 많은 반면 실제적인 역할은 단순히 자연(숲)을 안내하고 정보(지식)를 제공하는 것이 아니라 숲을 찾아온 탐방객들에게 숲에 관한 많은 것을 느끼고 체험하고 영감을 얻을 수 있도록 도와주는 해설가(Interpreter)로서의 역할이다. 따라서 이런 내용을 반영하여 단체 이름을 "숲해설가협회"로 변경하게 되었다.

숲해설가협회는 2000년 2월 1일 자연환경안내자협회 임원과 숲해설 관련 교수, 전문가 등을 발기인으로 하여 창립하였으며 이에 따라 자연환경안내자협회는 2월 12일 총회를 열어 해산하고 모든 재산과 사업 그리고 회원 등을 숲해설가협회로 이관하게 되었다.

협회는 3월 24일 사단법인 설립허가를 산림청에 신청하여 4월 21일 허가를 받았다. 그 당시 담당공무원의 합리적이고 적극적인 대국민 서비스를 다시 한번 고맙게 생각한다.

설립허가에 따라 서류를 갖추어 5월 4일 법인등기를 마치고 사단법인 숲해설가협회로 탄생하게 되었다.

숲해설가협회는 국민들에게 숲의 가치와 중요성을 알리고 숲과 자연생태에 관한 소양과 지식을 제공하여 자연친화적인 가치관과 생활양식을 함양하도록 하며 지속 가능한 숲의 보전과 이용을 위한 바른 환경운동을 통해 국민생활의 질적 향상을 도모하고 숲해설가 양성교육과 재교육을 실시하여 그 능력과 자질을 높이며 숲해설가 상호간의 정보교류와 친교 등을 목적으로 설립하였다.

진 과정에서 입회한 회원, 협회가 시행하는 숲해설가 양성교육 이수 후 참여한 회원, 그리고 숲해설 활동시 동참하여 그 능력을 협회가 인정하여 입회한 회원으로 구성하고 있다.

숲해설가 회원은 숲해설가 또는 자연환경안내자 교육을 이수한 회원 147명(84%)과 이와 같은 교육을 받지 않은 회원 28명(16%)으로 구분된다.

현재 회원 수는 자연환경안내자교육 이수회원과 자연휴양림 숲해설가 회원 중에서 참여의사가 없는 회원을 금년 사단법인 출범 제2기 임원 재구성과 함께 정비하여 175명이다.

또한 숲해설가 회원은 현재 숲해설을 하고 있는 활동회원 68명(46%)과 교육 이수 후 회원가입은 하였으나 개인사정으로 활동을 보류하고 있는 회원 79명(54%)으로 구분된다.

3. 숲해설가 어떤 사람들인가

가. 회원구성

숲해설가 회원은 창립시 자연환경안내자 과

나. 회원특성

1) 경력과 학력

숲해설가의 경력과 현 직업은 매우 다양하다.

숲해설가 회원 및 활동회원

구 분	교육수료인원	교육이수회원 (미교육자포함)	활동회원	입회시기
자연환경안내자 (국민대)	35	12	11	1998. 8. 1 (2002. 2 정비)
자연휴양림숲해설가 (산림청)	–	(28)	5	2000. 3 (2002. 2 정비)
자연환경안내자협회 겨울학습	17	17	13	2000. 4
숲해설가양성 교육1기	31	27	11	2000. 11
교육2기	23	23	11	2001. 7
교육3기	31	31	17	2001. 11
교육4기	37	37	–	2002. 6
계	174	147(175)	68	

정을 이수한 회원으로 시작하여 자연휴양림에서 자원봉사로 참여하던 숲해설가 중 사단법인 추

공무원, 군인, 유치원 및 초·중·고 교사, 대학강사, 교수, 의사, 간호사, 건축사, 프로그래

머, 디자이너 등 전문직종부터 건설, 출판, 금융 분야 회사원, 언론인, 사회환경단체 상근자, 자연학교운영자, 농업 등이다

회원의 학력은 몇 분을 제외하고는 대졸 이상의 고학력자이다.

관련분야 전공자는 협회임원 또는 운영위원으로 참여하고 있는 관련학과 교수와 전문가를

있으며 40대가 가장 많고 30대, 50대, 20대, 60대순으로 분포하고 있다.

남녀의 비율은 52:48로 성비 차이가 거의 없다.

다양한 경력과 연령으로 이루어진 숲해설가 협회는 다양성이 있는 숲이 건강하듯이 다양한 사람들의 다양한 숲해설로 인해 활동에 대한 기

교육받은 회원의 연령분포　　　( )는 활동회원

구 분	계	남	여	비고
20대	19(5)	3(1)	16(4)	
30대	50(18)	23(7)	27(11)	
40대	49(27)	28(14)	21(13)	(2)
50대	23(14)	17(11)	6(3)	(1)
60대	6(4)	6(4)	-	(2)
계	147(68)	77(37)	70(31)	(5)미교육회원포함

제외하면 대부분(90%이상)이 비전공분야 출신이다.

금년 7월에 시행하고 있는 대학생 숲해설가 교육에서는 관련학과 전공자(28명 중 25명)가 대부분이다. 이들이 회원으로 충원되면 관련분야 전공자가 다소 늘어날 것이다.

2) 연령별 분포

회원의 연령은 20대에서 60대까지 분포하고

대는 높으나 아직 회원간의 정보교류와 개인의 숲해설에 대한 평가가 부족한 실정이다.

3) 활동회원의 특성

활동회원의 특성을 구분해보면 주말과 평일 모두 참여가 가능한 사람들로 사회 각 분야에서 활동하다 은퇴 또는 명퇴한 회원들, 전업주부, 그리고 직업적으로 숲해설에 적극 참여하는 회원들이 있고 일정한 직업은 없으나 아르바이트

특　성	활동가능시기	인원	비고
은퇴 또는 명퇴자(50대 이상의 남자)	주말, 평일	14	
전업주부	주말, 평일	18	3명은 관련기관에 상시근무
숲해설을 직업적으로 참여하는 자	주말, 평일	7	
아르바이트 등 파트타임 근무자	주말, 평일 중 일부	4	
직장인 자영업자 등	주로 주말	25	
계		68	

등 파트타임으로 주말 또는 평일에 일부 참여할 수 있는 회원, 직장인 또는 자영업자로 일정한 경제활동을 하며 주로 주말에 참여하는 회원 등이 있다. 이러한 특성 중 적극적으로 가장 많이 활동하는 그룹은 남자 50대 이상의 은퇴 또는 명퇴자 그룹이며 여자는 전업주부 그룹이다.

4. 숲해설가협회 활동내용과 실적

협회의 주요사업은 숲해설사업, 숲해설가 교

1) 사업의 종류

숲해설 사업은 정기협력사업과 수시 요청사업 그리고 숲학교(캠프)로 구분해 볼 수 있다.

정기협력사업은 관계기관 또는 단체에서 일정기간 또는 일정회수 이상 협회에 숲해설을 요청해 온 사업이며 수시 요청사업은 각종 단체 및 기관, 지자체, 학교, 기업, 개인 등이 수시로 요청하는 사업이다. 그리고 1박 이상의 프로그램을 진행하는 숲학교(캠프)가 있다.

숲 해설의 종류(2002년)

사업의 종류		관련기관, 장소	기간, 시기 대상 등	참여시기
정기협력사업	자연휴양림 숲해설	산림청 전국 28개 휴양림	4~11월(주말, 여름방학) 휴양림 탐방객	1999. 4
	국립수목원 숲해설	국립 수목원	3~12월(월~금) 수목원 탐방객	1999. 8
	국립수목원 그린스쿨	국립 수목원	5~10월(수, 목, 금) 초등5년	1999. 5
	서울시 자연공원 숲속여행	서울시 9개 자연공원	4~11월(일요일 월2회) 자연공원 탐방객	2001. 4
	숲과의 만남	산림조합 중앙회 국립수목원, 휴양림	5월~11월(화목) 초등생, 일반인	1999. 5
	아름다운숲 찾아가기	하나은행, 숲과문화연구회	연4회(주말) 학생 및 가족	1998. 9
	마을숲 가꾸기	노원구청, 생명의 숲	4~11월(월1~2회) 노원구민	2000. 4
	한살림 숲탐방	한살림	월1회(주말) 한살림 회원	2001. 8
수시요청사업		지자체, 각종단체기관 학교, 기업 등	연중, 제한 없음	1998. 8
숲학교(캠프)		북부지방산림관리청 산음숲속수련관	5~11월(~2박) 학생, 가족, 회사원 등	2001. 7
		산림청 한국산악회 백두대간(전10구간)	8. 1~8. 6(5박6일) 중고생 20명	2002. 8

육사업, 조사연구사업, 홍보 및 협회운영에 필요한 각종 사업 등이 있다.

가. 숲해설사업

구분		1998	1999	2000	2001	비고
수시요청 사업	인원	약 350	약 500	1,701	2,031	
	요청건	9	11	20	49	
정기협력 사업	인원	약 330	약 9,000	27,889	47,024	
	건수	1	5	6	6	
숲학교 (캠프)	인원				206	녹색자금 지원사업
	회수				5	
계	인원	약 680	약 9,500	28,590	49,261	

2) 숲해설 실적

숲해설 실적은 매년 폭발적으로 증가하였다.

* 1998, 1999년은 숲해설 인원 실적이 집계되지 않은 상태의 개략적인 추정치임

* 2000, 2001년 휴양림 숲해설 실적은 북부관리청 휴양림만 집계

◎ 1998년은 자연환경안내자 협회가 8월 1일 창립하여 숲해설을 시작한 해로 의의가 있다.

특히 교육수료 2주 만에 8월 13일 북한산 소귀천에서 걸스카웃 학생(초,중,고) 72명을 대상으로 한 첫 숲해설은 회원들이 숲해설을 지속할 수 있게 하고 지금의 협회를 있게 한 가장 큰 사건으로 평가할 수 있다. 회원의 역량은 부족하였으나 숲에 대한 사랑과 열정으로 용기있게 시작하였다. 짧은 준비기간을 거친 첫 숲해설임에도 불구하고 유니폼(조끼와 모자)도 갖추었고 3번의 사전답사를 통해 프로그램을 준비했으며 도우미 회원까지 섭외하는 등 10명의 회원이 합심하여 성공리에 마칠 수 있었다.

학생, 인솔교사, 요청단체 임원 그리고 협회회원 모두 매우 만족한 행사였다. 이 사건으로 회원들은 자신감과 책임감을 갖게 되어 매주 숲탐방을 하며 공부하였다. 그리고 남산, 청계산, 태화산(경기도), 산음자연휴양림, 광릉수목원 등지에서 9회에 걸쳐 약 350명을 대상으로 숲해설을 하였다. 정기협력사업으로는 초등학생을 대상으로 고양 YWCA의 자연생태교실을 9월~12월 동안 약 4개월간 실시하였다.

◎ 1999년은 자연환경안내자협회의 숲해설이 확충된 해로 공공기관과의 정기 협력사업이 시작되었다. 처음 실시하는 '산림청 자연휴양림 숲해설', 그리고 '국립수목원 숲 탐방안내'에 참여하게 되었으며 그 동안 시행해오던 '국립수목원 그린스쿨'과 임협(지금의 산림조합)의 '숲과의 만남'에 협회 회원이 참여하게 되었고 또한 생명의 숲 가꾸기 국민운동의 '생명의 숲 체험'에도 참여하게 되었다.

공공기관의 정기협력사업을 통해 많은 회원을 숲해설에 참여시켰고(특히 산림청 자연휴양림 숲해설) 국립수목원 숲 탐방안내로 인해서 평일에도 숲해설을 할 수 있게 됨과 아울러 국립수목원이라는 장소가 제공된 것은 협회발전에 큰 계기가 되었다.

◎ 2000년은 사단법인으로 출범하게 되어 공신력이 제고되었고 그 동안 회원들의 적극적인 활동으로 협회 홍보가 순조롭게 진행됨으로써 공공기관의 정기협력사업은 물론 수시요청 사업이 전년도보다 3배 정도 확대되었다.

◎ 2001년 정기협력사업은 서울시 자연공원(3개 소)의 '숲 여행'과 생명의 숲 가꾸기 사업 중 '노원구 마을숲 가꾸기 사업'이 처음 시행되

었으며 수시 사업은 요청건수가 확대되었다.

특히 녹색자금을 지원받은 숲학교를 산음숲 속수련관에서 5차에 걸쳐 실시(2박3일 4회, 1박2일 1회)하였으며 이를 통해 숲해설 프로그램이 다양화되고 회원들의 역량이 향상될 수 있었다.

또한 한정된 숲해설가로는 대상인원이 너무 많아 숲해설을 못해주던 광릉국립수목원 단체 탐방객 중 초등학생을 대상으로 하여 매회 6~10인의 숲해설가를 투입하여 숲해설을 시행하였다.

3) 숲해설 운영

◎ 숲해설비

숲해설은 해설비용을 받고 실시하고 있으나 그 수준은 교통비, 식비, 사전답사비 등 기본경비 수준이다.

정기협력사업의 공공기관 해설비는 1일 3만 3천원~5만원의 자원봉사비 수준이며 수시요청 사업은 사전답사 등이 필요하여 1일 10만원 정도의 금액을 받고 있으나 요청자의 사정에 따라 협의 후 금액이 조정되고 있는 실정이다.

특히 공공기관의 해설비가 공공근로인건비 또는 특수인부인건비 등으로 지급되고 있어 숲해설가의 자존심이 손상되어 사기가 저하되고 있는 실정이다. 공공기관에서의 숲해설가에 대한 인식과 대우가 개선되어야 할 것이다.

◎ 숲해설가 배정

정기협력사업은 사업 시작 전에 회원들에게 신청을 받아 배정하고 있는데 신청자가 적을 경우에는 회원들의 참여를 독려하는 방법으로, 그리고 신청자가 많을 경우에는 사무국에서 논의하여 회원의 양보를 유도함으로써 조정·배치하고 있는데 객관적 기준 마련에 부심하고 있다.

광릉국립수목원 탐방객 숲해설과 자연휴양림 숲해설은 보람과 배움이 있어 신청자가 많은 경우이고 그린스쿨 지도 숲해설은 해설비용도 적은데다 명목이 공공근로인건비로 지급되어 회원들이 기피하고 있다.

수시 요청사업은 활동회원의 활동조건과 희망사항을 참고로 하고 배정원칙은 숲해설 대상지가 거주지에서 가까운 회원을 우선 배정하되 전체적인 참여 기회는 균형 있게 배정하고자 노력하고 있다. 그러나 수시로 요청하는 숲해설의 일정과 대상 장소에 참여할 수 있는 적합한 회원을 배정하기 위한 회원과의 협의 연락 업무가 과다하고 현실적으로 균형 있게 배정하기란 매우 어렵다. 이에 대한 체계적인 배치 시스템 확립이 과제로 남아 있는 상황이다.

나. 숲해설가 교육사업

교육사업은 숲해설가 양성교육과 심화교육 그리고 워크샵 등이 있다.

1) 숲해설가 양성교육

1999년 숲해설의 수요가 폭발적이었으나 자연환경안내자의 적극 참여 활동회원이 5명 이내여서 활동 확대에 어려움을 겪게 되었다. 이에 겨울을 이용 숲해설가 회원 확보를 위한 겨울학습모임을 시작하였으며 사단법인 출범 후 2000년 가을에 제 1기 숲해설가 양성교육을 시작으로 현재 4기를 배출하였다. 올해에는 민간단체진흥회로부터 자금지원을 받아 대학생 숲해설가 양성교육을 7월 한달간 시행하였다.

또한 초·중·고 교사들을 위하여 여름방학 중 교원 직무연수를 경기도 교육청의 허가를 받아 시행하려고 했으나 교사들이 6박7일간의 참여를 어려워함으로써 신청이 저조하여 결국 무산되었다.

숲해설가 교육은 이론과 실습강좌수의 비율은 3:2정도이나 강의시간은 5:5 정도로 이론과 실습을 겸한 교육의 성격을 가지고 있다.

교육프로그램은 숲에 대한 개론과 숲의 주요 구성요소에 대한 이론과 관찰, 숲해설의 이론과 실제, 그리고 기타 환경 및 산림정책에 관한 강좌가 있으며 마지막날 현장실습으로 숲해설 시연과 평가가 있다.

현장실습은 가장 중요한 강좌로 교육생들이

숲 해설가 교육 프로그램

단원	강좌	과목	학습내용	장소
1.숲해설 개론	1	숲과 문화	숲의 역사/우리 문화와 숲/	강의실
	2	녹색심리학	숲이 주는 심리적, 정서적 영향	강의실
	3	숲해설이란	숲해설의 역사 및 의의	강의실
	4	산림생태	숲의 구조와 숲속 생태계/숲의 가치	강의실
2. 식물	5	식물분류기초	숲의 분류 개요, 도감 사용방법	강의실
	6	목본류-이론	목본식물의 특징과 구분	강의실
	7	목본류-관찰	목본식물의 특징과 구분 현장학습	현장학습
	8	초본류-이론	초본식물의 특징과 구분	강의실
	9	초본류-관찰	초본식물의 특징과 구분 현장학습	현장학습
3. 계곡 생태	10	계곡생태-이론	계곡 생물의 생태	현장학습
	11	계곡생태-관찰	수서 생물과 민물고기 관찰	현장학습
4. 야생 동물	12	조류-이론	조류의 구분 및 생태	강의실
	13	조류-관찰	조류의 구분 및 생태 관찰	현장학습
	14	곤충-이론	곤충의 구분 및 생태	강의실
	15	곤충-관찰	곤충의 구분 및 생태 관찰	현장학습
	16	야생동물	야생동물과 숲/우리나라의 야생동물	강의실
	17	현장실습 프로그램	현장실습/프로그램 기획	강의실
5. 숲해설 실제	18	숲해설의 방법	숲해설 내용, 방법, 프로그램 기획	강의실
	19	숲해설의 실제	숲해설의 실제/프로그램 시연	현장학습
	20	야외체험활동	숲 체험의 종류, 내용, 방법	강의실
	21	야외체험활동의 실제	숲 체험 실제	현장학습
	22	자연놀이	숲에서의 자연놀이	현장학습
6. 환경	23	숲의 활용	숲가꾸기의 중요성/임도의 필요성	강의실
	24	환경윤리	생태철학과 환경윤리	강의실
	25	특강	산림정책에 대한 이해와 증진	강의실
7. 평가	26/27	현장실습	현장 실습 및 평가회(수료식)	현장학습 (1박2일)

* 교육중간에 1박2일 집중교육 실시

그 동안의 교육을 총정리하고 실제 숲해설을 직접 해본다는데 의의가 있다.

4개 모듬별로 숲해설 대상과 코스를 정하여 프로그램을 계획하며 현장실습계획서와 체험안내서를 만들어 시연하고 있다.

- 숲해설 정기양성 교육은 현재까지 계획대로 성공리에 추진하고 있으며 회원확보가 원만하게 이루어지고 있다. 또한 교육 수료생들의 만족도가 높아 차기 교육희망자가 대상인원을 초과하고 있으며 이들에 대한 선별이 어려워 선착순 모집을 하고 있다. 제4기 전화 선착순 모집은 20분만에 완료되었으며 선정되지 못한 이들의 항의가 있어 5기부터는 인터넷 접수로 접수방법을 바꾸게 되었다.

숲해설가 양성교육 실적(자연환경안내자 포함)

연도	과제명	지원기관	자원내용	금액
1999	창립심포지엄 -숲해설, 숲해설가 2000	산림청	자료인쇄비	190만원
2000	태화산 숲체험 안내서	생명의숲	원고작성비	300만원
2000	중미산휴양림 숲체험 안내서	국민대	원고작성비	500만원
2001	숲학교 운영	산림조합 (녹색자금)	프로그램개발 및 운영자금	2000만원
2001	광릉단체 탐방객 숲해설 안내서	산림조합 (녹색자금)	프로그램개발 및 운영자금	1000만원
2001	자연휴양림을 활용한 숲학교 프로그램개발 및 시범운영평가	북부지방 산림관리청	용역비	3000만원

2) 심화교육

숲해설가 회원의 자질향상과 회원간의 정보교환을 위해 실시하는 교육으로 2001년 1월부터 월1회 전문가를 초빙하여 월례교육을 실시하고 있으며 회원의 희망에 따라 집중적으로 실시하는 심화교육을 금년 3월에 1개월간 주3회 시행하였다.

월례교육은 전반적인 교육계획이 없는 상황에서 실시하고 있으나 각론이어서 회원의 큰 불만은 없었다.

숲해설가 양성교육 실적(자연환경안내자 포함)

교육명	교육시기	교육인원 (수료인원)	강의시간(강의수)			비고(교육기관)
			계	이론	실습	
자연환경안내자	1998. 5. 12~ 7. 31	35 (35)	240	200	40	국민대
겨울학습모임	2000. 1. 17~ 4. 7	24 (17)	46 (23)	46 (23)	–	자연환경안내자 협회
숲해설가교육 1기	2000. 9. 5~ 12. 3	32 (31)	63 (26)	30 (15)	33 (11)	숲해설가협회
숲해설가교육 2기	2001. 4. 10~ 7. 1	35 (23)	63 (26)	30 (15)	33 (11)	숲해설가협회
숲해설가교육 3기	2001. 9. 4~ 11. 18	35 (31)	62 (26)	32 (16)	30 (10)	숲해설가협회
숲해설가교육 4기	2002. 4. 2~ 6. 27	37 (37)	64 (27)	34 (17)	30 (10)	숲해설가협회
계		198 (174)				
대학생 숲해설가교육	2002. 6. 25~ 7. 29	28	46 (23)	20 (13)	26 (10)	숲해설가협회

집중심화교육은 워크샵에서 개진된 회원들의 의견을 중심으로 강좌를 구성하였으나 양성교육에 빠진 교과목을 중심으로 한 또 다른 개론 수준이어서 일부 회원은 불만을 표출하는 등 회원들의 평가가 엇갈린 것으로 나타났다.

3) 워크샵

회원간의 숲해설 정보교환과 토론, 그리고 협회운영에 필요한 회원간의 의견개진 등을 위해 2001년 실시하였다.

2001년 워크샵 주제는 '협회활동평가 및 향후 활동방향모색'으로 열띤 분위기에서 진행되었다. 이러한 회원워크샵의 형식은 회원간의 이견을 좁히고 상호 이해를 도모함으로써 협회운영에 도움이 될 것으로 판단된다.

다. 조사연구

1) 용역사업

숲해설 관련 분야의 발전 및 협회 기술축적과 운영에 도움을 주고자 추진된 조사연구 용역사업은 다음과 같다.

조사연구사업의 추진은 회원의 자질향상과 협회발전의 계기가 되었다. 특히 녹색자금을 받아 추진한 공모사업은 협회의 많은 회원이 참여한 사업으로 회원들의 자질향상 및 발전의 중요한 기회가 되었다.

2) 분야별 소모임

2002년 7월부터 시작한 분야별 소모임은 회원들이 부족한 역량을 채우기 위해 공부하고 연구하는 모임이다. 처음은 협회에서 추진하였으나 현재는 자발적으로 운영하고 있다.

- 현재 자연놀이, 세밀화그리기, 스터디그룹, 식물, 곤충 등 5개 소모임이 실제적인 활동을 하고 있고 회원 50여 명이 온라인, 오프라인을 병행하여 활동에 참여하고 있다.

- 사진, 조류, 버섯 등은 희망자가 적어 아직 본격적인 활동은 못하고 있으나 협회 홈페이지를 매개로 하여 정보를 주고받으며 활동을 준비하고 있다.

5. 향후 과제

숲해설가협회는 시대적 요구와 숲해설가의 열정적 참여 덕분에 비약적 성장을 하고 있으며 국민들의 사랑과 관심의 대상이 되고 있다.

숲해설가협회는 그 동안 숲해설 확대를 위해서 부족한 숲해설가를 양성하는 것이 선결과제였기에 적극적으로 숲해설가 양성교육을 실시하여 현재 활동하는 숲해설가는 60여 명에 이른다(1998년 초기에는 5~6명으로 시작).

이러한 양성교육을 통한 숲해설 활동회원 확보로 숲해설 사업은 확대되었고 또한 연구용역 및 공모사업을 통해 숲학교 프로그램개발 및 운영 등 다양한 해설프로그램을 제공하는 등 운영 기술을 축적하게 되었다.

이렇듯 많은 실적과 성과가 있었으나 아직도 대부분의 국민들은 숲해설을 접해보거나 인지하지 못하고 있어 숲해설의 저변확대는 더욱 적극적으로 전개되어야 한다. 따라서 숲해설사업은 계속 확대되어야 하며 이에 따라 숲해설가 역시 지속적으로 양성되어야 한다.

이러한 양적 증가도 지속적으로 필요하나 질적 향상을 위한 다음과 같은 노력도 필요하다.

첫째, 숲해설 분야의 선도적 역할을 수행해야 한다.

ㅇ 그 동안 기획된 사업에 참여하는 소극적 자세에서 숲해설에 관한 새로운 사업을 기획·시행해야 한다.

ㅇ 외국 해설 프로그램의 적용결과에 따른 평가와 우리 문화에 적합한 숲해설 프로그램이 개발되어야 한다.

ㅇ 숲해설과 관련된 분야의 인적자원과 정보 등이 조직화 또는 네트워크화 되어야 한다.

둘째, 숲해설가의 역량을 키워야 한다.

ㅇ 활동하는 숲해설가를 위한 체계적이고 단계적인 심화교육 프로그램이 필요하다.

ㅇ 워크샵, 홈페이지 등을 통해 숲해설가들의 경험교류와 축적이 필요하다.

ㅇ 숲해설가에 대한 평가는 본인은 물론 숲

해설 발전을 위해 필요하다.

한편 숲해설가의 활동은 봉사수준의 활동 실비를 받고 활동한다. 이에 따라 직업인으로 활동하는 회원은 거의 없다(단, 관련기관에 고용된 회원은 3명 있음). 그러나 숲해설의 발전을 위해서는 자원봉사만으로는 한계가 있으므로 전문인이 필요하다. 이를 위해 역량 있는 숲해설가가 직업화될 필요가 있다.

또한 숲해설가도 많아지고 숲해설가 개개인의 역량과 수준, 참여방법(동기)도 다양해짐으로써 합리적인 관리가 필요하다.

이러한 과제들을 합리적으로 추진하기 위해서는 협회의 정체성을 세우고 이에 따른 활동방향을 협회회원은 물론 관련기관, 학계 등과 함께 중지를 모아 설정하는 것이 필요하다.

첫째, 숲해설가협회의 정체성은?

ㅇ 숲해설 저변확대를 위한 사회운동단체인가, 회원들의 권익을 보호하는 이익단체인가, 아니면 절충된 단체인가, 아니면 또 다른 성격의 단체인가? ㅇ 지금 현재의 위치는 어디이며 향후 어떻게 발전해야 하는가.

둘째, 숲해설가는 어떤 사람인가? 지금 현재의 위치는 어디이며 향후 어떻게 발전해야 하는가.

ㅇ 전문성 있는 직업인인가, 자원봉사자인기

ㅇ 어느 정두의 활동 경비가 자원봉사비 수준인가

ㅇ 숲해설가, 무엇을 어떻게 평가해야 하는가

숲해설가협회의 향후 과제 중 가장 중요한 과제는 첫째로 훌륭한 숲해설가를 많이 확보하는 것이다. 훌륭한 숲해설가란 자질과 능력은 물론 현재 협회가 처해있는 여러 상황을 이해하고 도움을 줄 수 있는 회원이라고 할 수 있다.

둘째로 협회의 정체성을 확립하는 일이다. 이는 협회의 모든 활동 방향을 결정하는 일로 공동의 목표를 확인하고 개인의 목표를 조정하여 하나로 모아나가는 일일 것이다.

숲해설가협회라는 작은 씨앗이 이 사회에 떨어져 싹을 틔우고 자라고 있다.

어느 정도 컸고 건강하게 자라나는가는 보는 시각에 따라 평가가 다를 수도 있으나 그 척도는 '협회 내에 훌륭한 회원이 얼마나 있는가'라고 생각한다. 이런 관점에서 보면 협회는 아주 튼튼하게 뿌리를 내리고 건강하게 자라고 있으며 키가 그리 크지 않으나 아마도 곧 크게 자라날 것으로 보인다.

산업사회 이전 숲과 더불어 살던 우리들 할아버지, 할머니, 아버지, 어머니, 동네 아저씨, 아주머니, 형, 누나, 언니, 오빠 등 주변의 모든 사람에게서 숲과 산을 배우고 그리고 본인도 크면 스스로 숲을 전하고 가르치며 살았던 시대처럼 모든 사람들이 대를 이어 숲해실가가 될 수 있는 시대가 오기를 기원한다.

한대웅은 1978-1998 대한주택공사 근무하였고, 1998년 자연환경안내자 교육 수료후 자연환경안내자 협회 부회장을 지냈다. 현재 숲 해설가 협회 공동 대표, 생태산촌만들기 운영위원이다.

숲 오솔길의 복원 활용

송 형 섭

최근 주 5일제 근무 실시 열기가 뜨겁게 달아오르고 있다. 이미 금융 분야 등에서는 주 5일제 근무를 전면 실시하고 있고, 이러한 노동 시간 단축의 확대 추세는 거스를 수 없는 대세로 굳어져가고 있다. 선진 여러 나라의 예에서와 마찬가지로 주 5일제 근무 제도는 정치, 경제, 사회, 문화 등 전 분야에 걸쳐 엄청난 변화가 뒤따를 것으로 예측된다.

2001년 한국갤럽의 조사 자료에 의하면 우리나라 국민 75%가 년 1회 이상 등산을 즐기고 있으며 등산 동호인 수만도 약 500만 명에 이르고 있다고 발표하고 있다. 특히나 매주 산행을 애호하고 있는 등산인들이 전체 등산 동호인 수의 20%인 100만 명에 육박하고 있다는 통계는 얼마나 우리 국민들이 산행을 즐기고 있는지를 분명하게 밝혀주고 있다. 이와 함께 산과 계곡 등지에서의 피크닉 연간 이용객 80만명, 국립공원 이용객이 연 3,400만명, 휴양림 이용객 연 380만명 등 자연을 대상으로한 국민 휴양 수요가 급속히 증가하고 있으며 이러한 추세는 주 5일제 근무 확대 실시로 가속될 것으로 전망된다.

국내 산림의 경우 현대화된 교통 도로망이 개설되기 이전에 옛 조상들이 이용해 왔던 소로, 오솔길 형태의 트레일 활용 잠재력이 높은 등산로들이 그대로 산림내에 방치되기도 하고, 반면에 이름이 나 있는 산에는 거미줄 같이 어지럽게 얽혀진 무수한 등산로들이 심하게 훼손,

방치되고 있는 곳들이 많다. 또한 국토의 65%가 산림인 우리 나라는 백두대간을 기점으로 물줄기처럼 끊이지 않는 산줄기가 마을 주변 산지에서 멀리 원거리 오지 산지까지 전국적으로 이어져 있다.

본란에서는 산업화 등으로 일부 훼손되거나 방치되고 있는 산림내 소로, 오솔길의 복원 조성과 정비 방법의 모색을 통해 급증하고 있는 산림휴양수요 충족과 아름다운 산, 그리고 그 속에 피어나는 전통 문화 향기를 동시에 감상할 수 있는 산의 원풍경 모습의 유지 활용의 계기 마련을 하고자 한다. .

1. 트레일의 개념 및 유형

가. 트레일(trail)의 개념

트레일의 사전적 의미는 숲이나 초목이 우거진 장소와 같은 자연 지역을 통과하는 소로 혹은 오솔길로 정의되지만 현대적 개념은 목적지에 도달하기까지의 안전과 충분한 접근 가능성을 제공하는 통행로를 의미한다. 광의(廣義)적 개념은 '교통·운송에 필요한 도로 시설'로 한 지점과 다른 지점을 서로 연결시켜주고 사람이나 교통 수단이 이동할 수 있도록 만들어 놓은 시설물을 말하나 일반적으로 통칭되는 휴양지에서의 트레일 개념은 보다 협의(狹義)적 내용을 의미한다.

즉, 대형 교통 수단의 이동 도로 개념보다는

산림과 같은 자연 지역이나 공원 지역에서 사람이 통행할 수 있는 산책로, 등산로, 자전거 도로, 스키로, 승마로 등을 의미하며 동력화된 운송 수단의 경우 스노우 모빌, 오토바이, 수상 모터 보트 등과 같은 휴양 목적의 소형 교통 수단의 통행로를 포함한 개념이라고 할 수 있다. 따라서 휴양지에서의 트레일은 단지 일정 지점의 최단거리 연결 목적보다는 주변의 흥미로운 대상지나 특이한 야생동식물 관찰 지역과 같은 볼거리 제공 기회 마련과 경관의 수려함과 아름다움을 즐기고 체험할 수 있도록 디자인되는 것이 일반적이다. 단순한 일정 지역의 연결 개념이 아닌 다양한 휴양 기회 및 활동 조장의 관리적 기능이 부여된 통행로 개념이라 할 수 있다.

나. 트레일 유형

이용 형태에 따른 분류

트레일 설계시에는 먼저 어떤 이용 집단을 수용할 것인지를 고려해야 한다. 디자인이 특정 이용 목적에 알맞지 않을 경우 각 이용 집단간 혼잡과 이용 충돌의 소지가 있으며 이용 안전 문제가 있기 때문이다. 국내 산림 휴양 지역의 경우 대부분의 트레일은 산책로이나 등산로, 자연 학습 및 해설로 등과 같은 도보 이용 위주로 설계되고 있으나 산악 자전거 등과 같은 산림 레포츠 이용 수요가 증가 추세에 있어 이를 고려한 트레일 조성 등 다양한 형태의 트레일 시설이 필요한 시점에 와 있다. 이용 형태에 따른 트레일 유형을 세분하면 다음과 같이 분류할 수 있다.

ㄱ) 도보로

도보로 트레일 이용자는 산책, 하이킹 (hiking), 조깅, 자연 관찰, 등산, 수렵, 스키, 휠체어 이용객 등과 같은 입지 여건에 따라 다양한 경관을 통과하는 사람들로 구분된다. 이들은 여유를 가지고 천천히 트레일 노선을 따라 이동하며 기계적 수단을 이용하지 않는 대표적인 집단이다. 보통 도보 이용자는 시간당 1-8km 정도의 속도를 가지며 이용 집단 구성원간의 대립

적 이해 충돌 소지가 가장 적다. 다만 수렵 집단의 트레일은 안전상의 문제로 다른 이용자 집단 트레일과 구분되어야 한다.

ㄴ) 비동력 수단 이용로

비동력의 교통 수단의 대표적 이용자 집단은 자전거 이용자 그룹이다. 이밖에 북미, 유럽 국의 녹지나 공원에서 흔히 볼 수 있는 롤라브레이드(roller blade), 스케이트보드(skade board)와 같은 동력화되지 않은 기구를 이용하는 경우도 있다. 이들 비동력 수단 이용객들은 보통 시간당 8-32km의 다양한 속도로 트레일을 이용한다. 자전거는 모든 지형에서 이용할 수 있는 산악자전거가 일반적으로 널리 이용된다. 롤러브레이드나 스케이드보드 트레일의 경우에는 특히 평탄하고 단단한 트레일 표면이 요구된다.

ㄷ) 승마로

국내의 경우 승마 이용객이 매우 적으나 유럽, 북미의 경우 승마 이용객을 위한 승마 트레일 조성이 보편화되어 있다. 이용객들의 평균 속도는 시간당 8-24km 정도이다. 초보자의 경우 1시간, 숙련자의 경우 평균 6시간을 이용한다고 보고되고 있다. 트레일 폭은 일반 도보 트레일과 비슷하나 이용객의 안전을 위해 트레일 노면이 부드럽고 견고해야 하며 일정 높이의 장애물이 제거되어야 한다.

ㄹ) 동력 수단 이용로

동력 교통 수단 트레일 이용자는 오토바이(motor bike), 스노우모빌(snow mobil), 지프차(backcountry jeep)와 같은 동력 수단의 이용로를 말한다. 동력 수단을 이용할 경우에는 빠른 이용 속도에 따른 안전, 소음 및 먼지, 배기가스 등의 문제로 다른 이용자 집단과의 이용 충돌 소지가 크게 대두될 수 있으므로 특별한 이용 수칙을 마련할 필요가 있다.

ㅁ) 수계로

여기서 수계 트레일은 수로(水路)를 말하며 국내 산림 지역내 대하천 수로 지역의 경우 수로 이용자 집단을 위한 트레일 조성 필요성이

구분	디자인 목적
연결로	휴양지내 시설의 접근 도달을 주목적으로 디자인되는 트레일 시설. 이용 편의와 집중에 따른 환경 영향을 줄이기 위해 트레일 폭과 노면의 특별한 처리가 요구된다.
해설로	숲 등 자연 환경내의 다양한 지형, 동식물의 생태, 여러 혜택 등에 대한 이해 증진과 자원의 적절한 이용 도모, 경험 만족, 관리 주체의 이미지 제고를 목적으로 일정 해설물 시설이 설치된 트레일.
자연로	자연의 아름다움 감상, 자연 관찰, 휴양지 내 역사 유적지 탐방을 목적으로 디자인된 트레일로 자연 지형 및 경관의 훼손 방지 시설이 필요하다.
그린웨이 (Green Way)	도시지역의 자연 녹지 및 문화 자원의 보호, 생물 서식처 보전, 공공의 휴양 이용 증진, 교통 문제 해결, 오염 방지 및 에너지 절약 등 다목적 기능 효과 발휘를 위해 녹지, 문화지, 공원 등을 상호 연결하는 네트워크 시설.

<표 1>. 디자인 목적에 따른 분류

제기된다. 하천 등 수계 이용자는 비동력 수단 이용자와 동력 수단 이용자 집단으로 구분할 수 있다. 비동력 수단 이용 예는 낚시, 튜브(tube), 보트(boat), 레프트(rafts), 카누(canoe) 등이 있다. 국내의 경우 동강댐 설치에 대한 공공 관심 증대와 모험 활동을 즐기고자 하는 휴양 행태 변화로 레프트 이용객들이 점차 증가하고 있다.

수로의 경우 트레일 바닥보다는 유속, 바람 속도, 깊이, 이용 기구의 크기, 이용자의 숙련 정도가 문제가 된다. 동력 수단의 경우 대표적인 예는 수상 스키 보트와 모터보트(motor boat) 등이 있다.

다. 디자인 목적에 따른 분류

트레일은 디자인 목적에 따라 일정 목적지 도달을 주 목표로 하는 연결로, 주변의 자연 자원에 대한 이해와 경험 목적에 초점을 맞춘 해설로, 자연 경관의 감상 및 관찰 등을 목적으로 디자인되는 자연로, 그리고 도시지역내의 자연 녹지 보호 등 다목적 기능 잠재 효과의 가치

인정으로 점차 그 중요성이 높아지고 있는 그린웨이(Green way) 등으로 분류할 수 있다.

2. 트레일 조성 및 디자인

트레일은 이용 형태나 디자인 목적에 따라 그 종류가 다양하게 분류될 수 있으나 본란에서 다루고자 하는 트레일 조성 범위는 산림내 휴양지 등 육지 지역에서 일반적으로 행해질 수 있는 휴양 목적의 트레일로 제한하여 살펴보기로 한다.

가. 트레일 시설 원칙

트레일의 모든 문제는 미비한 계획, 불충분한 디자인, 관리 소홀에 기인한다. 흔히 트레일 문제를 이용자의 탓으로 돌리는 경우가 있으나

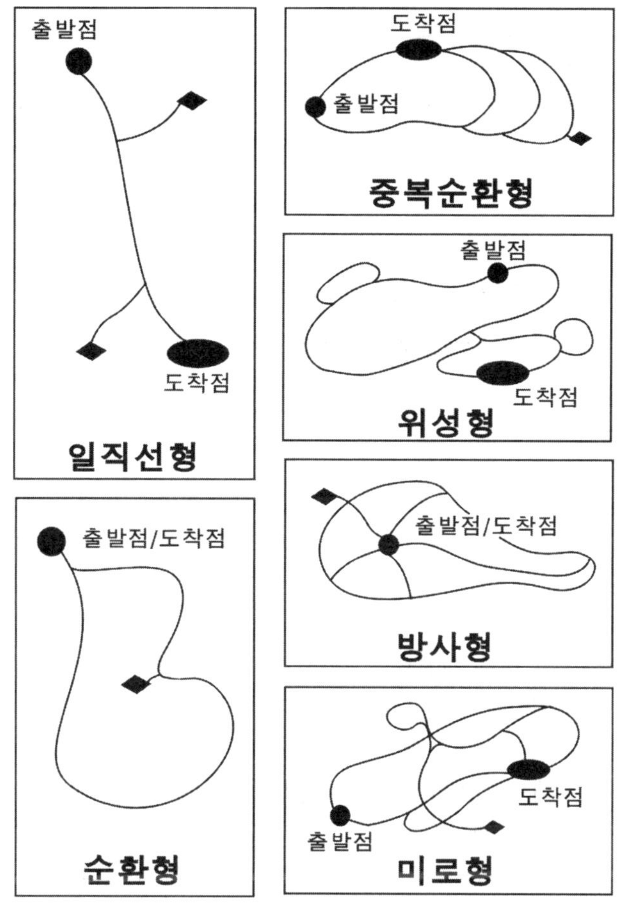

<그림 1.> 트레일 노망 형태(L.L.Schwarz, Greenway, 1993)

이는 잘못이다. 이들 문제를 해결하기 위해서는 트레일 조성시 어떤 기술이 필요하고 어떻게 정보를 얻어야하는지를 알아야 하며 디자인 표현 방법의 기술과 과정, 그리고 창의성이 요구된다. 일반적으로 산림과 같은 자연 지형에서 트레일을 시설할 경우에는 다음의 시설 원칙이 우선적으로 고려되어야 한다.

1) 이용 유형에 따른 트레일 조성

트레일의 시설시에는 먼저 어떤 이용자 집단을 수용할 것인지를 결정해야한다. 그렇지 않을 경우 이용 집단간의 충돌과 위험이 발생될 수 있다. 트레일 이용자 집단은 앞서 설명한 바와 같이 도보, 자전거, 오토바이, 수렵, 승마, 스키

여러 이용 집단 중 휴양지의 입지 여건, 이용 수요 등을 고려하여 수용할 이용자 집단을 결정한 후 이에 적합한 트레일 유형을 정하며 트레일 유형에 따라 계획 디자인의 방법이 결정된다. 대부분의 트레일은 다목적 이용 계획을 고려하여 시설되는 것이 일반적이나 이 경우에도 이용 집단별 충돌이 발생되지 않도록 이용로를 구분하여 시설하는 것이 좋다.

2) 침식방지 및 환경 보호

산림과 같은 자연 지형내 트레일 조성시에 발생되는 가장 큰 문제는 침식 위험이다. 침식은 트레일 조성시의 사면과 노면에서 발생된다. 사면 침식 방지를 위해서는 최대한 자연 지형을

이 용 유 형	최 소 기 준
· 산책/하이킹/조깅	0.9-1.0(1인), 1.5-1.8(2인)
· 자전거	1.5(한방향), 2.4-3.0(양방향)
· 크로스 컨트리 스키	2.4-3.0(양방향)
· 스노우 모빌	2.4(한방향), 3.0(양방향)
· 승마	1.8(한방향), 2.4m(양방향)
· 오토바이	1.5-1.8(한방향)

<표 2>. 트레일 이용 유형별 최소 기준 폭(단위:m)

이용하여 계획하여야 하며 노면 침식 방지를 위해서는 입지 및 이용 여건에 따라 골재 포장 등 피복 방법이 강구되어야 한다. 또한 트레일 이용에 따른 주변 경관, 동식물 생태 자원 영향 방지 시설도 고려되어야 한다.

3) 이용 안전 및 만족 제공

트레일 조성시에는 이용자의 이용 안전과 경험 만족을 위한 디자인 및 시설이 고려되어야 한다. 트레일은 이용자를 위한 시설이기 때문이다. 이용 안전과 편리를 위해서는 무엇보다도 트레일 유형에 따른 적정한 이용로의 폭과 높이의 확보, 안전 시설의 설치 고려가 중요하다. 또한 트레일 이용자의 이용 경험 만족을 위해 설계시 도입 프로그램을 고려한 디자인, 주차장, 안내판, 의자, 화장실, 휴지통 등의 부대시설 위치와 규모 등도 함께 고려되어야 한다.

나. 트레일 디자인 과정

트레일의 유형이 결정되면 디자인은 일반적으로 트레일 위치 및 노선 선정 – 계획 이용 집단을 고려한 폭과 경사 결정 – 이용에 따른 환경 영향 파악 – 노선의 토양, 배수 패턴 파악 – 제거 필요 식생 공간 파악의 과정을 통해 이루어진다.

1) 트레일 위치 및 노선 선정

산림 내 트레일 시설은 환경 영향의 최소화, 경관 조망 기회의 다양화, 자연 경사 및 식생의 적절한 이용, 유지 관리비의 최소화 요건이 충족될 수 있는 입지를 선택하는 것이 좋다. 트레일 시설 위치와 노선 선정시 일반적으로 고려해야 할 주요 내용을 정리하면 다음과 같다.

. 가능한 현존 트레일을 이용하여 시설한다.

. 급격한 경사나 표고 변화를 피하며 자연 지형을 이용하여 시설한다.

. 노선은 최소 유지비, 최대 생태적 다양성이 제공될 수 있도록 계획한다.

구분	도시지역	교외지역	전원지역
. 산책과 비동력수단(자전거 등) 이용	3.6	3	3
산책과 승마	4.8	3.6	3
. 산책과 동력수단(오토바이 등)	6.6	6.6	4.8
. 비동력수단과 승마	4.8	4.8	–
. 동력수단과 승마(동시 이용 불가)	–	–	–
. 동력수단과 비동력수단	6.6	4.8	4.8

<표 3>. 다목적 트레일 시설시의 최소 기준 폭.(한방향, 단위: m)　　* Greenway, 1993에서 정리

. 이용자 및 관리 필요에 따라 사계절 이용이 충족될 수 있는 곳에 선정한다.

. 트레일 시작지점의 접근성이 충분히 제공될 수 있도록 한다.

. 표고가 높은 산등의 노출은 조망을 위해 필요하나 과도하지 않도록 한다.

. 해설 목적의 트레일은 경관, 역사, 문화, 자연 자원 지역을 통과하도록 한다.

. 주 트레일망은 과도 이용 시설 지역에서 떨어진 곳에 설치한다.

. 이용 안전 및 이용 충돌 방지 시설과 자원 영향이 최소화되도록 한다.

. 사후 관리적 비용과 노력을 고려하여 선정한다.

2) 트레일 로망(路網) 형태

ㄱ) 직선형(Linear Trail)

두 지점간의 최단거리를 만족시킬 수 있는 로망형으로 일반적으로 이용되는 형태이다. 협소한 지역에 가장 적합하며 산 정상 지점과 같이 지형적 조건으로 인해 트레일 설치가 어려운 곳이나 야생동물 서식지역과 같은 이용에 다른 환경 영향의 최소화 목적, 그리고 휴양지내 시설물 연결로 시설시 국부적으로 이용될 수 있다. 이 로망형의 가장 큰 단점은 이용자가 출발점에서 목적지까지 이용 후 다시 이용되 노선을 따라 출발섬으로 되놀아와야 한다는 점이다.

ㄴ) 순환형(Loop Trail)

직선형에 비하여 이용자들에게 다양한 경험을 제공할 수 있는 형태로 출발점과 도착점이 동일한 로망형이다. 이 형태의 최적 장소는 호수나 저수지와 같이 넓은 공간 지역이다. 대부분의 트레일 이용자들이 희망하는 먼거리 이용 느낌과 출발점에서의 근거리 위치 느낌을 동시에 충족시킬 수 있는 휴양 로망에 가장 적합한 형태이다. 다만 다양성 조건이 충족되지 않을경우 지루한 느낌을 줄 수 있나.

ㄷ) 중복순환형(Stacked Loop Trail)

출발점에 가까이 위치한 한 개의 순환로망에 2개 이상의 노망이 추가 연결된 로망 형태로 거리와 다양성을 높일 수 있는 로망 형태이다. 휴양지내 표고차, 자원 분포 등에 따른 다양한 볼거리 제공이나 탐구 체험, 그리고 이용객의 이용 필요와 능력에 따라 단거리, 중거리, 장거리를 선택하여 이용할 수 있다는 장점이 있다.

ㄹ) 위성순환형(Satellite Loop Trail)

순환형의 주 로망을 따라 여러 순환형이나 직선형 로망을 연결한 로망 형태이다. 이용자들은 출발점에서 출발점으로 돌아오는 중심 로망의 트레일을 이용하거나 중심 로망에서 다른 순환 로망 혹은 연결로를 따라 주변 시설물에 접근 이용할 수 있다. 소규모 산재된 소유 토지에 적용할 경우에는 중심 로망은 다양한 이용 욕구 충족, 연결 로망은 특정 집단의 욕구 기회 제공과 같은 여러 이용 수요를 충족시킬 수 있다. 도시 근교 지역에 적용할 경우 주 순환로망은 거주지역에 연결 로망은 교외지역에 시설하여 휴양과 통행 수요를 동시에 충족시킬 수 있다.

ㅁ) 방사순환형(Spoked Loop Trail)

순환형 로망의 중심지역에서 주 순환로망으로 방사상의 일직선 로망을 연결한 형태이다. 중심지역은 작은 순환로망 형태나 혹은 단순한 출발 및 도착지로 시설한다. 이 형태의 장점은 순환로망을 따라 이용하디기 필요에 의해 빠른 시간내 출반지점으로 돌아올 수 있다는 점이다. 또한 위성순환형과 마찬가지로 도시 근교 지역이나 휴양 중심지에서 휴양과 교통 수요를 동시에 충족시킬 수 있는 유리한 점이 있다.

ㅂ) 미로형(Maze Trail)

여러 순환형이나 직선형의 노망이 상호 연결된 이용자 측면에서보면 이용 선택 폭이 가장 많은 노망형이다. 다양한 이용 거리와 많은 수의 교차지점이 발생되기 때문에 잘 정리된 안내 표지판 시설이 특별히 강구되어야 한다. 또한 노망의 복잡성, 자연자원의 피해 발생 우려 등으로 다목적 활용 노망 시설이나 소규모 지역내 노망 시설로는 적당하지 않다.

이용강도	시간	거리(km)	표고차(m)
쉬움	3시간이내	0-10	300m 까지
어려움 1수준	3-5시간	10-19	600
2수준	5-8시간	19-24	900
3수준	8-10시간	24-29	1200
4수준	10-12시간	29 or 40 이상	1500

<표 4>. 국제 도보 트레일 이용 강도 기준

3) 트레일 폭과 경사

트레일의 이용 편의와 안전, 그리고 이용 만족을 위해서는 적정한 트레일 폭과 경사의 고려가 중요하다. 각 이용 형태별 적정 트레일 폭과 경사를 정리하면 다음과 같다.

ㄱ) 트레일의 적정 폭

트레일 폭을 결정하는 영향 인자로는 이용 가능한 부지 조건, 트레일 이용자 유형, 이용 충돌의 가능성, 환경 민감성, 그리고 설치 비용을 들수 있다. 이들 인자 중 우선적으로 중요하게 취급되어야 할 인자는 이용자 측면을 고려한 이용 유형 인자라 할 수 있다. 트레일 폭의 최소 기준은 각국의 연구 사례에 따라 다소 차이는 있으나 일정 범주의 틀을 크게 벗어나지는 않고 있다. 여러 문헌을 통해 이용 유형에 따른 트레일의 적정 폭의 범주를 정리하면 다음과 같다.

먼저 보행자 즉, 산책, 하이킹, 조깅 이용 트레일 폭의 경우 인간의 평균 어깨폭인 0.9m를 기준으로 1인 통행로의 경우 0.9-1.0m, 2인

이용 트레일의 경우 트레일 양쪽 로견 공간을 감안한 1.5-1.8m의 최소 폭이 필요하다. 자전거 이용 트레일 폭은 한방향 1.5m, 양방향 2.4-3.0m를 최소 기준으로 하고 있어 국내 임도(2급, 최소 3m)의 산악자전거 이용의 활용이 가능하다. 이 밖에 앞으로 국내 이용 수요에 따라 기대가 되는 크로스 컨트리 스키로의 경우 2.4-3.0m, 승마 1.8-2.4m, 오토바이 1.5-1.8m 정도가 최소 기준 폭이다.

한편 여러 이용 수요를 동시에 수용할 수 있는 다목적 트레일 조성시의 최소 기준 폭을 살펴보면 다음 표 3와 같이 정리할 수 있다.

ㄴ) 트레일 경사

산림 지역의 지형은 일반적으로 다양한 경사를 갖고 있다. 트레일 조성시에는 이용자의편의와 안전, 그리고 이용 만족을 위해 각 트레일 유형에 따른 최소 경사를 유지토록 해야한다. 경사를 줄이기 위해서는 우선적으로 등고선 기준과 같은 자연 지형을 이용한 노선 선정이 필

생태학적 민감도	이용 유형					
	비접근	도보	자전거	승마	스노우모빌	ORV
낮음(고지대, 암석지, 대경임분 지역)	NS	HS	HS	HS	HS	S
중간(저지대, 하천계곡, 갱신임분 지역)	S	HS	S	S	NS	NS
높음(습지대, 급경사지, 습토양지)	HS	S	NS	NS	NS	NS

<표 5>. 환경 민감성에 따른 트레일 조성의 적합성

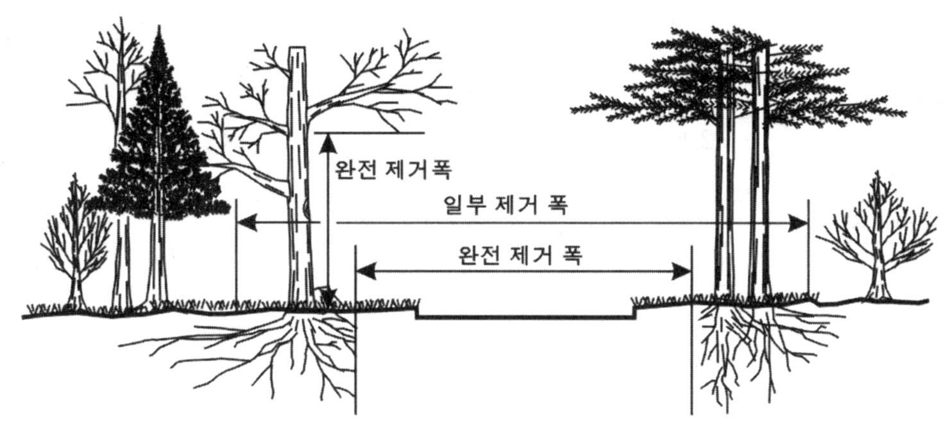

<그림 2>. 식생 제거 공간 모식도

요하다. 트레일 이용 강도는 흔히 거리와 시간에 좌우된다고 알려져 있지만 피로도는 경사 정도에 크게 영향함을 인식할 필요가 있다. 적정 보행 시간은 청년의 경우 2-3시간(10-15km), 최대 경사 10°조건, 중년 1-2시간(5-8km), 최대 경사 5-7°, 노년 및 부녀층 30분-1시간 30분, 최대 경사 2.5°조건으로 알려져 있다(임문진,1991). 출처 European Ramblers Association 1987, Greenway 1993에서 재정리

4) 환경 영향 파악

트레일 노선이 선정되면 조성 및 이용에 따른 자원 영향과 이에 필요한 시설을 파악할 필요가 있다. 이용 영향의 최소화를 위해서는 적정 이용 수용력과 자원의 영향 민감성 등을 정확하게 조사 분석해야 되나 이 부분에 대한 논의는 5장 부분에 자세히 설명되고 있으므로 제외하고 여기에서는 트레일 조성시 유의해야 할 자원의 생태적 민감성 부분에 대해 살펴보기로 한다. 환경의 민감성은 자원이 견딜수 있는 힘으로 표현되는 내성과 스스로 다시 원상태로 회복할 수 있는 힘인 복원력으로 설명될 수 있다. 일반적으로 수계지역은 내성은 약하나 복원력은 크며 사막과 같은 지역은 내성은 강하나 복원력은 거의 상실된 환경을 갖게 된다. 따라서 트레

일 조성시에는 이러한 민감성을 최소화 할 수 있는 도입 가능 트레일 유형을 구분해야 하며 민감한 지역을 통과할 경우에는 영향이 최소화될 수 있도록 목도 시설 등 특별한 트레일 노면 처리 방법을 강구해야 한다. 트레일 조성시 고려해야 할 환경 민감성을 이용 유형에 따라 정리하면 표 5와 같다. 습지대와 같은 민감성이 높은 지역은 접근하지 않은 것이 가장 좋으며 트레일 조성을 할 경우라 할지라도 도보형 트레일 시설만이 도입 가능하며 기타 자전거, 승마 용도로는 소성하지 않는 것이 좋다.

* 적합성 : HS(최직합), S(적합), NS(비석합), ORV : Off-Road Vehicle

5) 식생 제거 공간

트레일은 이용자를 위한 길이기 때문에 트레일 조성시에는 이용자 편의와 안전, 경험 만족을 위해 일정 식생의 제거가 필요하다. 제거 공간은 동식물의 서식 환경 영향과 이용 편의, 안전 등에 따른 최소한의 공간을 원칙으로 한다.

식생의 제거 형태는 수평적, 수직적 제거의 두가지 유형으로 구분하며 제거 정도에 따라 전부제거 혹은 일부 제거 방법을 택하여 제거토록 한다. 설정된 전부 제거 공간은 트레일 최소 폭

구분	트레일 기준폭(m)	완전 제거폭(m)	일부 제거폭(m)	완전 제거높이(m)
하이킹	1.8	3.0	6.0	2.4
산책	2.4-3.0	4.2-4.8	7.2-7.8	2.4
자전거	2.4	4.8	7.8	3.0
산책과 자전거	3.0	5.4	8.4	3.0
승마	1.8	3.6	6.6	3.6
산책 및 승마	3.0	4.8	7.8	3.6
크로스컨트리 스키	2.4	3.6	6.6	2.4
스노우 모빌	3.6	6.0	9.0	3.0
스키와 스노우 모빌	5.4	7.8	10.8	3.0

<표 6>. 트레일 유형에 따른 식생 제거 공간

과 이용 안전 등을 기준으로 설정하며 일부 제거 공간은 조망 기회와 같은 이용 편리 및 경험 만족을 위한 최소 공간 범위를 기준하여 설정한다. 식생 제거 공간 범위를 정리하면 다음과 같다(Greenway, 1993).

3. 트레일 부대 시설

트레일 이용 편의와 만족을 위해 트레일 조성시에는 사인판, 벤치, 휴지통, 음료대 등의 편의 시설이 설치될 수 있다. 이들 시설 중 사인판은 트레일 유형에 관계없이 모든 트레일에 설치해야하는 트레일의 필수 시설이다. 사인판을 시설할 경우에는 C.I(Corporate Identity) 개념을 도입하여 고유 심볼마크, 로고타입, 전용 색상 및 서체 등의 개발을 통해 통합적 이미지와 정체성을 구축하고 인지도를 높일 수 있도록 하는 것이 중요하다. 사인판의 유형은 설치 목적에 따라 안내사인판, 해설판, 유도사인판, 기입사인판, 규제사인판 등으로 구분할 수 있다.이들 사인판 시설은 이용객들에게 목적지의 선택

및 방향, 소요 거리와 시간, 이용 규제 사항,활동 방법, 다양한 필요 정보 제공을 통해 이용 편의와 안전 도모, 그리고 이용 경험 만족을 높

일 수 있다. 이들 시설과 흩어져 있는 산림내 오솔길의 정비를 통해 주변 산림의 아름다운 옛 모습으로의 복원과 호젓하게 전통 문화의 향기와 자연을 감상할 수 있도록 해보자.

참고문헌

산림청. 2000. 산림과 임업기술(III), 산림 경영. P. 371-389.

국립공원관리공단. 1999. 국립공원 자연학 습탐방프로그램 및 자연해설기법 개발에 관한 연구. 327pp.

林文鎭. 1991. 森林美學. 淑馨出版社. 281pp.

R. W. Douglass. 1993. Foreat Recreation. Waveland Press, Inc. 373pp.

5. L. L. Schwarz, C. A. Flink and R. M. Searns. 1993. Greenways-A Guide to Planning, Design, and Development. Island Press. 351pp.

S. H. Ham. 1992. Environmental Interpretation. North American Press.   456pp.

W. E. Hammitt and D. N. Cole. 1987. Wildland Recreation. John Wiley & Sons. 341pp.

K. L. Ryan. 1993. Trails for The
    Twenty-First Century. Island
    Press. 213pp.

송형섭은 충남대 임학과 및 동 대학원을 졸업하였다. 산림청, 임업연구원, 미국 South Dakota주립대 연구교수
를 서쳐 현재 충남대 산림자원학과 부교수로 재직하고 있다. 산림휴양 및 산림풍치관리학 분야를 을 연구하고
있다.

산악환경을 위한 등산

이 용 대

금년은 산의 해다. 유엔은 금년을 '세계 산의 해'로 정하고 훼손되는 산을 지켜 인류의 미래를 밝게 하려는 운동을 벌이고 있으니, 우리도 이 캠페인에 동참해 훼손되는 산악환경을 지켜야 하겠다.

특히 우리나라는 국토의 67%가 산으로 이루어진 산악국가이다 보니, 사람들은 도시 한가운데에 살면서도 날마다 산을 바라보며 산과 더불어 생활하고 있다. 사람들은 산에서 물을 얻어 농작물을 생산하고, 맑은 공기를 얻어 생명을 지탱하고 있다. 뿐만 아니라 생명을 구하는 많은 약재 중 상당수가 산에서 나오고 있다.

이처럼 상상했던 것 이상으로 일상생활의 주요한 것들을 산에서 얻고, 산의 영향을 받고 살기 때문에 산의 가치를 한층 더 소중하게 인식해야 한다. 우리가 기대어 사는 산이 건강하게 보존되어야 밝은 내일도 보장받을 수 있는 것이다.

등산인들이 즐겨 찾는 고산의 환경은 오랜 기간 동안 서서히 형성된 특수한 환경이지만, 한번 파괴되기 시작하면 걷잡을 수 없이 빨리 진행되고 회복은 거의 불가능해진다. 한라산이 그 중 대표적인 경우다. 고산환경은 생물이 살아갈 수 있는 기간이 짧고 살아가기도 힘겨운 곳이다. 이런 곳의 환경이 오염되거나 훼손된다면 생물들은 치명적인 위기에 처하게 된다.

최근 삶의 질을 향상시킨다는 인식과 함께 등산인구가 급증하고 있다. 등산은 놀라운 속도로 대중화되어 이제 생활의 일부가 된 등산인들도 많다. 도시 근교의 산은 물론 멀리 지방의 산마저도 등산인파로 붐비고 있다.

그동안 우리는 등산을 핑계 삼아 마구 잡이로 산을 오염시켜 왔다. 결국 입산이 통제되고, 휴식년제가 생겨났으며, 취사금지라는 조치까지 내려졌다. 이런 조치 이후 국립공원 같은 몇몇 산은 깨끗한 환경으로 바뀌었으나, 규제가 못미치는 일부 지방의 산에서는 아직도 취사가 마음대로 자행되고 있고, 음식물 찌꺼기도 마구 버려져 환경을 오염시키고 있다.

산에서는 환경 훼손을 최소화하기 위해 자기가 다녀간 어떤 흔적도 남기지 않겠다는 태도가 중요하다. 이미 산에 발을 들여놓은 것부터가 훼손의 시작일진대 산에 들어서서는 몸가짐을 조심해야 훼손을 줄일 수 있는 것이다.

처음 산을 대하는 초보자는 물론 그동안 건강에만 몰입하고 산악환경에 대해서는 별 관심없이 다니던 경험자도 이제는 깊이 생각해봐야 할 산악환경을 위한 등산방법을 함께 강구해 보자.

행동식과 일회용 용기

산에서만큼은 행동식 위주의 식생활로 개선하자. 야영할 경우가 아니라면 조리하지 않고 허기를 해결할 수 있는 식단을 마련해 음식찌꺼기가 남지 않도록 조촐하게 준비하자. 최근에는 우리 식성에도 맞고 장기보관이 가능한 인스턴트 영양식도 많이 개발돼 먹기에 큰 불편이 없다.

집에서 나설 때 도시락을 준비하거나 산 밑 식당가에서 김밥 몇 줄을 사서 산행 중 허기를 면하자. 도시락 용기도 반영구적인 것으로 준비하고, 식당에서 산 김밥도 일회용 용기에 담아 비닐봉지에 넣을 것을 그대로 배낭에 넣지 말고, 반영구적인 플라스틱 용기를 미리 준비해 거기에 넣자. 일회용 용기를 산속으로 들여놓는 것 자체를 아예 차단하자는 말이다.

플라스틱 용기가 준비되어 있지 않다면 비닐봉지를 반드시 배낭에 넣고 집으로 되가져가자. 실은 집으로 가져간다고 해도 이미 한번 사용한 비닐봉지나 일회용 용기는 환경을 오염시킬 오염원으로 대두한 것이나 다름없다.

사용하지 말아야 할 세제

계곡물을 사용할 경우 생화학적으로 분해가 가능한 것만을 최소한 사용하자. 마른 휴지를 이용해서 닦아낸 후 유기토양이 있는 산림지역에서는 땅에 묻어 해결할 수 있으나 그렇지 못한 경우에는 배낭에 담아 하산 시 가지고 오는 것이 최선책이다.

특히 음식물을 포장해 온 비닐이나 플라스틱 종류는 반드시 수거한다. 비닐류는 미생물에 분해되지 않고 영원히 남아 토양을 해치는 생태계 파괴의 주범이다. 적어도 이런 물질이 미생물에 분해되는 시간은 500년 이상이 소요된다.

귤, 사과, 배, 오이 같은 과일이나 채소의 껍질도 한데 모아 가지고 내려오자. 혹자는 이런 껍질들이 자연물이기 때문에 산에 버리고 와도 곧 분해된다고 생각하지만, 어떤 과일은 농약을 많이 쳐 생산하기 때문에 잔류 농약을 산에 버리고 오는 꼴이 된다. 이런 껍질들이 썩기 전에 짐승들이 먹으면 그들 역시 농약에 노출되는 것이고, 식성을 변화시켜 자연 상태에 적응하는 능력을 도태시키는 결과를 초래한다.

표지리본 남발은 자연파괴

산행중에는 등산로 주변에 돌탑, 깃발, 표지리본 등을 남기지 말아야 한다. 갈림길마다 수십 개씩 어지럽게 달려 있느 표지리본들은 자연미를 해칠 뿐만 아니라 쓰레기 발생요인도 된다. '자연보호를 합시다'라는 글귀가 선명한 표지리본은 마치 무당이 굿마당을 벌인 듯 착각할 정도로 많이 붙어 있다.

표지리본은 제한적으로 꼭 필요한 곳에만 선별적으로 부착한 후 대열의 뒷사람이 회수하는 것이 원칙이자 자연친화적인 산행태도다. 길 흔적이 뚜렷한 곧게 뻗은 등산로에 표지리본을 붙이는 것은 그 용도를 모르거나 자기 산악회를 과시하기 위한 홍보 의도에서 한 것으로 볼 수밖에 없다.

표지리본의 공해는 지나칠 지경에 이르렀으니, 아마도 백두대간 마루금을 종주해 본 경험자라면 누구나 이것을 실감했을 것이다. 우리 등산문화의 낮은 수준을 그대로 반영하는 것이다. 어느 나라의 산에 표지리본이 이렇게 많이 붙어 있던가.

표지리본은 나일론이나 비닐 종류보다는 1회용으로 사용할 수 있는 전통한지나 종이끈으로 대체하는 것이 바람직하다. 분별없이 마구 매달아 놓은 표지리본은 모두 쓰레기로 간주해 이를 수거하는 캠페인도 전개해야 한다.

길이 아니면 가지 마라

등산객이 몰리는 인기있는 능산로는 그 폭이 해마다 넓어지고 있다. 심지어 너비가 10m이상 되는 산길도 있다. 이쯤 되면 산길이 아니라 차도다. 무너져 내린 등산로를 우회하여 통행하다 보니 새로운 길이 몇 가닥 나면서 지표면이 더욱 침식되고 있다. 비만 오면 토사가 유출되어 흙바닥으로 변하고, 산길 주변의 나무들은 뿌리를 드러낸 채 신음하고 있다. 등산로가 확장되면서 주변환경이 황폐해진 것이다.

금지된 등산로에 들어가 식생을 파괴하는 일 역시 삼가야 한다. 또한 많은 인원을 동원하는 집단산행이나 산악행사도 산에서는 피해야 한다. 능선종주 형태의 산행일 경우 특히 이런 점을 고려해야 한다. 토양층이 얇은 능선길은 많은 인원이 동시에 통과할 경우 식생과 토양이 쉽게 훼손된다.

집단으로 환경을 훼손하는 대표적인 사례가 많은 인원이 동원되는 시산제나 등산대회라는 명분으로 행해지는 각종 대형 산악행사다. 산에서는 이런 형태의 행사는 피해야 한다.

식물보호가 곧 자연보호

산은 식물자원의 보고다. 고산에는 환경에 예민한 고산식물이 자생하고 있다. 그 동안 우리는 자생식물에 관한 무지 때문에 지천으로 널려 있는 희귀식물을 마구 채취해 왔다. 자기 집 정원을 가꾸기 위해 고사목을 채취하고 분재를 하기 위해 희귀종 나무를 뿌리째 뽑아 왔으며, 약재나 관상용으로 쓰기 위해 무분별한 채취를 일삼아왔다.

최근 일부 관광회사들은 산나물 채취산행을 관광상품으로 내놓고 회원을 모집, 수십 포대씩의 자생식물을 채취하여 식물자원의 씨를 말리는 일을 예사롭게 하고 있다. 그 결과 몇몇 식물종은 멸종위기를 맞고 있다.

국내에서 식생하고 있는 식물종은 4,200여 종. 이 중 국내 산에서만 자라는 한국 고유종만 407종류로 파악되고 있다. 이 중 300여 종은 그 효용으로 볼 때 세계 어느 종보다 활용가치가 높다고 한다. 우리나라는 식물 성장 조건이 열대나 한 대 지방과 같지 않아 자생식물들이 내성이 강하고 꽃 색깔도 선명하여 국제적으로 경쟁력을 갖춘 것으로 평가받고 있다. 우리의 고유종은 자원 빈국인 우리에겐 소중한 자산이라 할 수 있기 때문에 각별한 보존책이 필요하다.

우리 고유종의 일부가 외국으로 밀반출되어 품종개량을 거쳐 고가의 상품으로 역수입되고 있다. 생물자원 전쟁에서 그 동안 넋을 놓고 있다가 외국의 준비된 공격에 속수무책으로 당한 꼴이다. 우리의 무지로 인해 그 동안 많은 식물들이 멸종됐다. 산길 주변에서 마구 밟히는 작을 풀꽃 하나라도 먼 훗날 암과 같은 불치병을

치유하는 특효약이 추출될지도 모른다.

산에서 자라는 자생식물을 보존하기 위해서는 다음 수칙들을 지켜야 한다. 야영은 완벽하게 조성된 야영지를 이용하고, 초원에서의 야영은 피한다. 나무보다는 풀이 더 많이 영향을 받는다는 점을 고려해 이런 곳에서는 이틀 이상 머물지 말아야 한다. 또한 식물이 군락을 이룬 곳에 길이 없을 때는 한 줄로 서서 통과하기 보다는 분산해서 통과한다. 이렇게 해야 식물에 대한 피해를 최소화할 수 있다.

배설물 처리

산에서 장기간 머물 때 배설물 처리가 심각한 문제로 등장한다. 산악환경을 고려한 배설물 처리에도 두 가지 방법이 있다.

첫째는 땅에 구덩이를 파서 그곳에 대변을 본 후 흙으로 덮는 방법이다. 이 방법은 고도가 낮은 산림지대나 유기토양을 가진 지역에 한정된다. 계곡에서 최소 60m이상 떨어진 곳을 선택해야 하며, 유기물층에 20, 30cm이상의 깊이로 땅을 파서 구덩이를 마련한다. 이런 방법을 택하면 수질오염도 막을 수 있고, 대변이 분해될 수 있다. 흙을 덮어 묻을 때는 주변과 자연스럽게 조화되도록 배려해야 한다.

기온이 낮은 고산이나 능선에서는 분해속도가 느리기 때문에 햇볕이 잘 드는 한적한 바위를 찾아 배설한 후 돌로 눌러두면 신속하게 건조한다.

산행 중에 소변을 볼 때는 식물이 없는 바위나 땅바닥을 골라서 배설한다. 소변에 들어있는 염분이 식물을 고사시킬 수 있기 때문이다.

불을 피는 것은 금물

산에서는 쓰레기를 태우거나 불을 피우는 일을 가급적 피하자. 특히 건조기에 불을 피우면 산불 발생의 위험도 있지만 땔감 모으는 일 자체가 그 곳 생태계에서 여러 생물들이 생물학적으로 이용하는 재료들을 훔치는 결과가 되기 때문이다.

등산인들은 억울하다. 마치 산불은 모두 등산인들이 저지르고 다니고 있는 것처럼 일방적으로 모든 산에 등산금지조치를 내리고, 국립공원에서는 심지어 겨울에도 라이터나 버너를 휴대하지 못하게 하고 있다. 행정편의주의와 자기자리를 보존하려는 보신주의의 대표적인 사례다.

하지만 산을 사랑하기에, 산에서 받는 혜택이 너무 많기에, 등산인들은 그런 불편을 마다하지 않고 받아들이고 있다. 당국의 재재가 무서워서가 아니라, 우리 스스로 산을 보전하기 위해 그런 불편을 감수한다고 생각하자.

볼트 설치에 신중했으면…

암벽등반도 이제는 산악환경을 고려하며 행해져야 한다. 암벽 루트에 자라고 있는 식물이나 바위자체를 손상시켜서는 안된다. 바위틈에서 자라는 나무를 이용, 확보지점으로 활용하거나 하강용으로 사용하는 일은 피해야 한다. 또한 영구적인 고정피톤 설치도 가급적 피해야 한다. 기존의 피톤에 심각한 이상이 있을 때에만 이를 보강하여 사용하자.

바위에 보기 흉한 상처를 남기는 일은 피하자. 등반을 목적으로 홀드를 깎거나 자연암장에 인공홀드를 부착하여 경관을 훼손하는 일도 없애자. 볼트의 사용은 신중해야 한다. 확보물의 설치가 불가능하거나 안전에 심각한 우려가 있을 때 제한적으로 사용한다. 분별없이 마구잡이로 설치하는 볼트는 환경파괴를 초래한다.

금년은 산의 해다. 모든 산악인들이 산악환경을 돌보고 아끼는 일에 등산인 뿐만 아니라 보호에 남다른 관심을 가지고 환경을 고려하는 산행을 해야 한다. 국민 모두가 공감대를 형성할 때다.

이용대는 산악계 중진지도자로서 활약중이며 인수봉의 무명길, 궁형길과 노적봉의 형제길을 개척 초등하였으며, 백두산 장백빙폭을 초등하였고, 미주 요세미테와 조스아트리를 등반하였다. 1970년대 초부터 월간 <산>에 등산정보와 등반기술 관련 글을 계속 기고하여, '이용대의 등산교실', '조난사고 사례', '등반역사' 등의 연제물을 비롯 900여편의 글을 써왔다. 현재 <중앙일보>에 등산칼럼 '이용대의 산산산'과 월간 <산>에 '이용대의 산행상담실(Q&A)', 월간 <E 마운틴>에 '알피니즘의 역사'를 연재중이다. 대한산악연맹의 등산학교표준교재 「등산」을 공저와 「한국산악회50년사」를 편찬하였다. 한국산서회 부회장을 역임했고, 현재 코오롱 등산학교 교장으로 활동중이다.

백두대간을 열다

이 수 용

백두산에서 시작하다

인간에게 근본이 있듯이 물의 흐름에는 그 근원인 샘이 있고 산에도 그 뿌리가 있다. 산은 우리가 항상 접하며 살고 또 사용하는데 없어서는 안될 나무가 있는 숲이 있고, 그속에는 수없이 많은 크고 작은 여러 나무와 풀들, 헤아릴 수 없이 많은 종류의 아름다운 꽃들이 함께 어울려 생명의 원천을 만들고 이에 미세한 작은 생명체부터 곤충에서 큰동물에 이르기까지 함께 모여 우주를 이루고 있다.

우리나라 지도를 펼쳐놓고 볼 때 위 부분 정점에 백두산이 있다. 옛지도에는 마치 우산의 꼭지점같이 생겨 그 아래로 뻗어 내리며 옆으로 가지를 쳤다. 큰 줄기는 높낮이 율동을 갖고 물결치듯 확산되며 맥놀이와 같이 높고 낮음의 굴곡을 이루며 펼쳐 흘러 지리산에 큰 점 획을 긋고 다시 바다에 이른다.

물은 결코 산을 넘지 않으며 산은 물을 건너지 않고 백두산에서 지리산까지의 꿈틀거리는 힘찬 산줄기를 백두대간이라 한다. 성산인 지리산은 멀리 백두산에서 흘러 왔다고 하여 두류산(頭流山)이라고도 했다.

산은 물의 근원이며 나라의 원천인 백두산 꼭대기에 천지라는 큰못이 있어 생명의 젖줄인 물을 가득 담아 전 국토에 흘려 백두대간에서 가지쳐 내려간 산줄기 사이사이를 적셔주며 이 역시 바다에 이른다.

우리는 예부터 산이 생활의 대상일뿐 아니라 신앙의 대상으로 신성시하였다. 단군께서 신단수 아래로 내려 오셨고 가락국의 수로왕이 구지봉에서 나왔고 신라 육조의 촌장들이 하늘에서 산으로 내려왔으며 어머니들은 산에서 점지 받고 산에서 낳았다.

옛사람들은 산을 물처럼 하나의 끊이지 않는 줄기로 보아왔으며 또 산은 산이요, 물은 물인 까닭에 산과 강이 공존하며 산은 물을 낳고 물은 산을 침범하지 않는다고 여겼다. 그래서 비록 높은 두 산이 이웃해 있어도 사이에 물이 있으면 산줄기는 돌아갔으며 넓은 평야의 잔류성(殘流性) 독립봉이라 하더라도 들판에까지 면면이 지맥이 흘러 반드시 바다에 이어졌다. 이렇게 산의 높낮이를 가리지 않고 전국의 산이 백두산에 이어진 하나의 총체적인 국토개념으로 확립되어 왔다.

백두대간이란 백두산 장군봉에서 지리산 천왕봉에 이루는 하나의 긴 분수령을 이루어 한반도의 모든 산줄기가 백두산 하나에 매달려 마치 땅콩이나 감자 포기를 뽑아들면 줄기 하나에 숱한 뿌리들이 딸려 나오는 것과 같다. 우리나라 땅의 산줄기들도 백두산을 정점으로 하여 전국의 산줄기를 하나의 대간, 1개의 정간, 그리고 13개의 정맥 산줄기로 되어 있다. 이 산줄기들을 우리나라의 독특한 족보기술방법으로 정리된 것이 「산경표」 다. 책은 백두산에서부터 모든 산줄기의 연결은 자연지명인 산 이름, 고개 이름 등으로 기술하여 수록된 자연지명이 모두

1,650개, 산 이름과 고개 이름이 1,500여 개로
돼 있다.

「산경표」가 말한다
　산 기록은 산의 이름과 다른 산이름, 산의 위
치 그리고 그 산에서 가지쳐 나가는 또 다른 산
줄기의 수를 기록하였다.
　산경표에 기록된 산줄기의 순서는 백두대간
을 중심 산줄기로 하고 백두산에서 지리산까지
이어서 가지친 순서로 1대간, 1정간, 13정맥으
로 했다. 그 산줄기의 이름과 순서는 1.백두대
간(白頭大幹), 2.장백정간(長白正幹), 3.낙남정
맥(落南正脈), 4.청북정맥(淸北正脈), 5.해서정
맥(海西正脈), 6.청남정맥(淸南正脈), 7.임진북
예성남정맥(臨津北禮成南正脈), 8.한북정맥(漢
北正脈), 9.낙동정맥(洛東正脈), 10.한남북정맥
(漢南北正脈), 11.한남정맥(漢南正脈), 12.금북
정맥(錦北正脈), 13.금남호남정맥(錦南湖南正
脈), 14.금남정맥(錦南正脈), 15.호남정맥(湖南
正脈)이다.
　이 산줄기로 인해 우리나라 10대 강줄기도
완연하게 드러나 압록강, 두만강, 청천강, 대동
강 예성강, 임진강, 한강, 금강, 섬진강, 낙동강
을 마치 산줄기가 두 팔을 벌려 강을 껴안고 주
민은 강줄기 주변에 모여 삶의 터전을 일구어
산다. 이로 산줄기를 알면 국토의 전모를 파악
하고 특성이나 위치를 쉽게 알 수 있다.
　이 백두대간이 언제부터 불리워 왔는지는 정
확치는 않으나 「고려사」에서부터 산이름이 나
타나기 시작하여 이중환(1690-1836)의 「택
리지」, 다산 정약용의 「아방강역고」에 유명
한 산이름이 등장하여 이를 통해 볼 때 조상들
은 백두대간이란 말을 오래 전부터 자연스럽게
사용해왔다고 볼 수 있다. 하지만 근세에 들어
와 일본의 찬탈로 역사와 문화를 왜곡시키면서
정통 지리학도 묻혀 버렸으며 최남선의 조선광
문회에서 「산경표」 발간이 없었다면 영원히 백
두대간은 역사 뒤편으로 사라질 뻔하였다.
　이 「산경표」와 「대동여지도」를 바탕으로

백두대간이 분수령임을 설명하는 팻말과 고개를 지켜주는
산신각, 댓재에서

현대판 김정호라는 이우형씨가 백두대간의 전도
사로 사명감을 갖고 활동하였다. 이때 박용수씨
가 해설과 주를 달아 「산경표」를 영인 배포하
여 내 놓으면서 일반인에게 주목을 받더니 광주
에서 젊은 조석필씨가 완전히 풀어 쉽게 서술하

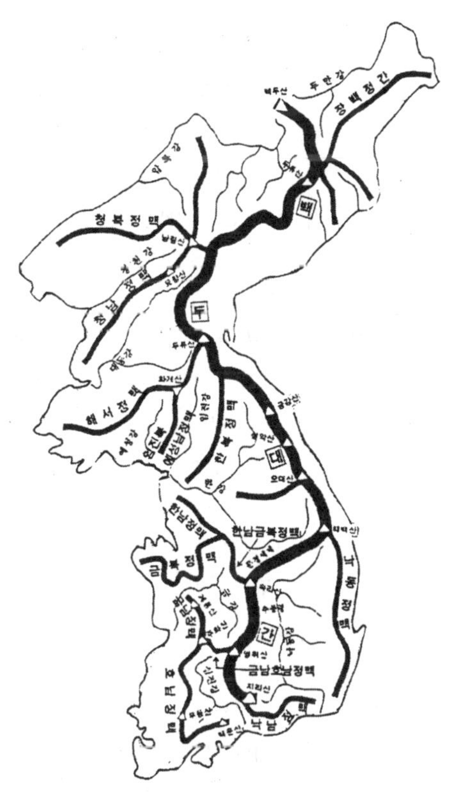

산경표에 나타난 우리나라 산줄기

여 관심있는 사람에게는 백두대간이란 말이 자연스럽게 사용 되었다. 월드컵으로 전국이 '대한민국'이라는 말이 그동안 사용했던 한국을 접어두고 국민이 열호하는 국호가 되었듯이 초등학교부터 교육되어 오는 태백산맥, 소백산맥이 아닌 백두대간으로 자리 바꿈을 해 국민이 사랑하는 백두대간이길 바란다.

이 백두대간을 규명한 산경표는 현재 3종류가 전하며, 규장각의 「해동도리본(海東道里本)」 중의 산경표와 정신문화연구원의 「여지편람(與地便覽)」 안의 산경표, 그리고 영인본으로 조선광문회가 1913년 간행한 활자본 산경표가 있다. 가장 오기가 적고 출처가 분명한 것이 규장각 소장본이다.

「산경표」 는 영조 때 실학자인 신경준 (1712-1781)이 지리서를 편찬하는 과정에서 남겨놓은 역작으로 우리가 시중에서 흔히 보는 「산경표」 는 육당 최남선이 조선광문회에서 「여지편람(與地便覽)」 에 실린 필사본을 활자로 영인한 것이며 1990년 박용수씨가 해설과 주를 달아 이를 다시 영인하여 발간한 것이다.

백두대간의 길이는 장군봉에서 지리산 천왕봉까지 도상거리로 1,577km, 실제거리는 약 2,103km로 우리 리수로 치자면 5,257리의 산길이다. 최근 북한에서 「조선의 산줄기」 에는 1,470km로 평균 높이 1,170m라 하고 있다.

백두대간의 남한부분은 지리산 천왕봉에서 진부령까지 도상거리 640km, 실제거리 800km, 오르내림을 합하며 1,500km에 1,000미터 이상의 봉우리가 170여 개 있다. 휴전선상의 삼재령까지는 도상거리 666km, 실제 약 888km이다. 북의 백두대간은 삼재령에서 백두산 장군봉까지는 도상거리 910km, 실제는 1,210km로 남한의 백두대간보다 도상거리 244km 실제거리 322km 정도가 더 길다.

이 백두대간 거리 측정은 대개 지형도에서 도상거리를 산출해 내며 실제거리는 이 도상거리를 삼등분 하여 그중 1/3를 더한 숫자를 실제거리로 환산하고 있다.

백두대간의 의미

중국의 고전 「산해경」 에서 말하기를 곤륜산의 한 가지가 고비사막의 동남으로 달리다가 의산, 부산, 여산을 만들었다. 여기서 산경은 끊어지고 요동벌이 펼쳐진다. 이 광야 건너에 홀연히 솟아오른 대악이 있으니 바로 조선 산의 할아비인 백두산이라 했다.

이 산은 동북아시아의 하늘이며 전 동이족의 숭모의 대상인 영산이다. 최고봉인 병사봉 (2,749.6m)을 비롯하여 2,500m 이상의 준봉이 18개 병풍처럼 천지에 울을 쳤다.

백두산 일대는 식물과 동물자원의 보고로서 침엽수로 전나무, 낙엽송, 가문비나무와, 활엽수 백양나무, 사시나무, 피나무들의 천국이며, 짐승으로 호랑이, 표범, 곰, 사향노루, 사슴들의 낙원을 이루고 있다.

산에는 하늘물(天池)이라는 호수가 있어 또한 물의 할머니를 이루니 우리의 할아버지 단군이 이곳에서 하늘을 열어 마땅한 곳이라 모든 조선 땅의 경락(經絡)이 여기서 비롯되는데 그 산줄기가 백두대간이다.

백두대간 백두산에서 가지쳐 하나의 정간과 13개의 정맥이 뻗어 나아가 조선땅의 골격을 이루었다. 대간은 큰 줄기라는 뜻이고 정간이란 곧은 줄기이니 나무꼭대기의 하늘로 뻗은 우듬지이며 정맥을 주가지라 할 수 있다. 이로서 우리나라는 백두산을 근본으로 둔 백두대간이라는 거목이 장백정간의 우듬지와 13개 정맥의 가지를 벌려 이 땅에 터전을 열었다.

산경표에서 말하는 백두대간의 산줄기 이름의 특징은 산이름으로 된 것이 백두대간과 장백정관 둘이며, 지역이름 해서와 호남을 따 해서정맥, 호남정맥으로 이 역시 둘이고 나머지 11개는 모두 강이름에서 따와 그 강의 남북으로 위치를 표시하고 있다. 산줄기 이름을 강에서 따온 것은 정맥의 정의를 강유역의 경계능선을 분수령으로 했기 때문이며 강의 물 근원은 산이라는 발상에서였다.

대동여지도

김정호에 의하여 1861년에 작성되었다. 대동
여지도에는 우리가 말하는 백두대간이나 정간,
정맥같은 산줄기 명칭은 기록되어 있지 않지만
우리나라의 크고 작은 산줄기들이 거의 다 묘사
되어 있으며 중요하고 이름난 산들이 약 2,850
개나 묘사돼 있어 지금 당장 사용해도 아무 지
장이 없을 정도이다.

대동여지도에는 산줄기의 뻗음과 산체들의
집결 및 독립산지로 구분하고 주요 산봉우리들
과 산줄기 및 험준성을 구체적으로 묘사하였다.
산봉우리는 산, 악, 봉, 망으로 구분하고 그 높
이를 산봉우리의 높이 (종지름 면 높이)에 대응
시키는 방법으로 묘사하였다. 그리고 높지는 않
아도 명산으로 잘 알려진 산들과 절대 높이가
높은 산들은 그 기호 위에 조감도식으로 산봉우
리의 부호를 축적시켜 묘사하여 돋보이도록 하
고 그 밖의 산지들은 원경화식으로 묘사하여 입
체화하였다. 산지의 일반적인 지형과 산줄기는
톱날 형태로 묘사하였다. 산줄기에서 기본산줄
기와 가지산줄기, 야산지대의 산체의 연결을 기
호의 굵기로 구분하고 험준하고 완만하여 굴곡
된 상태로 그 형태를 구분해 묘사하였다. 대동
여지도는 지도로뿐 아니라 현대에 뛰어난 판화
적 아름다움으로도 평가받는다.

산줄기에서 골짜기나 산안정부, 지형들에 대
해서는 산시의 세로시름년 기호에 기초하여 그
특징을 묘사하고 주해 또는 지명 주기로서 보통
표시하였다. 산안정부도 산의 세로 자른 면 기
호에 따라 묘사하였으며 이름난 고개들은 그 높
이 험준성, 도로의 우회상태에 기초하여 영, 치,
현, 항우 등으로 구분 묘사하였다. 대동여지도에
는 할배의 산인 백두산을 특별히 웅장하고 명료
하게 묘사하였다. 북한에서 바라볼 때 안겨오는
높은 봉우리인 장군봉, 향로봉, 해발봉, 단결봉,
쌍무지개봉, 제비봉이 흰눈에 덮어 밝게 빛나는
모습으로 묘사하고 백두산 천지가 타원형 띠에
둘리운 흰색으로 그려졌다. 그리고 백두용암 대
지는 낮은 지대의 평야들과 구별되도록 천평

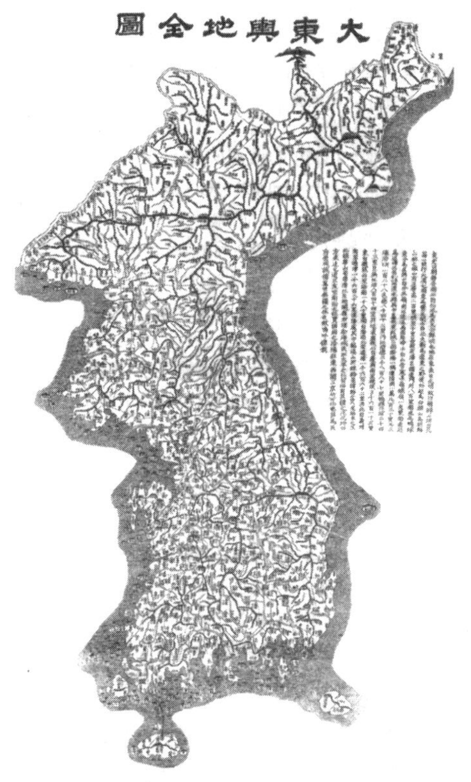

김정호의 대동여지전도, 지금 당장 사용해도
좋을 만큼 정교하다.

(하늘처럼 높은 곳에 있는 평활한 땅이라는 뜻)
이라는 표기를 붙였다. 그리고 삼지여도 표시하
여 삼지라고 표기하고 있는 뛰어난 역작이다.

이 거대한 대동여지노를 1985년 이우형씨가
영인 발간하여 현대에 쉽게 접근할 수 있게 하
여 김정호의 슬기와 국토사랑을 엿 볼 수 있게
하였다.

일제의 의한 우리 산줄기의 왜곡

우리는 열강에 밀려 1910년 일제의 지배하
에 들어갔다. 그들은 지하자원, 토지자원과 산림
자원, 수력자원 약탈을 목적으로 지질과 지형조
사를 1900년부터 1902년에 걸쳐 동경제국대학
의 고토분지로에 의해 2차례 14개월간 지질순
검 기마여행을 하고 1903년에 조선의 산계론을
발표했다. 이 조선의 산계론은 서울로부터 동북

방향 원산에 이르는 특이한 저지대 즉 추가령 지구대를 경계로 역사, 주민, 기후 및 지형이 남북으로 갈라져 하나로 연결된 산줄기를 결정적으로 끊어 놓았다. 또 세 방향의 지질구조선이 요동방향, 중국방향, 조선방향으로 나간다고 구분하여 전통적인 조선반도의 척량산줄기인 백두대간을 토막냈다. 이는 전통적으로 내려오는 지리를 말살하여 민족정기와 의식을 파괴한 비과학적인 산맥체계로 꾸며졌다.

조선의 산계론에 우리 선조들이 써온 백두대간을 끊어 없앤 것은 민족의 기상이며 상징인 백두산 정기를 끊어 조선민족 말살정책의 산물이라 할 수 있다.

이후 1930년대 판 「일본지리통속대계」 16권 조선산맥론에도 그대로 이용되고 1970년대 출판된 일본의 「세계 풍속대계」 7권에는 조선의 산계론의 수정 보충한 조선산악론을 전재 인용했다. 조선산악론에서는 우리나라 척량 산줄기 백두대간을 세 곳이나 끊어놓았으며 가지산줄기도 끊어놓거나 산줄기들이 평행으로 교차되어 산줄기 망을 이루게 묘사하였다. 「조선산악론」 은 우리나라 지세발달과 산줄기 형태 구조적 특성에 모순되고 있으나 우리는 여전히 교본으로 삼고 있다.

백두대간의 재탄생

고려 때부터 우리에게 연연히 전통적으로 이어오던 산과 산줄기 이념이 조선에 들어와 산줄기 체계가 완성되어 백두대간과 1개 정간 13개 정맥으로 정착되었으나 실망스럽게 일제 식민지하에 말살되어 영원히 사라져가고 있었다.

이에 1913년 최남선이 이끄는 조선광문회에서 산경표를 활자로 영인하여 발간 일반에게 배포하였으나 일제하에 이 역시 희귀본이 되어 역사 뒤편으로 사라져가고 있었다.

현대판 김정호라고 불리는 지도제작자이며 산악인 이우형씨가 「대동여지도」 복간과 「산경표」 에 의한 백두대간에 관한 발표를 월간지

국립지리원 안에 있는 김정호 동상

현대판 김정호 이우형씨

<스포츠레저>와 월간 <산>, <사람과 산> 등에 발표하여 산악인들에게 관심의 마당으로 나오게 되었다. 특히 젊은이들에게 큰 영향을 끼쳐 박기성씨가 <엑셀시오> 11호에 발표하고, 박용수씨가 조선광문회판 「산경표」 에 해설과 주를 달아 영인하여 1990년에 발표 대중에 파급되었고, 광주에 산악인으로 치과를 경영하는 조석필씨가 「산경표를 위하여」 와 「태백산맥은 없다」 라는 저술을 내어 백두대간이 일반인에게 널리 알려져 이제는 어린학생에까지도 알려졌고 학위 논문으로도 나왔다. 이제는 제도권 교육 초·중·고 교과서 등 정규교과서에 실려 태백산맥이 아닌 백두대간이 우리 산줄기의 기본틀임을 알게 되기를 바란다.

백두대간 종주

산악인은 물론 자연에 깊은 관심을 갖은 사람들에게 한참 인기 있는 백두대간 종주는 지리산에서 시작하여 백두산까지를 꿈꾸고 출발하나 1950년 한국전쟁으로 분단된 현실 앞에서는 지리산에서 휴전선 상에 있는 삼재령까지 갈 수 있으나 현실은 진부령에서부터 향로봉 구간은 군작전지역으로 산행을 마칠 수 없다. 지리산 천왕봉부터 진부령까지만 종주를 끝내고 진부령 표석 앞에서 기념사진을 찍고 박수를 치며 나머

지 구간의 백두대간은 빨리 풀 수 있기를 바라며 과제로 남긴다.

종주는 단독이나 집단으로 하거나, 또 시작하여 한번에 끝까지 지원을 받아가며 종주하는 방법과 구간을 20~30개로 끊어 종주하는 방법이 있다. 많은 사람들은 구간을 끊어 종주를 하며 산악회가 참여 연간기획으로 실시, 일반 시민에게 상업등반 종주도 성행하고 있다. 간혹 단독 무지원으로 종주하여 백두대간에 흠뻑 취하기도 한다. 백두대간을 행동으로 처음 보여준 젊은이로 동계에 여자 홀로 남난희씨와 한 복중 무지원의 길춘일씨가 대표적이다.

등산로는 마루금을 따라 등산로가 잘 나 있으며, 등산객들이 부착한 길 안내용 리본으로 등산길이 뚜렷해 큰 어려움은 없다. 하지만 백두대간은 험난한 코스나 위험한 요소가 여러 곳에 있어 일반인들의 접근이 결코 쉬운편은 아니다. 반면 국립공원의 유명 산처럼 지나치게 많은 사람들의 방문에 몸살을 앓고 있는 구간도 많다. 몇 곳은 마을을 관통하거나 포장도로를 따라가는 경우도 있어 황당해하기도 한다. 하지만 백두대간의 큰 산줄기 종주는 산악인에게 가슴 뿌듯한 축복이라 할 수 있다.

대간종주길은 백두대간을 사랑하는 의미에서 다시 짚어보고자 한다. 아름다운 숲길에 행복해하기도 하고, 훼손되어 회기 치미는 곳도 있으나 그래도 복원되어 가는 과정을 보면 일말의 희망을 갖는다. 종주길에는 수많은 고개가 즐겁게 해주기도 하고 울게 만들기도 하며 서낭당과 산신각, 성터를 만나면 인간의 따스함에 환하게 웃으며 과거를 오가기도 한다. 심하게 훼손된 구간은 모래 흙을 여러 사람들이 밟아 패이고 물에 씻긴 후에 다시 밟아 가속적으로 무너져 토사유출이 심해 허리 깊이로 패이고 10여 미터 폭으로 도로같이 넓어져 주변 식생에 피해를 가하고 있어 보호대책이 시급한 곳도 있다.

백두대간상의 훼손구간

1. 지리산국립공원의 천왕봉에서 노고단구간으로 등산로가 넓고 황폐지가 많다. 다행히 노고단, 세석산장 주변 곳곳이 복원작업으로 많은 성과를 이루고 있어 지속적인 관리가 필요하다.

2. 덕유산 국립공원 주능선, 일부 구간은 덜하지만 향적봉 구간과 덕유평전 일대는 심하게 훼손되어 있다. 마루금에서는 벗어나 있으나 향적봉의 무주리조트는 치명적인 산의 파괴로 명실공히 강도행위다.

3. 속리산국립공원 주능선으로 통행이 금지된 늘재와 문장대 구간은 양호한 편이나 문장대에서 천왕봉까지는 폭이 넓으며 곳곳의 상점이 주변을 훼손시키고 있다.

4. 문경새제도립공원, 바위지대는 훼손이 적으나 노출된 토사면은 훼손이 급속히 진행되고 있다.

5. 소백산국립공원의 죽령에서 천문대까지는 아예 시멘트로 포장되어 있고, 연화봉에서 비로봉 국망봉 구간은 고산초지로 훼손이 쉬운 곳이다. 복원작업을 하고 있으나 계속 관리에 신중을 요한다.

6. 태백산도립공원의 천제단 주변과 망경사, 유일사에서 오르는 길이 폭이 넓고 훼손이 심하나. 득히 이 지역은 주복이 많은 곳이다.

7. 오대산국립공원의 내과링 삼양목상은 목상도로를 마루금과 같이 하여 차량통행도 많고 노

완전히 백두개간의 명산이 날라간
자병산의 처참한 모습

백두대간을 무참히 짓밟는 고랭지 채소밭. 산을 황폐하게 만든다

태백시에서 강행하여 백두대간에 만들고 있는 창죽동의 공동묘지

폭이 2~5m로 넓게 흙이 노출되어 있다. 소황병산에서 노인봉과, 노인봉에서 진고개 간의 곳곳에 등산로 훼손이 심하며 노인봉 가까이에 사태로 등산로가 위험한 곳도 있다.

8. 자병산 석회암광산은 백봉령에서부터 우리를 놀라게 한다. 백두대간 마루금 뿐만 아니라 완전히 자병산이 날라 갔다. 한라시멘트에서 광권을 주장하여 계속 넓혀가고 있다.

9. 설악산의 한계령에서 끝청은 비교적 낮은 편이나, 끝청에서 대청봉, 대청봉에서 마등령까지의 대부분 등산로는 노폭이 넓으며 특히 오색에서 오르는 등산로는 사면이라 심각하여 바로 손을 써야할 구간이다.

그 외에도 황악산 능선 길에 직지사에서 오르는 1.5km 이상의 구간이 깊이 패이고 너비가 3m이상인 곳을 볼 수 있고 곳곳에 나무가 뿌리를 드러내 있다. 두타산에서 청옥산 고적대 구간도 위에서의 말하는 국립공원과 같이 심각한 지역이라 우리에게 경각심을 주는 곳들이다.

태백시에서 새로 개발하는 창죽동의 공동묘지와 수없이 넓게 펼쳐지는 고랭지 채소밭과 백두대간을 개발로 내 몰아야 하는지 냉철한 판단을 요하는 지역이 많다.

백두대간 마루금 종주에는 순탄한 곳이 많으나 그래도 산행에 어려운 위험지역이 여러 곳에 있다.

구간종주 등산로에서 위험지대

1. 육십령에서 남덕유간의 할미봉 오름길과 장수덕유를 향해 내려가는 암릉길이 위험하다. 진부령을 향한 백두대간 상행길에서 처음 만나는 험로다.

2. 추풍령 당마루 고개에서 오르는 금산 뒷면의 채석장은 능선까지 바싹 깎여 낭떠러지를 만들어 접근에 아주 조심해야한다. 특히 야간산행이나 안개시에는 각별히 조심을 해야하는 가슴 저미게 아픔을 주는 훼손지역이다.

3. 문장대와 늘재 구간은 3, 4시간 암릉지대 통과와 트레바스를 해야함으로 큰배낭에 특히 조심해서 운행을 해야하는 구간이다.

4. 청화산, 조항산, 대야산 구간은 암릉지대가 많아 조심을 해야하며 특히 대야산에서 불란치재로 내려가는 길은 수직바위에 흙이 뒤섞여 위험이 도사리고 있어 어려운 구간이다. 백두대간 구간 중에 암릉이 특히 아름다운 지역이다.

5. 구왕봉에서 희양산 구간은 서낭당이 있는 지름티재까지 내려갔다 다시 희양산 오름길이 보조자일이 있어야 할 정도로 종주자의 큰짐이 부담이 되는 곳이다.

6. 황정산 일대의 차갓재에서 암릉를 지나 벌재까지 황정산 정상부 일대의 암릉 길이 애매한 지역이 있고 바위길이 위험하다.

7. 설악산 구간 중 남설악이라 불리는 점봉산 망대암산에서 한계령으로 내려서는 암릉구간이

이름처럼 아름다운 하늘재. 반은 포장길이라 앞날이 걱정된다.

각별히 조심해야 한다. 마등령~저한령, 황천봉, 미시령으로 내려가는 길, 신선봉 오름길의 너덜지대는 신중하게 걸어야 한다. 위에 구간은 예비로 보조자일을 준비하여 안전을 기해야 한다.

백두대간상의 역사 유적

백두대간이 우리나라의 남북으로 길게 척추 역할을 하고 있어 동서간에 필히 넘나들어야 하는 많은 고개가 있다. 넘어야 하는 고개마다 서낭당과 산신각이 곳곳에 있어 마음의 위로와 피신처 역할을 했다. 지금에 와서도 백두대간 종주길에 좋은 지표와 쉼터로 대간종주에 중요한 깃점 역할을 하고 있다.

고개는 령(嶺), 치(峙), 현(峴), 재(峠), 천(遷)으로 사용되어 왔으며 이 용어는 고개의 크기나 역할에 따라 달리 사용했다. 최근에는 고개, 영, 치, 현의 빈도로 사용되고, 영은 규모나 통행 면에서 큰지역을 나타내며 군사요지로도 주목을 받은 곳으로 백두대간상에서는 대관령, 조령, 죽령, 추풍령 등이 있다. 현은 영보다 한 단계 밑으로 지방 중소 산지의 고개길이고 치는 고개를 넘어가는 산지가 험준한 느낌을 주는 지리산의 정영치, 소백산의 마당치, 미내치 등과 같은 곳에 붙여져 있다. 현대에 와서는 고개라는 말이 주로 쓰인다. 이 고개길이 백두대간을 괴롭히는 포장길과 추억 어린 비포장 길이 있으나 아름다운 산길마저 급속하게 포장길으로 바뀌어 하루가 다르게 변하고 있다.

백두대간 마루금을 넘는 포장도로

성삼재(1,060m), 정령치(1,172m), 고기리 도로(560m), 여원재(470m), 유치재(540m), 사치재(499m), 복성이재(550m), 육십령(690m), 신풍령(빼재 920m), 소사재(620m), 덕산재(650m), 부항령(680m), 질매재(730m), 우두령(720m), 궤방령(310m), 추풍령(210m), 묘함산 도로(490m), 작점고개(350m), 큰재(330m), 봉산리 도로(400m), 지기재(270m), 신의터재(280m), 화령재(305m), 밤티재(490m), 눌재(490m), 불란치재(460m), 이화령(530m), 소령(650m), 하늘재(520m 일부구간 만), 빌재(620m), 저수령(848m), 죽령(697m), 도래기재(780m), 화방재(940m), 싸리재(1,268m), 피재(920m) 댓재(810m), 백봉령(780m), 삽당령(670m), 닭목재(680m), 대관령(832m), 진고개(970m), 구룡령(1,013m), 451지방도로(870m 필래약수터 끝), 한계령(917m), 미시령(767m), 흘리도로(600m), 진부령(529m).

이 47개 소는 1997년 10월 현재, 1990년 23개보다 불과 7년 사이에 무려 24개가 늘어났다. 국도는 2차선에서 모두 4차선으로 확장되고 있어 여러 문제를 야기하며 기존 도로 외에 그 밑으로 터널화 작업이 여러 곳에서 진행되고 있어 백두대간은 안밖으로 피해를 당하고 있다.

이렇게 당혹스런 길만 있는 것이 아니고 아직도 꿈이 있는 멋진 흙길로 남은 고개길이 있어 백두대간 종주자들이 좋아하는 쉼터이며 숙영지이기도 하다. 하지만 난감한 것은 때없이 나타나는 임도가 당황하게 만든다.

대간 마루금을 지나는 비포장도로와 임도
벽소령(1,320), 코재(1,250), 새맥이재 임도(570m), 복성이 임도(590m), 봉화산 임도(870m), 남중재(690m), 중재(755.3m), 바람재(810m), 사기점 고개(410m), 윗왕실 임도(390m), 백화산 임도(405m), 소정리 도로(290m), 수청거리 임도(350m), 비재(330m), 고치령(760m), 마구령(810m), 박달령(970m), 우구치리 임도(900m), 금정 임도(960m), 한의령(840m), 큰재(940m), 이기령(810m), 생계령(620m), 목장집 진입도로(955.6m), 조침령

백두대간 마루금, 고개 정점에 있는 산신각 신목 소나무가 기상이 높다(닭목재)

(750m).

이외에 백두대간을 관통하는 터널과 철도
백두대간을 관통하는 터널은 철도용 터널이 전부였으나 최근에 새로 개통된 육십령, 이화령, 죽령, 대관령 차량터널이 개통되었으며 앞으로도 동절기 문제와 시간단축을 위해 많은 터널 건설이 계속 증가 될 것으로 보인다.
철도터널은 중앙선 죽령터널(길이 4,500m)과 이 죽령역 바로 아래 고도가 높은 태백선의 정암터널(길이 4,555m)이 있고 김천 영동 간 국내에서 가장 긴 터널이 될 고속전철 터널이 시공중이며 죽령은 2개씩이나 터널이 관통하고 있다.
백두대간 마루금을 넘는 철도는 경부선 김천에서 추풍령을 지나 영동으로 넘어가는 기차길이 복선으로 달리고 있다. 추풍역과 신암역 사이에 추풍령이 있다.

서낭당과 산신각
백두대간에는 동서로 넘나드는 수많은 고개길이 있으며 고개마다 서낭당이나 산신각이 있었으나 도로 개설로 대부분 없어졌다. 그래도 아직 곳곳에 산 속의 문화재로 남아 있기도 하다. 서낭당은 마을 어귀나 고개 마루에 원추형으로 쌓인 돌무더기를 말하는데 성황당이라고도 한다. 대개 돌무더기 옆에는 으레 신성시하는 나무나 장승이 세워져 있으나 백두대간상에서는 원추형 돌무더기가 대부분이다. 신목으로 산간지역에서는 대개 음나무나 전나무, 참나무, 소나무가 보통으로 주변 나무보다 수령이 많고 건장하다. 서낭당을 지날 때 돌은 세 개 던지고 침을 세 번 뱉고 지나가면 재수가 좋다고 한다.

오늘날까지 대간 마루금에 남아있는 서낭당
고모치, 은티재, 지름티재, 고치령, 박달령, 사갈치의 고개 마루나 산신각 옆에 있다.
외로운 백두대간 종주 중에 만나는 산 속의 건물은 산신각이다. 일단 만나면 반갑게 쉬며

개천절에 단군을 제 지내는 태백산
천제단

가까이 샘터가 있어 근처에 야영장으로 적합하기도 하다. 역사적으로나 민속적 가치가 있고 산 중에 있는 흔하지 않은 귀한 건물이라 보존할 가치가 있는 유산이다. 하지만 고치령에서처럼 화재로 영원히 소멸되기도 하여 백두대간 종주자로서는 매우 마음 아픈 부분이다. 지금도 산신각은 지역문화재로 여전히 중요한 몫을 하고 있다.

산신각은 백두대간에서처럼 지역 간을 가로막는 분수령의 정점인 중요한 고개에 있으며 큰 산을 넘으려면 온갖 재앙으로부터 보호받기 위해 산신에게 경배하는 곳이다. 더불어 백두대간에서처럼 큰 벽을 넘으려면 하루에 쉽지 않아 비를 피하거나 밤을 쉬어 가는 데도 도움을 주는 중요한 지역문화 유산이다.

백두대간 상에 만나는 산신각

눌재(490m), 조령(650m), 박달령(970m), 사길치(1,130m), 한의령(840m), 댓재(810m) 삽당령(670m), 닭목재(680m)에 있으며 대관령에는 중요무형문화재 제13호인 강릉단오제의 출발점인 국사성황당이 있어 항상 많은 사람들로 들끓고 있다.

사라져 가는 산성

백두대간 종주길에 간혹 인공적인 돌무더기를 보는데 연대가 뚜렷하지는 않지만 산성임을 알 수 있는 것이 여러 곳에 있다.

대간에서 만나는 산성은 운봉산성, 합미성, 부항산성, 희양산성, 조령, 마구령 주변의 마당치 등에서 산성의 형태나 축성에 쓰인 돌, 깨어진 기와을 발견할 수 있어 역사의 무상함을 느끼게 된다. 이어 태백산에는 단군을 제 지내는 천제단이 있으며 전국행사로 많은 사람이 참배를 온다.

살아 있는 백두대간의 생태계

종주 산에서 만나는 것은 등산로에 있는 고개길이나 서낭당의 돌무더기와 오색천이 드리워진 산신각, 발로 무심코 밟고 넘어가는 산성도 있지만 우리에게 출발부터 끝까지 우리 옆을 떠나지 않는 것은 무한한 하늘이며, 항상 그늘과 쉼터를 만들어주는 나무하며, 코끝을 간지르는 풀냄새, 벌나비와 친구하는 아름다운 꽃에서부터 눈속을 뚫고 나오는 보일까 말까하는 작은 새싹까지 정겹지 않은 것이 없다. 비 온 후의 싱싱한 냄새, 신선함은 백두대간에서만 맛볼 수 있다. 하루 이틀 무인지경을 걷다보면 나를 놀라게 하는 꼬불꼬불 긴 뱀이며, 칠보로 이쁘게 몸단장한 딱정벌레, 땅에 굵은 선을 긋고 일구며 뒤지는 두더지, 밤에 도깨비 불빛의 개똥벌레, 또르르 굴러가는 고운 소리를 갖은 휘파람새, 힘차게 산을 뒤흔드는 딱따구리, 끝없이 귀를 즐겁게 하는 산솔새 등이 모두 나의 친구이며 동료로 같이 대간을 종주 한다.

백두대간은 생명의 축으로 새로이 주목을 받고 있다. 이는 동식물의 전국 이동통로라 해도 무리가 아닐 정도로 백두산에서 지리산까지 산줄기로 연결되어 있어 1개의 정간과 13개의 정맥이 가지쳐나가 바다까지 이룰 수 있으니 이 생태 연결고리는 대단하다 할 것이며 이 정맥 사이사이에 큰 물줄기가 자리하여 계절변화나 생태의 차이로 나타나고 있다.

식물에 있어 수직분포는 저산대, 산지대, 아고산대와 고산대로 나눌 수 있는데 백두대간은 이 모두가 존재하고 있다. 식물은 같은 산이라도 고도에 따라 식생이 달라져 다양성을 갖으며 산의 사면 각도와 방향도 매우 중요한 역할을 한다. 특히 우리가 관심을 갖는 곳은 아고산대로 안개와 바람이 많고 기온이 낮으며 맑은 날이 적어 키큰나무들이 자랄 수 없는 조건이나 철쭉, 진달래, 눈향나무 등 키 작은 나무와 초본류들이 함께 지상낙원을 이루고 있어 종주산행의 꿈길이다.

아고산대 바로 밑은 침엽수로 좀솔송나무, 솔송나무, 가문비나무, 낙엽송, 분비나무, 침엽수 등이 많은 특징을 이루고 이에 자작나무, 단풍류, 철쭉이나 만병초가 섞여 서식한다.

우리나라의 대표적인 아고산지대는 백두산 정상 부분에 초지 지역으로 국내에서 제일 넓으나. 남한에서는 한라산국립공원의 상층부분이고 이외는 백두대간 마루금상에 분포하고 있어 백두대간 종주자들에게만 주어지는 낙원의 세례라 할 수 있다. 하지만 대개 이곳을 관심없이 그냥 지나쳐 이 귀중함을 놓치고 함부로 짓밟아 만신창이 되고 있어 앞으로는 애정 어린 눈길로 살펴보자.

아고산대는 한번 파괴되면 원상 복원이 극히 어려워 절대 보전지역으로 지켜져야 할 곳임을 명심하고 보존에 힘을 기울어주기 바람이다.

우리나라 국립공원의 지정현황

순위	공원명	위 치	지정년월일	면 적
1	지 리 산	전남·북, 경남	1967. 12. 29	440.517
2	경 주	경북	1968. 12. 31	138.594
3	계 룡 산	충남, 대전	1968. 12. 31	59.418
4	한려해상	전남, 경남	1968. 12. 31	510.323
5	설 악 산	강원	1970. 3. 24	371.346
6	속 리 산	충북, 경북	1970. 3. 24	275.109
7	한 라 산	제주	1970. 3. 24	147.652
8	내 장 산	전남 ·북	1971. 11. 17	71.285
9	가 야 산	경남 ·북	1972. 10. 13	74.943
10	덕 유 산	전북, 경남	1975. 2. 1	228.893
11	오 대 산	강원	1975. 2. 1	291.044
12	주 왕 산	경북	1976. 3. 30	105.596
13	태안해안	충남	1978. 10. 20	328.450
14	다도해해상	전남	1981. 12. 23	2,341.360
15	북한산	서울, 경기	1983. 4. 2	80.669
16	치악산	강원	1984. 12. 31	181.327
17	월악산	충북, 경북	1984. 12. 31	284.205
18	소백산	충북, 경북	1987. 12. 14	320.5
19	변산반도	전국	1988. 6. 11	155.924
20	월출산	전남	1988. 6. 11	40.702

백두대간상에서의 아고산지대

1. 지리산국립공원의 노고단-돼지평전-세석평전으로부터 철쭉, 진달래군락과 여름의 노란 원추리꽃 군락은 장관을 이르고 있어 언제나 행복을 안겨 준다.

2. 덕유산국립공원의 덕유평전 무룡산 일대로 주목, 구상나무 군락, 원추리, 범의꼬리 군락과 솔나리의 남방한계선이기도 하다.

3. 소백산국립공원의 비로봉-국망봉 일대의 능선주변으로 주목, 진달래, 철쭉 등 군락과 원추리, 동자꽃, 하늘말나리, 처녀치마, 범의꼬리, 마타리, 구절초, 칼의용담, 투구꽃 등의 군락을 이루고 있다.

4. 설악산국립공원의 아고산대는 중청-대청 일대 능선과 점봉산 정상부근으로 눈잣나무, 눈측백나무, 주목 등의 군락이 우범종을 이루고 있다.

흔하지 않은 백두대간상의 습지

백두대간에서 빠뜨릴 수 없는 식물의 보고가 있다. 많지는 않지만 높고 깊은 산중에 습지를 만남은 고기가 물을 만난 것처럼 반갑다.

습지는 생물에게 다양한 서식환경을 만들어 다양한 생물학적, 화학적, 고고학적 중요한 보고로 유전자 자원의 저장고로 중요한 자연자원으로 보존되어야 할 곳이다. 전국에서 제일 길다는 임도 건설로 이기링의 습시처럼 임노의 토사가 밀려 습지가 완전히 육화되고 있는 곳도 있어 국토관리하는 측면에서 세심한 고려가 필요하다.

백두대간상에 큰 습지는 매봉에서 소황병산 정상오르기 전에 1,140m 고지 마루금 바로 옆에 있다. 이 지역은 등산로가 여러 갈래로 갈라져 미로 같아 조심해야 한다.

겨울에도 흰눈 속에 쉽게 눈에 띄는 습지 지표식물이랄 수 있는 만병촌 군락이 버드나무 군락과 혼재되이 있으며 전나무가 몇 그루가 쉬어 있다. 눈 속에 습지는 환상적이었다.

그 외 백두대간상에 있는 습지로 크지는 않

지만 상주시 공선면 920지방도가 넘어가는 큰 재에 인성초등학교가 위치하며 마루금이 지나가는 국내 유일의 초등학교로 그 운동장 옆에 못이 있다. 해발고도 약 360m로 지금은 폐교상태다. 역시 상주 비재에서 1시간 반정도 형제봉으로 가는 대간 마루금상에 못제(천지)가 있다.

또 생태적으로 매우 중요한 지역이나 한라시멘트 석회석 광권이 설정되어 있어 자병산과 함께 파괴가 심각한 백봉령 자병산지역이 있다. 백두대간 주능선에서는 이곳에서만 볼 수 있는 카르스트지역이다. 도리네, 동굴, 지하하천 등을 볼 수 있는 특수지역으로 많은 습지 식물이 관찰되고 있다. 앞으로 많은 연구조사가 필요한 귀중한 곳이다.

국립공원과 백두대간

백두대간을 종주하면 여러 곳의 국립공원을 통과한다. 이는 전국 20개 국립공원 중에 산지국립공원 16개 중에 7개 국립공원이 백두대간을 축으로 전국을 연결하고 있다. 이는 국립공원이 생태계의 보고라면 바로 백두대간도 생태계의 보고라 해도 틀린 말이 아니다.

문화유산을 국보와 보물로 지정해서 보존하고 있는 것처럼 국립공원도 자연생태게에서 가장 핵심적인 지역을 국가에서 법으로 지정하여 보존하는 것이다. 국립공원은 이를 훼손시키지 않고 보존해 미래 세대에 넘겨줘야 하는 기본이넘이 바닥에 깔려 있다.

백두대간의 시작이며 끝 지점인 지리산이 1967년 국립공원 제1호 지정을 시작하여 현재는 산악형이 16개에 역사유적 유물 사적형이 1개, 바다 섬으로 이루어진 해상형 2개, 해안형이 1개로 모두 20개 6,448㎢ 국토의 6.8%를 국립공원으로 지정하여 보전하고 있다.

제일 큰 지리산을 필두로 덕유산, 속리산, 월악산, 소백산, 오대산, 설악산 국립공원 등이 남한쪽 백두대간에 달려 있다. 이중 월악산을 제외하고 모든 국립공원의 주릉선이 백두대간의

동강 영월댐 예정으로 수몰 될 위기에서 살아
나 국민의 사랑을 받는 동강. 이제 국립공원지
정이 보존의 대안이다.

마루금에 걸쳐 있다.

백두대간이 국토의 등뼈인 만큼 생태계의 축
으로뿐 아니라 동식물의 이동통로로도 뛰어나
생태계 다양성 면에서도 국내 최고의 수준이다.
이로서 백두대간 보존은 바로 국립공원의 보존
과 같은 맥락에 자연생태 보호와 국토보존의 의
미를 부여함은 백두대간도 절대 훼손되어서는
안되겠다.

우리를 계속 분노하게 하는 대표적인 파괴
사례가 지리산국립공원의 성삼재 관통도로, 덕
유산 국립공원의 무주리조트, 속리산 국립공원
의 용화지구 온천건설, 자병산의 석회석 광산개
발, 점봉산 양양 양수댐 건설은 생태계 파괴로
영원히 잊을 수 없는 인간의 만행으로 우리의
수치다.

이중에 지리산, 덕유산, 속리산, 월악산, 소백
산, 오대산, 설악산이 백두대간과 겹쳐 있고, 또
국립공원에 버금가는 문경새재 도립공원과 태백
산 도립공원 등이 2곳 있다.

앞으로 환경부는 독도를 포함한 울릉도 국립
공원을 2004년에 지정고시할 예정이며, 영월
동강댐으로 수몰될 위기에 처했던 남한 제일의
수경 산경관을 자랑하고 생태계가 뛰어난 동강
이 국립공원 지정을 기다리고 있다.

이러한 생태계의 집중적인 보고가 백두대간
상에 많은 생태계 보존지역으로 설정되어 관리
하고 있다.

백두대간상의 생태계 보존지역

1. 지리산 생태계 보존지역은 노고단과 반야
봉을 중심으로 남쪽의 피아골, 북으로 심원계곡
의 넓은 지역으로 국내에서 보기 쉽지 않은 원
시림 상태로 동식물이 풍부하고 한국특산종과
희귀종이 많이 서식하여 보존 가치가 매우 높은
곳이다. 우리나라에 유일하게 반달곰이 서식할
곳으로 추정되는 곳이다.

2. 강원도 대덕산 금대봉 지역으로 태백 창죽
동과 금대봉 맞은편 대덕산의 계곡 전반으로 한
강의 발원지인 검용소가 있으며, 동식물의 보고
로 국내 유일의 파충류 집단서식치이기도 하다.
금대봉 고목나무(제당궁)샘 쪽으로 주목의 자생
지로 유명하다.

이뿐만 아니라 많은, 천연기념물 천연보호구
역이 설정되어 있기도 하다.

백두대간상의 천연기념물 천연 보호구역

1. 소백산 비로봉 주목군락

소백산 주능선인 비로봉 정상부 서북 사면
일대에 1,500여 그루가 자라고 있다.

2. 설악산 천연기념물 천연보호구역과 생물권
보전지역

설악산국립공원에서 백두대간의 점봉산, 한
계령, 서북주릉선, 대청, 공룡능선, 마등령, 황철
봉 지역, 설악산의 대부분으로 다양한 생태계
보고로 수많은 동식물이 서식하고 기암괴석 등
자연경관도 국내 제일로 천연보호구역으로 지정
되고 국립공원으로도 지정될 정도이며 1982년
에는 유네스코의 생물권 보존지로 지정되었다.

3. 향로봉, 건봉산 천연기념물 천연보호지역

민통선안에 모두 속하며 중부 온대림의 특
성을 갖고 있다. 금강산과 설악산을 연결하는
생태계의 축으로 백두대간 동쪽의 해양성 기후
와 서쪽 대륙성 기후의 극명한 차이로 식물상이
다양하다. 민통선 지역이라 인간의 간섭을 거의
받지 않아 앞으로 많은 연구대상이 되고 있다.

이뿐만 아니라 곳곳에 천연보호림을 지정하
여 보호하고 있다.

아고산지대 식생 파괴는 원상복귀가 쉽지 않다. 성삼재 관통으로 인한 심각한 파괴, 노고단의 식생을 생태복원하여 희망을 가져본다.

백두대간상에 보호되고 있는 천연보호림

1. 점봉산 천연보호림(북사면)

설악산국립공원 내 점봉상 정상의 북사면 희귀 수목자생지로 주목 259본(수령 40~400년)이 관리되고 있다.

2. 점봉산 천연보호림(남동 사면인 진동계곡)

점봉산 정상부에서 동남면의 원시림으로 참나무 평균수명 70년으로 보호되고 있다.

3. 한계령 천연보호림

한계령 영동쪽 계곡 일대 희귀수목 자생지로 평균나이 220여년 생 주목 75본이 관리 보존되고 있다.

4. 설악산 중청봉 천연보호림

설악산국립공원 중청의 서남 사면 계곡안에 200년 주목 42본 희귀수목의 자생지로 관리하고 있다.

5. 설악산 대청봉 천연보호림

설악산국립공원 대청봉 정상부의 남사면으로 평균 70년생의 주목 189본 자생지로 희귀생태계를 관리하고 있다.

백두대간을 종주길에 파괴되고 훼손된 지역을 보며 마음 아파하고 분노마저 느끼지만 그래도 희망을 깆고 위안을 받을 수 있으니 곳곳에 벌어지는 생태복원작업이다.

이러한 작업을 백두대간 고산지역의 마루금의 생태가 얼마나 중요한지를 되새겨 볼 필요가 있다.

생태복원지역

1. 지리산 제석봉 구상나무 군락지

지리산의 명물인 흰뼈대를 드러내놓은 고사목을 보았을 것이다. 이곳이 제석봉으로 한국전쟁과 1950, 60년대 벌목 후 방화로 고사된 수목과 황폐된 초지가 1993년부터 구상나무를 심어와 자라나는 어린나무를 반겨볼 수 있어 마음이 흐뭇한 곳이다.

2. 세석평전 훼손지 복구

지리산 세석산장 일대는 군사시설과 등산객으로 인한 훼손이 심각한 곳으로 1994년부터 등산로를 제외한 모든 지역을 폐쇄하고 복원하여 지금은 희망을 갖게하는 좋은 환경을 이루고 있다.

3. 지리산 노고단 생태 복원지

성삼재 관통도로 개설로 인한 과다한 인원 유입으로 훼손된 사례로 국립공원의 노고단 정상 일원으로, 유명한 노고단 원추리꽃을 볼 수 없었으나 1991년부터 식물생태계를 복원하며 출입을 금해 왔다. 2002년부터 일부예약제로 제한된 인원을 안내자 동반으로 출입을 허용하고 있어 대표적인 생태복원 사례다.

4. 소백산 특수조림사업

설악산국립공원 비로봉 정상 초지 일대는 주목, 구상나무, 잣나무, 전나무, 자작나무 등을 1992년부터 3년간 1,200본을 심었으나 바람이 강한 지역이라 활착율이 떨어지고 생육이 부진하여 계속 관리가 필요하다.

5. 태백산 주목군락 생태복원지

태백산 도립공원 장군봉 정상부의 북사면에 훼손된 주목 군락지로 1997년 600분을 조림하여 생태복원을 시도했다.

6. 함백산 종비나무 생태복원지

함백산 성상부 일대 송비나무 600본을 1997년부터 5년간 식재하여 기존 자연경관을 유지하며 환경 친화적인 모델사업이었다. 내륙

지역에 저온 고산지대로 생태계 복원이 쉽지 않다. 고산지대의 강한 바람과 추위의 열악한 여건의 생태복원은 함백산 종비나무의 조림사업이 갖는 의미가 남다르다.

7. 자병산 한라시멘트 석회광산 복원

자병산 정상부 일대의 석회석 채광지역을 복구작업을 했으나 형식에 끝나, 개발이 만든 백두대간에서 황폐함의 제일 모델이다. 대간 상에 명산을 하나 완전히 없애버려 가슴이 아파 통곡을 하게 하는 지역이다.

8. 구룡령 근처 약수산과 갈전곡전산 훼손지역 복원

구룡령을 사이에 두고 약수산과 마주한 양봉우리에 삼각점 시설로 벌목된 지역에 생명의 숲 가꾸기 회원들이 함께 참여하여 구상나무, 종비나무, 전나무, 분비나무 등을 2000년과 2001년에 심어 생태복원을 시도하였다.

9. 설악산 중청-대청봉 지역 훼손 생태복원

설악산 국립공원의 중청과 대청봉 사이의 능선 주변의 등산로, 벙커주변 등 훼손지역을 복구하고 생태복원 기반을 조성하여 식생을 다시 끌어들이는 작업을 1996년부터 2년에 걸쳐 실시하였다

백두대간은 국토의 척추로 그 간의 역사유적에서 뿐 아니라 생태계 이동통로로, 남북 연결 고리로 종다양성과 풍부한 자연자원으로 우리를 풍요롭게 해주는 생명의 어머니로서 우리의 미래 세대를 보장해 줄 수 있는 희망이다.

.참고문헌

「대동여지도」, 1985 광우당
<스포츠레저> , 1986
<엑셀시오> 11호, 1988, 대학산악연맹
「하얀능선에 서면」,남난희, 1990,
    수문출판사
「산경표」 1990, 박용수, 푸른산
「산경표를 위하여」, 조석필, 1993,
    사람과 산
<산>, 1993. 6월, 1997. 6월, 1997. 7월
<사람과 산>, 1996. 3월
「71일간의 백두대간」, 1996, 길춘일, 수문
    출판사
「태백산맥은 없다」, 조석필, 1997,
    사람과 산
「실전 백두대간 종주산행 」, 1997.
    조선일보 월간 산
「백두대간 관련문헌집 」, 1997, 산림청
「백두대간 환경대탐사」, 1998, 녹색연합
「조선의 산줄기」, 김정락외, 1999, 8
    과학기술출판사
「길이 아니면 가지마라」, 1999, 강희산,
    수문출판사
「북한쪽 백두대간, 지도위에서 걷는다」, 이
    향지, 2001, 창해
「흰머리 큰줄기 」, 2002, 한호진,
    수문출판사

이수용은 서울생으로 건국대학 상과를 졸업하고 산과 자연을 그리고 우리 것을 사랑하여 이에 관한 좋은 책을 만들며 자연보존운동에 적극나서고 있다. 수문출판사를 1988년에 창립하여 출판을 천직으로 일하며, 우이령보존회 부회장, 생명의 숲 가꾸기 감사, 내셔널트러스트운동 동강 위원장을 맡아 자연보존운동과 교육홍보에 최선을 다하고 있다. 한국산서회, 테마클럽 ,우이령보존회 창립회원이기도 하다

숲과 문화 연구회

숲은 모든 것의 시작입니다. 의식주와 경제활동에 필요한
원료를 체위하는 곳이며, 물의 원천이며, 불의 발생지이기도
합니다. 숲은 철학가, 문학가, 문화예술인의
사색의 고향입니다.
숲에서 인류는 지혜를 얻고 그것으로 문명을 창조하였습니다.
시, 소설, 동화, 신화, 음악, 건축 등
우리 주변에 숲과 관련 맺지 않고 있는 것은 없습니다.
따라서 숲은 문화의 산실입니다.
문화는 숲으로부터 탄생했습니다. 그러나 이와 같은 사실을
깨닫고 있는 사람들은 많지 않으며
전문가들조차 관심이 없는 실정입니다. 설사 이해하고
있다고 하더라도 숲의 인류문화적 중요성을 기록으로 남기거나
전달하려는 생각을 행동으로 옮기지 못합니다.
숲과 문화 연구회는,
이처럼 중요하지만 일반인의 관심이 닿지 못하는
숲에 관한 모든 것을 탐구하고 그 이로움을 여럿이 함께 나누고자
1992년 1월에 우리 숲을 아끼고
사랑하는 이들이 함께 모여 만든 모임입니다.
숲과 문화 연구회는 숲과 문화에 관련된
좋은 글을 모아 격월간지 〈숲과 문화〉를 펴내고 있습니다.
또 2개월에 한번씩 '아름다운 숲 탐방' 행사를 실시하여
숲과 인간이 조화롭게 살아가는데
작은 보탬이 되고자 노력하고 있습니다.

* 〈숲과 문화 〉를 받아 볼 수 있는 구독회원이 되기를 원하시는
분은 연회비 20,000원을 숲과 문화 연구회 온라인 계좌로 입금하
시고 그 사실을 통보해주시기 바랍니다.
－국민은행 : 036-01-0333-009 / 숲과문화연구회
－우 체 국 : 012518-01-022295 / 숲과문화연구회

*숲과 문화 연구회
136-031 서울시 성북구 동소문동 1가 51번지
무성빌딩 3층
전화 02)745-4811 전송 02)745-4812
e－mail : fncrg@chollian.net
www.hamantree.or.kr

숲과 문화 연구회 사람들

명예 운영회원

박희진 시인
김경인 화가 인하대학교 미술교육학과 교수
김진희 방송인 영상창조 연구회 회장

운영회원(가나다순)

김종성　1960년생
　　　　고려대학교 농학박사
　　　　고려대학교 자연자원연구소 선임 연구원
박봉우　1952년 생
　　　　고려대학교 농학박사
　　　　강원대학교 녹지조경학부 교수
박재현　1964년 생
　　　　서울대학교 대학원 산림자원학과 박사취득
　　　　진주산업대학교 산림자원학과 교수
배상원　1955년 생
　　　　독일 프라이부르크대학교 이학박사
　　　　중부임업시험장 시험과 연구사
송형섭　1955년 생
　　　　충남대학교 농학박사
　　　　충남대학교 산림자원학과 교수
이성필　1955년 생
　　　　고려대학교 졸업
　　　　(주)그룹 터 대표
이천용　1952년 생
　　　　고려대학교 농학박사
　　　　임업연구원 임지보전연구실 연구관
임주훈　1967년 생
　　　　고려대학교 농학박사
　　　　임업연구원 산림생태과 연구원
전영우　1951년 생
　　　　미국 아이오와 주립대학교 임학박사.
　　　　국민대학교 산림자원학과 교수
탁광일　1954년 생
　　　　캐나다 브리티시 콜롬비아대학교 임학박사
　　　　School for Field Studies 교수

숲과 문화 총서 10
산과 우리문화

엮은이 김종성
펴낸이 이수용
제판인쇄 홍진프로세서
제책 민중제책
펴낸곳 秀文出版社

2002. 8. 21 초판인쇄
2002. 8. 24 초판발행

출판등록 1988. 2. 15 제 7-35
132-864 서울도봉구 쌍문3동 103-1
E-mail : smmount@chollian.net
homepage : www.soomoon.co.kr
전화 904-4774, 994-2626
Fax 906-0707

*파본은 바꾸어 드립니다.

ISBN 89-7301-510